中国油茶遗传资源

（上册）

姚小华　任华东　◎主编

科学出版社
北　京

内 容 简 介

本书是中国开展"全国油茶遗传资源调查编目"工作的重要成果，全书分为五章。第一至第四章为概述，概要介绍了山茶属植物起源、分类及全球分布状况，简要介绍了中国开展油茶遗传资源调查情况；围绕油用资源的发掘与利用，基于油茶遗传资源调查结果，重点分析了中国山茶属油用物种及种内遗传变异多样性，系统描述了中国重要油用物种的资源特点、地理分布、植物学特征、籽油特性及保存保护与利用现状。第五章为各论，本部分采用图文混编方式全面收录介绍了中国现有主要油茶选育资源（农家品种、选育良种、优良无性系）及在全国油茶遗传资源调查中发现的具潜在油用开发价值的野生资源（油茶古树、特异性状个体）的分布、植物学形态特征、种实特性、籽油含量、脂肪酸组分及当前利用状况等信息。

本书科学、系统、全面地反映了当今中国油茶遗传资源状况及资源发掘利用最新研究成果，图文并茂，收录资源丰富，信息全面翔实，可供从事油茶资源评鉴、创新利用研究的科技人员、资源管理人员，以及从事油茶生产的基层科技工作者和高等院校相关专业的师生参考。

审图号：GS（2019）978 号

图书在版编目（CIP）数据

中国油茶遗传资源：全 2 册 / 姚小华，任华东主编. —北京：科学出版社，
2020.4

　ISBN 978-7-03-064661-3

Ⅰ．①中…　Ⅱ．①姚…②任…　Ⅲ．①油茶 - 种质资源 - 中国
Ⅳ．①S794.404

中国版本图书馆 CIP 数据核字（2020）第044734号

责任编辑：张会格 / 责任校对：郑金红
责任印制：肖　兴 / 设计制作：金舵手世纪

科 学 出 版 社 出版
北京东黄城根北街16号
邮政编码：100717
http://www.sciencep.com

北京九天鸿程印刷有限责任公司 印刷
科学出版社发行　各地新华书店经销

*

2020年4月第 一 版　开本：889×1194　1/16
2020年4月第一次印刷　印张：89 3/4
字数：2 888 000

定价：1280.00元（全2册）

（如有印装质量问题，我社负责调换）

植物遗传资源承载着植物高度的遗传多样性及基因资源，是植物遗传繁衍和生物多样性的载体，是人类社会赖以生存的重要基础性自然资源。遗传资源是基因工程的源泉性资源，是生物遗传改良的基础物质，有效保护并挖掘利用植物遗传资源是全人类共同的责任和义务。油茶是山茶属油用资源的泛称，是中国特有且极为宝贵的自然财富。中国的油茶籽油以其特有的经济价值和品质闻名于世，是国家木本粮油产业发展中具有重要地位的战略性资源。中国作为世界山茶属物种的起源及栽培利用中心，拥有丰富的野生种自然变异资源和地方栽培品种资源，具有丰富的遗传多样性，蕴藏有与油用目标相关的丰富遗传资源，包括大量可供油用开发的野生物种及其种内变异资源。中国丰富的油茶遗传资源为油茶产业的可持续发展提供了可靠的遗传物质基础，基于丰富的资源，中国油茶遗传资源的评鉴挖掘与新品种选育取得了显著成就，产业科技总体处于世界领先水平，也因此成为油茶产业大国，栽培面积和产量均居世界绝对优势地位。为全面掌握我国油茶遗传资源分布、储量、性状特点及利用现状，有效挖掘具有开发利用价值的基因资源，实现油茶资源的有效保护与高效利用，国家林业局于2012年印发《关于开展全国油茶遗传资源调查编目工作的通知》（林技发〔2012〕161号），启动了全国油茶遗传资源调查编目工作，国家林业局科技发展中心牵头组织制定了《油茶遗传资源调查编目技术规程》（LY/T 2247—2014），成立了油茶遗传资源调查技术委员会，在全国有油茶分布的17个省（自治区、直辖市）开展了油茶遗传资源调查编目工作。

植物遗传资源调查编目是一项基础科学工程，油茶作为我国林木遗传资源调查编目首个启动的林木资源，调查编目工作得到了国家林业和草原局（原国家林业局）的高度重视，在国家林业和草原局科技发展中心的直接组织下，全国17个省（自治区、直辖市）按照统一部署，分别组成领导小组、技术小组和调查团队，按《油茶遗传资源调查编目技术规程》全面组织实施，全国从事油茶科研与生产的近500位科技人员参与了项目的野外调查、内业整理及数据库信息录入等工作。经全体项目参加人员五年的努力，完成了既定的任务目标，累计调查各类资源3058份，发现了一批具有直接驯化利用或潜在育种利用价值的新资源。本书是对全国油茶遗传资源调查编目工作的全面总结与凝练，由全国油茶遗传资源调查编目项目技术支持单位（中国林业科学研究院亚热带林业研究所）牵头组织参与项目调查的各省（自治区、直辖市）专家组成编撰团队，对项目调查收集的资源信息进行了全面的整理、分析与凝练，在此基础上编撰形成本书稿。在书稿编写过程中，得到安徽省林业科学研究院、重庆市林业科学研究院、福建省林业科学研究院、广东省林业科学研究院、广西壮族自治区林业科学研究院、贵州省林业科学研究院、海南省林业科学研究所、湖北省林业科学研究院、湖南省林业科学院、江苏省林业科学研究院、江西省林业科学院、陕西省林业技术推广总站、四川省林业科学研究院、云南省林业科学院、浙江省林业科学研究院、中国林业科学研究院亚热带林业研究所、中南林业科技大学等单位（以上单位按首字拼音排序）从事油茶研究的专家和相关省份林业主管部门及基层一线技术人员的通力合作与支持。同时，本书也得到全国油茶遗传资源调查技术委员会各位专家的支持与帮助，相关专家为本书稿的编写提出了宝贵的意见和建议。全书分为五章。第一至第四章为中国油茶遗传资源状况报告，本部分主要概述全国油茶资源的分布、油茶物种资源及种内变异资源的多样性、油茶遗传资源的挖掘利用研究现状、山茶属主要油用物种特征及挖掘利用与保护状况等。第五章为本次调查获得的主要油茶遗传资源性状特征编目图谱，分别就各遗传资源的性状特征、保存保护状况进行图文并茂的介绍。

在本书编写过程中，力求章节结构系统，文字表述简洁，图像真实直观，数据资料全面、准确、实用。期望本书的编撰出版能为油茶遗传资源的管理与保护并挖掘利用及开展相关基础研究提供较为全面、完整的资源信息，促进油茶科研和生产的发展。

在本书即将成稿之时，我们以崇敬的心情，感谢庄瑞林先生、何方教授、韩宁林研究员、高继银研究员、杜天真教授、赵学民高级工程师等油茶研究开拓者们前期创下的坚实资源研究基础并为油茶遗传资源调查及本书编撰提供有益的意见和建议，感谢所有为本书编撰提供大量前期研究资料的专家、学者。本书得到了有关各省各级林业部门对油茶遗传资源调查工作的强力支持与积极配合，科学出版社的领导及有关编辑给予尽心支持和指导，在此谨表谢忱！此外，本次油茶遗传资源调查编目工作除编著人员外尚有大量的外业调查辅助人员参与野外资源调查，对他们的贡献在此也一并致谢！

由于编者水平有限，书中难免存有不足之处，真诚盼望读者给予斧正。

编者

2018 年 8 月

目录

前言

第一章　山茶属植物资源概况………………1

第一节　山茶属植物的起源与地理分布 ………2

第二节　山茶属植物的分类 ……………………2

第三节　中国山茶属植物地理分布 ……………4

第四节　中国油茶遗传资源调查 ………………5

第二章　油茶遗传资源多样性………………13

第一节　油茶物种资源多样性及主要物种………14

1. 五柱滇山茶 *Camellia yunnanensis*（Pitard）Coh. St …18

2. 越南油茶 *Camellia vietnamensis* Huang ex Hu …19

3. 香花油茶 *Camellia osmantha* Ye C X Ma L Y et Ye H …20

4. 狭叶油茶 *Camellia lanceoleosa* Chang et Chiu ex Chang et Ren …………………21

5. 茶梅 *Camellia sasanqua* Thunb. …………21

6. 普通油茶 *Camellia oleifera* Abel …………22

7. 单籽油茶 *Camellia oleifera* Abel var. *monosperma* Chang …………………24

8. 小果油茶 *Camellia meiocarpa* Hu …………24

9. 红皮糙果茶 *Camellia crapnelliana* Tutch. …25

10. 博白大果油茶 *Camellia gigantocarpa* Hu et Huang …26

11. 糙果茶 *Camellia furfuracea*（Merr.）Coh. St. …27

12. 长瓣短柱茶 *Camellia grijsii* Hance …28

13. 短柱茶 *Camellia brevistyla*（Hayata）Coh. St. …30

14. 钝叶短柱茶 *Camellia obtusifolia* Chang …30

15. 粉红短柱茶 *Camellia taishnensis* Chang …31

16. 细叶短柱茶 *Camellia microphylla*（Merr.）Chien …31

17. 重庆山茶 *Camellia chungkingensis* Chang …32

18. 黎平瘤果茶 *Camellia lipingensis* Chang …33

19. 安龙瘤果茶 *Camellia anlungensis* Chang …33

20. 厚壳红瘤果茶 *Camellia rubituberculata* Chang …34

21. 多齿红山茶 *Camellia polyodonta* How ex Hu …35

22. 长蕊红山茶 *Camellia longigyna* Chang …36

23. 石果红山茶 *Camellia lapidea* Wu …………36

24. 毛蕊红山茶 *Camellia mairei*（Levl.）Melch. …37

25. 长毛红山茶 *Camellia villosa* Chang et S. Y. Liang …38

26. 毛籽红山茶 *Camellia trichosperma* Chang …39

27. 南山茶 *Camellia semiserrata* Chi …………39

28. 栓壳红山茶 *Camellia phellocapsa* Chang et B. K.Lee …………………40

29. 扁果红山茶 *Camellia compressa* Chang et Wen ex Chang …………………41

30. 大花红山茶 *Camellia magniflora* Chang …42

31. 滇山茶 *Camellia reticulata* Lindl. …………43

32. 西南红山茶 *Camellia pitardii* Coh.St. ……43

33. 怒江红山茶 *Camellia saluenensis* Stapf ex Been …45

34. 尖萼红山茶 *Camellia edithae* Chang ……46

35. 大果红山茶 *Camellia magnocarpa*（Hu et Huang） Chang …………………46

36. 闪光红山茶 *Camellia lucidissima* Chang …47

37. 浙江红山茶 *Camellia chekiangoleosa* Hu …48

38. 山茶 *Camellia japonica* Linn. …………49

39. 全缘红山茶 *Camellia subintegra* Huang ex Chang …51

40. 长尾红山茶 *Camellia longicaudata* Chang et Liang ex Chang …………………52

41. 金花茶 *Camellia chrysantha* Chi …………53

42. 尖连蕊茶 *Camellia cuspidata*（Kochs）Wright ex Gard. …………………53

43. 长尖连蕊茶 *Camellia acutissima* Chang …54

44. 贵州连蕊茶 *Camellia costei* Levl. …………55

45. 枸叶连蕊茶 *Camellia euryoides* Lindl. ……56

46. 细叶连蕊茶 *Camellia parvilimba* Merr.et Metc. …57

47. 毛柄连蕊茶 *Camellia fraterna* Hance ……57

48. 细萼连蕊茶 *Camellia tsofui* Chien …………58

49. 长尾毛蕊茶 Camellia caudata Wall. ……………59

50. 心叶毛蕊茶 Camellia cordifolia（Metc.）Nakai………60

第二节 古树资源 ……………………………………60

1. 广西融水元宝山国家级自然保护区石果红山茶古树群…61

2. 广西昭平县东潭水库秃肋茶古树群 ………………61

3. 云南腾冲马站乡云华村滇山茶古树群 ……………61

4. 海南琼海会山镇普通油茶古树群 …………………61

5. 陕西汉中南郑区黄官镇张家湾村油茶古树 ………61

6. 陕西安康市汉滨区石转镇小垭村油茶古树 ………63

7. 陕西商洛市镇安县庙沟镇中坪村普通油茶古树 …63

8. 贵州玉屏侗族自治县朱家场镇谢桥村油茶古树1号…64

9. 贵州玉屏侗族自治县朱家场镇谢桥村
普通油茶古树2号 ……………………………………64

10. 贵州玉屏侗族自治县朱家场镇鱼塘村
普通油茶古树1号 …………………………………64

11. 贵州玉屏侗族自治县朱家场镇鱼塘村
普通油茶古树2号 …………………………………65

12. 贵州玉屏侗族自治县朱家场镇鱼塘村
普通油茶古树3号 …………………………………65

13. 贵州玉屏侗族自治县田坪镇田冲村
普通油茶古树1号 …………………………………65

14. 贵州玉屏侗族自治县田坪镇田冲村
普通油茶古树2号 …………………………………65

15. 贵州玉屏侗族自治县田坪镇田冲村
普通油茶古树3号 …………………………………65

16. 贵州玉屏侗族自治县田坪镇罗家寨村普通油茶古树…65

17. 贵州道真仡佬族苗族自治县河口乡车田村
烟房村民组普通油茶古树 …………………………65

18. 浙江舟山市普陀山梅福禅院山茶古树…………………65

19. 福建霞浦县崇儒乡上水村普通油茶古树
（闽古1号）……………………………………………66

20. 福建省武夷山市星村镇武夷山国家级自然保护区
浙江红山茶古树（武红2号）………………………66

21. 福建省武夷山市星村镇武夷山国家级自然保护区
浙江红山茶古树（武红3号）………………………66

22. 福建省武夷山市星村镇武夷山国家级自然保护区
浙江红山茶古树（武红4号）………………………68

23. 福建省武夷山市星村镇武夷山国家级自然保护区
浙江红山茶古树（武红7号）………………………69

24. 湖北省麻城市福田河镇风簸山村普通油茶古树
（麻城1号）…………………………………………69

25. 湖北省咸丰县尖山乡横路村普通油茶古树
（咸丰7号）…………………………………………70

第三节 选育改良品种资源 ……………………………70

第四节 特异性状资源 …………………………………73

1. 区域分布 ……………………………………………73

2. 资源类别与来源 ……………………………………74

第三章 油茶资源性状特征变异及特异资源 …………77

第一节 主要形态特征变异及特异资源 ………………78

1. 树形树姿 ……………………………………………78

2. 叶形 …………………………………………………79

3. 叶长、叶宽 …………………………………………81

第二节 种实性状特征变异及特异资源 ………………82

1. 果实形状 ……………………………………………82

2. 果实单果重与鲜出籽率 ……………………………82

3. 种仁含油率及油酸含量 ……………………………84

第四章 中国油茶遗传资源保护及利用 ………………87

第一节 油茶遗传资源保存与保护 ……………………88

1. 异地保存及资源库建设 ……………………………88

2. 原生境保存及保护区建设 …………………………89

3. 濒危资源与保护 ……………………………………89

第二节 中国油茶遗传资源的挖掘与改良利用 ………91

1. 油茶遗传资源调查评鉴 ……………………………91

2. 油茶自然变异资源的选择利用 ……………………92

3. 油茶资源的创新育种利用 …………………………92

4. 油茶遗传资源管理与共享 …………………………95

第五章 油茶遗传资源性状特征图谱 …………………97

第一节 选育资源
（地方品种、良种、无性系、品系）………98

1. 普通油茶 ……………………………………………98

2. 其他物种 ……………………………………………566

第二节 野生特异个体资源 ……………………………661

1. 普通油茶 ……………………………………………661

2. 高州油茶 ……………………………………………1019

3. 浙江红山茶 …………………………………………1167

4. 南山茶（广宁红花油茶）…………………………1246

5. 西南红山茶 …………………………………………1309

6. 滇山茶（腾冲红花油茶）…………………………1353

7. 其他物种特异个体资源 ……………………………1377

参考文献 ……………………………………………………1385

附录 …………………………………………………………1387

资源名中文索引 …………………………………………1410

01

第一章 山茶属植物资源概况

第一节　山茶属植物的起源与地理分布

油茶是山茶属油用植物资源的总称，是世界上重要的木本油料资源。山茶属主要分布于 7°S～35°N、80°E～140°E 的亚洲东部和东南部。北起中国秦岭至淮河流域，南止印度尼西亚的苏门答腊、爪哇、婆罗洲、苏拉威西和菲律宾的巴拉望岛、吕宋岛、民都洛岛、班乃岛，即华莱士线以西的西马来西亚地区，东自朝鲜半岛南部、日本本州以南、琉球群岛和我国华东沿海，西及东喜马拉雅地区的孟加拉国、印度东北部、不丹、尼泊尔东部和我国西藏东南部，即自热带东南亚跨越到东亚的范围内。

山茶属植物资源在中南半岛和我国热带北缘地区种类虽少，但集中了那些心皮近离生（至少在幼果期，如越南茶）或不完全合生（古茶组、实果茶组和半宿萼茶组）的原始或较原始的类群和种类，从进化的观点出发，代表着被子植物由离生心皮演化为合生心皮的中间过渡。山茶属的原始祖先可能是心皮离生或几离生、类似于五桠果属 *Dillenia* 的植物，后者分布于热带亚洲至热带大洋洲和马达加斯加。

山茶属植物的分布与地史和古气候的变迁有着密切关系。在中南半岛附近早期分化的原始或较原始的类群，雌蕊、雄蕊和种子往往被毛，有的叶背发育有褐色腺点，这表明中南半岛附近曾经历干旱气候。自起源地向北迁移和散布的过程中产生了新的分化，演变出一些多少进化或者较进化的类群，并迅速散布到长江流域的广阔地区，经历第三纪东亚季节性干旱气候的深刻影响，冬、春季（干旱时期）开花的山茶属植物中，一些类群演变成苞、萼半宿存（半宿萼茶组、瘤果茶组）至脱落（油茶组），或小苞片在开花前脱落（茶组）。上述适应性状使它们的分布区大大扩展，向东到达朝鲜半岛、日本、琉球群岛（油茶组的茶梅 *Camellia sasanqua*、山茶组的山茶 *Camellia japonica* 和茶组中的茶 *Camellia sinensis*），向西分布到东喜马拉雅地区（落瓣短柱茶 *Camellia kissi*），向北散布到秦岭和淮河流域（长瓣短柱茶 *Camellia grijsii*、短柱茶 *Camellia brevistyla* 和茶 *Camellia sinenses*），到达本属的东、西和北部边界，但上述类群的性状和特征表明，它们并不是最进化的类群，是在古气候变迁过程中适应性次生演变的结果。晚第三纪和第四纪以来，喜马拉雅造山运动和第四纪冰期的影响，这一热带起源的属，在水平分布上几乎没超越亚热带界限，垂直分布也局限于阔叶林带，但物种产生了较大分化，在分布区的北界，特别是在云贵高原至横断山区进一步演变出一些多倍体种群。

地史上日本和我国大陆曾连为一体，这一连接持续到上新世初，我国华东沿海与朝鲜半岛和日本存在着同种的对应分布提供了过去连续分布的图景。至于琉球群岛和我国台湾与大陆的连接一直到上新世末期才中断，两岸植物区系的交流持续更晚，至今与华南、华东乃至西南均存在同种和种下等级的对应分布。

山茶科中像山茶属 *Camellia* 和核果茶属 *Pyrenaria* 这样较为原始或古老的属，分布区仅局限在亚洲，可能存在着散布机制上的障碍，它们大而无翅的种子给远距离散布带来了困难。

第二节　山茶属植物的分类

1735 年，在瑞典植物学家 Linnaeus 撰写的 *System Naturae*（《自然系统》）中首次命名 *Camellia* 属，1753 年在他的著作 *Species Plantarum*（《植物种志》）中首次命名了山茶 *Camellia japonica* L. 和

茶 *Thea sinensis* L.，从而揭开了山茶属植物的系统分类及其形态学研究。1818 年，Sweet 首次提出把 *Thea* 和 *Camellia* 合并为 *Camellia* 的主张，不过这一提议直到 1935 年在荷兰召开的国际植物学大会上才被肯定和采纳；1874 年，Dyer 将山茶属 14 种划分为茶组 *Thea* 和红山茶组 *Camellia*。1887 年，Pierre 又建立了 4 个组，即毛蕊茶组 *Camlliopsis*、管蕊茶组 *Calpandria*、匹克茶组 *Piquetia* 和实果茶组 *Stereocarpus*，他把这些组及 Dyer 建立的两个组归在 *Thea* 属。1916 年 Cohen-Stuart 使用了 *Camellia* 的属名，把 Dyer、Pierre 建立的除匹克茶组、实果茶组外的 6 个组归于其下，另外建立了连蕊茶组 *Theopsis* 和毛蕊茶组 *Eriandria*。1921 年，Hallier 把匹克茶组和实果茶组提升到属的等级。1940 年 Nakai 按照 Cohen-Stuart 对山茶属分组的概念，把组升为分割的 5 个属，并承认 Hallier 把匹克茶组和实果茶组提升为属的做法。这样，山茶属就被分为 7 个属。1958 年，英国皇家植物园植物学家 Sealy 撰写了一部关于山茶属植物的专著 *A Revision of the Genus Camellia*，在这本专著中正式认定有 82 种，材料不全和存疑种 24 个，并把山茶原种按性状的相似性分为 12 个组。他分组的主要标准有两个，一是花柱分离还是连合，二是苞被是否分化为苞片和萼片，凡花柱分离的种均被认为是比较原始的。其中他增加的组有古茶组 *Archecamellia*、离蕊茶组 *Corallina*、半宿萼茶组 *Pseudocamellia*、异型茶组 *Heterogenea*、短柱茶组 *Paracamellia*（闽天禄，2000）。

山茶属分类学研究在我国起步较晚，在 20 世纪 80 年代我国才全面开展大范围的山茶属植物种质资源调查，山茶属植物资源潜在的巨大经济利用价值吸引了许多专家和学者关注山茶属植物的分类学研究，并发现许多尚未发表命名的新物种。随着国内学者对山茶属大量新种的发现，Sealy 的分类系统已无法准确判断这些新种，随之迎来一系列如新种的分类学位置待定等问题。为此，以中山大学张宏达教授和中国科学院昆明植物研究所闽天禄教授为代表的我国学者对山茶属植物进行了系统的分类学研究与分析，并相继提出了山茶属植物分类系统，形成了我国的山茶属分类体系。

依据国内外学者的研究结果，山茶属的演化路径表现为心皮从不完全合生到合生，花柱离生至合生，子房 5 室到 3 室，果期完全发育至仅 1 室发育，雄蕊不定数，基部或中上部合生至高度合生，表现出一定的阶段性。然而，有的物种原始与进化性状共存，使山茶属植物的演化途径显得复杂，因而它们的分类学位置容易引起争议。张宏达（1981a）强调"苞、萼不分化"是山茶属演化上的原始性状，并提出如下山茶属植物系统发育的途径：①苞被未分化、数目较多、螺旋状排列、花后脱落等属于原始特征；②花瓣数目众多、离生的比数目少或高度连合的原始；③雄蕊多轮而离生比花丝连生成花丝管原始；④子房 5 室，花柱 5 裂完全离生比子房 3 室，花柱 3 裂连生的要原始得多；⑤子房几个心皮全育具中轴比蒴果只有 1 室能育无中轴的原始。而闽天禄（1996）基于"花是变态的枝"这一系统发育理论认为，花梗、小苞片螺旋状排列于花梗上，苞、萼花后宿存是原始性状，"苞、萼不分化"是花变无梗、小苞片和萼片密集排列的结果，且花后多少脱落，应属次生性状。根据雄蕊由多数到少数，离生到不同程度合生，心皮未完全合生至合生，花柱离生到不同程度合生，子房 5 室至 3 室或仅 1 室发育，中轴宿存或退化为主要线索，将该属划分成 2 个亚属。两者在分类学上的观点不同造成了山茶属分类的分歧。

张宏达的分类系统认为山茶属基本类群表现出无花梗，苞被不分化等原始特征；花柄伸长，苞被继续分化为小苞片与萼片，发育出较为演化的类群。在种的界定上把一些广泛的形态特征上的差异界定为种间的差异，从而把山茶属划分为 4 个亚属，20 个组。闽天禄（1999）在其发表的《山茶属的系统大纲》中基于"花是变态的枝"的观点，将该属划分为 2 个亚属，并依据花各部由多数至少数，离生到合生，果期子房室全育到部分败育，中轴退化或宿存为主要线索，在亚属之下分成 14 个组。这个大纲支持建立亚属的分类等级，归并了张宏达系统中的 2 个亚属和 9 个组，取消了"亚组"和"系"的分类等级，界定了亚属和组的概念和范围，将已合格发表的 300 余种的名称订正归并为 119 种。

为规范全国油茶遗传资源调查对物种的界定，根据当前我国油茶相关专著及论文在山茶属物种分类上的通用性特点，全国油茶遗传资源调查及本书有关山茶属物种中文名称、拉丁名及分类统一采用了张宏达的分类体系。广义上，油茶通常是指山茶属中具油用价值的所有物种，为区别广义上的油茶概念，本书中把张宏达分类系统中的"油茶"（*Camellia oleifera*）物种中文种名统一称为"普通油茶"。

第三节　中国山茶属植物地理分布

依据张宏达的山茶属分类系统，山茶属植物共有 22 个组，280 余种（张宏达和任善湘，1998），主要分布于东亚北回归线两侧。在木本植物区系上，山茶属虽比不上樟科 Lauraceae、壳斗科 Fagaceae、冬青科 Aquifoliaceae、山矾科 Symplocaceae、桑科 Moraceae、杜鹃花科 Ericaceae、蔷薇科 Rosaceae 等大科的庞大种系，但它的分布区却相对集中。中国山茶属植物主要集中分布在南部及西南部，以云南、广西及广东横跨北回归线前后为中心，向南北扩散而逐步减少。从山茶属植物的分布区域可看出沿着北回归线东西方向是中国山茶属植物的分布中心，现在仍然留存下一些古老的种。

纵观山茶各物种在中国的地理分布，中国山茶属植物资源的地理分布特点是多数物种的分布区狭窄，各地区的特有种较多，尤以中心分布区的特有种为最多。在 20 个组中，绝大多数组均有自己特定的核心分布区。原始山茶亚属中的古茶组物种主要集中分布于广东及越南北部，实果茶组集中分布在云南和越南北部之间。山茶亚属中，油茶组物种的分布中心在广东、广西、湖南、江西、福建、浙江等中东部地带；糙果茶组分布中心在广东并向外扩散到广西、湖南、江西及福建、浙江。短柱茶组是山茶属中占有最大分布区的一个组，其分布中心在广西，并在云南和四川形成第二个中心，并继续西延到达缅甸和印度。红山茶组分布中心在广东、广西和云南，它向东扩散，在浙江、江西、福建形成了第二个分布中心光果茶系。就山茶亚属而言，有 4 个组的分布中心在我国西南地区，其中 2 个组，即糙果茶组和油茶组分别以广东和广西为分布中心。在茶亚属的 8 个组里比较原始的离蕊茶组和短蕊茶组都是以云南、广西及越南北部为分布中心，这不是巧合，而是系统发育的结果。管蕊茶组有 2 个种远离这个属的分布中心，到达东南亚地区，雄蕊完全联合成长管，很充分地表现出其次生特征。金花茶组集中分布于广西与越北交界的狭长地带上，是山茶属物种分布区中十分有趣的事例。茶组的分布中心也在云南和广西，似乎并不因它的种系庞杂而扩大它的分布区，这个亚属的其余 3 个组在结构上具有较高的特化水平，也都集中分布在分布区里。后生山茶亚属的分布同样密集而连续，显然是次生和特化了的种系，可是分布区也没逸出华南的范畴，连蕊茶组是本属中最大的一个组，分布中心从云南到广东沿着北回归线呈现东西向的带状分布，东部到达台湾，西边止于云南中部，毛蕊茶组的分布较为狭窄，北界不超过 24°N，南界也仅到达越南北部沿中国的边界上，只是更向西扩展到印度极东部分。

基于中国南部山茶属物种在系统学上的完整性和分布方面的集中性，有理由认为中国南部及西南部不仅是山茶属的现代分布中心，也是它的起源中心。山茶属是山茶科里具有较多原始特征的类群，是山茶科最原始的代表。因此山茶科是在我国南部起源和发展起来的，它是华夏植物区系主要的组成成分之一。

与自然分布相一致，中国油茶物种的栽培发展区多围绕其自然分布中心进行种植发展。目前，在中国作为油料资源人工栽培利用的物种仅有 10 余个物种，分别是普通油茶 *Camellia oleifera*、小果油茶 *Camellia meiocarpa*、越南油茶 *Camellia vietnamensis*、高州油茶 *Camellia gauchowensis*、滇山茶 *Camellia reticulata*、西南红山茶 *Camellia pitardii*、浙江红山茶 *Camellia chekiangoleosa*、博白大果油茶 *Camellia gigantocarpa*、南山茶 *Camellia semiserrata*、西南红山茶 *Camellia polyodonta*、怒江红山茶 *Camellia saluenensis*、长瓣短柱茶 *Camellia grijsii*、五柱滇山茶 *Camellia yunnanensis* 等。在现有栽培物种中，发展规模最大的、发展区域最广的是普通油茶，在秦岭以南的广大亚热带及热带地区的 17 个省（自治区、直辖市）均有栽培，现有栽培面积约为 400 万 hm²。其他栽培物种的栽培区多集中于自然分布中心区及周边呈局地性小规模栽培发展，如浙江红山茶栽培区主要为浙江、江西两省，高州油茶、南山茶栽培区为广东、广西及海南，而滇山茶即主要在云南西部高原区栽培发展。

第四节　中国油茶遗传资源调查

油茶是中国特有且重要的木本油料植物，油茶籽油以其特有的经济价值及品质闻名于世，作为山茶属植物的起源及分布中心的中国蕴含有大量山茶属油用物种，遗传资源极为丰富。为全面掌握中国油茶遗传资源分布及利用状况，加强油茶资源的管理与保护，有效发掘利用油茶资源，促进油茶产业又快又好发展，国家林业局于 2012 年印发《关于开展全国油茶遗传资源调查编目工作的通知》（林技发〔2012〕161 号）文件，启动开展全国油茶遗传资源调查编目工作，旨在通过调查编目项目的实施，摸清当前中国油茶遗传资源分布、储量及利用现状，构建中国油茶遗传资源信息数据库，实现油茶遗传资源的有效保护与高效利用。为落实通知文件精神，规范并科学开展油茶遗传资源调查，国家林业局科技发展中心牵头组织有关专家编制了《油茶遗传资源调查编目技术规程（试行）》，并于 2012 年 7 月由国家林业局印发（林技发〔2012〕166 号）执行，作为全国油茶遗传资源调查编目的技术规范。该技术规程通过在试行过程中进一步修订完善，于 2014 年升格成为林业行业标准（LY/T 2247—2014）。

遗传资源调查编目是一项纷繁浩大的系统工作，涉及现场调查、资料收集与整理、材料鉴定、样品分析、汇总采编等技术环节。为更好地开展油茶遗传资源调查编目工作，做到周密安排、精心部署、科学实施，并进一步规范全国油茶遗传资源调查技术标准和方法，国家林业局科技发展中心于 2012 年召集有油茶资源分布的江苏、浙江、安徽、福建、江西、河南、湖北、河南、广东、广西、海南、重庆、四川、贵州、云南、陕西、甘肃 17 省（自治区、直辖市）林业科技主管领导及油茶遗传资源调查技术负责人在北京召开了"全国油茶遗传资源调查编目"项目启动暨油茶调查编目技术培训会，对油茶遗传资源调查编目工作进行了统一部署，明确了各省（自治区、直辖市）工作目标、工作方案与具体任务内容，并研讨形成了分工明确、责任到省（自治区、直辖市）的《全国油茶遗传资源调查编目实施方案》。同时，为确保调查编目的科学性和资源评鉴的可靠性，提高调查编目工作的质量和水平，由长期从事林木遗传资源管理和油茶资源利用研究的 16 位知名专家组成了全国油茶遗传资源调查编目专家组，负责全国油茶遗传资源调查编目全程技术指导，协助各省（自治区、直辖市）开展调查技术培训，及时解决项目实施过程中出现的技术问题。

项目启动后，根据国家林业局的统一部署，有关各省（自治区、直辖市）依据各自任务内容，结合自身油茶资源分布特点相继编制了本地区的"油茶遗传资源调查编目"实施方案，鉴于油茶遗传资源调查涉及面广，外业工作量大，持续时间长，任务艰巨，为加强油茶遗传资源调查编目工作的组织领导与协调，参与项目调查的 17 个省（自治区、直辖市）分别成立了由省级林业部门主管领导兼任组长的项目工作领导小组，为项目的实施奠定了组织保障。同时，为确保调查编目工作的顺利实施和调查编目的质量，各省（自治区、直辖市）也均组织成立了专家工作组，并抽调有经验的技术人员组成多个野外调查工作组，明确各组的调查区域与内容，并面向具体参加人员开展油茶遗传资源调查编目技术培训，通过培训及交流，建立起专业化调查队伍，确保整个调查严格规范地按照技术标准进行。据不完全统计，全国有 300 余名科技人员直接参与了项目野外调查与内业整理工作。

本次全国油茶遗传资源调查严格按照《全国油茶遗传资源调查编目实施方案》确定的方法和工作流程组织实施。调查标准主要依据《油茶遗传资源调查编目技术规程（试行）》及《油茶遗传资源调查编目技术规程》（LY/T 2247—2014）等文件。在调查程序上遵循《野生植物资源调查技术规程》（LY/T 1820—2009）及《野生植物种质资源野外数据采集整理整合标准规范》等文献推荐的模式，即预研确定重点调查对象、野外筛查、资源信息采集、复查补充、汇总审核和编目报告撰写等环节，并在调查过程中根据调查实际，对调查性状指标及调查方法进行必要的细化和调整。例如，在汇总审核和整理阶段，我们按照油用的重要性与栽培利用现状，将中国油茶资源划分为选育资源与野生自然变异资源。

《中国植物志》第四十九卷第三分册和 Flora of China 是中国山茶科植物资源的重要信息源，为我们提供了中国山茶属植物资源重要基础数据，《中国植物志》编写出版距今虽有些久远，也未能及时反映山茶属植物分类学的最新进展，并与不同分类学家对山茶属的分类系统存有冲突，但该志书有关中国山茶属的分类系统是被广为接受且一直得到从事山茶属研究的专家认可的山茶属植物名录，因而本次油茶遗传资源调查编目明确将《中国植物志》作为调查编目的植物名录基础。此外，我们也依据最新资料和专家意见对部分物种进行必要的修订，以适应并反映最新研究进展。鉴于本次油茶遗传资源调查的目标为油用资源，我们剔除山茶属中油用开发价值低的茶组、超长柄茶组、秃茶组物种。最终形成的油茶遗传资源调查目标物种，包括 15 个组 200 余种（表 1-1）。重点调查这些物种的农家品种、选育的良种、无性系、百年以上古树、野生资源中具特异经济性状特征的自然变异个体等。调查内容包括资源基本信息、地理分布、数量、植物学性状特征、保护及保存利用状况等具体指标。

表 1-1　油茶遗传资源调查目标物种及代码

序号	中文名	拉丁名	物种代码
组 1. 古茶组 Sect. *Archecamellia* Sealy			
1	大苞山茶	*Camellia granthamiana* Sealy	001
2	大白山茶	*Camellia albogigas* Hu	002
组 2. 实果茶组 Sect. *Stereocarpus*（Pierre）Sealy			
3	五柱滇山茶	*Camellia yunnanensis*（Pitard）Coh. St.	003
4	散柱茶	*Camellia liberistyla* Chang	004
5	肖散柱茶	*Camellia liberistyloides* Chang	005
组 3. 油茶组 Sect. *Oleifera* Chang			
6	高州油茶	*Camellia gauchowensis* Chang	006
7	狭叶油茶	*Camellia lanceoleosa* Chang et Chiu ex Chang et Ren	007
8	茶梅	*Camellia sasanqua* Thunb.	008
9	越南油茶 香花油茶	*Camellia vietnamensis* Huang ex Hu *Camellia osmantha* Ye C X Ma L Y et Ye H	009
10	普通油茶 小果油茶 单籽油茶	*Camellia oleifera* Abel *Camellia meiocarpa* Hu *Camellia oleifera* Abel var. *monosperma* Chang	010
组 4. 糙果茶组 Sect. *Furfuracea* Chang			
11	全缘糙果茶	*Camellia integerrima* Chang	011
12	多瓣糙果茶	*Camellia polypetala* Chang	012
13	毛糙果茶	*Camellia pubifurfuracea* Zhong	013
14	阔柄糙果茶	*Camellia latipetiolata* Chi	014
15	红皮糙果茶 博白大果油茶	*Camellia crapnelliana* Tutch. *Camellia gigantocarpa* Hu et Huang	015
16	多苞糙果茶	*Camellia multibracteata* Chang et Mo ex Mo	016

序号	中文名	拉丁名	物种代码
17	糙果茶	*Camellia furfuracea*（Merr.）Coh. St.	017
18	扁糙果茶	*Camellia oblata* Chang	018
19	硬叶糙果茶	*Camellia gaudichaudii*（Gagn.）Sealy	019
20	肖糙果茶	*Camellia parafurfuracea* S. Y. Liang ex Chang	020
21	合柱糙果茶	*Camellia connatistyla* Mo et Zhong	021
		组 5. 短柱茶组 Sect. *Paracamellia* Sealy	
22	长瓣短柱茶 攸县油茶	*Camellia grijsii* Hance *Camellia yuhsienensis* Hu	022
23	小果短柱茶	*Camellia confusa* Craib	023
24	落瓣短柱茶	*Camellia kissi* Wall.	024
25	窄叶短柱茶	*Camellia fluviatilis* Hand. -Mazz.	025
26	短柱茶	*Camellia brevistyla*（Hayata）Coh. St.	026
27	冬红短柱茶	*Camellia hiemalis* Nakai	027
28	钝叶短柱茶	*Camellia obtusifolia* Chang	028
29	樱花短柱茶	*Camellia maliflora* Lindl.	029
30	陕西短柱茶	*Camellia shensiensis* Chang	030
31	粉红短柱茶	*Camellia puniceiflora* Chang	031
32	大姚短柱茶	*Camellia tenii* Sealy	032
33	细叶短柱茶	*Camellia microphylla*（Merr.）Chien	033
34	褐枝短柱茶	*Camellia phaeoclada* Chang	034
		组 6. 小黄花茶组 Sect. *Luteoflora* Chang	
35	小黄花茶	*Camellia luteoflora* Li ex Chang	035
		组 7. 半宿萼茶组 Sect. *Pseudocamellia* Sealy	
36	半宿萼茶	*Camellia szechuanensis* Chi	036
37	重庆山茶	*Camellia chungkingensis* Chang	037
38	毛果山茶	*Camellia trichocarpa* Chang	038
39	冬青叶山茶	*Camellia ilicifolia* Y. K. Li ex Chang	039
40	光果山茶	*Camellia henryana* Coh. St.	040
		组 8. 瘤果茶组 Sect. *Tuberculata* Chang	
41	瘤果茶	*Camellia tuberculata* Chien	041
42	黎平瘤果茶	*Camellia lipingensis* Chang	042
43	皱果茶	*Camellia rhytidocarpa* Chang et Liang	043
44	皱叶瘤果茶	*Camellia rhytidophylla* Y. K. Li et M. Z. Yang	044
45	乐业瘤果茶	*Camellia leyeensis* Chang et Y. C. Zhong	045
46	安龙瘤果茶	*Camellia anlungensis* Chang	046
47	厚壳红瘤果茶	*Camellia rubituberculata* Chang	047
48	尖苞瘤果茶	*Camellia acutiperulata* Chang et Ye	048
49	尖萼瘤果茶	*Camellia acuticalyx* Chang	049
50	直脉瘤果茶	*Camellia atuberculata* Chang	050

序号	中文名	拉丁名	物种代码
51	狭叶瘤果茶	*Camellia neriifolia* Chang	051
52	倒卵瘤果茶	*Camellia obovatifolia* Chang	052
53	荔波红瘤果茶	*Camellia rubimuricata* Chang et Z. R. Xu	053
54	小瘤果茶	*Camellia parvimuricata* Chang	054
55	湖北瘤果茶	*Camellia hupehensis* Chang	055
		组 9. 红山茶组 Sect. *Camellia*（L.）Dyer	
56	金沙江红山茶	*Camellia jinshajiangica* Chang et S. L. Lee	056
57	峨眉红山茶	*Camellia omeiensis* Chang	057
58	西南红山茶（宛田红花油茶）	*Camellia polyodonta* How ex Hu	058
59	绵管红山茶	*Camellia lanosituba* Chang	059
60	长蕊红山茶	*Camellia longigyna* Chang	060
61	石果红山茶	*Camellia lapidea* Wu	061
62	栓皮红山茶	*Camellia phelloderma* Chang，Liu et Zhang	062
63	毛蕊红山茶	*Camellia mairei*（Levl.）Melch.	063
64	长毛红山茶	*Camellia villosa* Chang et S. Y. Liang	064
65	毛籽红山茶	*Camellia trichosperma* Chang	065
66	南山茶（广宁红花油茶）	*Camellia semiserrata* Chi	066
67	短柄红山茶	*Camellia brevipetiolata* Chang	067
68	白毛红山茶	*Camellia albovillosa* Hu ex Chang	068
69	贵州红山茶	*Camellia kweichouensis* Chang	069
70	陈氏红山茶	*Camellia chunii* Chang	070
71	栓壳红山茶	*Camellia phellocapsa* Chang et B. K. Lee	071
72	扁果红山茶	*Camellia compressa* Chang et Wen ex Chang	072
73	大花红山茶	*Camellia magniflora* Chang	073
74	长管红山茶	*Camellia longituba* Chang	074
75	龙胜红山茶	*Camellia lungshenensis* Chang	075
76	滇山茶（腾冲红花油茶）	*Camellia reticulata* Lindl.	076
77	短轴红山茶	*Camellia brevicolumna* Chang，Liu et Zhang	077
78	斑枝红山茶	*Camellia stictoclada* Chang	078
79	西南红山茶	*Camellia pitardii* Coh. St.	079
80	香港红山茶	*Camellia hongkongensis* Seem.	080
81	隐脉红山茶	*Camellia cryptoneura* Chang	081
82	卵果红山茶	*Camellia oviformis* Chang	082
83	短蕊红山茶	*Camellia brachygyna* Chang	083
84	粗毛红山茶	*Camellia setiperulata* Chang	084
85	东安红山茶	*Camellia tunganica* Chang et B. K. Lee ex Chang	085

续表

序号	中文名	拉丁名	物种代码
86	竹叶红山茶	*Camellia bambusifolia* Chang，Liu et Zhang	086
87	怒江红山茶	*Camellia saluenensis* Stapf ex Been	087
88	白丝毛红山茶	*Camellia albo-sericea* Chang	088
89	白灵山红山茶	*Camellia bailinshanica* Chang，Liu et Xiong	089
90	木果红山茶	*Camellia xylocarpa*（Hu）Chang	090
91	寡脉红山茶	*Camellia oligophlebia* Chang	091
92	单体红山茶	*Camellia uraku*（Mak.）Kitamura	092
93	五瓣红山茶	*Camellia pentapetala* Chang	093
94	尖萼红山茶	*Camellia edithae* Hance	094
95	褪色红山茶	*Camellia albescens* Chang	095
96	寡瓣红山茶	*Camellia paucipetala* Chang	096
97	薄壳红山茶	*Camellia tenuivalvis* Chang	097
98	滇北红山茶	*Camellia boreali-yunnanica* Chang	098
99	大果红山茶	*Camellia magnocarpa*（Hu et Huang）Chang	099
100	离蕊红山茶	*Camellia liberistamina* Chang et Chiu	100
101	闪光红山茶	*Camellia lucidissima* Chang	101
102	浙江红山茶	*Camellia chekiangoleosa* Hu	102
103	莽山红山茶	*Camellia mongshanica* Chang et Ye	103
104	山茶	*Camellia japonica* Linn.	104
105	假大头茶	*Camellia changii* Ye	105
106	全缘红山茶	*Camellia subintegra* Huang ex Chang	106
107	连山红山茶	*Camellia lienshanensis* Chang	107
108	厚叶红山茶	*Camellia crassissima* Chang et Shi	108
109	假西南红山茶	*Camellia apolyodonta* Chang et Q. M. Chen	109
110	长尾红山茶	*Camellia longicaudata* Chang et Liang ex Chang	110
		组 10. 离生雄蕊组 Sect. *Corallina* Sealy	
111	滇缅离蕊茶	*Camellia wardii* Kobuski	111
112	毛籽离蕊茶	*Camellia pilosperma* S. Y. Liang ex Chang	112
113	腺叶离蕊茶	*Camellia paucipunctata*（Merr. et Chun）Chun	113
114	五数离蕊茶	*Camellia pentamera* Chang	114
115	膜萼离蕊茶	*Camellia scariosisepala* Chang	115
116	尖齿离蕊茶	*Camellia acutiserrata* Chang	116
		组 11. 短蕊茶组 Sect. *Brachyandra* Chang	
117	瘤叶短蕊茶	*Camellia muricatula* Chang	117
118	思茅短蕊茶	*Camellia szemaoensis* Chang	118
119	厚短蕊茶	*Camellia pachyandra* Hu	119
120	黄花短蕊茶	*Camellia xanthochroma* Feng et Xie	120
121	抱茎短蕊茶	*Camellia amplexifolia* Merr. et Chun	121

序号	中文名	拉丁名	物种代码
122	短蕊茶	*Camellia brachyandra* Chang	122
123	厚瓣短蕊茶	*Camellia crassipetala* Chang	123
124	元江短蕊茶	*Camellia yankiangensis* Chang	124
125	细花短蕊茶	*Camellia parviflora* Merr. et Chun ex Sealy	125
		组 12. 金花茶组 Sect. *Chrysantha* Chang	
126	五室金花茶	*Camellia aurea* Chang	126
127	显脉金花茶	*Camellia euphlebia* Merr. ex Sealy	127
128	中东金花茶	*Camellia achrysantha* Chang et S. Y. Liang	128
129	簇蕊金花茶	*Camellia fascicularis* Chang	129
130	凹脉金花茶	*Camellia impressinervis* Chang et S. Y. Liang	130
131	金花茶	*Camellia nitidissima* Chi	131
132	弄岗金花茶	*Camellia grandis*（Liang et Mo）Chang et S. Y. Liang	132
133	薄叶金花茶	*Camellia chrysanthoides* Chang	133
134	东兴金花茶	*Camellia tunghinensis* Chang	134
135	小瓣金花茶	*Camellia parvipetala* J. Y. Liang et Su	135
136	柠檬金花茶	*Camellia limonia* C. F. Liang et Mo	136
137	淡黄金花茶	*Camellia flavida* Chang	137
138	平果金花茶	*Camellia pinggaoensis* Fang	138
139	龙州金花茶	*Camellia lungzhouensis* Luo	139
140	小花金花茶	*Camellia micrantha* S. Y. Liang et Y. C. Zhong ex Liang	140
141	毛瓣金花茶	*Camellia pubipetala* Wan et Huang	141
		组 13. 长柄山茶组 Sect. *Longipedicellata* Chang	
142	长柄山茶	*Camellia longipetiolata*（Hu）Chang et Fang	142
143	中越山茶	*Camellia indochinensis* Merr.	143
		组 14. 连蕊茶组 Sect. *Theopsis* Coh. St.	
144	大萼连蕊茶	*Camellia macrosepala* Chang	179
145	尖连蕊茶	*Camellia cuspidata*（Kochs）Wright ex Gard.	180
146	长凸连蕊茶	*Camellia longicuspis* Liang ex Chang	181
147	厚柄连蕊茶	*Camellia crassipes* Sealy	182
148	长萼连蕊茶	*Camellia longicalyx* Chang	183
149	蒙自连蕊茶	*Camellia forrestii*（Diels）Coh. St.	184
150	荔波连蕊茶	*Camellia lipoensis* Chang et Xu	185
151	黄杨叶连蕊茶	*Camellia buxifolia* Chang	186
152	微花连蕊茶	*Camellia minutiflora* Chang	187
153	细尖连蕊茶	*Camellia parvicuspidata* Chang	188
154	截叶连蕊茶	*Camellia truncata* Chang et Ye	189
155	长尖连蕊茶	*Camellia acutissima* Chang	190
156	肖长尖连蕊茶	*Camellia subacutissima* Chang	191

序号	中文名	拉丁名	物种代码
157	美齿连蕊茶	*Camellia callidonta* Chang	192
158	岳麓连蕊茶	*Camellia handelii* Sealy	193
159	三花连蕊茶	*Camellia triantha* Chang	194
160	贵州连蕊茶	*Camellia costei* Levl.	195
161	云南连蕊茶	*Camellia tsaii* Hu	196
162	南投秃连蕊茶	*Camellia transnokoensis* Hayata	197
163	川鄂连蕊茶	*Camellia rosthorniana* Hand. -Mazz.	198
164	柃叶连蕊茶	*Camellia euryoides* Lindl.	199
165	毛枝连蕊茶	*Camellia trichoclada*（Rehd.）Chien	200
166	细叶连蕊茶	*Camellia parvilimba* Merr. et Metc.	201
167	七瓣连蕊茶	*Camellia septempetala* Chang et L. L. Qi	202
168	长管连蕊茶	*Camellia elongata*（Rehd. et Wils.）Rehd.	203
169	长果连蕊茶	*Camellia longicarpa* Chang	204
170	小石果连蕊茶	*Camellia parvilapidea* Chang	205
171	五室连蕊茶	*Camellia stuartiana* Sealy	206
172	阿里山连蕊茶	*Camellia transarisanensis*（Hay.）Coh. St.	207
173	毛柄连蕊茶	*Camellia fraterna* Hance	208
174	秃梗连蕊茶	*Camellia dubia* Sealy	209
175	超尖连蕊茶	*Camellia percuspidata* Chang	210
176	膜叶连蕊茶	*Camellia membranacea* Chang	211
177	玫瑰连蕊茶	*Camellia rosaeflora* Hook.	212
178	钟萼连蕊茶	*Camellia campanisepala* Chang	213
179	九嶷山连蕊茶	*Camellia jiuyishanica* Chang et L. L. Qi	214
180	披针叶连蕊茶	*Camellia lancilimba* Chang	215
181	金屏连蕊茶	*Camellia tsingpienensis* Hu	216
182	小卵叶连蕊茶	*Camellia parvi-ovata* Chang et S. S. Wang ex Chang	217
183	绿萼连蕊茶	*Camellia viridicalyx* Chang et S. Y. Liang ex Chang	218
184	披针萼连蕊茶	*Camellia lancicalyx* Chang	219
185	小长尾连蕊茶	*Camellia parvicaudata* Chang	220
186	半秃连蕊茶	*Camellia subglabra* Chang	221
187	能高连蕊茶	*Camellia nokoensis* Hayata	222
188	细萼连蕊茶	*Camellia tsofui* Chien	223
189	毛丝连蕊茶	*Camellia trichandra* Chang	224
		组 15. 毛蕊茶组 Sect. *Eriandria* Coh. St.	
190	小果毛蕊茶	*Camellia villicarpa* Chien	225
191	杯萼毛蕊茶	*Camellia cratera* Chang	226
192	斑枝毛蕊茶	*Camellia punctata*（Kochs）Coh. St.	227
193	四川毛蕊茶	*Camellia lawii* Sealy	228

序号	中文名	拉丁名	物种代码
194	棱果毛蕊茶	*Camellia trigonocarpa* Chang	229
195	心叶毛蕊茶	*Camellia cordifolia*（Metc.）Nakai	230
196	文山毛蕊茶	*Camellia wenshanensis* Hu	231
197	广东毛蕊茶	*Camellia melliana* Hand.-Mazz.	232
198	白毛蕊茶	*Camellia candida* Chang	233
199	长尾毛蕊茶	*Camellia caudata* Wall.	234
200	大萼毛蕊茶	*Camellia assimiloides* Sealy	235
201	香港毛蕊茶	*Camellia assimilis* Champ. ex Benth.	236
202	无齿毛蕊茶	*Camellia edentata* Chang	237
203	柳叶毛蕊茶	*Camellia salicifolia* Champ. ex Benth.	238

　　对于山茶属这样一个大种属的植物遗传资源调查来说，数据收集是最大的挑战。一方面，中国是山茶属植物资源的中心分布区，物种丰富，基数大；另一方面，除少数备受关注的主要栽培物种外，大多数物种缺乏种群大小、个体数量和分布面积及变动趋势等调查所需的基本信息。为此，我们一方面广泛征询全国从事山茶植物特别是油茶研究的专家提供资料，专家提交的数据包括物种名称（变化）、地理分布及野外居群状况、利用方式和保护状况等，其中包括一些专家本人没有正式发表的宝贵的野外调查资料，确保在短时间内获得大量具有可信度的资源分布信息。另一方面，各省（自治区、直辖市）项目团队通过图书馆及网络平台，查阅收集中国山茶属植物物种相关文献、地方植物志及标本资料，包括分布、资源利用及保护等信息内容。

　　野外调查是油茶遗传资源调查编目能否取得成效的关键。2012年9月，油茶遗传资源的野外调查工作在全国17个省（自治区、直辖市）全面铺开，采取点面结合、重点突出、全面覆盖的野外调查工作思路，通过查阅省市县植物资源调查资料、植物名录、森林资源二类调查表、县志、林业志及前人有关油茶研究的文献确定重点调查区域，同时通过专家征询、林农踏访等全面收集油茶遗传资源分布信息，结合实地踏察调查确定目标资源，并对目标资源性状进行全面观测记录、拍摄照片并做好实地标记，以便后续跟踪观测或取样。油茶遗传资源信息的获取往往难以一次完成，需要在不同物候期进行多次实地观测或取样，尤其是野生资源分布区往往交通不便，常常错过开花或果实成熟季节导致信息资料不全，许多资源需要在后续年度开展补充调查，据统计，首轮调查当年获取完整信息的资源数不足50%，给油茶遗传资源调查编目工作造成了许多困难。项目全面实施后，为及时了解并解决实施过程中出现的问题，有效推进项目工作，项目主管部门国家林业局科技发展中心先后于2013年1月、2014年7月和2016年6月三次召开工作进展汇报和专家组研讨会，及时总结并解决实施过程中的技术问题。与此同时，于2013年6～7月组织两个专家组分别前往四川、重庆、湖北、海南和安徽、陕西、甘肃等省（直辖市）进行实地督查与指导，解决项目实施中的技术问题，有效推进了相关省份的项目工作。

　　此次中国油茶遗传资源调查编目研究历时数年，收集和参考了大量线上线下参考资料，国内20余所科研院所、大专院校专家和研究生及各省（自治区、直辖市）基层林业科技人员300余人参与野外调查或资料整理等工作。可以说，这是一次政府主导、科研机构承担、发动全国油茶专家和地方林技人员参与实施的对整个中国油茶遗传资源的全面摸底调查。在各方努力下，通过持续5年的普遍调查与补充调查，全国油茶遗传资源调查取得了可喜的成果，全国累计调查各类油茶遗传资源3058份，其中调查信息较为完整的资源2583份，具油用或潜在育种利用价值的特异性状遗传资源2270份，建成了全国油茶遗传资源信息数据库。

02

第二章　油茶遗传资源多样性

第一节　油茶物种资源多样性及主要物种

作为山茶属植物的起源与分布中心，有95%以上的山茶属物种在中国有天然资源分布，物种资源极其丰富。在山茶属中，几乎所有物种的种子均富含油脂，其中大部分物种的种子油脂可直接榨取用作食用油脂，但归属于连蕊茶组、毛蕊茶组、长柄山茶组、半宿萼茶组及茶组中的物种其籽油稍有苦涩味。在全国油茶遗传资源调查项目实施过程中，科技人员对在我国分布的100余个山茶属潜在油用物种进行了较为系统的调查与分析，包括资源分布、资源储量、资源植物学形态特征、种实形态及油脂含量与组分等数十个指标，依据全国油茶遗传资源调查结果，中国有种仁含油率在30%以上的山茶属油用物种74个（表2-1）。

表2-1　中国主要栽培和潜在油用物种资源

序号	物种中文名及拉丁名	种仁含油率	天然分布（引种）省份	资源状态
1	五柱滇山茶 *Camellia yunnanensis*	>35%	云南、四川（浙江、江西）	区域栽培
2	高州油茶 *Camellia gauchowensis*	>40%	广东、广西（浙江）	广东、海南栽培
3	狭叶油茶 *Camellia lanceoleosa*	>40%	浙江、江西、福建（浙江）	野生
4	茶梅 *Camellia sasanqua*	>40%	浙江、江西、福建	园艺观赏
5	越南油茶 *Camellia vietnamensis*	>35%	广西、海南、广东、云南（浙江、福建）	南部区域有栽培
6	普通油茶 *Camellia oleifera*	>40%	安徽、江苏、浙江、福建、江西、湖南、湖北、广东、广西、重庆、贵州、云南、四川、陕西、河南、台湾（甘肃）	全域规模化生产栽培
7	全缘糙果茶 *Camellia integerrima*	>40%	广东、江西（浙江、湖南）	野生
8	多瓣糙果茶 *Camellia polypetala*	>40%	广东（浙江）	野生
9	毛糙果茶 *Camellia pubifurfuracea*	>40%	广西（浙江）	野生
10	阔柄糙果茶 *Camellia latipetiolata*	>35%	广东（浙江）	野生
11	红皮糙果茶 *Camellia crapnelliana*	>35%	广西、广东、福建、浙江、江西（云南、湖南）	区域栽培
12	糙果茶 *Camellia furfuracea*	>30%	广东、广西、福建、湖南、江西（浙江）	野生
13	扁糙果茶 *Camellia oblata*	>30	广西、贵州、江西、湖南（浙江）	野生
14	硬叶糙果茶 *Camellia gaudichaudii*	>30	海南、广西（浙江）	野生
15	肖糙果茶 *Camellia parafurfuracea*	>40%	广东、广西、江西（浙江）	野生

序号	物种中文名及拉丁名	种仁含油率	天然分布（引种）省份	资源状态
16	长瓣短柱茶 *Camellia grijsii*	>30%	湖南、广西、福建、江西、湖北、四川（浙江）	湖南、浙江、江西等省栽培
17	小果短柱茶 *Camellia confusa*	>30%	云南、广西、贵州（浙江）	野生
18	落瓣短柱茶 *Camellia kissi*	>30%	云南、广东、广西、海南	野生
19	窄叶短柱茶 *Camellia fluviatilis*	>30%	广东、广西、海南	野生
20	短柱茶 *Camellia brevistyla*	>40%	广东、广西、安徽、浙江、福建、江西	野生
21	钝叶短柱茶 *Camellia obtusifolia*	>40%	广东、福建、浙江、江西	野生
22	粉红短柱茶 *Camellia puniceiflora*	>40%	浙江（江西）	野生
23	大姚短柱茶 *Camellia tenii*	>40%	云南	野生
24	细叶短柱茶 *Camellia microphylla*	>40%	安徽、浙江、江西、湖南、贵州	野生
25	重庆山茶 *Camellia chungkingensis*	>30%	重庆、湖北	野生
26	毛果山茶 *Camellia trichocarpa*	>30%	云南	野生
27	光果山茶 *Camellia henryana*	>40%	云南、四川	野生
28	瘤果茶 *Camellia tuberculata*	>40%	四川、云南、贵州（浙江）	野生
29	黎平瘤果茶 *Camellia lipingensis*	>40%	贵州	野生
30	皱果茶 *Camellia rhytidocarpa*	>40%	广西、贵州、湖南（浙江）	野生
31	乐业瘤果茶 *Camellia leyeensis*	>35%	广西（浙江）	野生
32	厚壳红瘤果茶 *Camellia rubituberculata*	>35%	贵州	野生
33	小瘤果茶 *Camellia parvimuricata*	>30%	湖南、湖北、四川	野生
34	湖北瘤果茶 *Camellia hupehensis*	>30%	湖北	野生
35	金沙江红山茶 *Camellia jinshajiangica*	>40	云南、四川	野生
36	峨眉红山茶 *Camellia omeiensis*	>40%	四川、贵州	野生
37	西南红山茶 *Camellia polyodonta*	>40%	湖南、广西	广东、湖南等省小面积栽培

续表

序号	物种中文名及拉丁名	种仁含油率	天然分布（引种）省份	资源状态
38	长蕊红山茶 *Camellia longigyna*	>40%	贵州	野生
39	石果红山茶 *Camellia lapidea*	>30	贵州、广东、广西	野生
40	栓皮红山茶 *Camellia phelloderma*	>30%	四川	野生
41	毛蕊红山茶 *Camellia mairei*	>40%	四川、广西、贵州、云南	野生
42	长毛红山茶 *Camellia Villosa*	>40%	广西、贵州、湖南	野生
43	毛籽红山茶 *Camellia trichosperma*	>40%	江西	野生
44	南山茶 *Camellia semiserrata*	>45%	广东、广西（浙江、福建、云南）	广东、湖南有栽培
45	贵州红山茶 *Camellia kweichouensis*	>40%	贵州	野生
46	栓壳红山茶 *Camellia phellocapsa*	>40%	湖南、江西（浙江）	野生
47	扁果红山茶 *Camellia compressa*	>40%	湖南、江西（浙江）	野生
48	大花红山茶 *Camellia magniflora*	>40%	湖南	野生
49	长管红山茶 *Camellia longituba*	>40%	湖北	野生
50	龙胜红山茶 *Camellia lungshenensis*	>40%	广西	野生
51	滇山茶 *Camellia reticulata*	>50%	云南	云南有栽培
52	西南红山茶 *Camellia pitardii*	>45%	云南、贵州、四川、广西、湖南	云南、四川、贵州有栽培
53	香港红山茶 *Camellia hongkongensis*	>40%	广东	野生
54	东安红山茶 *Camellia tunganica*	>40%	湖南	野生
55	怒江红山茶 *Camellia saluenensis*	>40%	云南、四川	云南、贵州有栽培
56	木果红山茶 *Camellia xylocarpa*	>40%	云南	野生
57	寡脉红山茶 *Camellia oligophlebia*	>40%	四川	野生
58	五瓣红山茶 *Camellia pentapetala*	>40%	四川、云南	野生
59	尖萼红山茶 *Camellia edithae*	>40%	广东、江西、福建	野生

续表

序号	物种中文名及拉丁名	种仁含油率	天然分布（引种）省份	资源状态
60	寡瓣红山茶 *Camellia paucipetala*	>40%	贵州	野生
61	滇北红山茶 *Camellia boreali-yunnanica*	>45%	云南、四川	野生
62	大果红山茶 *Camellia magnocarpa*	>40%	广东、广西	野生
63	闪光红山茶 *Camellia lucidissima*	>40%	浙江、江西	野生
64	浙江红山茶 *Camellia chekiangoleosa*	>40%	浙江、福建、江西、湖南	浙江、福建、江西有栽培
65	山茶 *Camellia japonica*	>50%	山东、浙江、江西、四川、台湾	园艺观赏
66	全缘红山茶 *Camellia subintegra*	>50	江西	园艺观赏
67	连山红山茶 *Camellia lienshanensis*	>40%	广东	野生
68	厚叶红山茶 *Camellia crassissima*	>40%	江西	野生
69	假西南红山茶 *Camellia apolyodonta*	>40%	湖南	野生
70	长尾红山茶 *Camellia longicaudata*	>40%	广东、广西	野生
71	金花茶 *Camellia nitidissima*	>30%	广西、贵州	野生
72	尖连蕊茶 *Camellia cuspidata*	>40%	江西、湖南、广西	野生
73	贵州连蕊茶 *Camellia costei*	>40%	江西、湖南	野生
74	毛柄连蕊茶 *Camellia fraterna*	>50%	江西、湖南、贵州	野生

注：按《中国植物志》山茶属植物介绍先后顺序排列；种仁含油率依据该物种调查资源平均值

从物种资源在中国各省（自治区、直辖市）的自然分布状况看，广西、四川、广东、云南及贵州5省（自治区）是我国油用山茶属物种资源自然分布最多的省份，其物种资源数均在20种以上，其次是江西、湖南、福建和浙江，物种超过10种。调查发现，我国油茶物种资源虽然丰富，但多数物种区域特点明显，除普通油茶分布区较为广阔外，绝大多数物种均属于窄区域性物种，地理分布较为狭窄，有些物种只分布在某一个省（自治区、直辖市）的某一特定区域，如滇山茶只分布于云南中西部的保山、大理、楚雄等市（州），以及四川凉山高海拔地区，西南红山茶也主要自然分布于云南、贵州、四川的高原地带，越南油茶自然分布于广西、广东及海南等南亚热带及热带地区。现就全国遗传资源调查涉及的主要油用栽培物种或潜在重要油用物种的特点、分布、植特学形态特征及挖掘利用状况分别概述如下。

1. 五柱滇山茶 *Camellia yunnanensis*（Pitard）Coh. St

资源特点：丰产性中等，果大壳薄，籽粒硕大饱满，可作油料生产和园林景观绿化树种。

资源分布：主要分布于云南禄劝、武定、楚雄、南华、姚安、大姚、永胜、宁蒗、鹤庆、洱源、宾川、大理、巍山、永平、隆阳、龙陵、凤庆、永德、镇康等地；多生长在海拔 1960～2850m 的林下或林缘灌丛中。在龙陵县腊勐镇有约 50hm² 分布相对集中的天然次生纯林。

植物学特征：五柱滇山茶又名猴子木，本种在张宏达分类系统中归属于古茶组。通常为小乔木。嫩枝绿色，密生柔毛，毛被常存于第二年枝条，芽鳞玉白色。叶椭圆形，长 7.8～9.0cm，宽 3.6～4.5cm，叶片薄革质，叶面平整光滑，叶基近圆形，嫩叶绿色，老叶深绿色，叶缘平，具锐锯齿，叶齿密度大，叶片先端尾尖，侧脉 7 对。9 月中旬始花，花期约 2 个月，花白色，有香味，单生于枝顶，总苞宿存，萼片有绒毛，花瓣 9～11 枚，覆瓦状排列，中等厚度；雌蕊柱头高出雄蕊，子房、花柱 3～5 裂，分离至基部。果 9 月上旬成熟，果实球形，果皮青红色，果面光滑，平均横径 6.67cm，平均纵径 5.41cm，平均单果重 133.81g，最大单果重 211.86g。每果有种子 5～15 粒，籽粒硕大饱满，种子半球形，种皮棕褐色，有光泽，检测样品种仁含油量 37.6%，籽油中不饱和脂肪酸含量 84.13%，其中油酸含量 70.66%（图 2-1）。

五柱滇山茶枝叶

五柱滇山茶果枝

五柱滇山茶花

五柱滇山茶果实

图 2-1　五柱滇山茶 *C. yunnanensis* 形态特征

资源挖掘利用与保护：目前，多以野生资源存在，在原生地有利用天然资源采籽榨油食用的习惯，但少有人为栽培。野生资源近年已得到有效保护，在浙江、江西、湖南、广西等油茶资源保存基地有引进资源异地保存。

2. 越南油茶 *Camellia vietnamensis* Huang ex Hu

资源特点：越南油茶生态适应性广、植株高大，可用于绿化荒山、涵养水源、保持水土；具有较高的种内遗传变异性，种仁含油率较高。越南油茶适宜在夏热冬暖、多雨高温的南亚热带低海拔丘陵地区生长。

资源分布：天然分布于我国与越南交界的广西南部和云南东南部，广西主要栽培区为宁明、防城、陆川、上思、凭祥等县（市、区），栽培面积2000hm²。

植物学特征：越南油茶又名大果油茶、华南油茶、陆川油茶，本种在张宏达分类系统中归属于油茶组。越南油茶树体较高大，枝叶茂密，多为乔木，树高4～8m。顶芽1～5枚，苞片覆瓦状排列，背面有绒毛，2～3月叶芽开始萌动，1年抽梢2次，即4～5月抽发春梢，7月左右抽发夏梢，嫩枝有灰褐色柔毛，表皮纵裂有皱纹。叶多为长圆形或椭圆形，偶有卵形或倒卵形，长5～12cm，宽2～5cm，叶缘具锯齿，尖端较密，齿端有不明显的骨质小黑尖，叶边缘和叶柄有毛。4～5月分化形成花芽，10月开始开花，11月下旬至12月中旬为开花盛期，花期较长，直到翌年1月。花白色，花冠直径6～10cm，背面有绒毛，雄蕊多数4～5列，花谢时，花瓣先于雄蕊脱落，子房被黄色有光泽长毛。果实5～6月迅速膨大，8月基本定型，10月底至11月初成熟，蒴果呈球形，中等大小，果径4.6～6.0cm，平均单果重38.0g，最大可达300g，果片较厚，一般在0.4～0.8cm。种子褐黑色，种仁含粗脂肪40%以上，籽油中不饱和脂肪酸85%以上，其中油酸含量80%以上（图2-2）。

越南油茶枝叶

越南油茶花

越南油茶果枝

越南油茶果实及种子

图 2-2　越南油茶 *C. vietnamensis* 形态特征

资源挖掘利用与保护：广西壮族自治区林业科学研究院、海南省林业科学研究所及广东省林业科学研究院等单位近年对该物种的野生资源进行了调查和优树选择，已初选出一批优树及无性系良种，在南宁油茶种质保存基地已收集保存遗传资源数十份。

3. 香花油茶 *Camellia osmantha* Ye C X Ma L Y et Ye H

资源特点：香花油茶为高州油茶近缘种，花有香味，具有速生、丰产、适应性强等特性，而且树型美观，不仅可作油料树种，也可作观赏树种。

资源分布：在广西、广东、海南等油茶产区的低、中山或丘陵地带，土层深厚、肥沃、排水良好的微酸性土中生长。目前，香花油茶已作为油用资源栽培于广西南宁、崇左、钦州、防城、玉林和百色等地，栽培面积约 200hm²。

植物学特征：由广西壮族自治区林业科学研究院于 2012 年发现并命名的油茶新物种。通常为灌木或小乔木，高至 3.5m，分枝低，树皮浅红色，不剥落。嫩枝灰褐色，被浅黄色柔毛，老枝红褐色，无毛。鳞芽有毛，苞片 8 枚，内外皆有短丝毛。叶革质，倒卵形、倒卵状椭圆形或长圆形，长 3.5～6.0cm，宽 1.8～3.5cm，先端圆，具短尖或急速收缩成尾尖；叶干时上面灰绿色，下面绿色，除中脉有稀疏短柔毛外，其余无毛；中脉上面微凹，下面隆起，侧脉 7～9 对，上面略可见，下面不明显；叶缘具胼胝质状细锯齿，锯齿自尾尖边缘至近叶基处；叶柄纤细，长 3～5mm，背面有短丝毛，腹面除边缘外无毛。花期 10 月至翌年 1 月，花 2～3 朵簇生于叶腋，花冠白色，无梗，有香气，花冠直径 2.5～3cm，苞被不分化为苞片和萼片，壳质易碎，花开后脱落，10～12 枚，从上至上、由外至内逐渐增大，半圆状贝壳形到近圆形，内外皆有丝状短柔毛；花瓣 6～8 枚或更多，易脱落，除内轮花瓣基部贴生外轮雄蕊外，其余彼此分离；最外面的 1 枚由苞向花瓣过渡，下部革质，上部膜质，半圆形、贝壳状，革质部分外面略被毛，其余花瓣均为膜质，倒卵形至长圆状倒卵形，长 1.2～2.2cm，宽 0.9～1.5cm，先端 2 裂至 5mm，外面先端裂口处有短丝毛，其余内外皆无毛；雄蕊多数，长短不一，排成 3 轮，长 0.5～1.1cm，仅外轮基部连合约 1mm，其余彼此完全分离，花丝无毛，花药 2 室，近基部着药；子房圆锥状，密被短丝毛，花柱长 7～8mm，基部被短丝毛，柱头 3 裂，裂片长 2mm，中轴胎座，3 室，每室胚珠 3～5，子房室常出现败育。蒴果球形，有近倒卵形，宽 1.7～2.5cm，高 2.0～4.0cm，先端圆或急尖，果皮革质，表皮毛褪去；果干时 3 片开裂，常 1～2 室发育，偶有 3 室全发育的，每室 1 种子。种子深褐色，近圆形或果为 2 室时，种子一面平凸，径 1.3～1.7cm，表面无毛；果单室或 2 室发育时，中轴被挤成薄片贴向果壁，果 3 室皆发育时，中轴三棱形。种仁含油量 40% 以上，油脂中不饱和脂肪酸含量 85% 以上，其中油酸含量 80% 以上（图 2-3）。

香花油茶树体　　　　香花油茶果实　　　　香花油茶枝叶　　　　香花油茶花

图 2-3　香花油茶 *C. osmantha* 形态特征

资源挖掘利用与保护：因其开花结果量大、果实小、种仁含油率高，已被广西壮族自治区林业科学研究院列为重要油茶研究物种之一。香花油茶目前尚未选育出良种，但该物种自然变异丰富，已从自然变异中初步筛选出一批具丰产、高油酸特性的优良无性系、家系。本物种抗旱、耐涝，抗病性和适应性强，树姿优美，花多且略带香味，在园林绿化上具有广阔的应用前景，是一个值得更多关注的油用观赏兼用的树种。广西壮族自治区林业科学研究院已利用本物种与普通油茶（*C.oleifera*）、越南油茶（*C.vietnamensis*）等杂交培育了杂交子代群体。

4. 狭叶油茶 *Camellia lanceoleosa* Chang et Chiu ex Chang et Ren

资源特点：枝条无毛、叶狭披针形、种仁含油率高于40%。

资源分布：狭叶油茶仅在南昌地区、宜春地区有少量分布。

植物学特征：灌木，嫩枝无毛。叶革质，狭披针形，长6～8.5cm，宽1.8～2.4cm，先端尾状渐尖，基部狭窄楔形；叶片正面干后深绿色，发亮，下面黄绿色，无毛；侧脉约5对，与网脉在上下两面均不明显，边缘有细锯齿，叶柄长5～7mm。盛花期11月，花顶生，苞片及萼片7枚或8枚，外侧略有毛，花瓣6片，倒卵形，长2～2.5cm，先端圆形；雄蕊长约1.3cm；子房3室，外侧被丝毛，花柱长1cm，被丝毛，顶端3裂。10月果熟，蒴果近球形，中等大小，果径4～6cm。种子每室2粒或3粒。种仁含粗脂肪40%以上，籽油中不饱和脂肪酸含量大于85%（图2-4）。

狭叶油茶花

狭叶油茶果

狭叶油茶树体

狭叶油枝叶

图2-4 狭叶油茶 *C. lanceoleosa* 形态特征

资源挖掘利用与保护：该物种是江西省林业科学院邱金兴同志在1980年发现于宜丰县，在江西省林业科学院油茶种质资源库中收集，并进行了无性繁育和实生扩繁，目前种质资源较少。

5. 茶梅 *Camellia sasanqua* Thunb.

资源特点：耐寒性好，园林观赏树种，种子种仁含油率大于40%。

资源分布：长江以南地区，主要分布在江苏、浙江、福建、广东等南方各省。

植物学特征：常绿灌木，高1.4～2.4m。嫩枝有短柔毛，幼枝随生长由淡绿色变为红褐色，老枝光滑，褐色。叶近圆形，先端钝尖，基部楔形，长3.0～4.7cm，宽1.5～2.9cm，边缘有细锯齿，厚革质，叶面有光泽，深绿色，叶背略有光泽，淡绿色，中脉微隆，有短柔毛，下面无毛，侧脉不明显。花期长，10月下旬始花，持续至翌年4月，花略有芳香，单瓣或半重瓣，花色有红、白、粉红等纯色，还有很多奇异的变色及红、白镶边等，花冠直径3.5～6.0cm。10月果实成熟，蒴果球形，稍被毛，果较小，果径1.5～2cm，1～3室，果片3裂，种子褐色，无毛，种仁含粗脂肪45%以上，籽油含不饱和脂肪酸85%以上（图2-5）。

茶梅枝叶

茶梅树体　　　　　　　　　　茶梅花

图2-5　茶梅 *C. sasanqua* 形态特征

资源挖掘利用与保护：茶梅作为一种优良的园林树种，在园林绿化中有广阔的发展前景，有关研究主要集中在其形态特征、生物学特性、经济价值及花粉形态、果实解剖特征等方面的研究。目前该资源在油用方面主要作为种质资源进行收集，中国林业科学研究院亚热带林业研究所等单位正以其作为亲本开展种间杂交创制新种质。

6. 普通油茶 *Camellia oleifera* Abel

资源特点：普通油茶是我国种植历史最为悠久、栽培区域最广且种植面积最大的山茶属油用物种，具有适应性强、适生区广、经济寿命长、结实稳定、种仁含油率高、籽油品质好等特点，其不饱和脂肪酸含量及油酸组分高，长期保存不易变质，是优良的木本油料资源。

资源分布：普通油茶是我国分布及栽培区最广的一个山茶属油用物种，在我国秦岭以南 17 个省（自治区、直辖市）均有分布，是一个宽生态幅物种。目前全国人工林栽培面积已达 400 万 hm²，占人工种植油茶面积的 95% 以上，我国普通油茶栽培面积较大的是湖南、江西、广西 3 省（自治区），栽培面积占比超过全国总面积的 70%。

植物学特征：在张宏达分类系统中，普通油茶归属于油茶组。通常为灌木或中小乔木，嫩枝多具粗毛。叶革质，椭圆形、长圆形或倒卵形，长 5～7cm，宽 2～4cm，先端急尖、渐尖或钝尖，基部多为楔形，叶正面深绿色，发亮，中脉有粗毛或柔毛，背面浅绿色，无毛或中脉有长毛，侧脉在正面能见，在背面不明显，边缘具细锯齿或钝锯齿，叶柄长 4～8mm，有粗毛。花多于果熟后开放，盛花期 10 月中旬至 12 月上旬，多为顶生，近无柄，苞片及萼片 10 片，由外向内逐渐增大，阔卵形，长 3～12mm，背面有贴紧柔毛或绢毛，花后脱落，花瓣白色，5～7 片，倒卵形，长 2.5～3cm，宽 1～2cm，先端凹入或深裂为 2 裂，基部狭窄，近离生，背面有丝毛，至少在最外侧的有丝毛；雄蕊长 1～1.5cm，外轮雄蕊仅基部略连生，偶有花丝管长达 7mm，无毛，花药黄色，背部着生；子房有黄长毛，3～5 室，花柱长约 1cm，无毛，先端不同程度 3 裂。10 月中旬至 11 月上旬果实成熟，蒴果球形或卵圆形，苞片及萼片脱落后留下的果柄长 3～5mm，粗大，有环状短节，蒴果直径 2～4cm，3 室或 1 室，3 片或 2 片裂开，每室有种子 1 粒或 2 粒，果片厚 3～5mm，木质，中轴粗厚。种子黄棕色或黑色，种仁含粗脂肪 40% 以上，籽油中不饱和脂肪酸含量高达 90% 以上，其中油酸含量在 80% 以上（图 2-6）。

普通油茶花

普通油茶枝叶

普通油茶树体

普通油茶种实

图 2-6　普通油茶 *C. oleifera* 形态特征

资源挖掘利用与保护：普通油茶是我国当前所有山茶属油用物种中发掘利用最为充分的物种。对资源的发掘利用科研主要是在新中国成立后，而全面系统地开展普通油茶资源的挖掘利用研究始于 20 世纪 60 年代。目前，已在浙江、江西、湖南、广西等地建立了全国油茶种质资源保存基地，收集种质资源 3000 余份。与此同时，对普通油茶物种开展了群体选择、个体选择及家系和无性系测定等良种选育研究，目前全国各科研单位已选育审认（定）高产良种 337 个，其中通过国家级审定良种 116 个。近年来，基于杂种优势的普通油茶杂交育种研究有了进一步的深入，先后杂交创制了近千份杂种资源，进一步丰富了我国普通油茶遗传资源。

7. 单籽油茶 Camellia oleifera Abel var. monosperma Chang

资源特点：叶片较短小，花较小，蒴果小，1 室，只有种子 1 个。种仁含油率高于 40%。
资源分布：主要分布于江西省铅山、石城、广昌、黎川、宜丰等地。
植物学特征：单籽油茶是普通油茶变种，与油茶原变种的区别在于叶片较短小，花较小，蒴果小，1 室，只有种子 1 个（图 2-7）。

单籽油茶树体　　　　　　　　　　　　　　　　单籽油茶果实及种子

图 2-7　单籽油茶 C. oleifera var. monosperma 形态特征

资源挖掘利用与保护：目前在江西主要为野生状态分布，未进行人工繁育及栽培，故其资源保护力度较弱。单籽油茶种质资源少，目前未得到有效保护，以原地保存为主，建议加强其资源保护措施。

8. 小果油茶 Camellia meiocarpa Hu

资源特点：适应性强，适生区广，果较小，果爿薄，出籽率高，种仁含油率高于 40%、油脂品质好。
资源分布：福建除海岛以外的全省各地，海拔 80～1300m。
植物学特征：通常为小乔木，嫩枝被柔毛或无毛，主秆或大枝黄褐色或红褐色，光滑。叶片小，长椭圆形至阔椭圆形，先端钝尖至渐尖，基部楔形至圆形，长 2.0～7.0cm，宽 2.0～3.5cm，叶缘具疏锯齿，叶片表面光滑，叶柄长 2～5mm，被长柔毛或微柔毛。盛花期 10～11 月，花白色，偶见粉色，部分略带芳香，花冠直径 2.0～8.0cm，顶生或腋生，鳞片 5～10 枚，随花朵开放而脱落，外面密被柔毛，里面无毛，花瓣 5～9 枚，倒卵形，先端微裂，基部与雄蕊柱分离；雌蕊高出雄雌或等高，雄蕊无毛，雌蕊长 0.5～1.3cm，花柱无毛，先端 3～5 裂，裂深 0.3～1cm，子房被绒毛。10～11 月果实成熟，蒴果圆球形、扁圆球形、桃形、橄榄形等，果高 1.3～4.0cm，果径 1.3～4.3cm，成熟时果皮红色、黄色、绿色等，光滑或被长柔毛，1～4室，果片厚度1.3～2.0mm，每果含种子1粒或2粒，鲜出籽率多在60%以上。种仁含油量为36%～55%，籽油不饱和脂肪酸含量88%～94%，其中油酸含量75%～84%（图2-8）。

小果油茶树体　　　　　　　　　　　小果油茶果枝

小果油茶枝叶　　　　　　　　　　　小果油茶花

图 2-8　小果油茶 *C. meiocarpa* 形态特征

资源挖掘利用与保护：在福建省北部、中部、西部和中东部地区广泛栽培，目前栽培面积约3万 hm²。其资源的挖掘利用和研究在福建省有悠久的历史，选育形成了农家品种、优良无性系、优良群体及特异种质资源，优良农家品种龙眼茶良种已在福建省推广应用。开展了小果油茶优良无性系杂交和普通油茶的种间杂交育种。小果油茶野生资源逐步获得保护，在福建闽东、闽中、闽西及浙江、江西等省油茶种质资源保存基地中收集保存有小果油茶资源100余份，包括有关科研单位选育的良种、优良无性系、杂交子代、特异品系等。

9. 红皮糙果茶 *Camellia crapnelliana* Tutch.

资源特点：具有较大的花和果，野生资源结果量一般，种仁含油率高于35%，籽油橘黄色稍带涩味，是重要的油料和观赏植物。

资源分布：红皮糙果茶野生资源主要在浙江龙泉、庆元、建德及杭州等地呈间断性分布；福建的霞浦、建阳、尤溪和三明及江西龙南、定南和上饶等地也有分布。

植物学特征：又名茶梨、梨茶等。通常为小乔木，高5～7m，树皮锈褐色，嫩枝无毛，淡黄色。叶硬革质，倒卵状椭圆形至椭圆形，长8～14cm，宽3～5cm，先端短尖，尖头钝，基部楔形，上面深绿色，下面灰绿色，无毛，侧脉约9对，在上面不明显，在下面明显凸起，边缘有中钝齿，叶柄长6～10mm，无毛，叶芽黄绿色，无毛。花顶生，单花，白色，花冠直径7～10cm，近无柄，苞片3片，紧贴着萼片，萼片5片，倒卵形，长1～1.7cm，宽2cm，外侧有绒毛，脱落，花瓣6～8枚，倒卵形，长3～4cm，宽1～2.2cm，内侧花瓣基部连生4～5mm，最外侧1～2片花瓣近离生，基部稍厚，革质，背面有毛；雄蕊长1.2cm，多轮，无毛，外轮花丝与花瓣连生约5mm；雌蕊柱头高出雄蕊或等高，雌蕊子房有毛，花柱3条，长约1.5cm，有毛，胚珠每室4～6个。10月上、中旬果实成熟，蒴果梨形，果面粗糙，具糠秕，黄棕色，果径6～8cm，果片厚1.5～2.5cm，干后疏松多孔隙，3室，有种子9～20粒，种皮黑色或褐色，种仁粗脂肪含量35%以上（图2-9）。

红皮糙果茶树姿　　　　　　　　红皮糙果茶花　　　　　　　　红皮糙果茶果实

图 2-9　红皮糙果茶 *C. crapnelliana* 形态特征

资源挖掘利用与保护：红皮糙果茶结实率中等，多作为观赏植物被用于庭园绿化。在浙江省建德市有一片红皮糙果茶实生种群，亩产茶油15kg（1亩≈667m²），产地群众作为食用油树种。福建、江西、湖南、广西、湖北、重庆、贵州、云南等多省（自治区、直辖市）有引种，均能正常开花结果，适宜在中亚热带低山丘陵生长。

10. 博白大果油茶 *Camellia gigantocarpa* Hu et Huang

资源特点：树体高大，生长快、抽梢发叶早。果大皮厚，果面粗糙，单果重多在400g以上，鲜出籽率8%～12%，种仁含油率在35%～40%。

资源分布：主要分布在广西博白一带，浙江、福建、江西、湖南、广西、湖北、重庆、贵州、云南等多省（自治区、直辖市）均有引种。适宜在高温多雨的南亚热带地区生长，但从各地引种的情况来看，在各引种点均能正常开花结果。

植物学特征：博白大果油茶又名赤柏子。多为高大乔木，树高可达10m，枝干树皮光滑，黄棕色，无毛。叶倒卵形至阔长圆形，先端短尖，基部楔形或近圆形，长9.0～15.0cm，宽4.0～9.5cm，叶缘具齿，薄革质，叶面中脉和侧脉凹陷，叶背面侧脉和主脉凸起，偶然被稀疏柔毛，有木栓瘤，叶柄长8～12mm，上面有沟槽，无毛。10～11月开花，花白色，有浓香味，花径8.0～12.0cm，单花顶生，鳞片9～12枚，随果实成熟而脱落，外面被灰色绒毛，里面无毛，边缘有毛，花瓣6～9枚，长3.8～6.5cm，宽2.0～4.5cm，倒卵形，边缘起皱，先端有缺口，背面有短柔毛，基部与雄蕊柱略连生；雄蕊被毛，长1.0～1.8cm，约300枚；雌蕊长8～15mm，花柱3～4条，基部离生，下部有疏柔毛，子房密被绒毛。蒴果球形，直径7.0～12.0cm，单果重400～1000g，表面粗糙，糠秕状，3～4室，每室3～5粒种子，果片厚1.0～2.0cm。种仁含粗脂肪40%以上（图2-10）。

博白大果油茶果实 1

博白大果油茶果实 2

博白大果油茶树姿

图 2-10 博白大果油茶 *C. gigantocarpa* 形态特征

资源挖掘利用与保护：博白大果油茶因其树体高大，果实出籽率低，目前少有成片栽培用于油料生产，多以散生状栽培作为绿化观赏，该资源在广西、广东两省（自治区）林业科学研究院有种质资源收集保存，安徽、浙江、江西、福建、湖南、湖北、云南及陕西有引种资源。

11. 糙果茶 *Camellia furfuracea*（Merr.）Coh. St.

资源特点：适宜高海拔、种仁含油率高、油脂油酸含量高。

资源分布：分布于浙江、江西、福建等省，多生长于海拔 500～1000m 的山坡的林下灌丛中。

植物学特征：小乔木，高可达 2～6m，嫩枝无毛，幼枝随生长由褐色变为黄褐色，老枝光滑，灰色。叶长圆形至狭椭圆形，长 8～15cm，宽 2.5～4cm，基部楔形，侧脉 7～8 对，革质，叶上面干后深绿色，发亮，或浅绿色，无光泽，无毛，下面褐色，无毛，先端渐尖，叶网脉在正面明显或凹陷，在背面凸起，边缘有细锯齿，叶柄长 5～7mm，无毛。花期 3～4 月，花白色，花径 1.5～2.0cm，花顶生或腋生，苞片及萼片 7～8 片，向下 2 片苞片状，细小，阔卵形，长 2.5～4mm，其余 5～6 片倒卵圆形，长 8～13mm，背面略有毛，花瓣 7～8 枚，最外 2～3 片过渡为萼片，中部革质，有毛，边缘薄，花瓣状，内侧 5 片，背面上部有毛，倒卵形，长 1.5～2cm；雄蕊长 1.3～1.5cm，花丝管长 5～6mm，基部 2～3mm 与花瓣连生，无毛；雌蕊子房有长丝毛，花柱 3 条，分离，有毛，长 1～1.7cm。蒴果球形，果高 1.74～2.25cm，果径 1.56～2.17cm，果面糙秕，3 室，每室种子 2～4 粒，果爿厚 1～3mm。果期 6～10 月。种仁含油量为 45%～55%，油脂不饱和脂肪酸含量 90%～95%，其中油酸含量 78%～88%（图 2-11）。

糙果茶树体

糙果茶花 　　　　　　　　　　　　　　　　　糙果茶果实

图 2-11　糙果茶 *C. furfuracea* 形态特征

　　资源挖掘利用与保护：目前，少有人工栽培。其果实大，鲜出籽率高，在栽培、育种上有一定利用前景。野生资源破坏严重，古树资源保护近年来已得到加强，在浙江金华、江西南昌建有种质资源保存基地，收集保存有种质资源 20 余份。

12. 长瓣短柱茶 *Camellia grijsii* Hance

　　资源特点：树体紧凑，果实出籽率高，花具香味，油脂品质好。

资源分布：浙江、湖南、广西等地均有分布或生产栽培，福建、江西、陕西等地有引种。

植物学特征：长瓣短柱茶又名攸县油茶（*Camellia yuhsienensis*）、野茶子、薄壳香油茶等，归属于山茶属短柱茶组。常绿灌木或小乔木，高3～10m，树体冠幅狭窄，枝条分枝角度小，排列紧密，树皮光滑，灰白色或黄褐色。幼枝疏生柔毛，后变无毛，芽长锥形较小，鳞片质硬。叶革质，椭圆形或长圆状椭圆形，叶长7.7～8.5cm，叶宽3.3～4.8cm，叶片质地粗糙较厚，先端渐尖，基部钝或圆形，边缘具细密锯齿，叶面深绿色，无光泽或略具光泽，沿中脉被微硬毛，背面淡绿色，无毛，有明显散生腺点，侧脉下陷，锯齿细尖，边缘具细钝齿，叶面深绿色，无光泽或略具光泽，沿中脉被微硬毛，背面淡绿色，无毛，两面具细小瘤突，侧脉在表面多少凹陷，背面不显，叶柄长5～7mm，被柔毛。2月中旬至3月下旬开花，花白色，花瓣倒心形，5～7枚，亦有9～12枚，子房有白绒毛，开花时有栀子花香味，雌蕊较短，雄蕊较少；蒴果10月底成熟，中等大小，圆球形或扁圆球形，果面粗糙，具糠秕，果高1.8cm，果径1.2～1.6cm，单果重11～14g，果爿极薄，鲜出籽率高于60%，果皮黄棕色；种子球形，种皮褐色，种仁含粗脂肪35%以上，油脂品质好，籽油不饱和脂肪酸含量85%以上（图2-12）。

长瓣短柱茶树姿　　　　　　　　　　　　　长瓣短柱茶果实

图2-12　长瓣短柱茶 *C. grijsii* 形态特征

资源挖掘利用与保护：长瓣短柱茶与许多山茶属物种具有种间杂交亲和性，研究证实，长瓣短柱茶可以与油茶、小果油茶、茶梅（*C. sasanqua*）、山茶（*C. japonica*）、滇山茶（*C. reticulata*）等进行种间杂交。近年，中国林业科学研究院亚热带林业研究所、湖南省林业科学院等单位通过其他山茶物种与长瓣短柱茶种间杂交创制了一批具高产、高抗、高油酸含量等特性的新种质，并构建了杂交子代群体。湖南攸县保存有长瓣短柱茶的天然居群及古树资源，在浙江、湖南、广西等种质资源保存基地有一些本物种的选育资源（包括家系、无性系）被有效保存。

13. 短柱茶 *Camellia brevistyla* (Hayata) Coh. St.

资源特点：花白色、果小，种子可榨油直接食用。

资源分布：野生资源分布于浙江、福建、江西、广东、广西等省（自治区）中海拔山地。

植物学特征：灌木或小乔木，嫩枝有柔毛，老枝灰褐色，有时红褐色。叶革质，狭椭圆形，长3～4.5cm，宽 1.5～2.2cm，先端尾尖，基部阔楔形，叶片正面深绿色，稍发亮，中脉有柔毛，下面浅绿色，无毛，有小瘤状突起，叶脉在叶片正、背两面均不明显，边缘有稀疏钝锯齿，齿刻相隔 2mm，叶柄长 5～6mm，有短粗毛。9～10 月开花，花白色，顶生或腋生，花柄极短，苞被片 6～7 片，阔卵形，长 2～7mm，背面略有灰白柔毛，花瓣 5 枚，阔倒卵形，长 1～1.6cm，宽 6～12mm，最外 1 片背面略有毛，其余无毛，基部与雄蕊连生约 2mm；雄蕊长 5～9mm，下半部连合成短管，无毛；雌蕊子房有长粗毛，花柱长 1.5～3mm，常完全分裂为 3 条，有时 4 条，稀仅先端 3 裂。蒴果圆球形，直径 1cm，有种子 1 粒，种仁含油率 35% 以上（图 2-13）。

| 短柱茶枝叶 1 | 短柱茶枝叶 2 | 短柱茶花 |

图 2-13　短柱茶 *C. brevistyla* 形态特征

资源挖掘利用与保护：本种基本为野生天然分布，浙江、江西等省山茶物种园或资源保存基地有种植保存，目前未有人工栽培，也未开展资源挖掘利用研究。

14. 钝叶短柱茶 *Camellia obtusifolia* Chang

资源特点：叶片近圆形，种子榨油可直接食用。

资源分布：野生资源主要分布于广东、福建、江西、浙江等省次生林下灌丛中。

植物学特征：灌木或小乔木，高 4m，嫩枝有粗毛，老枝秃净。叶阔椭圆形或近圆形，长3.5～5cm，宽 2.5～3cm，先端钝或近圆形，基部钝圆，叶片正面深绿色，发亮，中脉有短柔毛，下面黄褐色，无毛，侧脉约 6 对，在上面略能见，在下面不明显，边缘有细锯齿，叶柄长 3～4mm，有柔毛。10 月开花，花顶生，常 2 朵并生，白色，无柄，苞被片 10 片，半圆形至倒卵形，长 2～8mm，边缘有长毛，花瓣通常 7 枚，倒卵形，长 1～1.2cm，宽 7～9mm，先端圆，背无毛，基部几完全离生；雄蕊长 1cm，2 轮，外轮基部 1/3 离生，无毛；雌蕊子房有长粗毛，花柱 3 条，无毛，长7～8mm。果实 10 月成熟，蒴果圆球形，直径 1.5～2cm，3 室或 1 室，每室有种子 1 粒，3 片裂开，果爿薄，厚度不超过 1mm，种仁含油率 35% 以上（图 2-14）。

资源挖掘利用与保护：野生分布，目前尚未有人工引种栽培。

钝叶短柱茶花

钝叶短柱茶枝叶

钝叶短柱茶果

图 2-14　钝叶短柱茶 *C. obtusifolia* 形态特征

15. 粉红短柱茶 *Camellia taishnensis* Chang

资源特点：花艳丽，花瓣粉红或红色，抗炭疽病。

资源分布：主要分布在浙江的庆元、龙泉、泰顺、遂昌和云和等县，在江西南昌有引种。

植物学特征：常绿灌木或小乔木，与普通油茶相似，但叶片比普通油茶小，花亦小，嫩枝无毛。叶革质，椭圆形，长 3～4cm，宽 2～2.5cm，先端钝或略尖，基部阔楔形，叶片正面干后极光亮，下面无毛，侧脉 5～6 对，边缘有锯齿，叶柄长 3～4mm，有毛。盛花期 11 月，多为粉红色，花径 5cm，近无柄，苞被片 7 片或 8 片，最长 1cm，卵圆形，背面略有毛，花瓣 5～7 枚，倒卵形，长 3cm，基部稍连生，先端 2 浅裂；雄蕊长 1～1.3cm，离生，无毛；雌蕊子房有毛，3 室，花柱 3 条，无毛，长 5～7mm。蒴果球形，1 室，果爿厚 3～4mm，果实鲜出籽率 20%～30%，种仁含油率 40% 以上（图 2-15）。

粉红短柱茶果

粉红短柱茶枝叶

粉红短柱茶花

图 2-15　粉红短柱茶 *C. taishnensis* 形态特征

资源挖掘利用与保护：在分布上处于浙江红山茶与普通油茶的中间地带，其染色体数目为两物种之和的一半，故推测该种可能是浙江红山茶与普通油茶的天然杂交种。浙江省林业科学研究院已开展资源调查与油用资源选育研究，已选出一批优良个体并收集保存。

16. 细叶短柱茶 *Camellia microphylla*（Merr.）Chien

资源特点：叶片小，种子含油可食用，种仁含油率 35% 以上。

资源分布：野生资源主要分布于浙江、江西、福建、湖南、湖北、贵州等省。

植物学特征：灌木，嫩枝有柔毛。叶革质，倒卵形，长 1.5～2.5cm，宽 1～1.3cm，先端钝或圆，有时稍尖，基部阔楔形，叶片正面干后黄绿色，多小突起，中脉有短柔毛，背面与正面同色，无毛，多小瘤状突起，侧脉及网脉在上下两面均不明显，边缘上半部有细锯齿，叶柄长 1～2mm，有柔毛。11～12 月开花，花顶生，白色，花柄极短，苞被片 6～7 片，阔倒卵形，无毛，或顶端有疏毛，长 2～5mm，花瓣 5～7 枚，阔倒卵形，长 8～11mm，宽 5～8mm，先端圆或 2 裂，基部分离，背面无毛；雄蕊长 5～6mm，下半部连生，无毛；雌蕊子房有长粗毛，花柱 3 条，长 2～3mm，无毛。蒴果近无柄，卵圆形，直径 1.5cm，不具宿存苞片及萼片，通常每果有种子 2 粒（图 2-16）。

细叶短柱茶果　　　　　　　　　细叶短柱茶枝叶　　　　　　　　　细叶短柱茶花

图 2-16　细叶短柱茶 *C. microphylla* 形态特征

　　资源挖掘利用与保护：本种基本为野生天然分布，浙江、江西等省山茶物种园或资源保存基地有种植保存，目前未有人工栽培，也未开展资源挖掘利用研究。

17. 重庆山茶 *Camellia chungkingensis* Chang

　　资源特点：果实成熟时萼片宿存，种仁含油率 30% 以上，籽油可直接食用，抗病力强。
　　资源分布：野生资源主要分布于湖北恩施与重庆东部。
　　植物学特征：小乔木，树形伞形，树高约 4.5m，树姿直立，嫩枝紫红色，芽鳞玉白色，无毛，3 月初萌芽，3 月中旬抽梢。叶片上斜生长，厚革质，长椭圆形，长 4～5cm，宽约 2cm，先端渐尖，基部楔形，叶片深绿色，嫩叶绿色，侧脉 6 对，叶面微隆起，叶缘呈波浪状，有细锯齿。2 月初始花，花期 35 天，花多单朵顶生，花径约 5cm，无香味，萼片 4 片，绿色，外侧有绒毛，花瓣 6 片，白色，质地较薄；雌蕊子房有绒毛，花柱 2 个，长度 1.2～1.7cm，深裂，雌蕊柱头通常高于雄蕊。果实 10 月下旬成熟，蒴果卵形，直径 1～2cm，果面栓质，果皮青色，厚度约 0.1cm，种子球形，种皮棕色，1 粒（图 2-17）。

重庆山茶果　　　　　　　　　　重庆山茶花　　　　　　　　　　重庆山茶枝叶

图 2-17　重庆山茶 *C. chungkingensis* 形态特征

资源挖掘利用与保护：重庆山茶目前主要为野生资源，在江西、浙江、湖南等省物种园或油茶资源圃作为物种源有收集保存，用于相关的科学研究。野生资源破坏较为严重，已较难发现。

18. 黎平瘤果茶 *Camellia lipingensis* Chang

资源特点：野生植株，耐干旱瘠薄。果面粗糙。

资源分布：贵州黎平县五虎山有野生天然资源分布，海拔 600～1000m。

植物学特征：小乔木，树形呈伞形，树姿直立，嫩枝绿色、嫩叶绿色，芽无绒毛，芽鳞呈黄绿色。叶长 9.5～12cm；叶宽 2.6～3cm。叶披针形，叶面平，叶缘波状，先端渐尖，基部楔形，老叶绿色，上斜着生，叶脉侧脉 8 对，叶厚革质，叶缘具锯齿，密度中等。10 月中旬开花，花白色，无香味，花冠直径 4.6～5cm，萼片数 8 个，绿色，花瓣 10 枚，无绒毛；雌蕊与雄蕊等高，花柱全裂，柱头 3 个，花柱长 1.5cm。果扁圆球形，果皮呈绿色，表面凹凸粗糙，种子多呈圆形，种皮褐色（图 2-18）。

资源挖掘利用与保护：已开展野外植株调查工作，对野生资源进行选育和观测。贵州省林业科学研究院已收集并在该院油茶种质资源保存基地异地保存了该物种。

黎平瘤果茶果　　　　　　　　　　　　　黎平瘤果茶树体

图 2-18　黎平瘤果茶 *C. lipingensis* 形态特征

19. 安龙瘤果茶 *Camellia anlungensis* Chang

资源特点：野生资源，耐干旱瘠薄，种仁含油率 30% 以上。

资源分布：分布于贵州安龙、册亨、望谟、罗甸、兴义等地海拔 400～800m 地带。资源特征标本采集于黔西南布依族苗族自治州册亨县。

植物学特征：灌木，芽有绒毛，芽鳞呈紫绿色，嫩枝红色。叶披针形，嫩叶红色；老叶薄革质，深绿色，叶面平展，近水平着生，尖端渐尖，叶基部楔形，叶长 8.1～11.2cm，叶宽 2.9～4.2cm，叶脉侧脉 9 对，叶缘具锯齿，密度中等。盛花期 10 月中旬，花白色，无香味，每枝花数 2～6 朵，花冠直径 6.7～8.4cm，萼片 11 片，呈紫色，有绒毛，花瓣 10～13 枚，质地薄有绒毛；雌蕊与雄蕊等高，花柱长 3.5～4.2cm，柱头 5 个，全裂。果熟期 10 月中旬，果球形，果皮呈青黄色，表面凹凸，单果重达 5～13g，果高 1.31～3.23cm，果径达 1.64～3.75cm，果爿厚达 1.23～6.41mm。每果有种子 5～10 粒，种子多呈不规则状，种皮棕褐色。

资源挖掘利用与保护：贵州省林业科学研究院已开展野外植株调查工作，对野生资源进行选育和观测，并收集种质进行异地保存。

安龙瘤果茶果　　　　　　　　　　　　　　安龙瘤果茶花

图 2-19　安龙瘤果茶 *C. anlungensis* 形态特征

20. 厚壳红瘤果茶 *Camellia rubituberculata* Chang

资源特点：野生资源，耐干旱瘠薄。

资源分布：主要分布于贵州晴隆、兴仁等地。

植物学特征：小乔木，嫩枝绿色、芽无绒毛，芽鳞呈绿色。叶长椭圆形，嫩叶绿色，老叶深绿色，厚革质，叶长 7.2～9cm，叶宽 2.2～3cm，叶缘波状，尖端渐尖，叶基楔形近水平着生，叶脉侧脉 6 对，叶齿密度稀。单果重达 22～71.2g；10 月开花，花无香味，萼片 10 片，呈紫色，有绒毛，花瓣 7 枚，红色或粉花色，质地薄有绒毛，花冠直径 3～4.5cm；雌蕊高于雄蕊，花柱长 2～2.5cm，柱头 3 个，花柱全裂。果近圆形，果皮呈青红色，表面凹凸，果高 3.74～6.12cm，果径达 3.58～5.62cm，果爿厚达 6.2～11.75mm，每果含种子 2～11 粒，种子多呈似肾形，种皮黑褐色（图 2-20）。

厚壳红瘤果茶果 1　　　　厚壳红瘤果茶果 2　　　　厚壳红瘤果茶花 1　　　　厚壳红瘤果茶花 2

图 2-20　厚壳红瘤果茶 *C. rubituberculata* 形态特征

资源挖掘利用与保护：贵州省林业科学研究院已开展植株的种质资源调查工作，并收集种质异地保存。

21. 多齿红山茶 *Camellia polyodonta* How ex Hu

资源特点：树体高大，树姿开张，果大，果面粗糙，具糠秕，抗病力强，种仁含油率高，花瓣红色有条纹呈鳞片状和色斑，具有较高的观赏与油用价值。

资源分布：野生资源分布区主要在广西，以广西临桂县宛田分布最为集中，为当地群众的食用油栽培树种，现有栽培面积约 60hm²。在浙江、福建、江西、湖南、湖北、陕西、云南、四川、重庆等省（直辖市）均有引种分布。

植物学特征：多齿红山茶又名宛田红花油茶，归属于山茶属的红山茶组，通常为小乔木，树高可达 8m，嫩枝无毛。叶厚革质，长椭圆形至卵圆形，叶面平整，叶缘浅锯齿，叶齿锐而密，齿刻相隔 1~1.5mm，齿尖长 1mm，叶先端渐尖，尖尾长 1~2cm，基部楔形或近圆形，叶长 8~13.4cm，叶宽 3~4.5cm，叶片正面干后褐绿色，略有光泽，背面红褐色，稍发亮，无毛，叶脉 6~7 对，在上面陷下，在下面凸起，网脉凹下，叶柄粗大，长 8~10mm，无毛。2~3 月为盛花期，花顶生及腋生，红色，无柄，花冠直径 7~10cm，苞片及萼片 15 片，革质，阔倒卵形，由外向内逐渐增大，长 4~28mm，宽 6~20mm，外侧有褐色绢毛，花瓣 6~7 枚，最外 2 枚倒卵形，长 2cm，宽 1.5cm，内侧 5 枚阔倒卵形，长 3~4cm，宽 2.5~3.5cm，外侧有白毛，基部连成短管；雄蕊排成 5 轮，最外轮花丝下部 2/3 连合，内轮离生，花丝有柔毛；雌蕊子房 3 室，被毛，花柱长 2cm，3 深裂。10 月果实成熟，蒴果球形，直径 5~8cm，果爿厚 1~1.8cm，木质，每果有种子 9~15 粒，种仁含粗脂肪在 40% 以上，籽油中不饱和脂肪酸含量 85% 以上，其中油酸含量在 80% 以上（图 2-21）。

多齿红山茶花

多齿红山茶树姿　　　　　　多齿红山茶果实

图 2-21　多齿红山茶 *C. polyodonta* 形态特征

资源挖掘利用与保护：多齿红山茶是油茶一个重要的栽培物种，其种子含油量高、茶油品质好，既是优良的木本油料树种，又是观赏价值极高的庭院绿化树种。目前广西壮族自治区林业科学研究院等单位已对西南红山茶开展遗传变异、生物学特性、油脂特性、优良种质筛选与评价等方面的研究，其种子具较高的含油率，可作为优良杂交育种材料。

22. 长蕊红山茶 *Camellia longigyna* Chang

资源特点：野生资源，叶狭长披针状，树冠紧凑。

资源分布：主要特产于贵州赤水、雷山大塘，分布于海拔 900~1300m 山地，本次资源调查在雷山县。

植物学特征：小乔木，嫩枝绿色，芽有绒毛，芽鳞呈紫绿色。叶椭圆状披针形，上斜着生，嫩叶绿色，老叶深绿色，厚革质，叶面平，叶缘波状，叶长 7.2~11cm，叶宽 3.2~4.2cm，叶先端渐尖，基部楔形，叶缘具中等密度锯齿，叶脉 7 对。花无香味，花萼片 8 片，呈红色，有绒毛，花瓣 6 枚，质地厚有绒毛，花冠直径 3.9~5.6cm；花柱长 1.7~2.5cm；雄蕊高于雌蕊柱头，柱头 3 浅裂。果近圆形，果皮呈红棕色，表面光滑，种子形状不规则，种皮褐色（图 2-22）。

长蕊红山茶花 1　　　　　长蕊红山茶花 2

长蕊红山茶树体　　　　　　　　　长蕊红山茶枝叶

图 2-22　长蕊红山茶 *C. longigyna* 形态特征

资源挖掘利用与保护：贵州省林业科学研究院已开展野生资源调查和观测并收集种质异地保存，有待进行资源的开发与利用。

23. 石果红山茶 *Camellia lapidea* Wu

资源特点：石果红山茶的花红色，叶色浓绿，极具观赏价值。有较好的结实力，抗病虫害能力较强。

资源分布：贵州、广东、广西，浙江、江西等省有引种。

植物学特征：小乔木，树形圆球形，树高约4.0m，树姿半开张，嫩枝紫红色，芽鳞玉白色，无毛。叶片嫩叶红色，老叶深绿色，上斜生长，厚革质，长椭圆形，叶长11~16cm，叶宽3~5cm，先端渐尖，基部楔形，侧脉9对，叶面微隆起，叶缘呈波浪状，有密且锐利细锯齿。2月上旬开花，花期约30天，单花顶生，花冠直径约7cm，有香味，萼片6~7片，绿色，外侧有绒毛，花瓣7~8枚，红色，质地中等；雌蕊柱头高于雄蕊，子房有绒毛，花柱2个，长度1.3~1.7cm，浅裂。果实9月下旬成熟，蒴果卵球形，果径6~8cm，果面栓质，果皮黄棕色，厚度1.2~1.9cm，种子形状似肾形，种皮黑色，每果有种子9~19粒，种仁含粗脂肪35%以上（图2-23）。

石果红山茶树体　　　　　　　　　　　　　石果红山茶花

石果红山茶果

图 2-23　石果红山茶 *C. lapidea* 形态特征

资源挖掘利用与保护：目前尚未有人工引种栽培，野生资源呈零星与片段化分布。本物种抗寒性和适应性强，树姿优美，花色鲜艳，是一个值得更多关注的油用观赏兼用的树种。浙江、江西等省油茶种质资源保存基地已收集保存了该物种资源，有待进一步发掘利用。

24. 毛蕊红山茶 *Camellia mairei*（Levl.）Melch.

资源特点：野生资源，种仁含油率40%以上。

资源分布：主要分布于贵州赤水、荔波、锦屏、黎平、榕江、习水等地。

植物学特征：灌木，嫩枝绿色，有白毛，芽有绒毛，芽鳞呈绿色。嫩叶绿色，老叶正面深绿色，有光泽，背面浅绿色，上斜着生，叶长椭圆形，薄革质，叶面微隆起，叶长6.2~10.5cm，叶宽2.1~3.5cm，叶缘波状，具中等密度锐锯齿，叶先端尾状渐尖，基部楔形，叶脉7~9对。花顶生，红色，有香味，花冠直径3.2~5cm，萼片数7~10片，半圆形，呈紫色，有绒毛，花瓣5~8枚，质地厚，外侧花瓣近圆形，有绒毛，内侧花瓣多为倒卵形，先端凹入成2裂，基部连生约1.5cm；雌蕊柱头高出雄蕊，雄蕊长2.5~3cm，外轮花丝连合成管状，内轮花丝离生，雌蕊子房有毛，花柱长0.9~1.3cm；柱头3浅裂。果实9月下旬成熟，蒴果圆球形，果径3~4cm，每果含种子3~5粒，种仁粗脂肪含量40%以上（图2-24）。

资源挖掘利用与保护：贵州省林业科学研究院已开展植株的种质资源调查工作，在贵州省林业科学研究院收集并在该院油茶种质资源保存基地异地保存有该物种资源。

毛蕊红山茶花　　　　　　　　　　　　毛蕊红山茶果

图 2-24　毛蕊红山茶 *C. mairei* 形态特征

25. 长毛红山茶 *Camellia villosa* Chang et S. Y. Liang

资源特点：野生植株，种仁含油率高于 40%。

资源分布：主要分布于贵州赤水、荔波、锦屏、黎平、榕江、习水等地。

植物学特征：小乔木，嫩枝红色，芽有绒毛，芽鳞呈绿色。叶长椭圆形，上斜着生，嫩叶绿色，老叶深绿色，厚革质，叶面微隆起，叶缘波状，叶长 6.8~9cm，叶宽 2.8~3.7cm，叶先端渐尖，基部楔形，叶脉 8~10 对，在叶片正面凹下，背面凸起，叶缘中上部具锐锯齿，密度中等，叶柄长 5~7mm，有毛。花红色，顶生，无柄，无香味，花冠直径约 3.5cm，萼片 14 片，卵圆形，呈绿色，有绒毛，花瓣 7 枚，有绒毛；雌蕊柱头高于雄蕊，雄蕊 4 轮排列，花丝有毛，雌蕊子房有毛，柱头 3 深裂，花柱长约 1.5cm。蒴果近圆球形，果皮呈青黄色，表面光滑，果爿厚约 5mm，每果含种子 9~12 粒，种子形状不规则，种皮褐色（图 2-25）。

长毛红山茶果 1　　　　　　　　　长毛红山茶果 2

长毛红山茶枝叶　　　　　　　　　　　　长毛红山茶果 3

图 2-25　长毛红山茶 *C. villosa* 形态特征

资源挖掘利用与保护：该资源目前主要处于野生分布状态，尚无人工繁育栽培，贵州省林业科学研究院已开展植株的种质资源调查工作，在贵州省林业科学研究院收集并在该院油茶种质保存基地异地保存有该物种资源。

26. 毛籽红山茶 *Camellia trichosperma* Chang

资源特点：苞被片14片，蒴果较大，种仁含油率高，油脂品质好。

资源分布：在江西省寻乌一带有野生资源零星与片段化分布。

植物学特征：乔木，树高可达10m以上，树干灰白色，嫩枝无毛。叶革质，椭圆形，长11~13cm，宽4.5~5.5cm，先端急尖，基部楔形，叶片正面干后黄绿色，无光泽，背面浅黄绿色，叶片有侧脉5~6对，在正反两面均明显可见，网脉不明显，叶缘中上部有细锯齿，叶柄长1~1.3cm。花2月开放，红色，顶生，无柄，苞片及萼片9~10片，阔卵形，长1.5cm，有毛，花瓣7枚，倒卵形，无毛；雌蕊柱头高于雄蕊或等高，雄蕊花丝4轮着生，花丝无毛，雌蕊子房无毛，柱头3浅裂。蒴果大，球形，直径10~15cm，4~5片裂开，果爿厚2~4cm，被毛，每室有种子3~5粒，种子被毛，种仁含粗脂肪40%以上，其中油酸含量80%以上（图2-26）。

毛籽红山茶枝叶　　　　　　　　　　毛籽红山茶花

图2-26　毛籽红山茶 *C. trichosperma* 形态特征

资源挖掘利用与保护：贵州省林业科学研究院已开展种质资源调查工作，并在该院油茶种质资源保存基地异地保存了该物种资源。

27. 南山茶 *Camellia semiserrata* Chi

资源特点：树体高大，果大、果壳厚，种仁含油率高，油脂品质好。

资源分布：野生资源主要分布于广东、广西，浙江、江西、湖南、云南等省有引种。

植物学特征：南山茶又名广宁红花油茶，为山茶属红山茶组资源。乔木，树高8~12m，嫩枝无毛呈红色。叶形椭圆形或长圆形，嫩叶绿色，老叶深绿色，干后浅绿色，稍暗晦，无毛，叶长9~15cm，叶宽3~7cm，先端急尖，基部阔楔形，侧脉7~9对，在叶片正上面略陷下，背面凸起，网脉不明显，叶缘上半部或1/3有疏而锐利的锯齿，齿刻间隔4~7mm，齿尖长1~2mm，叶柄长1~1.7mm，粗大，无毛。2~3月为盛花期，花顶生，红色，无柄，花冠直径7~9cm，苞片及萼片9~13片，花开后脱落，半圆形至圆形，最下面2~3片较短小，长3~5mm，宽6~9mm，其余各片长1~2cm，外面有短绢毛，边缘薄，花瓣6~7枚，红色，阔倒卵圆形，长4~5cm，宽3.5~4.5cm，基部连生 7～8mm；雄蕊排成 5 轮，长 2.5～3cm，外轮花丝下部 2/3 连生，游离花丝无毛，内轮雄蕊离生；雌蕊子房被毛，花柱长 4cm，顶端 3～5 浅裂，无毛或近基部有微毛。10 月中旬果实成熟，蒴果卵球形，直径 4～8cm，3～5 室，每室有种子 1～3 粒，果爿厚木质，厚 1～2cm，表面红色，光滑，果实鲜出籽率 10%～20%，种子黑色，籽粒较大，种仁含粗脂肪 60% 以上，籽油中不饱和脂肪酸含量 90% 以上，其中油酸含量 85% 以上（图 2-27）。

　　资源挖掘利用与保护：近年，该物种资源已被相关部门和群众所认识，对野生资源进行一定程度的资源保护。广东省林业科学研究院、广西壮族自治区林业科学研究院、华南农业大学林学院、中山大学生命科学学院和韶关市林业科学研究所等单位近年对该物种资源进行了全面的调查，筛选并收集保存了一大批油用资源，并通过与普通油茶等物种的种间杂交创育了一批杂交新种质。

南山茶果实

南山茶花蕾

南山茶枝叶

南山茶花

图 2-27　南山茶 *C. semiserrata* 形态特征

28. 栓壳红山茶 *Camellia phellocapsa* Chang et B. K. Lee

　　资源特点：红花，花色艳丽，果实大，种仁含油率高，籽油油酸含量高。
　　资源分布：湖南茶陵等地有野生资源分布，多生长于海拔 550m 左右的山地。
　　植物学特征：灌木或小乔木，嫩枝无毛。叶厚革质，较硬，椭圆形，较阔大，叶长 9.3～12.3cm，叶宽 3.2～4.8cm，叶两面光滑无毛，叶缘上半部有细锯齿，锯齿尖锐，先端急尖，基部阔楔形或近圆形，正面深绿色，有光泽，背面黄绿色，无光泽，侧脉 6～7 对，正反两面能见，叶柄长 1～1.5cm。2～3 月开花，花红色，顶生，无柄，直径 4～6cm，苞及萼 9～10 片，阔倒卵形，革质，最长 1.6cm，被灰白色柔毛；花瓣 6～8 枚，基部连生；雄蕊多数，外轮花丝下半部连合成管，无毛；子房被毛，花柱 3 裂。10～11 月果实成熟，蒴果近球形或倒卵球形，果高 5～8cm，果径 4.0～6.0cm，果爿木栓质，厚 0.8～1.5cm，每果 3 室，每室有种子 4～5 个，种皮黑色，种仁含油率 50% 以上，籽油油酸含量 80% 以上（图 2-28）。

栓壳红山茶枝叶　　　　　　　　栓壳红山茶果

图 2-28　栓壳红山茶 *C. phellocapsa* 形态特征

资源挖掘利用与保护：本物种是观赏兼油用的潜在优良资源，目前主要以野生状态存在，尚未有人工繁殖栽培，浙江、江西、湖南等省油茶种质资源保存基地有收集保存该物种。

29. 扁果红山茶 *Camellia compressa* Chang et Wen ex Chang

资源特点：抗病虫害能力强，花艳丽，结果力强，含油率高。

资源分布：野生资源主要分布于湖南龙山县、保靖县一带。在江西、浙江油茶种质资源保存基地有引种。

植物学特征：小乔木，树高可达 4m，树姿半开张，芽鳞玉白色并被毛，3 月上旬萌芽，3 月末抽梢，嫩枝紫红色。叶片上斜生长，厚革质，长椭圆形，叶长 6～7cm，叶宽 2～3cm，先端渐尖，基部楔形，叶片中绿色，嫩叶绿色，侧脉 9 对，叶面微隆起，叶缘呈波浪状，有密细锯齿。2 月中旬始花，花期 15 天，单花顶生，花冠直径 6～7cm，有香味，萼片 5～6 片，绿色，外侧有绒毛，花瓣 6～8 枚，淡红色，质地较薄；雌蕊子房有绒毛，花柱 2 个，长度 1.5～1.7cm，中等裂位，雄蕊通常高于雌蕊柱头。10 月下旬果实成熟，蒴果卵球形，果径 3～5cm，果面粗糙，果皮青色，果爿栓质，厚度 0.6～0.9cm，种子形状不规则，种皮棕色，种仁含油率 50% 以上，籽油油酸含量 80% 以上（图 2-29）。

资源挖掘利用与保护：扁果红山茶花朵鲜艳亮丽，极具观赏价值，在湖南省湘西土家族苗族自治州用于城市公园、旅游景区和社区美化绿化，湖南省已在保靖、龙山将该资源作为珍稀物种进行原地保护。

图 2-29 扁果红山茶 *C. compressa* 形态特征

30. 大花红山茶 *Camellia magniflora* Chang

资源特点：树形紧凑，始花较早，花大，色艳，树势优美，极具观赏价值，种仁含油率高，籽油清香，有较强的抗病性。

资源分布：野生资源分布于湖南辰溪、溆浦一带，浙江、江西等省有引种。

植物学特征：大花红山茶归属于红山茶组，3 月初萌芽，3 月下旬抽梢，春花秋果。小乔木，树高 2.5～3.5m，树姿半开张。叶片上斜生长，厚革质，长椭圆形，叶长 11～12cm，叶宽 4～6cm，先端渐尖，基部楔形，叶片深绿色，侧脉 8 对，叶面微隆起，叶缘呈波浪状，有锐利细锯齿。1 月下旬始花，花期约 40 天，单花顶生，花冠直径约 8cm，无香味，萼片 7 片，紫红色，外侧有绒毛；花瓣 10 枚，深红色，质地较厚；雌蕊子房有绒毛，花柱 1 个，长度 2.1～2.3cm，柱头 2 裂或 3 裂，中等裂位，雄蕊高于雌蕊；10 月下旬果实成熟，蒴果扁圆球形，果径 4～6cm，果面粗糙，黄棕色，具糠秕，果爿栓质，厚度 0.7～1.3cm，每果有种子 3～10 粒，种子形状似肾形，种皮褐色，种仁含粗脂肪 50% 以上，籽油油酸含量 80% 以上（图 2-30）。

资源挖掘利用与保护：野生资源破坏严重，急需加强保护。湖南、江西等省已开展种质资源调查等相关科研工作，湖南、江西、浙江等省油茶资源保存基地或山茶物种园有此物种资源保存。

大花红山茶花 　　　　　　　　　　　　　　大花红山茶果

图 2-30　大花红山茶 *C. magniflora* 形态特征

31. 滇山茶 *Camellia reticulata* Lindl.

资源特点：滇山茶是我国西南山茶花的原始种，树体高大，花大色艳，天然资源变异丰富，已发现变异茶花品种近千个。同时，该物种果大，结实力强，种仁含油率高达 70% 左右，是优良的油用观赏多用途资源。

资源分布：野生资源主要分布于云南中西部的保山、大理、德宏、楚雄及四川凉山等海拔 1800m 以上的高原山地，云南省腾冲市是其分布中心，在腾冲市的马站、固东等乡镇存有 600 余 hm^2 的野生天然资源，树龄 100 年以上的滇山茶古树 2 万多株。

植物学特征：滇山茶又名腾冲红花油茶。常绿乔木，嫩枝黄绿色被毛，叶芽长卵圆形。叶椭圆形或长椭圆形，硬革质，叶长 4.0～9.7cm，叶宽 3.5～5cm，先端渐尖，基部楔形。1～3 月为开花期，花单生于小枝顶端，呈艳红色，花冠直径 7.5～9.0cm，最大可达 14cm，苞片 7～9 片，覆瓦状排列，被白色绒毛，花瓣 5～6 枚，两面被白色绒毛；雄蕊多 5 轮排列，花凋谢时整个花瓣与雄蕊完全脱落，柱头 3～7 裂，深裂至花柱中部，雌蕊子房上位，被毛。9 月下旬至 10 月中旬果实成熟，蒴果壳厚木质，果大，果径 3.4～6.0cm，平均单果重 60g 以上，最大可达 250kg，每果有种子 4～16 粒，种皮黑色或黄棕色，种仁含粗脂肪 50% 以上，籽油不饱和脂肪含量在 85% 以上，其中油酸含量在 75% 以上（图 2-31）。

资源挖掘利用与保护：长期以来，滇山茶的油用资源挖掘利用一直未得到关注，近年才得以重视，从 2008 年始，中国林业科学研究院亚热带林业研究所与保山市及腾冲市林业部门联合开展了滇山茶的油用资源调查评鉴与发掘利用研究，初步筛选出具油用开发价值的优树资源 56 株，建立了滇山茶遗传资源保存基地，收集保存滇山茶油用遗传资源 120 余份。目前，本物种已在云南保山、德宏、大理等地大面积栽培，面积约 5 万 hm^2，其中，保山市腾冲市种植面积最大，约有 3 万 hm^2。近年来，该物种以资源收集形式被全国各地广泛引种，先后被引入浙江、江西、福建、广东、广西、陕西、湖北等省（自治区）。

32. 西南红山茶 *Camellia pitardii* Coh.St.

资源特点：高原适生，结实力强，果中等大小，含油率高。

资源分布：西南红山茶及其变种西南白山茶（*Camellia pitardii* Coh. var. *alba* Chang）和窄叶西南

滇山茶树姿 　　　　　　　　　　滇山茶种子

图 2-31　滇山茶 *C. reticulata* 形态特征

红山茶（变种）（*Camellia pitardii* Coh. var. *yunnanica* Sealy）天然分布于云南东北、四川东南、贵州西部、贵州西北、贵州西南和贵州中部地区，在海拔 800～2200m 的云南富源、贵州六盘水市的盘州、水城、六枝、钟山，毕节市的威宁、七星关、赫章、纳雍、大方、织金、黔西、金沙，遵义市的道真、赤水、习水，安顺市的平坝、紫云、关岭、普定，贵阳市的清镇、开阳、息烽，黔南布依族苗族自治州的贵定、龙里、惠水、长顺，黔西南布依族苗族自治州的兴仁、安龙、贞丰等县（市、区）都有天然居群分布。

植物学特征：西南红山茶又名匹它山茶、野茶树、红花茶。通常为常绿灌木或小乔木，一年生小枝被深褐色绒毛。叶长卵形或狭椭圆形，革质，叶长 4.5～8.4cm，叶宽 1.5～3cm，叶主脉稍凸出，先端渐尖，叶缘具胼胝锯齿。1～3 月开花，单生于叶腋，花冠直径 6.7～13.6cm，粉红色、红色和白色，凋零时呈白色，花萼圆形；雄蕊多数，花丝常连生至 2/3 处呈杯状，雌蕊子房 3 室，密被长毛。8～9 月果实成熟，蒴果圆形或卵球形，果皮黄褐色、红褐色、青褐色，果面粗糙，具糠秕，果中等大小，平均果径 3.15～4.40cm，每果有 5～12 粒种子，鲜出籽率 34%～45%，出仁率 45%～64%，种仁含油率 52%，籽油不饱和脂肪酸含量 85% 以上，其中油酸含量 75% 以上（图 2-32）。

资源挖掘利用与保护：近年来，中国林业科学研究院亚热带林业研究所、贵州省林业科学研究院、云南省林业科学研究院等单位通过野生资源调查评鉴、优树选择及无性系测定等研究，已筛选保存高产、高油酸西南红山茶资源 100 余份。目前该物种多为野生状态，贵州省林业科学研究院油茶资源圃保存有少量经初步选育的种质资源。

西南红山茶果枝	西南红山茶芽

西南红山茶果实	西南红山茶花

图 2-32 西南红山茶 *C. pitardii* 形态特征

33. 怒江红山茶 *Camellia saluenensis* Stapf ex Been

资源特点：耐寒、耐旱、耐瘠薄，果爿与种壳薄，种仁含油率高，油质好。

资源分布：野生资源主要分布在云南省西南部的怒江流域各县及贵州省毕节市，贵州省威宁县岔河、石门、云贵、兔街、黑石头、雪山、龙场、观风海、海拉、二塘、迤那、黑土河、小海等乡（镇）有成片的天然分布，面积约 1 万 hm²，常生长于海拔 1700～2600m 的灌木林中，或生长在云南松、华山松、茅栗林下。

植物学特征：怒江红山茶在分类上归属于山茶属的红山茶组。通常为灌木或小乔木，树形多呈塔形，树姿直立，嫩枝紫红色，芽无绒毛，芽鳞呈黄绿色。叶披针形或椭圆形，革质，嫩叶淡绿或红色，老叶深绿色，叶长 4～5.3cm，叶宽 2～2.4cm，叶面微隆起，叶缘具细密锯齿尖锐，先端渐尖，叶基部楔形或宽楔形，侧脉 7～10 对。2～3 月为盛花期，有香味，粉红色或红色，花冠直径 7.8～9.8cm，萼片数 3～6 片，呈绿色，有绒毛，花瓣 6～8 枚，倒卵形，长 2.5～3.5cm；雄蕊高于雌蕊或等高，外轮雄蕊与花瓣基部相连约 1cm，雌蕊柱头 3 浅裂。果实成熟期 8～9 月，果扁圆球形或圆球形，果径 2～2.5cm，单果重 5～8g，果皮呈黄褐色、红褐色、青褐色，表面凹凸，每果有种子 2～4 粒，常为半圆球形，种皮褐色或黑色，果实鲜出籽率 50% 以上，种仁含粗脂肪 45% 以上（图 2-33）。

资源挖掘利用与保护：野生资源破坏严重，近年贵州省林业科学研究院在贵州省中西部对本物种开展了资源调查并选择了结实特性优良的优树 30 余株，并收集保存了一批具油用价值的种质材料。该物种主要通过原地保护方式保存天然资源。

| 怒江红山茶树姿 | 怒江红山茶果实 | 西南红山茶叶 |

图 2-33　怒江红山茶 *C. saluenensis* 形态特征

34. 尖萼红山茶 *Camellia edithae* Chang

资源特点：适宜高海拔，花色鲜艳。

资源分布：在福建各地山区有广泛分布，江西主要分布于寻乌与安远海拔 200m 以上，1000m 以下的山谷林下。

植物学特征：小乔木，高 3.0～4.0m，嫩枝有白色绒毛，老枝光滑，褐色。叶卵状披针形或披针形，先端渐尖，基部楔形，叶长 7.0～14.0cm，叶宽 2.0～4.0cm，叶缘具锯齿，革质，叶正面深绿色，有光泽，叶背面淡绿色，叶脉正面凹下，背面凸出，无毛。盛花期 4～7 月，花红色，1～2 朵顶生，花冠直径 8.0～9.0cm，鳞片 6～8 片，被稀疏银白色绢毛，花瓣 5～6 枚，倒卵圆形，无毛，基部与雄蕊连生，先端凹入，外轮花丝基部连生成短管，雌蕊花柱长 2.0～2.5cm，基部连生，上部 1/3 分裂为 3。9 月下旬果实成熟，蒴果圆球形，果径 1.5～2.0cm，3 室，果爿厚 1.0～2.0cm，每室有种子 1～2 粒，种皮黑褐色，种仁含油率 40% 以上（图 2-34）。

| 尖萼红山茶果实 | 尖萼红山茶嫩枝叶 | 尖萼红山茶花 |

图 2-34　尖萼红山茶 *C. edithae* 形态特征

资源挖掘利用与保护：目前，尚未有人工引种栽培，均为零星与片段化分布。尖萼红山茶叶色浓绿，花艳红，可作为庭园灌木花卉栽培，是很好的园林植物。野生资源破坏严重，资源保护近年来在逐步加强，主要的保存方式为原地保护。

35. 大果红山茶 *Camellia magnocarpa*（Hu et Huang）Chang

资源特点：果大，单果重一般为 300～800g，种仁含油率高，油质优，抗病性较强。

资源分布：主要分布于广西东南部、湖南南部、江西南部，江西南昌有引种。

植物学特征：小乔木，树形无形，树高约3.5m，树姿半开张，嫩枝绿色。叶片上斜生长，厚革质，椭圆形，长11~12cm，宽4~5cm，先端渐尖，基部楔形，叶片深绿色，嫩叶绿色，侧脉7对，叶面微隆起，叶缘呈波浪状，有锐利的密细锯齿；芽鳞绿色，无毛；11月中旬始花，花期30天，常单花顶生，花冠直径约9cm，无香味，萼片8~10片，绿色，外侧无绒毛；花瓣6~8枚，红色，质地较厚；雄蕊高出雌蕊，子房无绒毛，花柱4个，长度1.0~1.7cm，中等裂位。果实9月下旬成熟，蒴果扁圆球形，直径4~6cm，果面凹凸，果皮青色，厚度1.0~1.2cm，每果有种子2~8粒，种子形状不规则，棕褐色，种仁含粗脂肪40%以上，籽油不饱和脂肪酸含量87%以上（图2-35）。

大果红山茶花   大果红山茶果

图2-35 大果红山茶 C. magnocarpa 形态特征

资源挖掘利用与保护：大果红山茶目前多为野生状态，资源破坏严重，急需加强保护。湖南、江西等省相关研究单位已开展种质资源调查等相关科研工作，湖南、江西、浙江等省油茶资源保存基地有保存物种资源。

36. 闪光红山茶 Camellia lucidissima Chang

资源特点：抗病虫害能力较强。

资源分布：主要分布于浙江西部和江西德兴、黎川、南丰、全南等海拔900~1200m的山坡沟边或疏林下。

植物学特征：小乔木，树形圆头形，树高约2.0m，树姿开张，芽鳞绿色，有毛，嫩枝红色。叶片上斜生长，厚革质，长椭圆形，叶长8~10cm，叶宽3~5cm，先端钝尖，基部楔形，嫩叶红色，老叶黄绿色，侧脉7对，叶面微隆起，叶缘呈波浪状，并有稀疏的细锯齿；2月中旬始花，花期30天，常单花顶生，花冠直径约10cm，无香味，萼片约10片，紫红色，外侧有绒毛，花瓣约11枚，深红色，质地较厚；雌蕊柱头高于雄蕊，雌蕊子房有绒毛，花柱4个，长度2~3cm，深裂。果实9月下旬成熟，蒴果扁圆球形，果径4~6cm，果面光滑，果皮青色，厚度0.8~1.0cm，每果有种子3~10粒，籽粒半圆球形，种皮褐色，种仁粗脂肪含量40%以上（图2-36）。

资源挖掘利用与保护：闪光红山茶目前多处于野生状态，缺乏相关资源研究。浙江、江西等有关科研单位已开展种质资源收集保存工作并在油茶种质资源保存基地或山茶物种园保存了相应的资源。

闪光红山茶枝叶

闪光红山茶树体

闪光红山茶花

图 2-36　闪光红山茶 *C. lucidissima* 形态特征

37. 浙江红山茶 *Camellia chekiangoleosa* Hu

资源特点：具有耐寒、耐瘠薄、种仁含油率高、油质好等特点，是我国东部高海拔地区优良的油用资源物种。

资源分布：浙江红山茶资源主要分布于浙江、江西、安徽和福建的高海拔地带，自然分布海拔多在 800m 以上，浙江省丽水市的遂昌、缙云、青田，江西省上饶市的德兴等均有成片的天然野生分布居群。本物种近年来被广泛引种至我国南方各省，目前在湖南、湖北、广东、重庆、陕西、四川及云南等省（直辖市）均有引种栽培。目前，浙江红山茶主要在浙江、江西两省已有栽培，面积约 2000hm²。

植物学特征：浙江红山茶又名浙江红花油茶，归属于红山茶组。通常为常绿小乔木，树高可达 8～10m，嫩枝无毛，树皮灰白色、平滑。叶椭圆形，两面光滑无毛，叶长 7～10cm，叶宽 4～6cm，先端渐尖或尾尖，叶缘疏生短锯齿，叶柄长 1～1.5cm，无毛。花芽单生于枝顶，2 月中旬至 3 月下旬开放，花瓣红色，少为白色，花冠直径 6～9cm，苞片 5 片，有丝状短毛，覆瓦状排列，花瓣 5～7 枚，顶端 2 浅裂，雄蕊多数排列为 2 轮，花药与花丝呈"丁"字形，2 室纵裂，雌蕊子房 3 室，无毛。9 月中旬果实成熟，蒴果果壳木质，果面多着红色，球形或扁圆球形，果实基部有萼片宿存，果柄极短，果高 4～6cm，果宽 5～6cm，果壳厚 0.4～0.8cm，单果重 26～160g。每果有 7～10 粒种子，种仁含油率比普通油茶高出 5%～10%，高达 50% 以上，籽油中油酸含量在 85% 以上（图 2-37）。

浙江红山茶树姿

浙江红山茶果枝 1

浙江红山茶果实

浙江红山茶果枝 2

浙江红山茶花

图 2-37 浙江红山茶 *C. chekiangoleosa* 形态特征

资源挖掘利用与保护：该物种野生资源人为破坏严重，已成为渐危物种，为浙江省濒危植物及福建省的重点保护植物，天然资源亟待保护。近年来，中国林业科学研究院亚热带林业研究所、浙江省林业科学研究院、江西省林业科学院等单位通过野生资源调查评鉴、优树选择及无性系测定等研究，已筛选保存高产、高油酸浙江红山茶遗传资源 100 余份，并在浙江、江西等地建立了浙江红山茶遗传资源保存基地。

38. 山茶 *Camellia japonica* Linn.

资源特点：花色艳丽，种仁含油率高，油脂品质好，为优良的观赏兼油用资源。

资源分布：野生资源主要分布于日本及中国东部沿海及海岛。

植物学特征：灌木或小乔木，枝条黄褐色，小枝呈绿色或绿紫色至紫褐色。叶片革质，互生，椭圆形、长椭圆形、卵形或倒卵形，叶长 4～10cm，叶宽 2.5～4.5cm，先端渐尖或急尖，基部楔形或近圆形，叶缘具钝锯齿，叶片正面为深绿色，多数有光泽，背面淡绿色，光滑无毛，叶柄粗短，有柔毛或无毛。1～3 月开花，常单生或 2～3 朵着生于枝梢顶端或叶腋间，花梗极短或不明显，苞萼片

9～10片，覆瓦状排列，被绒毛，花瓣5～7枚，呈1～2轮覆瓦状排列，花冠直径5～6cm，红色或粉红色，花瓣先端有凹或缺口，基部连生成一体而呈筒状；雄蕊发达，多达100余枚，花丝白色或有红晕，基部连生成筒状，花药金黄色，雌蕊子房光滑无毛，3～4室，花柱1个，柱头3～5裂。蒴果圆球形，直径2.5～3cm，2～3室，每室有种子1～2个，3片裂开，果爿厚木质，能自然从背缝开裂，散出种子。花期1～4月（图2-38）。

山茶树体

山茶花1

山茶叶、花

山茶花2

山茶果

山茶枝叶　　　　　　　　　　　　　　　　　　　山茶花 3

图 2-38　山茶 *C. japonica* 形态特征

资源挖掘利用与保护：山茶是观赏山茶的主要原始种，现有观赏品种多达 1000 余个，作为观赏资源广泛应用于南方园林绿化。作为油用资源主要是其单瓣花原种，近年，中国林业科学研究院亚热带林业研究所等单位从东部沿海及海岛收集了一大批结实力较好的油用资源，并作为杂交亲本与普通油茶等进行种间杂交，创育了一批杂交新种质。

39. 全缘红山茶 *Camellia subintegra* Huang ex Chang

资源特点：适宜高海拔、花色鲜艳、种仁含油率较高、油脂油酸含量高。

资源分布：野生资源主要分布于江西宜春、萍乡和安福等地海拔 700～1100m 的山坡林缘、溪沟边或杂木林中，伴生种有甜槠、银木荷、青榨漆树等。

植物学特征：灌木或小乔木，高达 1.3～2.1m，嫩枝无毛，老枝光滑，褐色。叶长椭圆形，革质，先端渐尖，偶有尾尖，基部楔形，叶长 6.8～9.0cm，叶宽 2.0～3.8cm，叶缘无锯齿或具疏锯齿，叶正面深绿色，有光泽，叶背面淡绿色，中脉在叶背面凸出，无毛，侧脉 6～7 对。2～4 月开花，花冠直径 8～9.0cm，常 1～2 朵顶生，包片 6～8 片，被稀疏银白色绢毛，花瓣 5～6 枚，红色，长 3.5～5.7cm，宽 3.0～6.5cm，雄蕊多列，花丝长 2.0～2.5cm，外轮花丝基部连生成短管，雌蕊子房无毛，花柱长 2.0～2.5cm，先端 3 裂。9 月下旬果实成熟，蒴果卵圆形，果高 3.0～6.5cm，果径 4.0～7.0cm，果面光滑无毛，3～4 室，每室有种子 1～3 粒，果爿厚 2.0～2.5mm。种仁含油量为 35% 以上，油脂不饱和脂肪酸含量 85% 以上，其中油酸含量 80% 以上。本种近似闪光红山茶 *C. lucidissima* Chang，但叶片较狭窄，近全缘，花丝连成短管，果爿较厚（图 2-39）。

全缘红山茶枝叶　　　　　　　　　　　　　　　　　全缘红山茶花

全缘红山茶果　　　　　　　　　　　　　　　全缘红山茶果枝

图 2-39　全缘红山茶 *C. subintegra* 形态特征

资源挖掘利用与保护：目前，尚未有人工引种栽培，均为零星与片段化分布。本物种抗寒性和适应性强，树姿优美，花色鲜艳，是一个值得更多关注的油用观赏兼用的树种。野生资源破坏严重，古树资源保护近年来已得到加强，保存方式为原地保护。

40. 长尾红山茶 *Camellia longicaudata* Chang et Liang ex Chang

资源特点：开花早，花艳色红，抗病性强，种仁含油率高。

资源分布：野生资源主要分布于广东、广西，浙江、江西山茶物种园或油茶种质资源保存基地有引种保存。

植物学特征：灌木或小乔木，树形圆球形，树高约 3.5m，树姿半开张，芽鳞玉白色，无毛，嫩枝紫红色。叶片上斜生长，厚革质，披针形，长 12～13cm，宽 3～4cm，先端渐尖，基部楔形，叶片深绿色，嫩叶红色，侧脉 7 对，叶面微隆起，叶缘呈波浪状，有密且锐利细锯齿。2 月中旬始花，花期约 30 天，单花顶生，花冠直径约 7cm，有香味，苞萼片 6～7 片，绿色，外侧有绒毛，花瓣 7～8 枚，红色，厚度中等，雌蕊柱头高出雄蕊，子房有绒毛，花柱长度 1.3～1.7cm，柱头 2 裂，中等裂位。10 月下旬果实成熟，蒴果卵状圆球形，果径 6～8cm，果皮黄棕色，果爿栓质，厚度 1.2～1.9cm，每果有种子 3～19 粒，多为似肾形，种皮黑色，种仁粗脂肪含量 40% 以上（图 2-40）。

长尾红山茶枝叶　　　　　　　　长尾红山茶果　　　　　　　　长尾红山茶花

图 2-40　长尾红山茶 *C. longicaudata* 形态特征

资源挖掘利用与保护：目前，长尾红山茶多为野生资源，因其8～9月开花，开花特别早，花红色，叶色浓绿，极具观赏价值，利用长尾红山茶作为育种亲本培育的早花茶花品种已用于城市公园、旅游景区和社区美化绿化。

41. 金花茶 *Camellia chrysantha* Chi

资源特点：山茶属中唯一开金黄色花的物种资源，观赏价值高。

资源分布：野生资源主要分布于广西，已被有关部门列为重点保护资源。目前，该物种在广西、江西、浙江、云南、湖南等省（自治区）油茶种质资源保存基地有引种保存。

植物学特征：常绿灌木或小乔木，高2～3m，嫩枝无毛。叶革质，长圆形或披针形，叶长11～16cm，叶宽2.5～4.5cm，先端尾状渐尖，基部楔形，叶片正面深绿色，发亮，无毛，背面浅绿色，无毛，有黑腺点，中脉及侧脉7对，在叶片正面陷下，背面凸起，边缘有细锯齿，齿刻间隔1～2mm，叶柄长7～11mm，无毛。花期11～12月，花黄色，单独腋生，花柄长7～10mm，苞片5片，散生，阔卵形，长2～3mm，宽3～5mm，宿存，萼片5片，卵圆形至圆形，长4～8mm，宽7～8mm，基部略连生，先端圆，背面略有微毛，花瓣8～12枚，近圆形，长1.5～3cm，宽1.2～2cm，基部略连生，边缘有毛；雄蕊4轮排列，外轮与花瓣略相连生，花丝近离生或稍连合，无毛，长1.2cm，雌蕊子房无毛，3～4室，花柱3～4条，无毛，长1.8cm。蒴果三角状扁球形，果高3.5cm，果径4.5cm，果柄长1cm，有宿存苞片及萼片，每果有种子6～8粒，种皮黑褐色（图2-41）。

金花茶花　　　　　　　　　　　　　　金花茶枝叶

图2-41　金花茶 *C. chrysantha* 形态特征

资源挖掘利用与保护：山茶属中开黄花种不多，业界将金花茶誉为"茶族皇后"，具有极高观赏价值，是世界上珍稀的观赏植物。育种工作者为利用金花茶来培育黄色系列的山茶花新品种，对金花茶的研究越来越多。因其观赏价值，野生资源已被大量采挖破坏，极为稀少，广西壮族自治区有关部门已采取相关措施对金花茶野生资源加强保护。

42. 尖连蕊茶 *Camellia cuspidata* （Kochs）Wright ex Gard.

资源特点：适生区广、适应性强、种仁含油率高、油脂品质好。

资源分布：主要分布于江西、浙江、福建、湖南、湖北等省。

植物学特征：灌木，高可达1.7～2.0m，嫩枝无毛，老枝光滑，褐色。叶长椭圆形，先端渐尖，基部楔形，叶长 4.2～9.5cm，叶宽 1.2～2.2cm，叶缘具细锯齿，齿距 1～1.5mm，叶片革质，正面浓绿色，有光泽，背面浅绿色，略有光泽，中脉凸起，无毛，叶柄长 3～5mm，有毛。开花期 4～7 月，花白色，花冠直径 2.0～2.4cm，顶生，花瓣 6～7 枚，基部连生 2～3mm，并与雄蕊的花丝贴生，外侧花瓣 2～3 片，较小，革质，长 1.2～1.5cm，内侧花瓣 4 或 5 片，长 2～2.5cm；雄蕊无毛，外轮雄蕊只在基部和花瓣合生，其余部分离生，雌蕊子房无毛，花柱长 1.5～2.0cm，无毛。蒴果球形，果高 1.5～1.8cm，果径 1.3～1.7cm，果面光滑无毛，1 室，有种子 1～2 粒，果爿厚 3～7mm，种仁含油率为 40% 以上，籽油不饱和脂肪酸含量 85% 以上，其中油酸含量 80% 以上（图 2-42）。

尖连蕊茶果枝　　　　　　　　　　　　　　　尖连蕊茶果

尖连蕊茶枝叶　　　　　　　　　　　　　　　尖连蕊茶花

图 2-42　尖连蕊茶 *C. cuspidata* 形态特征

　　资源挖掘利用与保护：目前该资源主要作为优良的种质资源进行收集，没有进行人工繁育和栽培，有关研究主要集中在其形态特征、生物学特性、经济价值及花粉形态、果实解剖特征等方面的研究。当前，该物种资源多为野生，宜原地保存，浙江、江西等物种园或资源保存基地有物种资源保存。

43. 长尖连蕊茶 *Camellia acutissima* Chang

　　资源特点：适应性强，种仁含油率高，抗病性强。

资源分布：野生资源主要分布于江西、浙江、福建等省的山谷疏林中。

植物学特征：小乔木，树形圆球形，树高约2.0m，树姿半开张，嫩枝绿色。叶片上斜生长，厚革质，椭圆形，叶长5～6cm，叶宽2～3cm，先端渐尖，基部楔形，叶片正面深绿色，嫩叶浅绿色，侧脉9对，叶面微隆起，叶缘呈波浪状，有细锯齿；2月中旬始花，花期15天，单花顶生，花冠直径约8cm，无香味，萼片约5片，绿色，外侧有绒毛；花瓣约7枚，红色，质地较厚；雌蕊柱头通常高出雄蕊，子房有绒毛，花柱2个，长度1.5～1.9cm，顶端浅裂。10月下旬果实成熟，蒴果卵形，果径1～2cm，果面光滑，果皮红色，厚度1～1.5mm，每果有种子1粒或2粒，半球形，种皮褐色，种仁粗脂肪含量35%以上（图2-43）。

长尖连蕊茶果　　　　　　　　　　　　　　　　长尖连蕊茶枝叶

图2-43　长尖连蕊茶 *C. acutissima* 形态特征

资源挖掘利用与保护：目前仍为野生资源状态，浙江、江西、湖南等山茶物种园或种质保存基地中有物种资源保存。

44. 贵州连蕊茶 *Camellia costei* Levl.

资源特点：适生区广，适应性强，抗病性强。

资源分布：野生资源主要分布于广东西部、广西、贵州、湖南、湖北、江西等地。

植物学特征：灌木或小乔木，高达7m，嫩枝有短柔毛。叶革质，卵状长圆形，先端渐尖，或尾状渐尖，基部阔楔形，叶长4～7cm，叶宽1.3～2.6cm，叶片正面深绿色，有光泽，中脉有残留短毛，背面浅绿色，初时有长毛，以后秃净，侧脉约6对，在正面隐约可见，在下面稍凸起，叶缘有钝锯齿，齿刻间隔1～3mm，叶柄长2～4mm，有短柔毛。1～2月开花，花白色，顶生和腋生，花柄长3～4mm，有苞片4～5片，三角形，先端尖，最长2mm，先端有毛，花萼杯状，长3mm，萼片5片，卵形，长1.5～2mm，先端有毛，花冠直径1.3～2cm，花瓣5片，基部3～5mm与雄蕊连生，最外侧1～2片倒卵形至圆形，长1～1.4cm，有毛，内侧3～4片倒卵形，先端圆或凹入，有毛；雄蕊长10～15mm，无毛，花丝管长7～9mm，雌蕊子房无毛，花柱长10～17mm，先端3浅裂。蒴果圆球形，萼片宿存，果柄长3～5mm，果径11～15mm，果爿薄，1室，有种子1粒，种仁粗脂肪含量30%以上（图2-44）。

资源挖掘利用与保护：目前尚未有人工引种栽培利用，资源仍以野生状态存在。浙江、江西、湖南等山茶种质资源保存基地有此物种资源保存。

贵州连蕊茶枝叶　　　　　　　　　　　　　　　　　贵州连蕊茶花

图 2-44　贵州连蕊茶 *C. costei* 形态特征

45. 柃叶连蕊茶 *Camellia euryoides* Lindl.

资源特点：高海拔适生，花色粉红，叶色浓绿。

资源分布：野生资源主要分布于江西武宁、宜丰、分宜、萍乡、安福、永新、莲花、兴国、崇义、安远、寻乌、铅山、九江岷山、修水等地，浙江、福建等省也有野生资源分布。

植物学特征：小乔木，高达6m，嫩枝纤细，有长丝毛。叶薄革质，椭圆形至卵状椭圆形，长2～4cm，宽7～14mm，先端渐尖，基部楔形或近圆形，叶面正面深绿色，有光泽，中脉有短毛，背面有稀疏长丝毛，侧脉不明显，叶缘有间隔1.5～2.5mm的细锯齿，叶柄长1～2.5mm，有毛。开花期1～3月，花顶生和腋生，花柄长7～10mm，无毛，上部膨大，苞片4～5片，半圆形至圆形，长0.7～1.5mm，先端有微毛，花萼杯状，长2～2.5mm，萼片5片，阔卵形，长约1.5mm，先端有微毛，或秃净，边缘有毛，花冠直径约2cm，花瓣5枚，基部与雄蕊连生3～5mm，外侧2片倒卵形，长约1cm，有毛，内侧3片，卵形，先端凹入或平截，游离部分长约1.5cm，有毛；雄蕊长1.4cm，无毛，花丝管长为花丝的2/3，雌蕊子房无毛，花柱长1.5～1.9cm，先端3浅裂，裂片长1mm。蒴果圆形，直径8～10mm，1～3室，每室有种子1粒，种皮黑褐色（图2-45）。

柃叶连蕊茶枝叶　　　　　　　　　　　柃叶连蕊茶花蕾　　　　　　　　　　柃叶连蕊茶花

图 2-45　柃叶连蕊茶 *C. euryoides* 形态特征

资源挖掘利用与保护：目前主要为野生资源状态，江西省林业科学院开展了野生资源调查，并收集保存了一些油用种质材料。

46. 细叶连蕊茶 *Camellia parvilimba* Merr.et Metc.

资源特点：植株矮小，叶色浓绿，种仁含油率高。

资源分布：野生资源主要分布于江西永新、井冈山、会昌，广东、湖南等省也有分布。

植物学特征：小乔木，高可达 2.2～2.6m，嫩枝有短柔毛，幼枝随生长由淡绿色变为红褐色，老枝光滑，褐色。叶披针形，先端渐尖，偶有尾尖，基部楔形至圆形，叶长 4.0～5.0cm，叶宽 1.0～1.5cm，叶缘具细锯齿，齿间距 1.0～2.8mm，革质，叶面有光泽，淡绿色，叶背面淡绿色，略有光泽，中脉平，有短柔毛，下面无毛，叶柄长 2～5mm，有短柔毛。3 月开花，花白色，顶生，苞片 5 片，卵形，先端尖，长 1～2mm，无毛，花瓣 7 枚，长 8.0～11.0mm，倒卵形，萼片 5 片，仅基部相连，长 4.0mm，雄蕊 7～9mm，无毛，花丝分离，花柱长 8～12mm，先端 3 裂。9 月果实成熟，蒴果球形，果高 1.83～2.10cm，果径 1.68～1.76cm，果面光滑无毛，1～3 室，每室种子 1 粒，果爿厚 1.0～1.2mm。种仁含油率 8.72%～19.21%，籽油不饱和脂肪酸含量 90%～95%，其中油酸含量 78%～88%（图 2-46）。

细叶连蕊茶枝叶

细叶连蕊茶树体 细叶连蕊茶果

图 2-46 细叶连蕊茶 *C. parvilimba* 形态特征

资源挖掘利用与保护：目前该资源主要作为种质资源进行收集保存，在浙江、江西、湖南等山茶物种园有资源保存。

47. 毛柄连蕊茶 *Camellia fraterna* Hance

资源特点：果小，果壳薄，出籽率高，种仁含油率 30% 以上。

资源分布：主要分布于江西龙南、九连山、新建、永丰、临川、铅山、石城、黎川、井冈山、寻乌、资溪、玉山、宜丰、德兴、武夷山、庐山及浙江、福建等省海拔100～1200m的灌丛中或杂木林中。

植物学特征：灌木或小乔木，高1～5m，嫩枝密生柔毛或长丝毛。叶革质，椭圆形，长4～8cm，宽1.5～3.5cm，先端渐尖而有钝尖头，基部阔楔形，上面干后深绿色，发亮，下面初时有长毛，以后变秃，仅在中脉上有毛，侧脉5～6对，在上下两面均不明显，边缘有相隔1.5～2.5mm的钝锯齿，叶柄长3～5mm，有柔毛。花期4～5月，花常单生于枝顶，花柄长3～4mm，有苞片4～5片；苞片阔卵形，长1～2.5mm，被毛；萼杯状，长4～5mm，萼片5片，卵形，有褐色长丝毛；花冠白色，长2～2.5cm，基部与雄蕊连生达5mm，花瓣5～6片，外侧2片革质，有丝毛，内侧3～4片阔倒卵形，先端稍凹入，背面有柔毛或稍秃净；雄蕊长1.5～2cm，无毛，花丝管长为雄蕊的2/3，雌蕊子房无毛，花柱长1.4～1.8cm，先端3浅裂，裂片长仅1～2mm。蒴果圆球形，直径1.5cm，1室，种子1个，果壳薄革质。本种嫩枝多褐毛，花萼有长丝毛，花瓣有白毛，雄蕊无毛，有长的花丝管，子房无毛，易于识别（图2-47）。

毛柄连蕊茶果　　　　　　　　毛柄连蕊茶枝叶　　　　　　　　毛柄连蕊茶花

图2-47　毛柄连蕊茶 *C. fraterna* 形态特征

资源挖掘利用与保护：目前尚未由人工引种栽培。该树种可作为油茶育种材料，浙江、江西、湖南等山茶种质资源保存基地有物种资源保存。

48. 细萼连蕊茶 *Camellia tsofui* Chien

资源特点：树姿优美，早春开花，略向下弯，十分秀雅艳丽，是优良的油用观赏兼用物种。

资源分布：在江西省萍乡、武功山、上栗等地呈零星或片段化分布。

植物学特征：小灌木，高1m，嫩枝极纤细，被毛。叶薄革质，椭圆形或卵圆形，叶长1～2cm，叶宽7～13mm，先端渐尖有1钝尖头，基部阔楔形，叶片正面深绿色，有光泽，沿中脉有残留短粗毛，背面黄褐色，有稀疏而紧贴的长毛，侧脉在叶片正反两面均不明显，叶缘上半部有细小钝锯齿，近全缘，叶柄长1～1.5mm，有褐色柔毛。1月开花，花白色，顶生，花柄长10mm，无毛，苞片5片，阔卵形，细小而分散，长0.5～1mm，先端钝，有毛，花萼杯状，长3mm，萼片5片，长1.5mm，背无毛，边缘有毛；花冠直径1.6cm，花瓣6枚，倒卵形，先端圆，无毛，基部略相连生；雄蕊长约1.3cm，外轮花丝下半部连生成短管，上半部分离，无毛，花药背部着生，雌蕊子房无毛，花柱长1.3cm，无毛，先端极短3浅裂。蒴果圆球形，果径1.2cm，1室，种子1粒，果爿薄（图2-48）。

资源挖掘利用与保护：主要呈野生状态存在，野生资源破坏严重，尚未有人工引种栽培，江西省开展了野生资源的调查与评鉴，并收集保存有该物种资源。

细萼连蕊茶花

图 2-48 细萼连蕊茶 C. tsofui 形态特征

49. 长尾毛蕊茶 Camellia caudata Wall.

资源特点：适宜高海拔，种仁含油率在 30% 以上，油脂油酸含量较高。

资源分布：在江西野生资源主要分布于南昌、万载、宜春、萍乡、井冈山、庐山等地海拔 180～1200m 的山地。多生长在灌丛中、林缘、林缘灌丛、山坡灌丛、山坡阔叶林中、山坡林缘、疏林中向阳地。

植物学特征：小乔木，高达 7m，嫩枝纤细，密被灰色柔毛。叶革质或薄质，长圆形，披针形或椭圆形，长 5～9cm，有时长达 12cm，宽 1～2cm，有时狭于 1cm，或宽达 3.5cm，先端尾状渐尖，尾长 1～2cm，基部楔形，上面干后深绿色，略有光泽，或灰褐而暗晦，中脉有短毛，下面多少有稀疏长丝毛，侧脉 6～9 对，在上下两面均能见，边缘有细锯齿，叶柄长 2～4mm，有柔毛或绒毛。花腋生及顶生，花柄长 3～4mm，有短柔毛；苞片 3～5 片，分散在花柄上，卵形，长 1～2mm，有毛，宿存；萼杯状，萼片 5 片，近圆形，长 2～3mm，有毛，宿存；花瓣 5，长 10～14mm，外侧有灰色短柔毛，基部 2～3mm 彼此相连且和雄蕊连生，最外 1～2 片稍呈革质，内侧 3～4 片倒卵形，先端圆，花瓣状；雄蕊长 10～13mm，花丝管长 6～8mm，分离花丝有灰色长绒毛，内轮离生雄蕊的花丝有毛；子房有绒毛，花柱长 8～13mm，有灰毛，先端 3 浅裂。蒴果圆球形，直径 1.2～1.5cm，果片薄，被毛，有宿存苞片及萼片，1 室，种子 1 粒。花期 10 月至翌年 3 月（图 2-49）。

长尾毛蕊茶果　　　　　　　　　　　　　长尾毛蕊茶枝叶

图 2-49 长尾毛蕊茶 C. caudata 形态特征

资源挖掘利用与保护：目前主要为野生状态分布，尚未有人工引种栽培。浙江、江西、湖南等山茶种质资源保存基地有此物种资源保存。

50. 心叶毛蕊茶 *Camellia cordifolia*（Metc.）Nakai

资源特点：果爿薄，种子小，抗病性强。

资源分布：野生资源主要分布于广东、福建、江西等省，在江西主要分布在永新、宁冈、大余、石城、瑞金、龙南、全南、赣县、寻乌等县（市）。

植物学特征：小乔木，高1～4.5m，嫩枝有披散长粗毛。叶革质，长圆状披针形或长卵形，长6～10cm，宽1.5～3cm，先端渐尖或尾状渐尖，尖尾长1～2cm，基部圆形，有时微心形，上面干后黄绿色，稍发亮，中脉有残留短毛，下面有稀疏褐色长毛，中脉上毛较密，侧脉6～7对，在两面均隐约可见，边缘有相隔1.5～2mm的细锯齿，叶柄长2～4mm，有披散粗毛。花腋生及顶生，单生或成对，花柄长2～3mm，有毛；苞片4～5片，半圆形至阔卵形，长0.5～2mm，先端圆，背面有毛；萼片5片，阔卵形至圆形，先端圆，长3～4mm，背面有毛，花瓣5片，白色，外侧花瓣几近完全分离，近圆形，长7～9mm，背面有毛，基部与雄蕊连生约4mm；雄蕊长1.5cm，花丝管长约12mm，离生花丝有灰毛，子房有长丝毛，花柱多毛，长8～12mm，先端3浅裂。蒴果近球形，长1.4cm，宽1cm，2～3室，每室有种子1～3粒，果爿厚1～2mm（图2-50）。

心叶毛蕊茶果　　　　　　　　　　　　　　　　心叶毛蕊茶枝叶

图2-50　心叶毛蕊茶 *C. cordifolia* 形态特征

资源挖掘利用与保护：该资源目前主要为野生状态分布，尚未有人工栽培。浙江、江西、湖南等山茶种质资源保存基地有此物种资源保存。

第二节　古树资源

中国是山茶属物种的起源与栽培中心，有悠久的油茶栽培利用历史，在油茶分布区蓄存有大量树龄百年以上的油茶古树，大部分被保存的油茶古树多是因其自身生命力强并具较高的经济利用价值或特殊的性状特征而得以长期留存，这些古油茶树资源是极为重要而宝贵的遗传资源，是全国油茶遗传资源调查的主要对象，包括古树群落和古树个体。依据全国油茶遗传资源调查结果，我国古树资源保存较多的主要是云南、贵州、海南、广西、福建等省（自治区），呈不连续的点状或小片状分布。调查发现的古树资源主要为普通油茶 *C. oleifera* 和滇山茶 *C. reticulata*。

1. 广西融水元宝山国家级自然保护区石果红山茶古树群

本次油茶遗传资源调查中，广西调查人员在广西元宝山国家级自然保护区融水县境内海拔1700m处发现一片罕见的天然古油茶林，经叶片和果实分析，判定为石果红山茶。该群落区域面积约有 6.6hm²，多数植株树龄超过 100 年。果实籽粒较大，花红色，种仁粗脂肪含量 40% 以上，有一定的开发利用价值。

2. 广西昭平县东潭水库秃肋茶古树群

2013 年 12 月，中国科学院昆明植物研究所杨世雄教授等在广西壮族自治区贺州市昭平县东潭境内对山茶属种质资源进行调查时，在东潭水库周边发现了野生分布的秃肋茶 *Camellia costata* 群落，群落中许多植株树龄超过百年。

3. 云南腾冲马站乡云华村滇山茶古树群

该古树群落位于海拔为 1900～2200m 的云南省腾冲市马站乡云华村，面积约 130hm²，树龄 100年以上滇山茶古树近 300 株，其中最大的一株位于腾冲市马站乡云华村庄内，树高约 28m，胸径约113cm，估测树龄为 300 年以上。

4. 海南琼海会山镇普通油茶古树群

该古树群位于琼海市会山镇中酒村内，所在地海拔 58m，共有古树 5 株，估测树龄为 200 余年，最大植株树高 8.5m，胸径 78cm，冠径 7.4m×9m。经测定，单果重为 40～58g，鲜出籽率37%～43%，种仁含粗脂肪 37.8%，籽油中油酸含量 82.6%。

5. 陕西汉中南郑区黄官镇张家湾村油茶古树

该油茶古树资源位于南郑区黄官镇张家湾村，树龄 300 年以上，2012 年调查：树高 6.5m，枝下高 1.7m，地径 63.5cm，冠幅东西 9.14m，南北 9m。该古树树姿开张，树冠圆球形，嫩枝红色。叶长椭圆形，先端渐尖，基部楔形，长 8.4～9.0cm，宽 3.4～3.9cm，边缘具锯齿，厚革质，嫩叶红色，老叶深绿色。花白色，薄，无香味，直径 5.2～5.6cm；萼片 4～8 片，紫色，具绒毛；花瓣 5～7 枚；雄蕊比雌蕊高，花柱长，先端多 3 裂，子房有绒毛。盛花期 10 月中旬。蒴果球形，果高 2.5～3.4cm，果径3.0～5.0cm，果面光滑，果皮青色，每果含种子 1～3 粒，果片厚 2.2～2.5mm。种仁含油量为 36.57%，油脂不饱和脂肪酸含量 89.4%，其中，油酸含量 84.4%，亚油酸含量 5.1%。种仁含油率 36.57%，油酸含量 79.2%，亚油酸含量 8.9%，亚麻酸含量 0.75%，硬脂酸含量 1.6%，棕榈酸含量 9.0%。该古油茶树已被当地政府列为古树资源予以保护。

云南腾冲马站滇山茶古树 A1

云南腾冲马站滇山茶古树群

云南腾冲马站滇山茶古树 A

海南琼海古树

陕西南郑古树（树体、枝叶）

6. 陕西安康市汉滨区石转镇小垭村油茶古树

该油茶古树估计树龄 300 年以上，长势良好，树高 5m，胸围 1m，目前生长健旺、充满活力，为汉滨区最大的油茶古树，该古树已被当地政府列为古树资源，采用木栅围栏加以保护。

7. 陕西商洛市镇安县庙沟镇中坪村普通油茶古树

该古树位于陕西省商洛市镇安县庙沟镇中坪村，据当地姚姓老人讲，是姚家祖先在 500 年前从安徽带的油茶种子繁育而成。树高 5.9m，地径 77cm，干高 55cm，树势健壮，常单株产果量 50kg 以上，大小年不明显。该古树树冠圆球形，树姿开张，嫩枝绿色。叶长椭圆形，先端渐尖，基部楔形，长 6.6cm，宽 3.0cm，边缘具锯齿，厚革质，嫩叶红色，老叶深绿色。花白色，无香味，直径 6.1~6.9cm；萼片 3~4，绿色，具绒毛，花瓣

陕西汉滨油茶古树形态特征（树体）

6～7枚；雄蕊比雌蕊高，花柱先端4裂，雌蕊子房有绒毛。盛花期10月中下旬。蒴果椭圆球形，果高3.3cm，果径2.6cm，果面光滑，果皮青色，每果含种子2～6粒，果爿厚3.0mm。种仁含油量为36.91%，油脂不饱和脂肪酸含量87.8%，其中，油酸含量77.2%，亚油酸含量10.2%。

8. 贵州玉屏侗族自治县朱家场镇谢桥村油茶古树1号

该古树位于玉屏侗族自治县朱家场镇谢桥村，海拔510m。估测树龄450年，树高7m，基围185cm，平均冠幅9m×9m。

9. 贵州玉屏侗族自治县朱家场镇谢桥村普通油茶古树2号

该油茶古树树龄约400年，位于玉屏侗族自治县朱家场镇谢桥村，树高8m，胸围92cm，平均冠幅6m×6m，海拔510m。

陕西商洛古树形态特征照片（树体、枝叶、果实）

10. 贵州玉屏侗族自治县朱家场镇鱼塘村普通油茶古树1号

该古树树龄约200年，位于玉屏侗族自治县朱家场镇鱼塘村，树高6m，基围135cm，平均冠幅

7m×7m，海拔 520m。

11. 贵州玉屏侗族自治县朱家场镇鱼塘村普通油茶古树 2 号

该古树位于玉屏侗族自治县朱家场镇鱼塘村，树龄约 200 年，树高 7m，基围 168cm，平均冠幅 6m×6m，海拔 530m。

12. 贵州玉屏侗族自治县朱家场镇鱼塘村普通油茶古树 3 号

该古树位于玉屏侗族自治县朱家场镇鱼塘村徐家坪村民组，树高 7m，树龄约 200 年，基围 135cm，平均冠幅 6m×6m，海拔 510m。

13. 贵州玉屏侗族自治县田坪镇田冲村普通油茶古树 1 号

该古树位于玉屏侗族自治县田坪镇田冲村彭家第 3 村民组，树龄约 400 年，树高 6m，基围 185cm，平均冠幅 7m×7m，海拔 380m。

14. 贵州玉屏侗族自治县田坪镇田冲村普通油茶古树 2 号

该油茶古树位于玉屏侗族自治县田坪镇田冲村，树龄约 300 年，树高 8m，基围 171cm，平均冠幅 6m×6m，海拔 370m。

15. 贵州玉屏侗族自治县田坪镇田冲村普通油茶古树 3 号

该古树位于玉屏侗族自治县田坪镇田冲村，树龄约 200 年，树高 7m，胸围 80cm，平均冠幅 6m×6m，海拔 360m。

16. 贵州玉屏侗族自治县田坪镇罗家寨村普通油茶古树

该古树位于玉屏侗族自治县大龙镇罗家寨村，树龄约 200 年，树高 9m，基围 134cm，平均冠幅 8m×8m，海拔 400m。

17. 贵州道真仡佬族苗族自治县河口乡车田村烟房村民组普通油茶古树

该古树位于道真仡佬族苗族自治县河口乡车田村烟房村民组，树龄约 250 年，树高 8m，基围 105cm，平均冠幅 9m×9m，海拔 605m。

18. 浙江舟山市普陀山梅福禅院山茶古树

该古树位于浙江省舟山市普陀区梅福禅院内，树龄约 250 年，植株树高 4.5m，地径 22cm，树冠圆头形，东西冠幅直径 5.8m，南北冠幅直径 5.6m。果实圆球形，果高 4.1cm，果径 3.8cm，果壳厚 0.5cm，每果有籽 5～7 粒，种皮黑色，种仁含油率 53%，籽油含油酸 81.6%、亚油酸 7.6%、亚麻酸 0.2%、棕榈酸 8.4%、硬脂酸 2.0%。

舟山普陀山梅福禅院山茶古树形态特征照片（树体、枝叶、花、果实）

19. 福建霞浦县崇儒乡上水村普通油茶古树（闽古1号）

该古树位于福建省霞浦县崇儒乡上水村，估计树龄200年，植株高6m，地径32cm，东西冠幅直径6.3m，南北冠幅直径6.5m，树体开张，树冠圆头形，分枝多，长势旺。叶椭圆或长椭圆形，平均叶长6.50cm，叶宽3.20cm。果实圆球形，果皮青红色，果面光滑，种皮黑色。常年产鲜果30～50kg。

20. 福建省武夷山市星村镇武夷山国家级自然保护区浙江红山茶古树（武红2号）

该古树位于福建省武夷山市星村镇武夷山国家级自然保护区境内，估计树龄100年以上，植株高4.64m，地径44cm，树冠圆头形，东西冠幅直径5.4m，南北冠幅直径5.9m，树体开张，分枝多，长势旺。叶椭圆或长椭圆形，平均叶长10.94cm，叶宽3.82cm。果实圆球形，平均单果重104g，果皮青绿色，果面光滑，种皮黑色，鲜出籽率14.98%。常年产鲜果14kg。

21. 福建省武夷山市星村镇武夷山国家级自然保护区浙江红山茶古树（武红3号）

该古树位于福建省武夷山市星村镇武夷山国家级自然保护区境内，估计树龄100年以上，植株高4m，地径31cm，树冠圆头形，东西冠幅直径4.6m，南北冠幅直径4.4m，树体开张，分枝多，长

闽古 1 号古树形态特征照片（树体）

武红 2 号古树形态特征照片（树体、枝叶、果实）

势旺。叶椭圆或长椭圆形，平均叶长 11.69cm，叶宽 3.81cm。常年产鲜果约 27kg，果实圆球形，平均单果重 59.18g，果皮青绿色，果面光滑，种皮黑色，鲜出籽率 14.72%，种仁含油率 63.06%，油脂含油酸 80.4%、亚油酸 6.63%。

武红 3 号古树形态特征照片（树体、枝叶、果实）

22. 福建省武夷山市星村镇武夷山国家级自然保护区浙江红山茶古树（武红 4 号）

该古树位于福建省武夷山市星村镇武夷山国家级自然保护区境内，估计树龄百年以上，植株高 5m，地径 38.3cm，树冠圆头形，东西冠幅直径 6.2m，南北冠幅直径 5.6m，树体高大、开张，长势旺。叶长椭圆形，平均叶长 8.5cm，叶宽 3.89cm。常年产鲜果约 31kg，果实圆球形，平均单果重 59.19g，果皮青绿色，果面光滑，种皮黑色，鲜出籽率 14.56%。

武红 4 号古树形态特征照片（树体、枝叶、果实）

23. 福建省武夷山市星村镇武夷山国家级自然保护区浙江红山茶古树（武红 7 号）

该古树位于福建省武夷山市星村镇武夷山国家级自然保护区境内，估计树龄 100 年以上，植株高 4.5m，地径 32cm，树冠圆头形，东西冠幅直径 4.2m，南北冠幅直径 5.0m，树体高大、开张，长势旺。叶长椭圆形，平均叶长 7.91cm，叶宽 3.97cm。常年产鲜果约 33kg，果实圆球形，平均单果重 83.56g，果皮青绿色，果面光滑，种皮黑色，鲜出籽率 20.53%，种仁含油率 57.09%，籽油中油酸含量 80.3%、亚油酸含量 6.88%。

武红 7 号古树形态特征照片（树体、枝叶、果实）

24. 湖北省麻城市福田河镇风簸山村普通油茶古树（麻城 1 号）

该古树位于湖北省麻城市福田河镇风簸山村，树冠高大，生长旺盛，树冠圆头形，树势开张。树高 4.8m，枝下高 0.6m，地径 37.0cm，冠幅东西 5.8m，南北 6.2m。枝条为棕褐色或淡褐色，有灰白色或褐色短毛。叶椭圆形，先端渐尖，基部楔形，长 6.2～8.0cm，宽 3.1～3.6cm，边缘具锯齿，齿距 2～3mm，革质，叶面有光泽，深绿色，叶背淡绿色，中脉背凸，无毛。花白色，直径 4.3～6.5cm，花多顶端簇生；鳞片 6～8 枚，被稀疏银白色绢毛；花瓣 5～8 枚；外轮花丝基部连生；雌蕊与雄蕊等高，无毛，花柱先端多 3 裂，裂深 0.3～0.5cm，子房有绒毛。盛花期 11 月中旬。蒴果圆形，成熟时果实青色，果高 1.8～3.1cm，果径 1.5～3.0cm，果面光滑被绒毛，果爿 3 裂，每室种子 1～5 粒，果爿厚 2.0～3.0mm。单株产量 35.8kg，结实大小年现象不明显。平均单果重 14.8g，干仁含油率 50.6%，油酸含量 82.5%，亚油酸含量 5.0%，亚麻酸含量 0.4%，硬脂酸含量 3.2%，棕榈酸含量 8.4%，棕榈烯酸含量 0.5%。目前，该古树资源已得到当地政府有效保护。

麻城 1 号古树形态特征照片（树体）

25. 湖北省咸丰县尖山乡横路村普通油茶古树（咸丰 7 号）

　　该古树位于湖北省咸丰县尖山乡横路村，估计树龄 300 年以上。该古树树体高大，生长略有衰弱，树冠塔状，1.2m 以上成多干，直立。树高 13m，地径 66.8cm，枝下高 2.5m，冠幅东西 9m，南北 12.0m。枝条为棕褐色或淡褐色，有灰白色或褐色短毛。叶椭圆形，先端渐尖，基部楔形，长 5.5～6.5cm，宽 3.0～3.5cm，边缘具锯齿，齿距 2～3mm，革质，叶面有光泽，深绿色，叶背淡绿色，中脉背凸，无毛。花白色，直径 5.0～7.0cm，花多顶端簇生；鳞片 6～8 枚，被稀疏银白色绢毛；花瓣 5～8 枚；外轮花丝基部连生；雌蕊与雄蕊等高，无毛，花柱先端多 3 裂，裂深 0.3～0.5cm，子房有绒毛。盛花期 11 月上旬。蒴果圆形，成熟时果实青红色，果高 2.5～3.6cm，果径 2.4～3.5cm，果面光滑被绒毛，果爿 3 裂，每室种子 2～6 粒，果爿厚 2.0～3.0mm。单株产量 82kg，结实大小年现象不明显。平均单果重 16.2g，干仁含油率 52.7%，油酸含量 84.9%，亚油酸含量 5.5%，亚麻酸含量 0.4%，硬脂酸含量 2.3%，棕榈酸含量 6.5%，棕榈烯酸含量 0.4%。该古树资源已得到当地政府有效保护。

第三节　选育改良品种资源

　　我国当前山茶属油用资源的改良品种主要集中于普通油茶 *C. oleifera*，其改良品种数量占现有油茶良种总量的 95% 以上，至 2014 年，普通油茶改良品种（通过国家和省级林木良种审认定）及优

咸丰7号古树形态特征照片（树体）

良无性系共计有362个（表2-2），其中通过国家林木良种审（认）定良种115个，通过各省审（认）定良种222个，主要包括中国林业科学研究院选育的'亚林'、'长林'系列，广西壮族自治区林业科学研究院选育的'岑软'系列、'桂普'系列和'桂无'系列，江西省林业科学院选育的'赣无'系列，湖南林业科学研究院选育的'湘林'系列，云南省林业科学研究院选育的'云油'系列，安徽省林业科学研究院选育的'大别山'系列，湖北省林业科学研究院选育的'鄂油'系列，福建省林业科学研究院选育的'闽优'系列，江西赣州市林业科学研究所选育的'赣油'系列，以及中南林业大学选育的'华系'、河南林业科学研究院选育的'豫油'系高产无性系良种。除普通油茶外，近年小果油茶 C. meiocarpa、滇山茶 C. reticulata、越南油茶 C. viernamensis、高州油茶 C. gauchowensis 等物种也有少量选育改良资源，但多为认定良种。我国的现有改良品种主要是以产量、抗性为选育指标，因而这些改良品种在结实产量上均具有稳定的遗传特性，是当前油茶产业推广种植的主要品种资源，大部分良种都有较大的种植面积，是支撑油茶新造林良种化的重要遗传资源。

表2-2　中国改良品种资源分省统计表

省（自治区、直辖市）	品种资源名称
浙江（17）	浙林1号、浙林2号、浙林3号、浙林4号、浙林5号、浙林6号、浙林7号、浙林8号、浙林9号、浙林10号、浙林11号、浙林12号、浙林13号、浙林14号、浙林15号、浙林16号、浙林17号
安徽（25）	皖祁1号、皖祁2号、皖祁3号、皖祁4号、皖徽1号、皖徽2号、皖徽3号、凤阳1号、凤阳2号、凤阳3号、凤阳4号、绩溪1号、绩溪2号、绩溪3号、绩溪4号、绩溪5号、皖潜1号、皖潜2号、黄山1号、黄山2号、黄山3号、黄山4号、黄山6号、黄山8号、大别山1号

省（自治区、直辖市）	品种资源名称
福建（25）	油茶闽 20、油茶闽 43、油茶闽 48、油茶闽 60、油茶闽 79、闽杂优 1、闽杂优 2、闽杂优 3、闽杂优 4、闽杂优 5、闽杂优 6、闽杂优 7、闽杂优 8、闽杂优 11、闽杂优 12、闽杂优 13、闽杂优 14、闽杂优 18、闽杂优 19、闽杂优 20、闽杂优 21、闽杂优 25、闽杂优 28、闽杂优 30、龙眼茶
江西（37）	GLS 赣州油 3 号、GLS 赣州油 4 号、GLS 赣州油 5 号、赣州油 1 号、赣州油 2 号、赣州油 6 号、赣州油 7 号、赣州油 8 号、赣州油 9 号、赣州油 10 号、赣州油 11 号、赣州油 12 号、赣州油 16 号、赣州油 17 号、赣州油 18 号、赣州油 20 号、赣州油 21 号、赣州油 22 号、赣州油 23 号、赣 8、赣 70、赣 190、赣 447、赣抚 20、赣石 83-1、赣石 83-4、赣石 84-3、赣石 84-8、赣无 1、赣无 2、赣无 11、赣无 12、赣无 24、赣兴 46、赣兴 48、赣永 5、赣永 6
河南（15）	豫油茶 1 号、豫油茶 2 号、豫油茶 3 号、豫油茶 4 号、豫油茶 5 号、豫油茶 6 号、豫油茶 7 号、豫油茶 8 号、豫油茶 9 号、豫油茶 10 号、豫油茶 11 号、豫油茶 12 号、豫油茶 13 号、豫油茶 14 号、豫油茶 15 号
湖北（9）	鄂林油茶 102、鄂林油茶 151、鄂油 54 号、鄂油 63 号、鄂油 81 号、鄂油 465 号、湖北谷城大红果 8 号油茶、阳新米茶 202 号、阳新桐茶 208 号
湖南（57）	德字 1 号、衡东大桃 2 号、衡东大桃 39 号、常德铁城一号、常林 3 号、常林 36 号、常林 39 号、常林 58 号、常林 62 号、湘林 4、湘林 16、湘林 28、湘林 31、湘林 35、湘林 36、湘林 46、湘林 47、湘林 51、湘林 64、湘林 65、湘林 81、湘林 89、XLC15 号、XLJ14 号、湘 5、湘林 1 号、湘林 104 号、油茶良种 XLC6、油茶良种 XLC8、油茶良种 XLC22、油茶良种 XLC23、油茶良种 XLC26、油茶良种 XLH13、油茶良种 XLH17、油茶良种 XLH18、油茶良种 XLH31、油茶良种 XLH32、油茶良种 XLJ2、湘林 5、湘林 27、湘林 56、湘林 67、湘林 69、湘林 70、湘林 82、湘林 97、湘林 106、湘林 117、湘林 121、湘林 124、湘林 131、湘林 32、湘林 63、湘林 78、华金、华硕、华鑫
广东（11）	粤连 74-1、粤连 74-2、粤连 74-3、粤连 74-4、粤连 74-5、粤韶 73-11、粤韶 74-1、粤韶 74-4、粤韶 75-2、粤韶 76-1、粤韶 77-1
广西（25）	岑溪软枝油茶、岑软 2 号、岑软 3 号、桂无 1 号、桂无 2 号、桂无 3 号、桂无 4 号、桂无 5 号、桂普 32 号、桂普 101 号、桂无 6 号、岑软 11 号、岑软 22 号、岑软 24 号、桂普 38 号、桂普 49 号、桂普 50 号、桂普 74 号、桂普 105 号、桂普 107 号、桂 78 号、桂 87 号、桂 88 号、桂 91 号、桂 136 号
重庆（5）	渝林油 1 号、渝林油 4 号、渝林油 5 号、渝林油 6 号、渝林油 9 号
四川（35）	翠屏 -7、翠屏 -15、翠屏 -16、翠屏 -36、翠屏 -39、翠屏 -41、江安 1 号、江安 12 号、江安 24 号、江安 54 号、江安 70 号、江安 71 号、川林 01、川林 02、川荣 -50、川荣 -55、川荣 -66、川荣 -153、川荣 -156、川荣 -447、川荣 -444、川荣 -523、川荣 -476、川荣 -108、川荣 -241、弘鑫 -760、川雅 -20、川雅 -21、川雅 -11、川雅 -17、达林 -1、达林 -22、达林 -32、达林 -34、达林 -39
贵州（17）	白市 4 号、江东 11 号、江东 12 号、黎平 1 号、黎平 2 号、黎平 3 号、黎平 4 号、黎平 7 号、黔碧 1 号、黔碧 2 号、黔玉 1 号、黔玉 2 号、望油 1 号、瓮洞 4 号、瓮洞 24 号、远口 1 号、远口 5 号
云南（51）	凤油 1 号、凤油 2 号、凤油 3 号、德林油 3 号、德林油 4 号、德林油 5 号、德林油 6 号、腾冲 1 号、腾冲 2 号、腾冲 3 号、腾冲 4 号、腾油 12 号、腾油 13 号、五柱滇山茶、易红普通油茶优良无性系、易龙普通油茶优良无性系、易梅普通油茶优良无性系、易泉普通油茶优良无性系、云油茶红河 1 号、云油茶红河 2 号、云油茶红河 3 号、云油茶红河 4 号、云油茶红河 5 号、窄叶西南红山茶 1 号、窄叶西南红山茶 2 号、窄叶西南红山茶 3 号、窄叶西南红山茶 4 号、窄叶西南红山茶 5 号、德林油 H1 号、德林油 B1 号、德林油 B2 号、云油茶 1 号、云油茶 2 号、云油茶 3 号、云油茶 4 号、云油茶 5 号、云油茶 6 号、云油茶 9 号、云油茶 13 号、云油茶 14 号、富宁油茶 1 号、富宁油茶 2 号、富宁油茶 3 号、富宁油茶 4 号、富宁油茶 5 号、富宁油茶 6 号、富宁油茶 7 号、富宁油茶 8 号、富宁油茶 9 号、富宁油茶 10 号、富宁油茶 11 号
陕西（9）	汉油 1 号、汉油 2 号、金州 2 号、金州 31 号、秦油 9 号、秦油 15 号、秦油 18 号、镇油 1 号、镇油 33 号
中国林业科学研究院亚热带林业研究所/实验中心（24）	亚林 1 号、亚林 4 号、亚林 9 号、长林 3 号、长林 4 号、长林 18 号、长林 21 号、长林 23 号、长林 27 号、长林 40 号、长林 53 号、长林 55 号、长林 166 号、大果寒露 1 号、大果寒露 2 号、长林 8 号、长林 17 号、长林 20 号、长林 22 号、长林 26 号、长林 56 号、长林 59 号、长林 61 号、长林 65 号

第四节 特异性状资源

1. 区域分布

具特异经济性状或农艺性状的油茶资源是遗传资源挖掘利用的潜在重要资源，这类资源至少在某个或多个经济性状上具有明显的特异性，是油茶遗传改良的重要基础材料，特异性状资源的发现与挖掘是全国油茶遗传资源调查的重点。参与油茶遗传资源调查的 16 个省（自治区、直辖市）均在现有育种材料或野生资源中发现了具特异性状的油茶资源，这些资源的特异性主要表现在结实特性、果实形态、脂肪成分结构、树体形态、耐（抗）逆性等方面。基于全国油茶遗传资源性状调查与检测结果，在 79 个山茶属物种中发现具高产果量、大果、高出籽率、高含油率、高油酸等性状特征资源 2270 份。被发掘的特异性状资源主要集中于普通油茶、高州油茶、浙江红山茶、南山茶、西南红山茶及滇山茶等传统油用栽培物种（表 2-3）。

表 2-3 具特异性状油茶遗传资源分省统计表

省（自治区、直辖市）	普通油茶①	高州油茶②	浙江红山茶	南山茶	西南红山茶	滇山茶	其他物种	合计
安徽	43							43
福建	56		4					60
广东	122	229		126			2	479
广西	270	8		9			27	314
贵州	174				88		15	277
海南	20	8						28
河南	32							32
湖北	59							59
湖南	46	2		3		1	12	64
江苏	49							49
江西	165	1	11	4			26	207
陕西	7							7
四川	21			1		2	1	25
云南	37			1	4	30	5	77
浙江	388		134				7	529
重庆	20							20
合计	1509	248	149	143	93	33	95	2270

注：表中数据仅依据全国油茶遗传资源调查结果统计；①包含小果油茶与泰顺粉红油茶；②包含越南油茶

从特异性状油茶遗传资源的物种归属与区域分布看，特异资源数与物种的自然资源分布范围密切相关，属于普通油茶的特异性状资源数最多，分布区域也最广，其特异性状资源数共计 1509 份，占全部特异资源总数的 66% 在参与调查的所有省（自治区、直辖市）均有普通油茶特异性状资源被发现或发掘；高州油茶（含越南油茶）是被发现特异资源数仅次于普通油茶的物种，主要发现于其自然资源分布中心广东省，共发现具特异经济性状的高州油茶资源 229 份；浙江红山茶特异性状资源主要被发现于浙江省，发现具特异性状浙江红山茶资源 134 份。滇山茶资源多发现于云南省，南山茶多发现于广东省，西南红山茶多发现于贵州省。除此之外，在其他的 29 个野生物种资源中也发现了 95 株具潜在油用利用价值的特异个体，这些野生物种特异个体资源主要被发现于广西、江西、贵州、湖南、云南、浙江等省（自治区），主要是红山茶组中的怒江红山茶、西南红山茶，短柱茶组的长瓣短柱茶（攸县油茶）、香花油茶，以及糙果茶组的糙果茶等物种（图 2-51）。

2. 资源类别与来源

在全国油茶遗传资源调查中发现的特异性资源中，许多资源具多个优良特性，其中具两个以上优良经济性状于一体的资源为 956 个，占特异资源总数的 42%，单具高产果量特性的资源 1314 个，占总特异资源数的 58%。从特异性状资源的来源看，源于野生状态的特异资源 1310 份，源于选育材料（良种、品系、无性系）的特异资源 960 份。从资源所具的特异经济性状组成分类统计可以发现，具两个或两个以上优良经济性状于一体的资源有 956 份，其中具高产果量、大果、高出籽率、高含油率和高油酸含量 5 个优良经济性状于一体的特异资源 7 个，其中源于现有选育材料（无性系）5 个，野生资源（特异单株）2 株（表 2-4）。本书第五章将就本次油茶遗传资源调查中发现的特异性状遗传资源的形态特征及资源特点进行分别介绍。

表 2-4　按遗传资源特点分类统计表

资源类别	选育资源			野生资源		合计
	良种	品系	无性系	古树	特异单株	
高产果量，大果，高出籽率，高含油率，高油酸			5		2	7
高产果量，大果，高出籽率，高含油率	5				3	8
高产果量，大果，高出籽率，高油酸			9		1	10
高产果量，大果，高含油率，高油酸			20			20
高产果量，高出籽率，高含油率，高油酸	3		17		5	25
高产果量，大果，高出籽率	2	1	4		21	28
高产果量，大果，高含油率	14		9	2	23	48
高产果量，大果，高油酸	3		11		6	20
高产果量，高出籽率，高含油率	19		3		22	44
高产果量，高出籽率，高油酸			9		5	14
高产果量，高含油率，高油酸	7		29		13	49
高产果量，大果	18	17	16		170	221
高产果量，高出籽率	25	12	62		145	244
高产果量，高含油率	68	5	50		57	180
高产果量，高油酸	3		10		25	38
高产果量	113	87	304	2	808	1314
合计	280	122	558	4	1306	2270

注：本表统计数据仅依据全国油茶遗传资源调查资料；高产果量. 具丰产性，单株结果量大；大果. 鲜果单果重：普通油茶、西南红山茶>30g，浙江红山茶、滇山茶>100g，高州油茶、越南油茶>80g，南山茶>400g；高出籽率. 鲜出籽率：普通油茶、西南红山茶>50%，高州油茶、越南油茶>30%，浙江红山茶、滇山茶>25%，南山茶>15%；高含油率. 种仁粗脂肪含量：普通油茶、高州油茶、西南红山茶>50%，浙江红山茶、南山茶、滇山茶>55%；高油酸是指该资源油茶籽油中的油酸含量高于85%

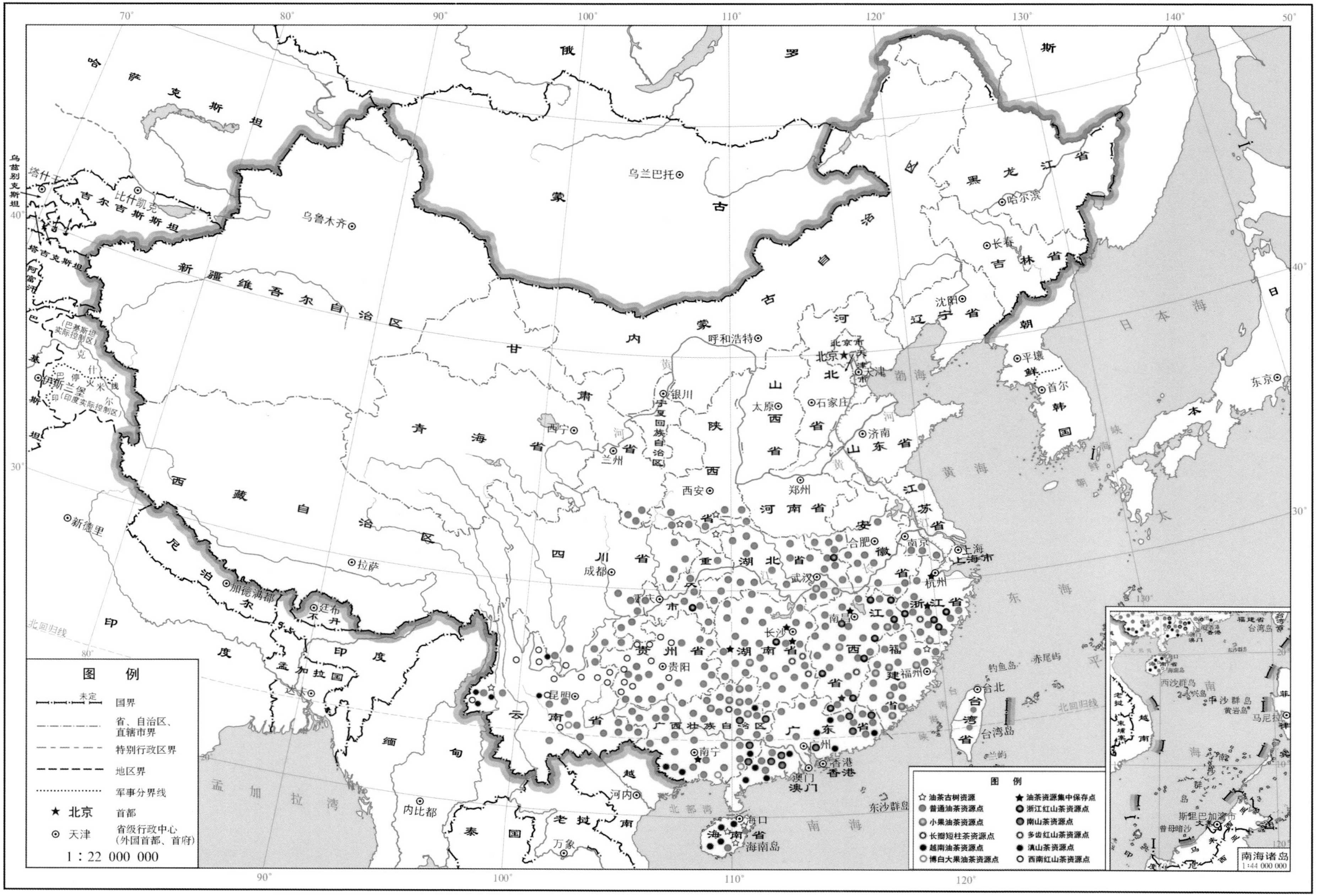

图 2-51 中国油茶遗传资源分布示意图

第三章

油茶资源性状特征变异及特异资源

03

第一节　主要形态特征变异及特异资源

1. 树形树姿

（1）遗传变异多样性

树姿是树体高矮、分枝角、分枝间距等的自然生长姿态的综合表现，具有较强的遗传稳定性。油茶树姿通常按枝条的自然生长角度分为直立、开张、下垂三大类，各大类型间又有一些中间过渡型（半开张、半下垂）。对全国油茶遗传资源调查中主要物种资源的各类树姿出现频数统计结果（表3-1）表明，多数资源属开张或半开张型，其资源总数约占调查资源的80%，直立或下垂的资源相对较少，仅为调查资源的20%，其中下垂型资源最为稀少，且仅在普通油茶中和浙江红山茶中有下垂型资源。普通油茶的树姿多样性相对于其他物种变异较为丰富，各种树姿类型均有一定数量的资源，但从各种树姿的资源数占比来看，开张或半开张同样是普通油茶的主流树姿。

表 3-1　主要油茶物种遗传资源树姿性状分类统计

树姿	普通油茶[1]	高州油茶[2]	浙江红山茶	南山茶	西南红山茶	滇山茶	总计
直立	289	39	47	34	15	2	426
半开张	676	92	62	69	67	21	987
开张	623	98	38	67	36	12	874
半下垂	8						8
下垂	20		10				30
总计	1616	229	157	170	118	35	2325

注：表中数据仅依据全国油茶遗传资源调查结果统计；[1]包含小果油茶与泰顺粉红油茶；[2]包含越南油茶

（2）典型资源

1）开张：长林53号、长林18号、浙林5号、大别山1号、油茶闽48、赣无13等。

2）半开张：长林40号、闽49、普油-赣林无3、湘油1号、高油-龙洞85号、桂87号、渝林A1、川荣50、富宁油茶7号等。

半开张'黄山3号'

开张'长林53号'

树体直立型 '长林 0452 号'　　　　　　　　　　紧凑形 '岑软 3 号'

下垂 '岑软 2 号'　　　　　　　　　　半开张 '闽 49'

3）直立：长林 4 号、长林 0452 号、岑软 3 号、泰顺粉红油茶 - 优株 1 号等。
4）下垂或半下垂：岑软 2 号，淳安优株 1 号，建德优株 2 号等。

2. 叶形

（1）遗传变异多样性
叶片形状是植物分类的重要特征性状，具有较高的稳定性，叶形在油茶资源间存在明显的差异，是区别物种及种内遗传资源的主要形态特征性状。油茶叶形通常可分为椭圆形、长椭圆形、卵圆形、长卵圆形及披针形等。根据全国油茶遗传资源调查主要物种资源的叶形频数分布统计结果（表 3-2），叶形为卵圆形或长卵圆形的资源最多，其资源数约占调查资源总数的 82%。

表 3-2　主要油茶物种遗传资源叶形分类统计

叶形	浙江红山茶	高州油茶	普通油茶	西南红山茶	滇山茶	南山茶	总计
椭圆形	5	37	212		4	5	263
长椭圆形	1		45			4	50
卵圆形	106	141	780	11	20	90	1148
长卵圆形	37	41	442	91	11	40	662
披针形	7	4	63	16		1	91

注：本表数据依据全国油茶遗传资源调查原始数据统计

（2）典型资源

1）椭圆形：亚林普油 -2008_178 号、普油 - 淳安优株 5 号、大别山 2 号、赣无 24 等。

2）长椭圆形：亚林普油 -2008_0004 号、黄山 2 号、闽杂优 9、赣无 12 等。

3）卵圆形：长林 49 号、大别山 3 号、闽杂优 19、赣抚 20、豫油茶 8 号、湘林 104 等。

4）长卵圆形：亚林普油 -2008_3012 号、黄山 1 号、赣无 1、鄂油 276 号等。

5）披针形：亚林普油 -2008_030 号、凤阳 4 号、赣无 16、普通 - 荣昌 2 号等。

卵圆形 '长林 49 号'

披针形 '亚林普油 -2008_030 号'

椭圆形 '亚林普油 -2008_178 号'

长卵圆形 '亚林普油 -2008_3012 号'

3. 叶长、叶宽

（1）遗传变异多样性

叶片大小及长宽比例也是重要的植物性状特征，并具有较高的遗传稳定性，是鉴别资源的重要特征性状。油茶叶片大小在物种间存在较大的差异，也在种内遗传资源间存在显著的差异性。基于全国油茶资源调查数据得出主要油茶物种叶长、叶宽统计值（表 3-3）。在 6 个主要物种中，叶片最大的物种是南山茶物种，西南红山茶的种内资源间的变异最大，叶长、叶宽种内资源间的变异系数分别为 0.22 和 0.30。

长椭圆形'亚林普油 -2008-0004 号'

表 3-3　主要油茶物种叶片长度、宽度统计值

性状	统计项	普通油茶	高州油茶	浙江红山茶	南山茶	西南红山茶	滇山茶
叶长	平均（cm）	6.21	8.48	9.52	13.04	7.76	8.76
	最大值（cm）	11.90	11.41	14.87	17.50	13.40	11.24
	最小值（cm）	3.40	5.67	5.10	6.14	4.10	4.60
	标准差（cm）	0.96	1.18	1.67	1.68	1.67	1.55
	变异系数	0.15	0.14	0.18	0.13	0.22	0.18
叶宽	平均（cm）	2.95	3.69	4.29	5.39	2.46	3.81
	最大值（cm）	6.33	5.38	11.43	7.25	6.50	5.50
	最小值（cm）	0.90	2.40	2.40	2.93	1.41	1.90
	标准差（cm）	0.52	0.51	1.18	0.78	0.73	0.78
	变异系数	0.18	0.14	0.28	0.15	0.30	0.21
长宽比	平均	2.1	2.3	2.2	2.4	3.2	2.3

注：本表依据全国油茶遗传资源调查原始数据

（2）典型资源

1）叶片最大的普通油茶资源：普油 - 永嘉优株 1 号、普油 - 永嘉优株 2 号、普油 - 赣林恒丰 8 号、野油 - 酉阳 1 号等。

2）叶片最大的高州油茶资源：高油 - 长坡镇优 23 号、高油 - 新垌镇样 7 号、高油 - 长坡镇优 26 号、高油 - 长坡镇优 21 号、高油 - 新垌镇样 51 号等。

3）叶片最大的浙江红山茶资源：亚林浙红 _HY031、浙江红山茶 - 青田优株 40 号、浙江红山茶 - 青田优株 41 号、浙江红山茶 - 缙云优株 1 号等。

4）叶片最大的南山茶资源：广红 - 小湘镇肇样 1-2 号、广红 - 九连镇 1 号、广红 - 南山 1 号、广红 - 云样 2-3、广红 - 云样 2-4 等。

5）叶片最大的滇山茶资源：凤油 2 号、滇山茶 - 楚雄优树 4 号、滇山茶 - 腾冲优树 8 号、滇山茶 - 腾冲优树 3 号等。

6）叶片最大的西南红山茶资源：西南红山茶 - 开阳选 2 号、西南红山茶 - 开阳选 3 号、西南红山茶 - 开阳选 1 号等。

第二节　种实性状特征变异及特异资源

1. 果实形状

（1）遗传变异多样性

油茶果实主要有圆球形、椭球形、卵球形、倒卵球形、扁圆球形等，油茶果实形态是油茶资源重要的形态特征，具有很高的稳定性，常作为油茶品种的识别特征。除上述常规果形外，有些物种尚有更多的果实形态，有专家在滇山茶资源中共发现了10多种果实形态，有些果形极为稀有，如五星多边形果形。从油茶遗传资源的果实形态的统计结果（表3-4）可以看出，普通油茶资源中，具圆球形果的资源最多，果形为圆球形的资源占半数以上，而浙江红山茶即是卵球形果最多，高州油茶资源中扁圆球形占比较高。

表 3-4　主要油茶物种不同果形资源数统计结果

物种	扁圆球形	倒卵球形	卵球形	椭球形	圆球形	合计
浙江红山茶	31	1	82		33	147
高州油茶	117	22	41	2	45	227
普通油茶	155	49	392	104	780	1480
西南红山茶	51		22		45	118
滇山茶	18	2	4		11	35
南山茶	20	21	8		80	129
总计	392	95	549	106	994	2136

注：本表基于全国油茶遗传资源调查数据

椭球形果 '亚林 31 号'

（2）典型资源

1）扁圆球形：亚林 95 号、普油 - 琼海 2 号、富宁油茶 3 号、普油 - 赣林 53 等。

2）倒卵球形：长林 53 号、亚林 58 号、普油 - 赣林 61、闽 7415、鄂油 81 号等。

3）卵球形：长林 3 号、凤阳 1 号、湘林 27、赣无 24 等。

4）椭球形：长林 4 号、亚林 31 号、大别山 2 号、赣无 15 等。

5）圆球形：亚林 61 号、闽科 13 号、云油茶 5 号、湘林 XCL15 等。

2. 果实单果重与鲜出籽率

（1）遗传变异多样性

果实大小是油茶资源的重要遗传特征，单果重是衡量果实大小最为直接的指标。油茶各物种间果实单果重差异非常大，博白大果油茶是现有油茶资源中果实最大的物种，其鲜果单果重最大可达

圆球形果'亚林61号'

扁圆球形果'亚林95号'

倒卵球形果'亚林58号'

卵球形果'长林3号'

1kg以上，而果实最小的物种，其单果重仅为几克，如连蕊茶类物种，其果实多在10g以下。从油茶资源的果实单果重统计结果（表3-5）可看出，各物种种内资源果实大小差异也很明显，南山茶物种平均单果重达到310g，其中果实最大的资源单果重达到641g，而总体果实大小中等的普通油茶，在海南也发现了2株单果重超过80g的资源（普油-五指山2号、普油-琼海2号）。从出籽率看，普通油茶资源的平均出籽率总体上高于其他物种，但在本次调查中，发现浙江红山茶、西南红山茶中有出籽率高于50%的资源。

表3-5　主要油茶物种果实单果重及出籽率统计值

性状	统计值	浙江红山茶	高州油茶	普通油茶	西南红山茶	滇山茶	南山茶
单果重	平均值/g	66.18	56.86	20.06	20.65	67.63	310.02
	最大值/g	133.71	146.99	83.21	43.47	179.80	641.01
	最小值/g	6.06	23.62	1.36	1.69	24.52	138.37
	标准差/g	24.83	23.98	11.14	8.38	41.14	105.05
	变异系数	0.34	0.34	0.56	0.37	0.52	0.29
鲜出籽率	平均值/%	22.15	28.79	41.56	32.30	23.53	12.53
	最大值/%	52.99	45.62	79.38	53.68	31.36	21.77
	最小值/%	8.35	12.88	10.00	3.49	8.78	5.60
	标准差/%	6.37	5.96	9.44	10.04	5.96	2.94
	变异系数	0.29	0.21	0.23	0.31	0.25	0.23

注：本表统计数据基于全国油茶遗传资源调查数据

（2）典型资源

1）普通油茶大果（单果重＞75g）：普油 - 五指山 2 号（单果重 83.21g）、普油 - 琼海 2 号（单果重 81.72g）、普通油茶优株高峰 7 号（单果重 78g）、普油 - 赣林恒丰 5 号（单果重 76g）。

2）高州油茶大果（单果重＞130g）：高油 - 平山镇优 2 号（单果重 146.99g）、高油 - 古丁镇 19 号（单果重 140.85g）、高油 - 长坡镇优 4 号（单果重 137.63g）、高油 - 长坡镇优 7 号（单果重 130g）。

3）浙江红山茶大果（单果重＞130g）：浙江红山茶 - 遂昌优株 22 号（单果重 133.71g）、武红 3 号（单果重 133.54g）、浙江红山茶 - 遂昌优株 21 号（单果重 131.89g）、亚林浙红 _HY032（单果重 131.89g）。

4）南山茶大果（单果重＞630g）：广红 - 螺岗镇 G329 号（单果重 641.01g）、广红 - 螺岗镇 G325 号（单果重 637.74g）、广红 - 朱村镇 Z3 号（单果重 631.84g）、广红 - 江屯镇 GY11-9 号（单果重 630g）。

5）西南红山茶大果（单果重＞40g）：西南红山茶 - 柏果选 41 号（单果重 43.47g）、西南红山茶 - 柏果选 28 号（单果重 42.97g）、西南红山茶 - 柏果选 24 号（单果重 41.63g）、西南红山茶 - 柏果选 34 号（单果重 40.83g）。

6）滇山茶大果（单果重＞170g）：凤油 3 号（单果重 179.8g）、凤油 1 号（单果重 171.6g）、楚雄优树 2 号（单果重 171.5g）。

7）高出籽率：普油 - 溧阳 005 号优株（鲜出籽率 79.38%）、浙江红山茶 - 遂昌优株 18 号（鲜出籽率 44.37%）、广红 - 南山 58 号（鲜出籽率 21.77%）、滇山茶 - 凤油 2 号（鲜出籽率 31.36%）、腾冲优树 15 号（鲜出籽率 30.99%）。

3. 种仁含油率及油酸含量

（1）遗传变异多样性

种仁含油率是指油茶籽仁中所含的粗脂肪含量，它是油茶资源最引人关注的经济性状，种仁含油率在油茶物种间差异很大，一般将种仁含油率高于 30% 的资源认为是具油用栽培价值的油用资源。在全国油茶遗传资源调查中共发现种仁含油率高于 30% 的物种有 60 余个，主要是油茶组与红山茶组中的物种。表 3-6 为 6 个主要油用物种的含油率统计结果，从中可以看出，各物种种内存在较大的差异性，说明这些物种在种仁含油率性状上具有丰富的遗传多样性。同时，在对资源的籽油脂肪成分数据统计结果发现，物种间油脂中的油酸含量差异明显，籽油中油酸平均含量最高的南山茶与最低的滇山茶相差近 10%，种内资源间差异总体较小，但在滇山茶中也发现有一些油酸特别高的野生个体资源。

表 3-6   主要油茶物种种仁含油率及脂肪油酸含量统计值

性状	统计值	浙江红山茶	高州油茶	普通油茶	西南红山茶	滇山茶	南山茶
仁含油率	平均值 /%	50.07	45.99	44.71	46.67	48.95	62.25
	最大值 /%	66.22	66.44	70.63	56.56	64.81	71.08
	最小值 /%	20.40	22.20	0.00	32.20	29.00	50.10
	标准差 /%	8.62	7.86	7.49	5.27	6.26	5.15
	变异系数	0.17	0.17	0.17	0.11	0.13	0.08
油酸含量	平均值 /%	83.45	84.64	80.68	78.46	75.31	85.05
	最大值 /%	87.80	90.80	88.04	84.00	85.50	90.69
	最小值 /%	76.80	76.00	0.00	65.21	70.60	73.87
	标准差 /%	1.98	2.79	7.00	3.18	3.50	4.41
	变异系数	0.02	0.03	0.09	0.04	0.05	0.05

（2）**典型资源**

1）高种仁含油率：广红 - 潭布镇 GY6-11 号、浙林 10 号、广红 - 北斗桐子洋 4 号、浙江红山茶 - 缙云优株 5 号、浙江红山茶 - 青田优株 12 号、高油 - 春湾镇优 20 号、滇山茶 - 盐边优树 1 号、滇山茶 - 楚雄优树 3 号、窄叶西南红山茶 1 号等。

2）高油酸：高油 - 连平林科所 5 号、广红 - 潭布镇 GY6-11 号、广红 - 螺岗镇 G333 号、广红 - 小湘镇肇样 1-2 号、普油 - 春湾镇卫国优 6 号、普油 - 谷城 732 号单株、普油 - 淳安优株 7 号、浙江红山茶 - 缙云优株 20 号、浙江红山茶 - 缙云优株 4 号等。

第四章

04

中国油茶遗传资源
保护及利用

第一节　油茶遗传资源保存与保护

1. 异地保存及资源库建设

近年来，油茶遗传资源保护保存工作得到各级政府高度重视，国家及各省（自治区、直辖市）林业主管部门结合油茶良种基地建设建成了一大批油茶种质资源异地保存基因库，其中依托中国林业科学研究院亚热带林业研究所、江西省林业科学院、湖南省林业科学研究院、广西壮族自治区林业科学研究院等单位分别在浙江、江西、湖南、广西等省（自治区）建立了国家级油茶种质资源保存基地（表4-1），保存油茶遗传资源3000余份。与此同时，许多从事油茶产业发展的企业和专业合作社也参与了种质资源的收集保存工作，纷纷建立产业科技园，并在科技园内着手开展油茶遗传资源的收集与保存，如江西省从2010年始在全省营建10个规模在300hm²以上的油茶产业科技园（信丰友尼宝油茶产业科技园、赣县宝葫芦油茶产业科技园、石城珍珠源油茶产业科技园、袁州星火油茶产业科技园、万载茂林油茶产业科技园、丰城御润坊油茶产业科技园、新余天心源省级油茶产业科技园、新建绿源油茶产业科技园、进贤高氏油茶产业科技园、于都绿中源油茶产业科技园），这些产业科技园也分别开展了油茶遗传资源收集保存。

表 4-1　中国主要油茶遗传资源收集保存基地

序号	基地名称	地点	收集资源内容
1	金华东方红林场国家油茶油桐良种基地（油茶种质资源核心库）	浙江金华市婺城区琅琊镇	收集资源1300余份。收集的资源主要为普通油茶、浙江红山茶、小果油茶、长瓣短柱茶、西南红山茶等主要栽培物种的审（认）定良种、优良无性系、特异性状种资源及杂交子代资源
2	湖南省林业科学院实验林场国家油茶种质资源库	湖南省长沙市雨花区	收集保存油茶资源1900余份。包括山茶属野生油用物种，普通油茶、小果油茶、长瓣短柱茶等主要栽培物种的农家品种，优良无性系，优良家系、杂交子代群体及具特异性状种材料
3	中南林业科技大学株洲龙头铺镇山茶收集圃	湖南省株洲市龙头铺镇	收集保存了岳麓连蕊茶、连蕊茶、窄叶短柱茶、息烽山茶、白山茶、西南红山茶、糙果茶、厚叶红山茶、竹叶红山茶、东安红山茶、长尾红山茶、浙江红山茶、长毛红山茶、硬叶糙果茶、毛籽红山茶、西南红山茶等物种及普通油茶、长瓣短柱茶、南山茶等主要栽培物种的良种、优良无性系、特异性状育种材料
4	怀化市林业科学研究所山茶收集圃	湖南省怀化市鹤城区	收集保存了普通油茶、溆浦大红花山茶、假多齿红花山茶、南山茶、多齿红山茶等物种的种质资源
5	国家油茶种质资源基因库（南昌）	江西省南昌市	收集保存油茶资源1352份。包括：山茶属油用物种，普通油茶、小果油茶等主要栽培物种的农家品种、审（认）定良种、优良无性系，优良家系
6	广西老虎岭试验林场国家油茶种质资源库	广西壮族自治区林业科学研究院老虎岭试验林场	收集了广西分布的主要油茶物种及普通油茶、越南油茶、南山茶等栽培物种的良种、优良无性系、优良家系、特异种质及杂交子代资源，共计536份
7	陕西汉滨区国家油茶良种基地		收集保存了'长林'系列、'赣无'系列、'湘林'系列普通油茶、浙江红山茶无性系及良种
8	云南腾冲市腾冲红花油茶种质资源保存库	云南省腾冲县西山坝	滇山茶无性系130份

续表

序号	基地名称	地点	收集资源内容
9	广东韶关小坑林场国家杉木、油茶良种基地	广东省韶关市曲江区国营小坑林场	普通油茶、高州油茶、南山茶无性系资源600份
10	广东省林业科学研究院油茶种质资源保存基地	广东省肇庆市国有林业总场大南山林场	收集保存油茶资源1500余份。包括广东省域分布的野生山茶属油用物种及南山茶、高州油茶、普通油茶等主要栽培物种的省内外审（认）定良种、优良无性系、特异性状育种材料等资源

2. 原生境保存及保护区建设

近年来，随着社会发展，森林资源的材用和非材用开发（如林分结构调整、低产低效林改造及森林旅游开发等）在快速开展，包括油茶在内的森林野生资源的破坏越来越严重，随着国家对木本油料产业发展的高度关注，油茶野生资源的保护工作也引起各方的高度重视，有针对性地开展了油茶野生资源的原地保护工作，建立了油茶野生资源保护区（表4-2）。例如，云南省政府及各级林业部门设立专项资金依托国家油茶科学中心腾冲红花油茶实验站在腾冲县马站乡、高黎贡山国家级自然保护区及楚雄紫溪山省级自然保护区实施了滇山茶资源原地保护，保护区面积66hm²，树龄百年以上滇山茶古树近万株，原地保护区的设立，对滇山茶资源的保护将起到关键的作用。与此相似，广西、广东、陕西等省（自治区）也相继提出了对特有资源原地保护措施：广西对在全国油茶遗传资源调查中发现的融水元宝山国家级自然保护区石果红山茶原生古油茶林及昭平县东潭水库秃肋茶野生群落实施了原地保护，陕西对早期在汉中南郑建立的油茶无性系测定试验林实施了原地保护。同时，陕西、海南、云南、福建等多个省份把全国油茶调查中发现的油茶古树资源列入省级古树名木保护目录，强化了管理和保护。这些措施的落实，对油茶遗传资源的保护起到了重要的作用。随着油茶产业栽培品种向无性系化发展，油茶栽培品种渐趋单一，油茶遗传资源多样性基础被削弱，油茶野生天然遗传资源的原生境保护应进一步加强。

表4-2　全国油茶遗传资源主要原地保护区

保护区名称	地点	规模（hm²）	保护对象
腾冲云华腾冲红花油茶保护区	云南腾冲县马站乡	66	滇山茶古树及野生资源
八甲鹅凰嶂杜鹃红山茶保护区	广东省阳春市	13	野生杜鹃红山茶
德兴浙江红山茶野生种群保护区	江西省德兴县	1730	浙江红山茶野生天然资源
婺源浙江红山茶野生种群保护区	江西省婺源县	230	浙江红山茶野生天然资源
宁都红皮糙果茶的野生种群保护区	江西省宁都县长胜镇	13	红皮糙果茶的野生种群

3. 濒危资源与保护

野生油茶物种尤其是小种群物种大多分布在山地或边远山区的杂木灌林中，生长环境复杂，生长条件恶劣，加之受人类活动的影响，栖息地遭受严重破坏，致使油茶野生资源的天然分布面积在减少，有的甚至濒临灭绝。依据2013年9月环境保护部、中国科学院第54号公告发布的《中国生物多样性红色名录——高等植物卷》，我国山茶属植物中，有54个物种被列入《中国高等植物受威胁物种名录》（表4-3），其中多数为中国特有种。通过全国油茶遗传资源调查也发现，我国部分山茶属油用物种资源储量衰减较为严重，如广西的南荣油茶、贵州红山茶 *C. kweichouensis*、贵州金花茶 *C. huana*、离蕊金花茶 *C. liberofolamenta*、小黄花茶 *C. luteoflora*、厚壳红瘤果茶 *C. rubituberculata* 等物种野生资源长期遭受人为采挖，天然资源存量已极为稀少，几近绝种，应尽快采取措施实行抢救性保护：①加强宣传，提高遗传资源保护意识。林木遗传资源是林木保存和改良利用的物质基础。随着人口的增加和经济的快速发展，为满足日益增长的生存需求，扩大种植面积、改善种植条件、调整产业结构、提高产量等已成为林业发展的主要方式，随之也造成了野生物种栖息地遭受破坏、栽培物种种类急剧减少，栽培品种渐趋单一等影响植物遗传多样性的问题。为此，要充分利用网络、电视等现代信息传播媒体，广泛宣传植物遗传资源保护的重要性，提高人民群众保护资源的意识。②实施原地保护与异地保存。原地保护和异地保存是当前保存遗传资源的两种方式，各有优势。异地保存主要通过建立种质资源圃、种子库等方式实现，方便资源的统一管理，而原地保护是保存某些野生遗传资源的最好方式，保留原有生态环境，使它们不致随自然栖息地的消失而灭绝。根据我国油茶遗传资源的现状，首先应在野生天然资源分布集中且面积较大或株数较多的地方设立保护区，划定保护区域，制订保育方案，建立保护设施，委托当地林场或村护林员专人管护。对于天然植株已极为稀少的野生油茶物种，应在原地保护的基础上，采集繁殖材料进行异地保存。

表 4-3 中国山茶属受威胁物种

物种	等级	物种	等级
抱茎短蕊茶 Camellia amplexifolia●	EN	广西茶 Camellia kwangsiensis var. kwangsiensis●	VU
大萼毛蕊茶 Camellia assimiloides●	VU	膜叶茶 Camellia leptophylla●	EN
杜鹃叶山茶 Camellia azalea●	CR	长梗茶 Camellia longipedicellata ● EN	EN
白毛蕊茶 Camellia candida●	EN	小黄花茶 Camellia luteoflora●	VU
薄叶金花茶 Camellia chrysanthoides●	EN	广东毛蕊茶 Camellia melliana●	EN
光萼心叶毛蕊茶 Camellia cordifolia var. glabrisepala●	VU	小花金花茶 Camellia micrantha●	EN
红皮糙果茶 Camellia crapnelliana●	VU	小叶弥勒糙果茶 Camellia mileensis var. microphylla●	VU
厚轴茶 Camellia crassicolumna var. crassicolumna●	VU	弥勒糙果茶 Camellia mileensis var. mileensis●	VU
厚柄连蕊茶 Camellia crassipes●	VU	厚短蕊茶 Camellia pachyandra●	VU
滇南连蕊茶 Camellia cupiformis●	CR	细花短蕊茶 Camellia parviflora●	EN
长管连蕊茶 Camellia elongata●	EN	小果金花茶 Camellia petelotii var. microcarpa●	EN
显脉金花茶 Camellia euphlebia	VU	金花茶 Camellia petelotii var. petelotii	VU
防城茶 Camellia fangchengensis●	CR	毛籽离蕊茶 Camellia pilosperma●	CR
簇蕊金花茶 Camellia fascicularis●	CR	平果金花茶 Camellia pingguoensis var. pingguoensis●	EN
淡黄金花茶 Camellia flavida var. flavida●	EN	顶生金花茶 Camellia pingguoensis var. terminalis●	EN
硬叶糙果茶 Camellia gaudichaudii	VU	毛叶茶 Camellia ptilophylla●	VU
中越短蕊茶 Camellia gilbertii	EN	毛糙果茶 Camellia pubifurfuracea●	EN
秃肋连蕊茶 Camellia glabricostata	CR	毛瓣金华茶 Camellia pubipetala●	EN
狭叶长梗茶 Camellia gracilipes	CR	斑枝毛蕊茶 Camellia punctata●	VU
大苞茶 Camellia grandibracteata●	VU	三江瘤果茶 Camellia pyxidiacea var. pyxidiacea●	EN
大苞山茶 Camellia granthamiana●	VU	滇山茶 Camellia reticulata●	VU
河口超长柄茶 Camellia hekouensis●	CR	普洱茶 Camellia sinensis var. assamica	VU
贵州金花茶 Camellia huana●	EN	半宿萼茶 Camellia szechuanensis●	VU
凹脉金花茶 Camellia impressinervis●	CR	思茅离蕊茶 Camellia szemaoensis●	VU
柠檬金花茶 Camellia indochinensis var. indochinensis	VU	大理茶 Camellia taliensis	VU
东兴金花茶 Camellia indochinensis var. tunghinensis●	EN	小果毛蕊茶 Camellia villicarpa●	VU
毛萼广西茶 Camellia kwangsiensis var. kwangnanica●	VU	黄花短蕊茶 Camellia xanthochroma●	VU

注：CR. 极危；EN. 濒危；VU. 易危；CR. 极危；●中国特有种。资料来源于《中国高等植物受威胁物种名录》

第二节 中国油茶遗传资源的挖掘与改良利用

遗传资源保存的最终目的是有效挖掘资源的潜能并予以利用，给社会发展带来经济、生态等多种效益。围绕油茶遗传资源的挖掘利用，我国科技人员以普通油茶等主要栽培物种为重点，通过资源普查，基因库建立，优良种源、家系、无性系评鉴筛选，杂交种质创制等育种程序进行了油茶资源的遗传改良研究，油茶资源的挖掘与改良利用取得可喜的成效。

1. 油茶遗传资源调查评鉴

资源调查评鉴与改良是遗传资源挖掘利用研究的基础。一份未经评鉴的遗传资源等于一份不能利用或无意义的遗传资源。同时，虽经鉴定评价而没有对资源进行有效的信息化、网络化管理，也将限制遗传资源的有效共享与利用。只有经过鉴定评价并进入信息网络共享的遗传资源，才能为用户提供有效信息服务，有助于资源的充分挖掘与利用。

（1）遗传资源评鉴的定义

广义上讲，遗传资源评鉴就是对野外发现或收集到的遗传资源样本性状特征的描述。狭义而言，评鉴包含鉴定和评价两部分：鉴定是对某一基因型特性的描述，而这些特性是不易变的，即遗传稳定性；评价是在所描述的环境和特殊条件下对资源特性（包括利用价值）及这些特性对环境的敏感程度的评估。理想的遗传资源鉴定评价是从实用角度，对某份调查登记材料所描述的性状是可以遗传的，以及其在育种中应用时，在后代中可能表达的情况。因此，理想的遗传资源评鉴不是只做表现型的性状描述，还要对控制该性状的基因和等位基因描述，但目前在油茶研究中只有对少数的性状描述能达到理想的要求。随着对油茶细胞遗传学与分子遗传学研究的逐步开展与深入，必将使越来越多的性状描述达到理想的水平。

通常，遗传资源性状调查登记材料的记录应包括以下3个部分：①基本信息。包括登记材料的来源和类型的基本信息，即收集地点的详细记录（对于地方种和野生种而言），培育历史（对于选育品种而言）如系谱或处理的原始材料（亲本）及应用的方法。②初步鉴定和评价的内容。包括登记材料基本的形态描述，它将是在以后登记材料发生混乱和混杂时鉴定真伪的依据。这些记载应是对登记以后的样本管理至关重要的特性，及育种工作者最感兴趣的一些特性，以及基本的植物学特征与生物学特性。③进一步鉴定与评价的内容。对登记材料基本性状描述之外，对于一些育种工作者最感兴趣的一些特性，如丰产性、主要抗病虫性、主要抗逆性及品质等特性。这些鉴定评价需要有关专家与专门的机构参加，才能取得理想或较为理想的结果。进一步鉴定评价的项目，是随着农业实践、育种策略和病虫害小种的变化而提出的，而参加鉴定评价的机构与专家也是根据具体情况而定。上述内容也就是针对某份资源的调查登记材料鉴定评价应包括的内容，即某份遗传资源登记材料鉴定评价后应具备的信息。

（2）资源鉴定的基本方法

经多年的科学积累，结合我国其他林木遗传资源调查评鉴实践，我国于2013年研究形成了《油茶遗传资源调查技术规程》，确定了调查性状指标及具体的调查与记载方法。同时，在该规程中，为了便于资源信息的管理，对性状鉴定评价的某些观测性状特征描述制定了一个以阿拉伯数字记载的判定等级标准，并对每个级别的含义做了明确的说明。另外，对一些难以用文字清晰描述所代表性状特征时通过附加图示加以说明。还有，部分性状并不是一成不变的，如叶片、果皮颜色等会随着成熟程度的加深而变化，故在标准里特别要求注明调查记载的时间、调查地点等时空信息。油茶遗传资源调查鉴定性状在遗传上大体分为两类，一类为质量性状，另一类为数量性状。通常质量性状容易确定，一般只需调查一次，但对数量性状的确定，需要做多次或多个样本的调查才可确定。

随着分子遗传学的发展，细胞遗传学及分子遗传图谱鉴别技术突飞猛进。油茶资源性状经过基因定位研究的品种或材料目前还十分有限，因而本书中的油茶遗传资源评鉴信息未涉及分子遗传图谱等内容。但随着分子遗传学在油茶遗传资源鉴定研究中的进一步深入与拓展，以基因型作为油茶遗传资源特征的描述方法将逐渐占主导地位。

（3）主要特征性状评鉴

主要特征性状是指与资源特点密切相关的生长发育习性、产量品质及植物学形态性状。这些性状是人类认识与区别植物物种、品种、品系的基础，也是从事育种、遗传资源及有关生物科学研究必须了解的基本性状。同时，这些性状具有表现直观、易于识别、便于掌握的特点，是资源鉴别的主要且重点性状，也是遗传资源研究的关键性状，这些性状成为每份遗传资源必须记载的基本信息。就油茶资源而言，主要特征性状总体可分为两大类，一类是与生长发育习性相关的物候特征，另一类是与植物生长形态相关的植物学形态特征。①生长发育习性。生长发育习性是反映油茶生活习性的基本特征。寒露籽、霜降籽油茶在油茶资源研究中是一个应用范围很广的概念，寒露籽油茶是指在寒露前后即可成熟采摘的一类油茶资源，而霜降籽油茶资源的成熟期较晚，果实一般要在霜降前后才成熟的一类资源。但受种植环境影响，常存在一个遗传资源在一地为寒露籽而在另一地则为霜降籽的问题，严格讲这种鉴定分类方法不够严谨，但油茶产区已十分习惯并广为应用。②植物学形态特征性状。油茶遗传资源植物学形态特征性状信息的获取是油茶遗传资源调查的重点，包括树体、枝、叶、花、果、籽及籽油含量、油脂成分等性状指标内容。有关油茶植物学形态特征的具体观测与调查方法详见本书附录《油茶遗传资源调查编目技术规程》（LY/T2247—2014）（附录A）。

2. 油茶自然变异资源的选择利用

从20世纪60年代开始，中国科技人员就在全国油茶分布区全面开展油茶的种质资源普查工作，对油茶物种及品种资源的生态地理分布、品种分类、品种类型的遗传特性、栽培特点、产量水平、经济性状等进行了广泛的调查研究，获得一批有关油茶资源的重要遗传参数和材料，并相继选育出一批油茶优良栽培材料与品种，包括：农家品种（岑溪软枝油茶、三江孟江油茶、灵川葡萄油茶、田阳玉凤油茶、东兰坡高油茶、荔浦中果油茶、三门江中果油茶、凤山中籽茶、衡东大桃等）、优良种源、优良家系和优良无性系。至今为止，全国通过野生或实生变异资源的筛选和选育测定，先后育成经国家及各省林木良种审定委员会审（认）定的油茶良种达337个。在生产上推广应用较广的主要为'长林'系列、'湘林'系列、'赣无'系列、'赣州油'系列、'岑软'系列、'云油'系列等油茶无性系良种。目前，中国通过审（认）定的油茶良种主要集中于普通油茶 *C. oleifera* 这一物种，许多油茶物种尚未选出可供生产发展的良种。随着选育工作向更多油茶拓展与深入，除普通油茶外，浙江红山茶、滇山茶、越南油茶、西南红山茶、攸县油茶、西南红山茶、香花油茶和南山茶等物种资源的发掘利用研究近年也在全面铺开，目前已从野生自然变异资源中发现大批具有较高利用价值的自然变异个体，并繁育形成了无性系子代开展无性系测定，相信不久的将来，普通油茶外的其他油茶物种中也将选出优良栽培品种。

3. 油茶资源的创新育种利用

（1）油茶资源创新育种改良策略

遗传资源创新育种改良是将现有遗传资源所具有的单性状表达水平加以提高，或者使现有单性状优良资源改造为兼具两个或两个以上优异性状的多优异性状遗传资源，或者使原有优良遗传资源的致命缺点得到克服，再者就是在原有遗传资源上诱发出符合需求的新性状。遗传资源的创新改良应根据物种自身性状遗传特点来制定改良策略。

生物遗传学的研究早已证实，生物所表现的性状特征均受有关基因的影响或受控于它们。很多性状表现的强度与控制它的基因的强弱有关，而更多的情况与作用于它的基因数目（或数量）有密切的关系，特别是与经济价值相关的产量性状、品质性状和抗逆性状。油茶是异花授粉为主的经济植物，许多性状都可通过杂交、转基因等手段使影响性状表达的基因累加，增强该性状表现能力，以达到将该性状的优异水平提高的改良目的。例如，油茶的结实产量即是受多基因控制的数量遗传性状，可通过现有高产遗传资源之间杂交，在后代中累加它们的高产基因以获得更高产量的遗传资源。同理，油茶种仁脂肪含量及脂肪酸组成等品质性状，耐旱性、抗病性等抗逆性状已有研究明确它们也均是受控于多基因，因而这些性状均可通过基因累加方法得到改良。

将单性状优良遗传资源改良为多性状优异遗传资源的可能性如何？遗传学的研究已证实多数性状之间在遗传上是连锁的，但有一些性状它们在遗传上是独立的。因此，从遗传理论上为多个优异性状组装在一个遗传资源中提供了可能。在长期的油茶育种实践中我国育种者已依此理论通过具不同优良性状亲本间的杂交，在其子代中出现了兼具父本母本优良性状的个体，并通过无性化固定育成聚合新品种。由此可见，就油茶而言，利用多个具有不同单性状优势的遗传资源，采用杂交等技术手段将单性状优异的油茶遗传资源聚合改良为多性状优良遗传资源是一个有效的改良途径。油茶炭疽病是严重影响油茶产量的重要病害，通过调查已证实油茶自然资源中就存在对该病害具有免疫或强抵抗性的资源，为此，我们可以将抗炭疽病突出的单性状优良油茶遗传资源与高产遗传资源杂交，就有可能将产量突出的遗传资源改良为兼具抗炭疽病优异遗传资源。

随着利用理化因素诱发性状产生突变的机理研究逐步深入，对一些如花色、花形等表观性状，通过诱变使其产生基因突变的手段日趋完善，利用理化诱变技术已在茶花品种培育上取得较大的进展，利用太空环境对油茶的诱变研究也已付诸实施。此外，近年来迅速发展起来的生物技术有望强化通过外源基因导入的多种途径与手段，使原有油茶遗传资源导入原资源不具备的新基因，即可增添新的优异性状。油茶炭疽病长期在我国为害油茶林分，改良现有栽培品种或无性系良种的抗炭疽病能力一直是我国油茶育种者关注的目标。正如前文所述，在野生或半野生的油茶近缘植物中往往能找到对油茶炭疽病具有强抗性的基因，寻找并获取对炭疽病具有很强抗性的野生资源，通过导入外源基因的办法，对不具抗性或抗性不强的品种进行改良，培育成对炭疽病具有强抗性的优良新品种。

（2）油茶资源创制研究进展

杂交、诱变、转基因是创育植物新资源的主要途径，基于油茶的资源创育研究已成为油茶育种工作的重点，包括种间远缘杂交、种内品种间杂交、太空辐射诱变、分子辅助等创育研究均已全面开展，并取得了可喜的进展。

1）人工杂交。中国林业科学研究院亚热带林业研究所、中南林业科技大学、福建省林业科学研究院、湖南省林业科学院、江西省林业科学院、广西壮族自治区林业科学研究院等单位自 20 世纪 70 年代始先后开展种内种间杂交创制油茶资源。庄瑞林等（1982）通过杂交试验发现，山茶属不同种间的杂交亲和力差异显著，以普通油茶与小果油茶正交亲和力最高，坐果率达 43%～80%。陶源和邓朝佐（1994）对果形、果色不同的 5 种自然类型进行杂交，发现普通油茶种内不同品种间的杂交亲和力均极高，8 个组合中有 6 个的坐果率在 80% 以上，最高可达 94%。近年来，杂交创制油茶新资源工作进一步得到油茶育种工作者的重视，并取得了重大的进展，重点开展了种间杂交、种内杂交，并开展了杂交性状遗传规律、无性系花粉配合力测定等内容的研究，在种间杂交等方面均取得了显著进展。例如，在自交可孕性规律研究中，连续多年对 65 个普通油茶单株进行自交孕育性测定，得出了油茶自花授粉呈明显不孕或孕育性极低的规律；在油茶无性系花粉配合力测定中，从 2005 年开始，中国林业科学研究院亚热带林业研究所、广西壮族自治区林业科学研究院先后对'长林'系列 9 个良种、岑溪软枝油茶的 10 个优良无性系相互间的授粉可配性进行了测定，获得较高配合力的组合 15 个，为建立油茶优良无性系的合理栽植组合模式提供了科学依据。与此同时，全国各油茶育种单位通过杂交创育了大量的 F_1 代杂种资源，包括种间杂种和种内杂种，据初步统计，目前全国已有杂种 F_1

代群体数超过 1000 个。这些杂种资源创制为油茶的杂交育种奠定了资源基础，也进一步丰富了油茶的遗传资源。

2）人工辐射诱变。$^{60}Co\gamma$ 射线辐射是产生诱变植物新品种最为有效的育种手段之一，可以一次照射很多植物器官、繁殖体、整株植物。在 2010～2012 年，江西省林业科学院采用了双板源均匀排布、动静相结合的辐照处理模式（装源活度为 $7.4 \times 10^{15}Bq$）来获取油茶新遗传材料。探索了不同品种、不同器官、不同生长期植株、不同照射剂量的辐射诱变，对辐射的敏感性在油茶品种间无差异，明确了油茶种子和穗条辐射敏感的最佳剂量和半年生苗木最佳辐射剂量。通过辐射诱变共获得育种材料 50 余份，植株 2700 余株，其诱变后代的遗传变异情况的观察、观测正在有序开展。

3）太空诱变。江西省林业科学院曾选择中粒、饱满、种壳黑褐色、无病斑、有光泽的普通油茶 C. oleifera 优质种子，分别于 2011 年 11 月 1 日、2012 年 6 月 16 日先后搭载在"神舟 8 号"、"神舟 9 号"飞船进行太空诱变育种。"神舟 8 号"搭载 40 粒油茶种子，"神舟 9 号"搭载了 28 粒种子。经太空搭载返回的种子共获得太空诱变后代植株 18 株，其诱变后代的遗传变异情况的观察、观测正在有序开展。

4）分子标记辅助资源评鉴与基因资源挖掘。油茶遗传资源表型性状评价易受地理、气候条件、人工栽培措施等的影响，容易造成遗传资源在表型特征上出现受环境影响导致的地理差异，传统的油茶分类及品种鉴定主要依据形态学特征和生物学特征，但这些特征变化易受环境影响且有时较为细微，很难区分开来，影响资源鉴别的准确度。为提高油茶遗传资源鉴定鉴别的准确性，利用分子标记从分子水平研究油茶特性，从而进行系统聚类及品种鉴别，更为可靠。近年来，分子标记辅助油茶遗传资源评价与鉴别研究已引起油茶研究工作者关注，已着手开展从分子水平辅助鉴定与鉴别油茶遗传资源的探索，期望能够从 DNA 水平对油茶遗传资源进行分类、分析和评价，以克服油茶资源的表型评估的不足，提高资源评鉴的准确性与精准度。谭晓风等（2005）利用 16 种 RAPD 引物对山茶属中 5 种油茶组植物和 20 种金花茶组植物进行聚类分析，成功地将其中油茶组植物分为三大类，金花茶组植物分为四大类。张智俊（2003）通过 RAPD 引物进行聚类分析，获得了 26 个可用于油茶优良无性系鉴别的特异性标记。张国武等（2007）以普通油茶实生苗为对照，采用 ISSR 分子标记对 10 个油茶优良无性系进行了分析，对各供试材料准确地实现了分子鉴别。林萍等（2010）采用 SRAP 标记构建了'长林'系列国审良种的 DNA 指纹图谱，实现了对'长林'系列良种的有效鉴别。尹佟明等（2014）制定了油茶品种微卫星标记（SSR）鉴别技术规程行业标准并授权了相关发明专利，提出了一套油茶品种的鉴别技术体系。李海波等（2017）采用 SSR 标记构建了 11 个油茶'长林'系列良种的指纹图谱。此外，研究者还探索了多种分子标记，如 ISSR（代惠萍等，2014；李国帅，2014；范海艳等，2011；张国武等，2007；温强等，2008）、RAPD（陈永忠等，2005；张智俊，2003；黄永芳等，2005；谭晓风等，2005）、AFLP（张婷等，2011；金龙等，2012；王惠君等，2016；谢一青，2013；曹志华等，2013）等在油茶种质鉴别方面的应用方法和鉴别效率。分子标记应用于辅助评价油茶遗传资源潜力较大，但由于油茶倍性复杂，2 倍体、4 倍体、6 倍体遗传资源共存，为可靠分子标记开发增加了复杂性，因此，稳定可靠的标记开发及相应鉴别体系的构建仍有待于进一步开展和完善。

以油茶为研究对象的基因资源挖掘，中国科技人员也开展了大量的研究工作，先后克隆鉴定了一批基因资源，包括：油脂合成与代谢相关基因 Cofad2（GenBank No. KJ995981.1）、CoSAD（GenBank No. KJ995982.1）、CoDGAT2（GenBank No. KY305469）等 80 余条；与磷利用效率相关的关键基因及调控基因 CoPHR2（GenBank No. KU161158）、CoALMT（GenBank No. KT932706）、CoSPX2（GenBank No. KU161159）等 18 条；与光合作用效率相关的基因 CoRbcS1（GenBank No. MG746996）、CoRbcS2（GenBank No. MG746997）、CopsbA（GenBank No. MG746998）等 19 条；油茶籽油中重要营养成分角鲨烯合成的两个关键酶 SQS（GenBank No. JX290207）和 SQE（GenBank No. KC337054）基因；此外与水运输、次生代谢物合成、生长发育等过程相关的基因 20 余条。这些基因亦成为油茶遗传资源的重要组成部分。中南林业科技大学通过对油茶叶、花、近成熟种子、根 4 种器官进行转录组测序分析，获取油茶皂苷形成的关键基因 β- 香树素合成酶基因（*CoOSC2/CobAS*）和环阿屯醇合成酶基因（*CoOSC1/CoCAS*）全长序列；再依据 β- 香树素合成酶基因（*CoOSC2/CobAS*）的基因组序列设计引物，从收集的油茶遗传资源中筛选低皂苷的油茶遗传资源，目前筛选工作正在有序开展。

4. 油茶遗传资源管理与共享

依托"全国油茶遗传资源调查编目"项目实施，构建了"中国油茶遗传资源信息管理系统"及其支撑数据库，形成了油茶遗传资源信息的有效共享。目前，全国油茶遗传资源信息数据库共收录油茶遗传资源信息 3058 份，资源信息内容包含资源的共性信息和个性信息，共计 100 多个指标内容。但受油茶野生资源调查取样困难等特殊性影响，尚有不少资源存在资源信息不完整问题，有待后续补充完善。

05

第五章　油茶遗传资源性状特征图谱

第一节 选育资源（地方品种、良种、无性系、品系）

1. 普通油茶

（1）具高产果量、大果、高出籽率、高含油率资源

富宁油茶3号

资源编号：532628_010_0003	归属物种：*Camellia oleifera* Abel	
资源类型：选育资源（良种）	主要用途：油用栽培，遗传育种材料	
保存地点：云南省富宁县	保存方式：原地保存	

性状特征

特异性：高产果量，大果，高出籽率，高含油率		
树姿：开张	盛花期：11月上旬	果面特征：光滑
嫩枝绒毛：有	花瓣颜色：白色	平均单果重（g）：30.51
芽鳞颜色：黄绿色	萼片绒毛：有	鲜出籽率（%）：51.85
芽绒毛：有	雌雄蕊相对高度：雌高	种皮颜色：黑色
嫩叶颜色：红色	花柱裂位：浅裂	种仁含油率（%）：54.70
老叶颜色：中绿色	柱头裂数：3	
叶形：长椭圆形	子房绒毛：有	油酸含量（%）：81.20
叶缘特征：平	果熟日期：10月中旬	亚油酸含量（%）：8.04
叶尖形状：渐尖	果形：扁圆球形	亚麻酸含量（%）：0.31
叶基形状：楔形	果皮颜色：红色、青色	硬脂酸含量（%）：2.03
平均叶长（cm）：6.80	平均叶宽（cm）：3.38	棕榈酸含量（%）：7.54

②

晚

霞

资源编号：430103_010_0033	归属物种：*Camellia oleifera* Abel
资源类型：选育资源（良种）	主要用途：油用栽培，遗传育种材料
保存地点：湖南省长沙市雨花区	保存方式：保存基地异地保存

性 状 特 征

特 异 性：高产果量，大果，高出籽率，高含油率

树　　姿：半开张	盛 花 期：11 月中下旬	果面特征：略有毛
嫩枝绒毛：有	花瓣颜色：白色	平均单果重（g）：32.30
芽鳞颜色：黄绿色	萼片绒毛：有	鲜出籽率（%）：50.10
芽 绒 毛：有	雌雄蕊相对高度：雄高	种皮颜色：棕褐色
嫩叶颜色：黄绿色	花柱裂位：浅裂	种仁含油率（%）：65.31
老叶颜色：中绿色	柱头裂数：3	
叶　　形：椭圆形	子房绒毛：有	油酸含量（%）：84.24
叶缘特征：细锯齿	果熟日期：10 月下旬	亚油酸含量（%）：5.48
叶尖形状：渐尖	果　　形：卵球形	亚麻酸含量（%）：—
叶基形状：楔形或近圆形	果皮颜色：黄红色或暗红色	硬脂酸含量（%）：1.94
平均叶长（cm）：5.20	平均叶宽（cm）：3.20	棕榈酸含量（%）：6.72

③
富宁油茶 5 号

资源编号：532628_010_0005	归属物种：*Camellia oleifera* Abel	
资源类型：选育资源（良种）	主要用途：油用栽培，遗传育种材料	
保存地点：云南省富宁县	保存方式：原地保护，异地保存	

性 状 特 征

特 异 性：高产果量，大果，高出籽率，高含油率		
树　姿：开张	盛 花 期：11月上旬	果面特征：光滑
嫩枝绒毛：有	花瓣颜色：白色	平均单果重（g）：30.91
芽鳞颜色：黄绿色	萼片绒毛：有	鲜出籽率（%）：58.30
芽 绒 毛：有	雌雄蕊相对高度：雌高	种皮颜色：黑色
嫩叶颜色：红色	花柱裂位：浅裂	种仁含油率（%）：53.60
老叶颜色：中绿色	柱头裂数：3	
叶　形：长椭圆形	子房绒毛：有	油酸含量（%）：79.85
叶缘特征：平	果熟日期：10月中旬	亚油酸含量（%）：8.26
叶尖形状：渐尖	果　形：扁圆球形	亚麻酸含量（%）：0.29
叶基形状：楔形	果皮颜色：绿色	硬脂酸含量（%）：2.04
平均叶长（cm）：5.60	平均叶宽（cm）：3.10	棕榈酸含量（%）：7.51

（2）具高产果量、大果、高含油率、高油酸资源

④ 普油－赣林61

资源编号：360111_010_0053	归属物种：*Camellia oleifera* Abel	
资源类型：选育资源（无性系）	主要用途：油用栽培，遗传育种材料	
保存地点：江西省南昌市青山湖区	保存方式：保存基地异地保存	

性状特征

特异性：高产果量，大果，高含油率，高油酸		
树姿：半开张	盛花期：12月下旬	果面特征：糠秕
嫩枝绒毛：有	花瓣颜色：淡红色	平均单果重（g）：61.91
芽鳞颜色：玉白色	萼片绒毛：有	鲜出籽率（%）：26.86
芽绒毛：有	雌雄蕊相对高度：雄高	种皮颜色：褐色
嫩叶颜色：绿色	花柱裂位：浅裂	种仁含油率（%）：50.68
老叶颜色：深绿色	柱头裂数：3	
叶形：长椭圆形	子房绒毛：无	油酸含量（%）：86.72
叶缘特征：波状	果熟日期：10月下旬	亚油酸含量（%）：1.03
叶尖形状：渐尖	果形：倒卵球形	亚麻酸含量（%）：—
叶基形状：楔形	果皮颜色：黄棕色	硬脂酸含量（%）：3.46
平均叶长（cm）：6.65	平均叶宽（cm）：3.45	棕榈酸含量（%）：7.30

⑤

普油－春湾镇卫国优6号

资源编号：441781_010_0016		归属物种：*Camellia oleifera* Abel	
资源类型：选育资源（无性系）		主要用途：油用栽培，遗传育种材料	
保存地点：广东省阳春市		保存方式：原地保存	
性 状 特 征			
特 异 性：高产果量，大果，高含油率，高油酸			
树　姿：开张	盛 花 期：11月下旬	果面特征：糠秕	
嫩枝绒毛：有	花瓣颜色：白色	平均单果重（g）：30.54	
芽鳞颜色：绿色	萼片绒毛：有	鲜出籽率（%）：42.50	
芽 绒 毛：有	雌雄蕊相对高度：雄高	种皮颜色：黑色、棕褐色	
嫩叶颜色：褐色	花柱裂位：中裂、浅裂	种仁含油率（%）：55.72	
老叶颜色：中绿色	柱头裂数：4		
叶　形：近圆形	子房绒毛：有	油酸含量（%）：88.04	
叶缘特征：平	果熟日期：11月上旬	亚油酸含量（%）：3.31	
叶尖形状：渐尖、圆尖、钝尖	果　形：圆球形	亚麻酸含量（%）：—	
叶基形状：近圆形、楔形	果皮颜色：青色、黄棕色	硬脂酸含量（%）：1.27	
平均叶长（cm）：5.81	平均叶宽（cm）：2.94	棕榈酸含量（%）：6.43	

（3）具高产果量、高出籽率、高含油率、高油酸资源

皖祁2号 ⑥

资源编号：341024_010_0002	归属物种：*Camellia oleifera* Abel	
资源类型：选育资源（良种）	主要用途：油用栽培，遗传育种材料	
保存地点：安徽省黄山市祁门县	保存方式：原地保护，异地保存	

性 状 特 征

特 异 性：高产果量，高出籽率，高含油率，高油酸		
树　姿：开张	盛 花 期：10月下旬	果面特征：光滑
嫩枝绒毛：有	花瓣颜色：白色	平均单果重（g）：27.01
芽鳞颜色：黄绿色	萼片绒毛：有	鲜出籽率（%）：56.28
芽绒毛：有	雌雄蕊相对高度：雄高	种皮颜色：棕色
嫩叶颜色：黄绿色	花柱裂位：浅裂	种仁含油率（%）：51.40
老叶颜色：中绿色	柱头裂数：3	
叶　形：椭圆形	子房绒毛：有	油酸含量（%）：85.10
叶缘特征：波状	果熟日期：10月中旬	亚油酸含量（%）：5.30
叶尖形状：渐尖	果　形：圆球形	亚麻酸含量（%）：0.30
叶基形状：近圆形	果皮颜色：黄红色	硬脂酸含量（%）：2.10
平均叶长（cm）：5.96	平均叶宽（cm）：3.06	棕榈酸含量（%）：6.70

⑦

大别山
2号

资源编号：341523_010_0002	归属物种：*Camellia oleifera* Abel	
资源类型：选育资源（良种）	主要用途：油用栽培，遗传育种材料	
保存地点：安徽省六安市舒城县	保存方式：原地保护，异地保存	

性　状　特　征

特 异 性：高产果量，高出籽率，高含油率，高油酸		
树　　姿：开张	盛 花 期：10月中旬	果面特征：光滑
嫩枝绒毛：有	花瓣颜色：白色	平均单果重（g）：15.69
芽鳞颜色：绿色	萼片绒毛：有	鲜出籽率（%）：52.52
芽 绒 毛：有	雌雄蕊相对高度：雌高	种皮颜色：褐色
嫩叶颜色：红色	花柱裂位：中裂	种仁含油率（%）：52.40
老叶颜色：深绿色	柱头裂数：3	
叶　　形：近圆形	子房绒毛：有	油酸含量（%）：86.80
叶缘特征：波状	果熟日期：10月中旬	亚油酸含量（%）：3.80
叶尖形状：渐尖	果　　形：椭球形	亚麻酸含量（%）：0.20
叶基形状：近圆形	果皮颜色：青色	硬脂酸含量（%）：2.20
平均叶长（cm）：6.00	平均叶宽（cm）：3.05	棕榈酸含量（%）：6.50

⑧ 绩溪 1 号

资源编号：341824_010_0001		归属物种：*Camellia oleifera* Abel
资源类型：选育资源（良种）		主要用途：油用栽培，遗传育种材料
保存地点：安徽省宣城市绩溪县		保存方式：原地保护，异地保存

性 状 特 征

特 异 性：高产果量，高出籽率，高含油率，高油酸		
树　　姿：开张	盛 花 期：10月中旬	果面特征：光滑
嫩枝绒毛：有	花瓣颜色：白色	平均单果重（g）：24.44
芽鳞颜色：黄绿色	萼片绒毛：有	鲜出籽率（%）：53.36
芽 绒 毛：有	雌雄蕊相对高度：雌高	种皮颜色：棕色
嫩叶颜色：黄绿色	花柱裂位：浅裂	种仁含油率（%）：53.80
老叶颜色：中绿色	柱头裂数：3	
叶　　形：椭圆形	子房绒毛：有	油酸含量（%）：85.50
叶缘特征：波状	果熟日期：10月下旬	亚油酸含量（%）：5.00
叶尖形状：渐尖	果　　形：卵球形	亚麻酸含量（%）：0.20
叶基形状：楔形	果皮颜色：黄棕色	硬脂酸含量（%）：1.80
平均叶长（cm）：5.96	平均叶宽（cm）：3.00	棕榈酸含量（%）：7.10

普油 | 赣林永 9

⑨

资源编号：360111_010_0023	归属物种：*Camellia oleifera* Abel
资源类型：选育资源（无性系）	主要用途：油用栽培，遗传育种材料
保存地点：江西省南昌市青山湖区	保存方式：保存基地异地保存

性 状 特 征

特 异 性：高产果量，高出籽率，高含油率，高油酸

树　姿：直立	盛花期：11月中旬	果面特征：光滑
嫩枝绒毛：有	花瓣颜色：白色	平均单果重（g）：12.27
芽鳞颜色：黄绿色	萼片绒毛：有	鲜出籽率（%）：60.17
芽绒毛：有	雌雄蕊相对高度：雌高	种皮颜色：褐色
嫩叶颜色：红色	花柱裂位：深裂	种仁含油率（%）：53.22
老叶颜色：深绿色	柱头裂数：3	
叶　形：椭圆形	子房绒毛：有	油酸含量（%）：85.50
叶缘特征：波状	果熟日期：10月下旬	亚油酸含量（%）：1.45
叶尖形状：渐尖	果　形：圆球形	亚麻酸含量（%）：0.27
叶基形状：楔形	果皮颜色：青色	硬脂酸含量（%）：2.14
平均叶长（cm）：6.35	平均叶宽（cm）：3.60	棕榈酸含量（%）：8.84

（4）具高产果量、大果、高出籽率资源

资源编号：330702_010_0143	归属物种：*Camellia oleifera* Abel	
资源类型：选育资源（良种）	主要用途：油用栽培，遗传育种材料	
保存地点：浙江省金华市婺城区	保存方式：国家良种基地保存	

长林 53 号 ⑩

性 状 特 征

特 异 性：高产果量，大果，高出籽率		
树　　姿：开张	盛 花 期：10月下旬	果面特征：光滑
嫩枝绒毛：有	花瓣颜色：白色	平均单果重（g）：30.63
芽鳞颜色：黄绿色	萼片绒毛：有	鲜出籽率（%）：52.46
芽 绒 毛：有	雌雄蕊相对高度：雄高	种皮颜色：棕褐色
嫩叶颜色：黄绿色	花柱裂位：浅裂	种仁含油率（%）：42.40
老叶颜色：中绿色	柱头裂数：3	
叶　　形：椭圆形	子房绒毛：有	油酸含量（%）：84.10
叶缘特征：波状	果熟日期：10月下旬	亚油酸含量（%）：5.90
叶尖形状：圆尖	果　　形：倒卵球形	亚麻酸含量（%）：0.30
叶基形状：楔形	果皮颜色：红色	硬脂酸含量（%）：2.20
平均叶长（cm）：6.15	平均叶宽（cm）：3.17	棕榈酸含量（%）：6.90

亚林普油Ⅰ桐32

资源编号：330702_010_0124		归属物种：*Camellia oleifera* Abel
资源类型：选育资源（无性系）		主要用途：油用栽培，遗传育种材料
保存地点：浙江省金华市婺城区		保存方式：国家良种基地保存

性 状 特 征

特 异 性：高产果量，大果，高出籽率

树　　姿：直立	盛 花 期：10月下旬	果面特征：光洁
嫩枝绒毛：有	花瓣颜色：白色	平均单果重（g）：33.44
芽鳞颜色：绿色	萼片绒毛：有	鲜出籽率（%）：52.51
芽绒毛：有	雌雄蕊相对高度：雄高	种皮颜色：黑褐色
嫩叶颜色：黄绿色	花柱裂位：中裂	种仁含油率（%）：32.05
老叶颜色：绿色	柱头裂数：3	
叶　　形：椭圆形	子房绒毛：有	油酸含量（%）：82.70
叶缘特征：平	果熟日期：10月中旬	亚油酸含量（%）：6.90
叶尖形状：渐尖	果　　形：圆球形	亚麻酸含量（%）：0.30
叶基形状：近圆形	果皮颜色：青红色	硬脂酸含量（%）：1.90
平均叶长（cm）：4.96	平均叶宽（cm）：2.29	棕榈酸含量（%）：7.50

亚林普油 ｜ 桐 39

⑫

资源编号：330702_010_0126	归属物种：*Camellia oleifera* Abel	
资源类型：选育资源（无性系）	主要用途：油用栽培，遗传育种材料	
保存地点：浙江省金华市婺城区	保存方式：国家良种基地保存	

性 状 特 征

特 异 性：高产果量，大果，高出籽率

树　姿：开张	盛 花 期：10月下旬	果面特征：光洁
嫩枝绒毛：有	花瓣颜色：白色	平均单果重（g）：34.95
芽鳞颜色：绿色	萼片绒毛：有	鲜出籽率（%）：51.53
芽 绒 毛：有	雌雄蕊相对高度：雄高	种皮颜色：黑褐色
嫩叶颜色：红色	花柱裂位：浅裂	种仁含油率（%）：28.31
老叶颜色：绿色	柱头裂数：4	
叶　形：椭圆形	子房绒毛：有	油酸含量（%）：79.80
叶缘特征：平	果熟日期：10月中旬	亚油酸含量（%）：9.00
叶尖形状：渐尖	果　形：扁圆球形	亚麻酸含量（%）：0.30
叶基形状：近圆形	果皮颜色：青黄色	硬脂酸含量（%）：1.90
平均叶长（cm）：5.97	平均叶宽（cm）：2.95	棕榈酸含量（%）：8.50

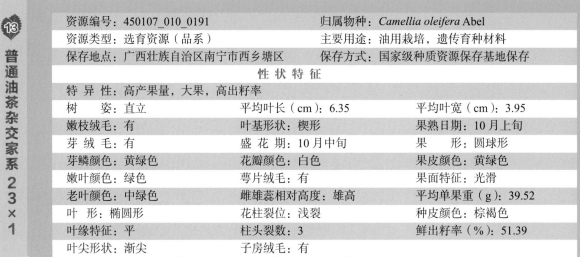

13

普通油茶杂交家系23×1

资源编号：450107_010_0191		归属物种：*Camellia oleifera* Abel
资源类型：选育资源（品系）		主要用途：油用栽培，遗传育种材料
保存地点：广西壮族自治区南宁市西乡塘区		保存方式：国家级种质资源保存基地保存
性 状 特 征		
特 异 性：高产果量，大果，高出籽率		
树　　姿：直立	平均叶长（cm）：6.35	平均叶宽（cm）：3.95
嫩枝绒毛：有	叶基形状：楔形	果熟日期：10月上旬
芽绒毛：有	盛花期：10月中旬	果　　形：圆球形
芽鳞颜色：黄绿色	花瓣颜色：白色	果皮颜色：黄绿色
嫩叶颜色：绿色	萼片绒毛：有	果面特征：光滑
老叶颜色：中绿色	雌雄蕊相对高度：雄高	平均单果重（g）：39.52
叶　　形：椭圆形	花柱裂位：浅裂	种皮颜色：棕褐色
叶缘特征：平	柱头裂数：3	鲜出籽率（%）：51.39
叶尖形状：渐尖	子房绒毛：有	

（5）具高产果量、大果、高含油率资源

14

油茶闽43

资源编号：350121_010_0004		归属物种：*Camellia oleifera* Abel
资源类型：选育资源（良种）		主要用途：油用栽培，遗传育种材料
保存地点：福建省闽侯县		保存方式：省级种质资源保存基地保存
性 状 特 征		
特 异 性：高产果量，大果，高含油率		
树　　姿：半开张至开张	盛花期：11月下旬	果面特征：光滑
嫩枝绒毛：有	花瓣颜色：白色	平均单果重（g）：33.50
芽鳞颜色：黄绿色	萼片绒毛：有	鲜出籽率（%）：45.70
芽绒毛：有	雌雄蕊相对高度：雌高	种皮颜色：褐色或深褐色
嫩叶颜色：红、红黄色	花柱裂位：浅裂或深裂	种仁含油率（%）：51.40
老叶颜色：中绿色	柱头裂数：4	油酸含量（%）：79.50
叶　　形：长椭圆形	子房绒毛：有	亚油酸含量（%）：8.90
叶缘特征：波状	果熟日期：11月中下旬	亚麻酸含量（%）：0.40
叶尖形状：渐尖	果　　形：卵球形	硬脂酸含量（%）：1.40
叶基形状：楔形	果皮颜色：红色带青	棕榈酸含量（%）：9.20
平均叶长（cm）：6.55	平均叶宽（cm）：3.20	

15　普通油茶闽20

资源编号：350121_010_0008	归属物种：*Camellia oleifera* Abel	
资源类型：选育资源（良种）	主要用途：油用栽培，遗传育种材料	
保存地点：福建省闽侯县	保存方式：省级种质资源保存基地保存	

性 状 特 征

特 异 性：高产果量，大果，高含油率

树　姿：开张	盛 花 期：11 月下旬	果面特征：微糠秕
嫩枝绒毛：有	花瓣颜色：白色	平均单果重（g）：30.50
芽鳞颜色：绿色	萼片绒毛：有	鲜出籽率（%）：46.05
芽绒毛：有	雌雄蕊相对高度：雄高	种皮颜色：深褐色或黑色
嫩叶颜色：红色、红黄色	花柱裂位：浅裂	种仁含油率（%）：47.80
老叶颜色：黄绿色	柱头裂数：4	
叶　形：长椭圆形	子房绒毛：有	油酸含量（%）：84.10
叶缘特征：波状	果熟日期：11 月中旬	亚油酸含量（%）：5.30
叶尖形状：渐尖	果　形：圆球形	亚麻酸含量（%）：0.20
叶基形状：楔形	果皮颜色：青黄色	硬脂酸含量（%）：2.00
平均叶长（cm）：7.25	平均叶宽（cm）：3.20	棕榈酸含量（%）：7.70

资源编号：350121_010_0016	归属物种：*Camellia oleifera* Abel	
资源类型：选育资源（良种）	主要用途：油用栽培，遗传育种材料	
保存地点：福建省闽侯县	保存方式：省级种质资源保存基地保存	

性 状 特 征

特 异 性：高产果量，大果，高含油率

树　　姿：半开张至开张	盛 花 期：11 月中下旬	果面特征：光滑
嫩枝绒毛：有	花瓣颜色：白色	平均单果重（g）：43.50
芽鳞颜色：黄绿色	萼片绒毛：有	鲜出籽率（%）：39.49
芽绒毛：有	雌雄蕊相对高度：等高	种皮颜色：褐色、深褐色
嫩叶颜色：红黄色	花柱裂位：浅裂、中裂，偶见深裂	种仁含油率（%）：51.74
老叶颜色：黄绿色	柱头裂数：4	
叶　　形：椭圆形、长椭圆形	子房绒毛：有	油酸含量（%）：83.60
叶缘特征：波状	果熟日期：11 月上旬	亚油酸含量（%）：6.00
叶尖形状：渐尖或钝尖	果　　形：圆球形	亚麻酸含量（%）：0.30
叶基形状：楔形	果皮颜色：红色、黄红色	硬脂酸含量（%）：2.40
平均叶长（cm）：4.90	平均叶宽（cm）：2.50	棕榈酸含量（%）：7.20

普通油茶闽杂优 7

16

资源编号：350121_010_0019	归属物种：*Camellia oleifera* Abel
资源类型：选育资源（无性系）	主要用途：油用栽培，遗传育种材料
保存地点：福建省闽侯县	保存方式：省级种质资源保存基地保存

性 状 特 征

特 异 性：高产果量，大果，高含油率

树　　姿：半开张至开张	盛 花 期：11月下旬	果面特征：光滑
嫩枝绒毛：有	花瓣颜色：白色	平均单果重（g）：34.00
芽鳞颜色：黄绿色	萼片绒毛：有	鲜出籽率（%）：44.27
芽 绒 毛：有	雌雄蕊相对高度：雌高或等高	种皮颜色：深褐色或黑色
嫩叶颜色：红黄色	花柱裂位：浅裂	种仁含油率（%）：51.91
老叶颜色：中绿色	柱头裂数：4	油酸含量（%）：81.30
叶　　形：椭圆形、长椭圆形	子房绒毛：有	亚油酸含量（%）：7.90
叶缘特征：波状	果熟日期：11月上旬	亚麻酸含量（%）：0.20
叶尖形状：渐尖	果　　形：圆球形	硬脂酸含量（%）：1.80
叶基形状：楔形或近圆形	果皮颜色：红青色	棕榈酸含量（%）：8.20
平均叶长（cm）：6.10	平均叶宽（cm）：2.95	

普通油茶闽杂优13 18

资源编号：350121_010_0022	归属物种：*Camellia oleifera* Abel
资源类型：选育资源（良种）	主要用途：油用栽培，遗传育种材料
保存地点：福建省闽侯县	保存方式：省级种质资源保存基地保存

性 状 特 征

特异性：高产果量，大果，高含油率

树　　姿：半开张至开张	盛 花 期：11月中下旬	果面特征：光滑
嫩枝绒毛：有	花瓣颜色：白色	平均单果重（g）：37.50
芽鳞颜色：黄绿色	萼片绒毛：有	鲜出籽率（%）：46.00
芽 绒 毛：有	雌雄蕊相对高度：雄高	种皮颜色：深褐色或黑色
嫩叶颜色：黄绿色	花柱裂位：中裂	种仁含油率（%）：50.10
老叶颜色：中绿色	柱头裂数：4	油酸含量（%）：83.70
叶　　形：长椭圆形	子房绒毛：有	亚油酸含量（%）：5.20
叶缘特征：波状	果熟日期：11月上中旬	亚麻酸含量（%）：0.30
叶尖形状：渐尖	果　　形：圆球形	硬脂酸含量（%）：2.40
叶基形状：楔形	果皮颜色：红黄色或红青色	棕榈酸含量（%）：7.80
平均叶长（cm）：4.60	平均叶宽（cm）：1.80	

19 普通油茶闽杂优19

资源编号：350121_010_0029	归属物种：*Camellia oleifera* Abel
资源类型：选育资源（良种）	主要用途：油用栽培，遗传育种材料
保存地点：福建省闽侯县	保存方式：省级种质资源保存基地保存

性 状 特 征

特 异 性：高产果量，大果，高含油率

树　　姿：半开张	盛 花 期：11月中旬	果面特征：光滑
嫩枝绒毛：有	花瓣颜色：白色	平均单果重（g）：33.50
芽鳞颜色：黄绿色	萼片绒毛：有	鲜出籽率（%）：37.53
芽 绒 毛：有	雌雄蕊相对高度：雄高或等高	种皮颜色：褐色、深褐色
嫩叶颜色：青黄色	花柱裂位：浅裂	种仁含油率（%）：51.12
老叶颜色：中绿色	柱头裂数：4	
叶　　形：长椭圆形、椭圆形	子房绒毛：有	油酸含量（%）：81.00
叶缘特征：波状	果熟日期：11月上中旬	亚油酸含量（%）：8.10
叶尖形状：渐尖	果　　形：圆球形	亚麻酸含量（%）：0.20
叶基形状：楔形	果皮颜色：红色、黄红色、青黄色	硬脂酸含量（%）：2.30
平均叶长（cm）：5.85	平均叶宽（cm）：2.95	棕榈酸含量（%）：7.90

20 普通油茶闽杂优 21

资源编号：350121_010_0031	归属物种：*Camellia oleifera* Abel	
资源类型：选育资源（良种）	主要用途：油用栽培，遗传育种材料	
保存地点：福建省闽侯县	保存方式：省级种质资源保存基地保存	

性 状 特 征

特 异 性：高产果量，大果，高含油率

树　　姿：半开张	盛 花 期：11 月中下旬	果面特征：光滑
嫩枝绒毛：有	花瓣颜色：白色	平均单果重（g）：39.68
芽鳞颜色：黄绿色	萼片绒毛：有	鲜出籽率（%）：41.93
芽 绒 毛：有	雌雄蕊相对高度：雌高	种皮颜色：黑色
嫩叶颜色：青绿色	花柱裂位：中裂	种仁含油率（%）：50.79
老叶颜色：中绿色	柱头裂数：3	
叶　　形：长椭圆形	子房绒毛：有	油酸含量（%）：83.80
叶缘特征：波状	果熟日期：11 月上旬	亚油酸含量（%）：5.50
叶尖形状：渐尖	果　　形：圆球形	亚麻酸含量（%）：0.30
叶基形状：楔形	果皮颜色：红色、红黄色	硬脂酸含量（%）：2.20
平均叶长（cm）：6.70	平均叶宽（cm）：3.10	棕榈酸含量（%）：7.50

21 闽杂优22

资源编号：350121_010_0032	归属物种：*Camellia oleifera* Abel
资源类型：选育资源（无性系）	主要用途：油用栽培，遗传育种材料
保存地点：福建省闽侯县	保存方式：省级种质资源保存基地保存

性 状 特 征

特 异 性：高产果量，大果，高含油率

树　　姿：半开张	盛 花 期：11月下旬	果面特征：光滑
嫩枝绒毛：有	花瓣颜色：白色	平均单果重（g）：38.00
芽鳞颜色：黄绿色	萼片绒毛：有	鲜出籽率（%）：41.79
芽 绒 毛：有	雌雄蕊相对高度：雌高或等高	种皮颜色：深褐色或黑色
嫩叶颜色：红黄色	花柱裂位：全裂	种仁含油率（%）：51.70
老叶颜色：黄绿色	柱头裂数：3	
叶　　形：长椭圆形	子房绒毛：有	油酸含量（%）：80.00
叶缘特征：波状	果熟日期：11月上旬	亚油酸含量（%）：8.70
叶尖形状：渐尖	果　　形：圆球形	亚麻酸含量（%）：0.40
叶基形状：楔形或近圆形	果皮颜色：红色、红青色	硬脂酸含量（%）：1.70
平均叶长（cm）：6.35	平均叶宽（cm）：3.00	棕榈酸含量（%）：8.60

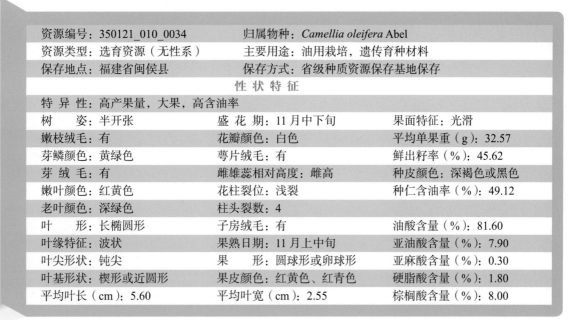

资源编号：350121_010_0034		归属物种：*Camellia oleifera* Abel
资源类型：选育资源（无性系）		主要用途：油用栽培，遗传育种材料
保存地点：福建省闽侯县		保存方式：省级种质资源保存基地保存

22 闽杂优 24

性 状 特 征

特异性：高产果量，大果，高含油率

树　姿：半开张	盛花期：11月中下旬	果面特征：光滑
嫩枝绒毛：有	花瓣颜色：白色	平均单果重（g）：32.57
芽鳞颜色：黄绿色	萼片绒毛：有	鲜出籽率（%）：45.62
芽绒毛：有	雌雄蕊相对高度：雌高	种皮颜色：深褐色或黑色
嫩叶颜色：红黄色	花柱裂位：浅裂	种仁含油率（%）：49.12
老叶颜色：深绿色	柱头裂数：4	油酸含量（%）：81.60
叶　形：长椭圆形	子房绒毛：有	亚油酸含量（%）：7.90
叶缘特征：波状	果熟日期：11月上中旬	亚麻酸含量（%）：0.30
叶尖形状：钝尖	果　形：圆球形或卵球形	硬脂酸含量（%）：1.80
叶基形状：楔形或近圆形	果皮颜色：红黄色、红青色	棕榈酸含量（%）：8.00
平均叶长（cm）：5.60	平均叶宽（cm）：2.55	

23

普通油茶闽杂优28

资源编号：350121_010_0038	归属物种：*Camellia oleifera* Abel	
资源类型：选育资源（良种）	主要用途：油用栽培，遗传育种材料	
保存地点：福建省闽侯县	保存方式：省级种质资源保存基地保存	
性 状 特 征		
特 异 性：高产果量，大果，高含油率		
树 姿：半开张至开张	盛 花 期：11月下旬	果面特征：光滑
嫩枝绒毛：有	花瓣颜色：白色	平均单果重（g）：36.00
芽鳞颜色：黄绿色	萼片绒毛：有	鲜出籽率（%）：41.54
芽 绒 毛：有	雌雄蕊相对高度：等高	种皮颜色：深褐色或黑色
嫩叶颜色：黄绿色	花柱裂位：浅裂、中裂或深裂	种仁含油率（%）：50.50
老叶颜色：中绿色	柱头裂数：4	
叶 形：长椭圆形	子房绒毛：有	油酸含量（%）：83.20
叶缘特征：波状	果熟日期：11月上旬	亚油酸含量（%）：6.10
叶尖形状：渐尖或钝尖	果 形：圆球形	亚麻酸含量（%）：0.20
叶基形状：楔形或近圆形	果皮颜色：红色、红黄色、红青色	硬脂酸含量（%）：2.10
平均叶长（cm）：6.25	平均叶宽（cm）：2.70	棕榈酸含量（%）：7.80

24

闽杂优 31

资源编号：350121_010_0041	归属物种：*Camellia oleifera* Abel	
资源类型：选育资源（无性系）	主要用途：油用栽培，遗传育种材料	
保存地点：福建省闽侯县	保存方式：省级种质资源保存基地保存，异地保存	

性 状 特 征

特 异 性：高产果量，大果，高含油率

树　　姿：半开张	盛 花 期：11月中下旬	果面特征：光滑
嫩枝绒毛：有	花瓣颜色：白色	平均单果重（g）：34.50
芽鳞颜色：黄绿色	萼片绒毛：有	鲜出籽率（%）：38.68
芽 绒 毛：有	雌雄蕊相对高度：雌高	种皮颜色：深褐色或黑色
嫩叶颜色：红绿色	花柱裂位：中裂	种仁含油率（%）：53.80
老叶颜色：黄绿色	柱头裂数：4	
叶　　形：长椭圆形	子房绒毛：有	油酸含量（%）：84.20
叶缘特征：波状	果熟日期：11月上中旬	亚油酸含量（%）：5.80
叶尖形状：渐尖	果　　形：卵球形，底部内凹为脐	亚麻酸含量（%）：0.20
叶基形状：楔形	果皮颜色：红青色	硬脂酸含量（%）：2.10
平均叶长（cm）：6.00	平均叶宽（cm）：2.50	棕榈酸含量（%）：7.00

25 普油－赣林恒丰11号

资源编号：360111_010_0143	归属物种：*Camellia oleifera* Abel
资源类型：选育资源（无性系）	主要用途：油用栽培，遗传育种材料
保存地点：江西省南昌市青山湖区	保存方式：国家级种质资源保存基地保存

性 状 特 征

特 异 性：高产果量，大果，高含油率

树　　姿：半开张	盛 花 期：3月中旬	果面特征：光滑
嫩枝绒毛：有	花瓣颜色：白色	平均单果重（g）：52.68
芽鳞颜色：黄绿色	萼片绒毛：有	鲜出籽率（%）：20.13
芽 绒 毛：有	雌雄蕊相对高度：雄高	种皮颜色：棕褐色
嫩叶颜色：绿色	花柱裂位：中裂	种仁含油率（%）：54.60
老叶颜色：深绿色	柱头裂数：3	
叶　　形：长椭圆形	子房绒毛：有	油酸含量（%）：80.86
叶缘特征：波状	果熟日期：9月下旬	亚油酸含量（%）：3.59
叶尖形状：圆尖	果　　形：卵球形	亚麻酸含量（%）：0.31
叶基形状：楔形	果皮颜色：青色	硬脂酸含量（%）：6.04
平均叶长（cm）：8.90	平均叶宽（cm）：4.80	棕榈酸含量（%）：8.27

26

鄂油276号

资源编号：421181_010_0009	归属物种：*Camellia oleifera* Abel	
资源类型：选育资源（良种）	主要用途：油用栽培，遗传育种材料	
保存地点：湖北省麻城市	保存方式：省级种质资源保存基地，异地保存	

性 状 特 征

特异性：高产果量，大果，高含油率		
树　　姿：半开张	盛花期：11月上旬	果面特征：光滑
嫩枝绒毛：有	花瓣颜色：白色	平均单果重（g）：34.40
芽鳞颜色：绿色	萼片绒毛：有	鲜出籽率（%）：41.72
芽绒毛：有	雌雄蕊相对高度：雄高	种皮颜色：棕褐色
嫩叶颜色：红色	花柱裂位：中裂	种仁含油率（%）：50.06
老叶颜色：中绿色	柱头裂数：3	油酸含量（%）：84.90
叶　　形：长椭圆形	子房绒毛：有	亚油酸含量（%）：5.60
叶缘特征：平	果熟日期：10月中旬	亚麻酸含量（%）：0.20
叶尖形状：渐尖	果　　形：圆球形	硬脂酸含量（%）：2.00
叶基形状：楔形	果皮颜色：红色	棕榈酸含量（%）：6.90
平均叶长（cm）：7.06	平均叶宽（cm）：3.02	

27
普油 ― 春湾镇卫国优 3 号

资源编号：441781_010_0013	归属物种：*Camellia oleifera* Abel	
资源类型：选育资源（无性系）	主要用途：油用栽培，遗传育种材料	
保存地点：广东省阳春市	保存方式：原地保存、保护	

性 状 特 征

特 异 性：高产果量，大果，高含油率		
树　　姿：开张	盛 花 期：11 月下旬	果面特征：糠秕
嫩枝绒毛：有	花瓣颜色：白色	平均单果重（g）：39.67
芽鳞颜色：绿色	萼片绒毛：有	鲜出籽率（%）：43.13
芽 绒 毛：有	雌雄蕊相对高度：雄高	种皮颜色：黑色、棕褐色
嫩叶颜色：褐色	花柱裂位：中裂、浅裂	种仁含油率（%）：50.19
老叶颜色：中绿色	柱头裂数：4	
叶　　形：椭圆形	子房绒毛：有	油酸含量（%）：82.01
叶缘特征：平	果熟日期：11 月上旬	亚油酸含量（%）：5.47
叶尖形状：渐尖	果　　形：圆球形	亚麻酸含量（%）：0.33
叶基形状：楔形、近圆形	果皮颜色：黄棕色	硬脂酸含量（%）：3.47
平均叶长（cm）：5.51	平均叶宽（cm）：2.75	棕榈酸含量（%）：8.32

28
普油 ― 春湾镇卫国优 4 号

资源编号：441781_010_0014	归属物种：*Camellia oleifera* Abel	
资源类型：选育资源（无性系）	主要用途：油用栽培，遗传育种材料	
保存地点：广东省阳春市	保存方式：原地保存、保护	

性 状 特 征

特 异 性：高产果量，大果，高含油率		
树　　姿：开张	盛 花 期：11 月下旬	果面特征：糠秕
嫩枝绒毛：有	花瓣颜色：白色	平均单果重（g）：33.12
芽鳞颜色：绿色	萼片绒毛：有	鲜出籽率（%）：32.64
芽 绒 毛：有	雌雄蕊相对高度：雄高	种皮颜色：黑色、棕褐色
嫩叶颜色：褐色	花柱裂位：中裂、浅裂	种仁含油率（%）：50.99
老叶颜色：中绿色	柱头裂数：4	
叶　　形：近圆形	子房绒毛：有	油酸含量（%）：76.76
叶缘特征：平	果熟日期：11 月上旬	亚油酸含量（%）：7.36
叶尖形状：渐尖、钝尖	果　　形：圆球形	亚麻酸含量（%）：0.30
叶基形状：近圆形	果皮颜色：黄棕色	硬脂酸含量（%）：4.56
平均叶长（cm）：6.62	平均叶宽（cm）：3.45	棕榈酸含量（%）：10.57

29

川荣-447

资源编号：510321_010_0006	归属物种：*Camellia oleifera* Abel	
资源类型：选育资源（良种）	主要用途：油用栽培，遗传育种材料	
保存地点：四川省荣县	保存方式：原地保护，异地保存	

性 状 特 征

特 异 性：高产果量，大果，高含油率

树　　姿：半开张	盛 花 期：11月上旬	果面特征：光滑
嫩枝绒毛：有	花瓣颜色：白色	平均单果重（g）：31.25
芽鳞颜色：绿色	萼片绒毛：有	鲜出籽率（%）：—
芽 绒 毛：有	雌雄蕊相对高度：雄高	种皮颜色：棕褐色
嫩叶颜色：绿色	花柱裂位：浅裂	种仁含油率（%）：50.66
老叶颜色：深绿色	柱头裂数：3	
叶　　形：椭圆形	子房绒毛：有	油酸含量（%）：73.86
叶缘特征：平	果熟日期：10月中旬	亚油酸含量（%）：5.33
叶尖形状：渐尖	果　　形：圆球形	亚麻酸含量（%）：0.23
叶基形状：楔形	果皮颜色：浅红色	硬脂酸含量（%）：1.14
平均叶长（cm）：7.00	平均叶宽（cm）：3.80	棕榈酸含量（%）：16.25

30

云油茶14号

资源编号：532627_010_0009	归属物种：*Camellia oleifera* Abel	
资源类型：选育资源（良种）	主要用途：油用栽培，遗传育种材料	
保存地点：云南省广南县	保存方式：原地保护，异地保存	

性 状 特 征

特 异 性：高产果量，大果，高含油率

树　姿：开张	盛花期：11月上旬	果面特征：光滑
嫩枝绒毛：有	花瓣颜色：白色	平均单果重（g）：33.24
芽鳞颜色：黄绿色	萼片绒毛：有	鲜出籽率（%）：43.77
芽绒毛：有	雌雄蕊相对高度：雄高	种皮颜色：黑色
嫩叶颜色：红色	花柱裂位：浅裂	种仁含油率（%）：51.80
老叶颜色：中绿色	柱头裂数：3	
叶　形：长椭圆形	子房绒毛：有	油酸含量（%）：82.43
叶缘特征：平	果熟日期：10月中旬	亚油酸含量（%）：7.18
叶尖形状：渐尖	果　形：圆球形	亚麻酸含量（%）：0.35
叶基形状：楔形	果皮颜色：红色	硬脂酸含量（%）：1.60
平均叶长（cm）：5.60	平均叶宽（cm）：3.10	棕榈酸含量（%）：7.78

31 富宁油茶 2 号

资源编号：532628_010_0002	归属物种：*Camellia oleifera* Abel	
资源类型：选育资源（良种）	主要用途：油用栽培，遗传育种材料	
保存地点：云南省富宁县	保存方式：原地保护，异地保存	

性 状 特 征

特 异 性：高产果量，大果，高含油率

树　姿：开张	盛 花 期：11 月上旬	果面特征：光滑
嫩枝绒毛：有	花瓣颜色：白色	平均单果重（g）：35.82
芽鳞颜色：黄绿色	萼片绒毛：有	鲜出籽率（%）：42.57
芽 绒 毛：有	雌雄蕊相对高度：雌高	种皮颜色：黑色
嫩叶颜色：红色	花柱裂位：浅裂	种仁含油率（%）：53.60
老叶颜色：中绿色	柱头裂数：3	
叶　形：长椭圆形	子房绒毛：有	油酸含量（%）：80.21
叶缘特征：平	果熟日期：10 月中旬	亚油酸含量（%）：8.25
叶尖形状：渐尖	果　形：圆球形	亚麻酸含量（%）：0.23
叶基形状：楔形	果皮颜色：红色	硬脂酸含量（%）：1.87
平均叶长（cm）：6.50	平均叶宽（cm）：3.65	棕榈酸含量（%）：8.65

32

富宁油茶6号

资源编号：532628_010_0006	归属物种：*Camellia oleifera* Abel	
资源类型：选育资源（良种）	主要用途：油用栽培，遗传育种材料	
保存地点：云南省富宁县	保存方式：原地保护，异地保存	

性 状 特 征

特 异 性：高产果量，大果，高含油率

树　　姿：开张	盛 花 期：11 月上旬	果面特征：光滑
嫩枝绒毛：有	花瓣颜色：白色	平均单果重（g）：35.34
芽鳞颜色：黄绿色	萼片绒毛：有	鲜出籽率（%）：46.35
芽绒毛：有	雌雄蕊相对高度：雌高	种皮颜色：黑色
嫩叶颜色：红色	花柱裂位：浅裂	种仁含油率（%）：53.00
老叶颜色：中绿色	柱头裂数：3	油酸含量（%）：81.33
叶　　形：长椭圆形	子房绒毛：有	亚油酸含量（%）：7.65
叶缘特征：平	果熟日期：10 月中旬	亚麻酸含量（%）：0.31
叶尖形状：渐尖	果　　形：圆球形	硬脂酸含量（%）：2.39
叶基形状：楔形	果皮颜色：红色	棕榈酸含量（%）：7.28
平均叶长（cm）：5.20	平均叶宽（cm）：2.90	

③

富宁油茶10号

资源编号：532628_010_0010	归属物种：*Camellia oleifera* Abel	
资源类型：选育资源（良种）	主要用途：油用栽培，遗传育种材料	
保存地点：云南省富宁县	保存方式：原地保护，异地保存	
性 状 特 征		
特 异 性：高产果量，大果，高含油率		
树　　姿：直立	盛 花 期：11月上旬	果面特征：光滑
嫩枝绒毛：有	花瓣颜色：白色	平均单果重（g）：35.78
芽鳞颜色：黄绿色	萼片绒毛：有	鲜出籽率（%）：40.44
芽 绒 毛：有	雌雄蕊相对高度：雌高	种皮颜色：黑色
嫩叶颜色：红色	花柱裂位：中裂	种仁含油率（%）：57.10
老叶颜色：中绿色	柱头裂数：3	
叶　　形：椭圆形	子房绒毛：有	油酸含量（%）：83.55
叶缘特征：平	果熟日期：10月中旬	亚油酸含量（%）：6.40
叶尖形状：渐尖	果　　形：圆球形	亚麻酸含量（%）：0.28
叶基形状：楔形	果皮颜色：红色	硬脂酸含量（%）：2.80
平均叶长（cm）：5.50	平均叶宽（cm）：2.76	棕榈酸含量（%）：6.21

（6）具高产果量、大果、高油酸资源

亚林普油 I 桐 12

<table>
<tr><td>资源编号：330702_010_0119</td><td colspan="2">归属物种：Camellia oleifera Abel</td></tr>
<tr><td>资源类型：选育资源（无性系）</td><td colspan="2">主要用途：油用栽培，遗传育种材料</td></tr>
<tr><td>保存地点：浙江省金华市婺城区</td><td colspan="2">保存方式：国家良种基地，异地保存</td></tr>
<tr><td colspan="3" align="center">性 状 特 征</td></tr>
<tr><td colspan="3">特 异 性：高产果量，大果，高油酸</td></tr>
<tr><td>树　　姿：开张</td><td>盛 花 期：11 月中旬</td><td>果面特征：斑点状糠秕</td></tr>
<tr><td>嫩枝绒毛：有</td><td>花瓣颜色：白色</td><td>平均单果重（g）：31.21</td></tr>
<tr><td>芽鳞颜色：绿色</td><td>萼片绒毛：有</td><td>鲜出籽率（%）：42.01</td></tr>
<tr><td>芽 绒 毛：有</td><td>雌雄蕊相对高度：雌高</td><td>种皮颜色：黑褐色</td></tr>
<tr><td>嫩叶颜色：黄绿色</td><td>花柱裂位：浅裂</td><td>种仁含油率（%）：46.67</td></tr>
<tr><td>老叶颜色：绿色</td><td>柱头裂数：3</td><td></td></tr>
<tr><td>叶　　形：椭圆形</td><td>子房绒毛：有</td><td>油酸含量（%）：85.10</td></tr>
<tr><td>叶缘特征：平</td><td>果熟日期：10 月中旬</td><td>亚油酸含量（%）：5.10</td></tr>
<tr><td>叶尖形状：渐尖</td><td>果　　形：卵球形</td><td>亚麻酸含量（%）：0.20</td></tr>
<tr><td>叶基形状：楔形</td><td>果皮颜色：青红色</td><td>硬脂酸含量（%）：2.20</td></tr>
<tr><td>平均叶长（cm）：5.75</td><td>平均叶宽（cm）：2.51</td><td>棕榈酸含量（%）：6.80</td></tr>
</table>

35

普通油茶闽杂优6

资源编号：350121_010_0015	归属物种：*Camellia oleifera* Abel	
资源类型：选育资源（良种）	主要用途：油用栽培，遗传育种材料	
保存地点：福建省闽侯县	保存方式：省级种质资源保存基地，异地保存	

性 状 特 征

特 异 性：高产果量，大果，高油酸

树　姿：半开张	盛 花 期：11月下旬至12月上旬	果面特征：光滑
嫩枝绒毛：有	花瓣颜色：白色	平均单果重（g）：31.00
芽鳞颜色：黄绿色	萼片绒毛：有	鲜出籽率（%）：40.89
芽绒毛：有	雌雄蕊相对高度：等高	种皮颜色：深褐色或黑色
嫩叶颜色：红黄色	花柱裂位：中裂	种仁含油率（%）：47.80
老叶颜色：深绿色	柱头裂数：4	
叶　形：椭圆形、长椭圆形	子房绒毛：有	油酸含量（%）：85.30
叶缘特征：波状	果熟日期：11月上旬	亚油酸含量（%）：6.80
叶尖形状：渐尖	果　形：圆球形	亚麻酸含量（%）：0.20
叶基形状：楔形或近圆形	果皮颜色：红色、红青色	硬脂酸含量（%）：2.00
平均叶长（cm）：7.30	平均叶宽（cm）：3.45	棕榈酸含量（%）：7.10

36

闽
7
4
1
1

资源编号：350121_010_0049	归属物种：*Camellia oleifera* Abel
资源类型：选育资源（无性系）	主要用途：油用栽培，遗传育种材料
保存地点：福建省闽侯县	保存方式：省级种质资源保存基地，异地保存

性 状 特 征

特 异 性：高产果量，大果，高油酸

树　姿：开张	盛 花 期：11 月中旬	果面特征：光滑
嫩枝绒毛：有	花瓣颜色：白色	平均单果重（g）：32.11
芽鳞颜色：绿色	萼片绒毛：有	鲜出籽率（%）：41.02
芽 绒 毛：有	雌雄蕊相对高度：—	种皮颜色：褐色或黑色
嫩叶颜色：青绿色	花柱裂位：—	种仁含油率（%）：45.30
老叶颜色：中绿色	柱头裂数：—	
叶　形：椭圆形	子房绒毛：有	油酸含量（%）：85.80
叶缘特征：波状	果熟日期：11 月上旬	亚油酸含量（%）：3.10
叶尖形状：渐尖	果　形：扁圆球形	亚麻酸含量（%）：0.20
叶基形状：楔形	果皮颜色：青黄色	硬脂酸含量（%）：4.20
平均叶长（cm）：6.30	平均叶宽（cm）：3.00	棕榈酸含量（%）：6.10

37

普油－赣林夏讲14号

资源编号：360111_010_0153	归属物种：*Camellia oleifera* Abel	
资源类型：选育资源（无性系）	主要用途：油用栽培，遗传育种材料	
保存地点：江西省南昌市青山湖区	保存方式：国家级种质资源保存基地，异地保存	

性 状 特 征

特 异 性：高产果量，大果，高油酸

树　　姿：开张	盛 花 期：11月中旬	果面特征：光滑
嫩枝绒毛：有	花瓣颜色：白色	平均单果重（g）：35.83
芽鳞颜色：玉白色	萼片绒毛：有	鲜出籽率（%）：45.06
芽 绒 毛：无	雌雄蕊相对高度：等高	种皮颜色：棕色
嫩叶颜色：绿色	花柱裂位：深裂	种仁含油率（%）：45.70
老叶颜色：中绿色	柱头裂数：4	
叶　　形：椭圆形	子房绒毛：有	油酸含量（%）：85.10
叶缘特征：波状	果熟日期：10月中旬	亚油酸含量（%）：2.10
叶尖形状：钝尖	果　　形：圆球形	亚麻酸含量（%）：—
叶基形状：近圆形	果皮颜色：青色	硬脂酸含量（%）：1.90
平均叶长（cm）：9.18	平均叶宽（cm）：3.33	棕榈酸含量（%）：9.60

38

豫油茶7号

资源编号：411524_010_0007	归属物种：*Camellia oleifera* Abel	
资源类型：选育资源（良种）	主要用途：油用栽培，遗传育种材料	
保存地点：河南省商城县	保存方式：原地保护；省级种质资源保存基地，异地保存	

性 状 特 征

特 异 性：高产果量，大果，高油酸

树　　姿：直立	盛 花 期：11月中旬	果面特征：光滑
嫩枝绒毛：有	花瓣颜色：白色	平均单果重（g）：31.42
芽鳞颜色：绿色	萼片绒毛：有	鲜出籽率（%）：40.23
芽 绒 毛：有	雌雄蕊相对高度：雌高	种皮颜色：褐色
嫩叶颜色：红色	花柱裂位：深裂	种仁含油率（%）：44.00
老叶颜色：中绿色	柱头裂数：4	
叶　　形：长椭圆形	子房绒毛：有	油酸含量（%）：87.00
叶缘特征：平	果熟日期：10月中旬	亚油酸含量（%）：3.50
叶尖形状：渐尖	果　　形：椭球形	亚麻酸含量（%）：0.30
叶基形状：楔形	果皮颜色：红色	硬脂酸含量（%）：2.00
平均叶长（cm）：6.25	平均叶宽（cm）：2.28	棕榈酸含量（%）：6.70

39

富宁油茶11号

资源编号：532628_010_0011	归属物种：*Camellia oleifera* Abel
资源类型：选育资源（良种）	主要用途：油用栽培，遗传育种材料
保存地点：云南省富宁县	保存方式：原地保护；省级种质资源保存基地，异地保存

性 状 特 征

特 异 性：高产果量，大果，高油酸

树　　姿：开张	盛 花 期：11月上旬	果面特征：光滑
嫩枝绒毛：有	花瓣颜色：白色	平均单果重（g）：42.93
芽鳞颜色：黄绿色	萼片绒毛：有	鲜出籽率（%）：34.31
芽 绒 毛：有	雌雄蕊相对高度：雌高	种皮颜色：黑色
嫩叶颜色：红色	花柱裂位：中裂	种仁含油率（%）：48.40
老叶颜色：中绿色	柱头裂数：3	
叶　　形：椭圆形	子房绒毛：有	油酸含量（%）：87.10
叶缘特征：平	果熟日期：10月中旬	亚油酸含量（%）：3.30
叶尖形状：渐尖	果　　形：卵球形	亚麻酸含量（%）：0.20
叶基形状：楔形	果皮颜色：红色	硬脂酸含量（%）：3.10
平均叶长（cm）：6.26	平均叶宽（cm）：3.10	棕榈酸含量（%）：5.40

（7）具高产果量、高出籽率、高含油率资源

40
皖祁3号

资源编号：341024_010_0003	归属物种：*Camellia oleifera* Abel	
资源类型：选育资源（良种）	主要用途：油用栽培，遗传育种材料	
保存地点：安徽省黄山市祁门县	保存方式：原地保护；省级种质资源保存基地，异地保存	

性 状 特 征

特 异 性：高产果量，高出籽率，高含油率		
树　　姿：开张	盛 花 期：10月下旬	果面特征：光滑
嫩枝绒毛：有	花瓣颜色：白色	平均单果重（g）：25.64
芽鳞颜色：黄绿色	萼片绒毛：有	鲜出籽率（%）：53.20
芽 绒 毛：有	雌雄蕊相对高度：雄高	种皮颜色：棕褐色
嫩叶颜色：黄绿色	花柱裂位：浅裂	种仁含油率（%）：53.80
老叶颜色：中绿色	柱头裂数：3	
叶　　形：近圆形	子房绒毛：有	油酸含量（%）：84.60
叶缘特征：波状	果熟日期：10月中旬	亚油酸含量（%）：5.50
叶尖形状：渐尖	果　　形：圆球形	亚麻酸含量（%）：0.30
叶基形状：近圆形	果皮颜色：黄红色	硬脂酸含量（%）：2.30
平均叶长（cm）：6.12	平均叶宽（cm）：3.14	棕榈酸含量（%）：6.70

41

皖祁4号

资源编号：341024_010_0004	归属物种：*Camellia oleifera* Abel	
资源类型：选育资源（良种）	主要用途：油用栽培，遗传育种材料	
保存地点：安徽省黄山市祁门县	保存方式：原地保护；省级种质资源保存基地，异地保存	

性 状 特 征

特 异 性：高产果量，高出籽率，高含油率		
树　　姿：直立	盛 花 期：10月下旬	果面特征：光滑
嫩枝绒毛：有	花瓣颜色：白色	平均单果重（g）：26.14
芽鳞颜色：黄绿色	萼片绒毛：有	鲜出籽率（%）：54.02
芽 绒 毛：有	雌雄蕊相对高度：雄高	种皮颜色：棕褐色
嫩叶颜色：黄绿色	花柱裂位：浅裂	种仁含油率（%）：56.20
老叶颜色：深绿色	柱头裂数：3	油酸含量（%）：80.40
叶　　形：长椭圆形	子房绒毛：有	亚油酸含量（%）：7.80
叶缘特征：波状	果熟日期：10月中旬	亚麻酸含量（%）：0.30
叶尖形状：渐尖	果　　形：圆球形	硬脂酸含量（%）：2.20
叶基形状：楔形	果皮颜色：黄红色	棕榈酸含量（%）：8.80
平均叶长（cm）：6.04	平均叶宽（cm）：3.16	

42

闽龙7420

资源编号：350121_010_0002	归属物种：*Camellia meiocarpa* Hu	
资源类型：选育资源（无性系）	主要用途：油用栽培，遗传育种材料	
保存地点：福建省闽侯县	保存方式：省级种质资源保存基地，异地保存	

性 状 特 征

特 异 性：高产果量，高出籽率，高含油率

树　　姿：开张	盛 花 期：11月中旬	果面特征：光滑
嫩枝绒毛：有	花瓣颜色：白色	平均单果重（g）：11.00
芽鳞颜色：黄绿色	萼片绒毛：有	鲜出籽率（%）：51.50
芽 绒 毛：无	雌雄蕊相对高度：等高	种皮颜色：深褐色或黑色
嫩叶颜色：青绿色	花柱裂位：深裂	种仁含油率（%）：50.85
老叶颜色：深绿色	柱头裂数：4	
叶　　形：椭圆形、长椭圆形	子房绒毛：有	油酸含量（%）：80.40
叶缘特征：波状	果熟日期：10月下旬至11月上旬	亚油酸含量（%）：8.40
叶尖形状：渐尖	果　　形：卵球形	亚麻酸含量（%）：0.30
叶基形状：楔形	果皮颜色：青黄色、红青色	硬脂酸含量（%）：1.70
平均叶长（cm）：7.50	平均叶宽（cm）：3.35	棕榈酸含量（%）：8.50

43

龙眼茶

资源编号：350124_010_0001	归属物种：*Camellia meiocarpa* Hu	
资源类型：选育资源（地方品种）	主要用途：油用栽培，遗传育种材料	
保存地点：福建省闽清县	保存方式：原地保护；省级种质资源保存基地，异地保存	

性 状 特 征

特 异 性：高产果量，高出籽率，高含油率

树　　姿：开张或半开张	盛 花 期：10月下旬至11月中旬	果面特征：光滑
嫩枝绒毛：无	花瓣颜色：白色	平均单果重（g）：10.00
芽鳞颜色：绿色	萼片绒毛：无	鲜出籽率（%）：64.50
芽 绒 毛：无	雌雄蕊相对高度：雌高或雄高	种皮颜色：褐色、深褐色
嫩叶颜色：红黄色、青绿色	花柱裂位：浅裂、中裂、深裂或全裂	种仁含油率（%）：51.90
老叶颜色：中绿色、深绿色	柱头裂数：4	
叶　　形：椭圆形、长椭圆形	子房绒毛：有	油酸含量（%）：78.32
叶缘特征：波状	果熟日期：10月下旬至11月上旬	亚油酸含量（%）：9.71
叶尖形状：钝尖或渐尖	果　　形：圆球形、桃形、倒卵球形、椭球形	亚麻酸含量（%）：0.34
叶基形状：楔形	果皮颜色：红色、黄色、青色	硬脂酸含量（%）：1.71
平均叶长（cm）：5.00	平均叶宽（cm）：2.50	棕榈酸含量（%）：7.96

资源编号：350722_010_0002	归属物种：*Camellia meiocarpa* Hu	
资源类型：选育资源（地方品种）	主要用途：油用栽培，遗传基因材料	
保存地点：福建省浦城县	保存方式：原地保护；省级种质资源保存基地，异地保存	

性 状 特 征

特 异 性：高产果量，高出籽率，高含油率

树　　姿：半开张	盛 花 期：10月下旬至11月中旬	果面特征：光滑
嫩枝绒毛：无	花瓣颜色：白色	平均单果重（g）：1.75
芽鳞颜色：绿色	萼片绒毛：无	鲜出籽率（%）：65.71
芽绒毛：无	雌雄蕊相对高度：雌高	种皮颜色：深褐色或黑色
嫩叶颜色：红黄色	花柱裂位：浅裂	种仁含油率（%）：50.87
老叶颜色：黄绿色	柱头裂数：3	
叶　　形：椭圆形	子房绒毛：有	油酸含量（%）：79.40
叶缘特征：波状	果熟日期：10月下旬	亚油酸含量（%）：8.90
叶尖形状：钝尖	果　　形：小圆球形或小豆形	亚麻酸含量（%）：0.30
叶基形状：楔形	果皮颜色：青黄色	硬脂酸含量（%）：2.40
平均叶长（cm）：3.25	平均叶宽（cm）：2.00	棕榈酸含量（%）：9.50

45

普油－赣林抚3

资源编号：360111_010_0017	归属物种：*Camellia oleifera* Abel	
资源类型：选育资源（无性系）	主要用途：油用栽培，遗传育种材料	
保存地点：江西省南昌市青山湖区	保存方式：国家级种质资源保存基地，异地保存	

性 状 特 征

特 异 性：高产果量，高出籽率，高含油率

树　　姿：直立	盛 花 期：11月下旬	果面特征：光滑
嫩枝绒毛：有	花瓣颜色：白色	平均单果重（g）：14.68
芽鳞颜色：黄绿色	萼片绒毛：有	鲜出籽率（%）：52.15
芽 绒 毛：有	雌雄蕊相对高度：雄高	种皮颜色：棕色
嫩叶颜色：绿色	花柱裂位：浅裂	种仁含油率（%）：50.04
老叶颜色：深绿色	柱头裂数：4	
叶　　形：长椭圆形	子房绒毛：有	油酸含量（%）：80.61
叶缘特征：波状	果熟日期：10月下旬	亚油酸含量（%）：1.68
叶尖形状：钝尖	果　　形：卵球形	亚麻酸含量（%）：0.35
叶基形状：楔形	果皮颜色：青色	硬脂酸含量（%）：2.71
平均叶长（cm）：5.09	平均叶宽（cm）：2.48	棕榈酸含量（%）：11.93

46 赣永5

资源编号：360111_010_0089	归属物种：*Camellia oleifera* Abel
资源类型：选育资源（良种）	主要用途：油用栽培，遗传育种材料
保存地点：江西省南昌市青山湖区	保存方式：国家级种质资源保存基地，异地保存

性 状 特 征

特 异 性：高产果量，高出籽率，高含油率

树　　姿：直立	盛 花 期：11月中旬	果面特征：光滑
嫩枝绒毛：有	花瓣颜色：白色	平均单果重（g）：16.05
芽鳞颜色：玉白色	萼片绒毛：有	鲜出籽率（%）：50.97
芽 绒 毛：有	雌雄蕊相对高度：雌高	种皮颜色：棕色
嫩叶颜色：红色	花柱裂位：浅裂	种仁含油率（%）：52.85
老叶颜色：中绿色	柱头裂数：3	
叶　　形：椭圆形	子房绒毛：有	油酸含量（%）：81.20
叶缘特征：波状	果熟日期：10月下旬	亚油酸含量（%）：0.48
叶尖形状：钝尖	果　　形：椭球形	亚麻酸含量（%）：0.30
叶基形状：楔形	果皮颜色：红色	硬脂酸含量（%）：3.54
平均叶长（cm）：7.61	平均叶宽（cm）：3.18	棕榈酸含量（%）：10.37

湘林31

资源编号：430103_010_0018	归属物种：*Camellia oleifera* Abel	
资源类型：选育资源（良种）	主要用途：油用栽培，遗传育种材料	
保存地点：湖南省长沙市雨花区	保存方式：国家级种质资源保存基地，异地保存	

性　状　特　征

特异性：高产果量，高出籽率，高含油率		
树　姿：开张	盛花期：11月上中旬	果面特征：略有毛
嫩枝绒毛：有	花瓣颜色：白色	平均单果重（g）：24.73
芽鳞颜色：黄绿色	萼片绒毛：有	鲜出籽率（%）：50.10
芽绒毛：有	雌雄蕊相对高度：雄高	种皮颜色：棕褐色
嫩叶颜色：黄绿色	花柱裂位：浅裂	种仁含油率（%）：59.14
老叶颜色：中绿色	柱头裂数：3	油酸含量（%）：82.01
叶　形：椭圆形	子房绒毛：有	亚油酸含量（%）：7.20
叶缘特征：细锯齿	果熟日期：10月下旬	亚麻酸含量（%）：—
叶尖形状：渐尖	果　形：圆球形	硬脂酸含量（%）：2.11
叶基形状：楔形或近圆形	果皮颜色：青红色或青黄色	棕榈酸含量（%）：7.72
平均叶长（cm）：5.20	平均叶宽（cm）：3.20	

48

湘林34

资源编号：430103_010_0019	归属物种：*Camellia oleifera* Abel
资源类型：选育资源（良种）	主要用途：油用栽培，遗传育种材料
保存地点：湖南省长沙市雨花区	保存方式：国家级种质资源保存基地，异地保存

性 状 特 征

特 异 性：高产果量，高出籽率，高含油率

树　　姿：开张	盛 花 期：11月中下旬	果面特征：略有毛
嫩枝绒毛：有	花瓣颜色：白色	平均单果重（g）：25.10
芽鳞颜色：黄绿色	萼片绒毛：有	鲜出籽率（%）：50.50
芽 绒 毛：有	雌雄蕊相对高度：雄高	种皮颜色：棕褐色
嫩叶颜色：黄绿色	花柱裂位：深裂	种仁含油率（%）：66.59
老叶颜色：中绿色	柱头裂数：3	油酸含量（%）：81.29
叶　　形：椭圆形	子房绒毛：有	亚油酸含量（%）：7.66
叶缘特征：细锯齿	果熟日期：10月下旬	亚麻酸含量（%）：—
叶尖形状：渐尖	果　　形：卵球形或椭球形	硬脂酸含量（%）：1.47
叶基形状：楔形或近圆形	果皮颜色：青黄色	棕桐酸含量（%）：8.55
平均叶长（cm）：5.20	平均叶宽（cm）：3.20	

49

湘林51

资源编号：430103_010_0024	归属物种：*Camellia oleifera* Abel
资源类型：选育资源（良种）	主要用途：油用栽培，遗传育种材料
保存地点：湖南省长沙市雨花区	保存方式：国家级种质资源保存基地，异地保存

性 状 特 征

特 异 性：高产果量，高出籽率，高含油率

树　姿：开张	盛 花 期：11月上中旬	果面特征：略有毛
嫩枝绒毛：有	花瓣颜色：白色	平均单果重（g）：15.41
芽鳞颜色：黄绿色	萼片绒毛：有	鲜出籽率（%）：51.20
芽绒毛：有	雌雄蕊相对高度：雄高	种皮颜色：棕褐色
嫩叶颜色：黄绿色	花柱裂位：浅裂	种仁含油率（%）：55.64
老叶颜色：中绿色	柱头裂数：3	油酸含量（%）：80.15
叶　形：椭圆形	子房绒毛：有	亚油酸含量（%）：9.20
叶缘特征：细锯齿	果熟日期：10月下旬	亚麻酸含量（%）：—
叶尖形状：渐尖	果　形：卵球形	硬脂酸含量（%）：1.35
叶基形状：楔形或近圆形	果皮颜色：青红色或青黄色	棕榈酸含量（%）：8.01
平均叶长（cm）：5.20	平均叶宽（cm）：2.80	

资源编号：430103_010_0029		归属物种：*Camellia oleifera* Abel
资源类型：选育资源（良种）		主要用途：油用栽培，遗传育种材料
保存地点：湖南省长沙市雨花区		保存方式：国家级种质资源保存基地，异地保存

性 状 特 征

特 异 性：高产果量，高出籽率，高含油率		
树　　姿：开张	盛 花 期：11月中旬	果面特征：略有毛
嫩枝绒毛：有	花瓣颜色：白色	平均单果重（g）：8.19
芽鳞颜色：黄绿色	萼片绒毛：有	鲜出籽率（%）：53.80
芽 绒 毛：有	雌雄蕊相对高度：雄高	种皮颜色：棕褐色
嫩叶颜色：黄绿色	花柱裂位：浅裂	种仁含油率（%）：53.26
老叶颜色：中绿色	柱头裂数：3	
叶　　形：椭圆形	子房绒毛：有	油酸含量（%）：82.94
叶缘特征：细锯齿	果熟日期：10月中下旬	亚油酸含量（%）：6.32
叶尖形状：渐尖	果　　形：圆球形	亚麻酸含量（%）：—
叶基形状：楔形或近圆形	果皮颜色：青色	硬脂酸含量（%）：2.32
平均叶长（cm）：5.20	平均叶宽（cm）：3.20	棕榈酸含量（%）：7.36

51 普油－春湾镇卫国优5号

资源编号：441781_010_0015	归属物种：*Camellia oleifera* Abel	
资源类型：选育资源（无性系）	主要用途：油用栽培，遗传育种材料	
保存地点：广东省阳春市	保存方式：原地保护；省级种质资源保存基地，异地保存	

性 状 特 征

特 异 性：高产果量，高出籽率，高含油率		
树　姿：开张	盛 花 期：11月下旬	果面特征：糠秕
嫩枝绒毛：有	花瓣颜色：白色	平均单果重（g）：26.57
芽鳞颜色：绿色	萼片绒毛：有	鲜出籽率（%）：50.85
芽 绒 毛：有	雌雄蕊相对高度：雄高	种皮颜色：黑色、棕褐色
嫩叶颜色：褐色	花柱裂位：中裂、浅裂	种仁含油率（%）：52.69
老叶颜色：中绿色	柱头裂数：4	
叶　形：椭圆形	子房绒毛：有	油酸含量（%）：79.72
叶缘特征：波状	果熟日期：11月上旬	亚油酸含量（%）：8.28
叶尖形状：渐尖、圆尖	果　形：圆球形	亚麻酸含量（%）：—
叶基形状：楔形、近圆形	果皮颜色：黄棕色	硬脂酸含量（%）：2.12
平均叶长（cm）：5.96	平均叶宽（cm）：2.91	棕榈酸含量（%）：9.20

52 渝林B8

资源编号：500241_010_0003	归属物种：*Camellia oleifera* Abel	
资源类型：选育资源（良种）	主要用途：油用栽培，遗传育种材料	
保存地点：重庆市秀山土家族苗族自治县	保存方式：原地保护；省级种质资源保存基地，异地保存	

性 状 特 征

特 异 性：高产果量，高出籽率，高含油率		
树　姿：半开张	盛 花 期：11月下旬	果面特征：光滑
嫩枝绒毛：有	花瓣颜色：白色	平均单果重（g）：15.33
芽鳞颜色：黄绿色	萼片绒毛：有	鲜出籽率（%）：56.49
芽 绒 毛：有	雌雄蕊相对高度：—	种皮颜色：黑色
嫩叶颜色：红色	花柱裂位：—	种仁含油率（%）：50.61
老叶颜色：中绿色	柱头裂数：—	
叶　形：椭圆形	子房绒毛：—	油酸含量（%）：0.78
叶缘特征：平	果熟日期：10月中旬	亚油酸含量（%）：0.11
叶尖形状：钝尖	果　形：卵球形	亚麻酸含量（%）：—
叶基形状：近圆形	果皮颜色：青色	硬脂酸含量（%）：—
平均叶长（cm）：5.74	平均叶宽（cm）：2.96	棕榈酸含量（%）：—

53

易红普通油茶优良无性系

资源编号：530425_010_0002	归属物种：*Camellia oleifera* Abel	
资源类型：选育资源（良种）	主要用途：油用栽培，遗传育种材料	
保存地点：云南省易门县	保存方式：原地保护；省级种质资源保存基地，异地保存	

性 状 特 征

特 异 性：高产果量，高出籽率，高含油率		
树　　姿：开张	盛 花 期：10月下旬	果面特征：光滑
嫩枝绒毛：有	花瓣颜色：白色	平均单果重（g）：29.12
芽鳞颜色：黄绿色	萼片绒毛：有	鲜出籽率（%）：50.79
芽绒毛：有	雌雄蕊相对高度：雄高	种皮颜色：黑色
嫩叶颜色：红色	花柱裂位：浅裂	种仁含油率（%）：51.27
老叶颜色：中绿色	柱头裂数：3	
叶　　形：近圆形	子房绒毛：有	油酸含量（%）：80.13
叶缘特征：平	果熟日期：10月中旬	亚油酸含量（%）：7.25
叶尖形状：渐尖	果　　形：扁圆球形	亚麻酸含量（%）：—
叶基形状：楔形	果皮颜色：青红色	硬脂酸含量（%）：2.46
平均叶长（cm）：6.20	平均叶宽（cm）：3.10	棕榈酸含量（%）：9.41

54

云油茶红河 3 号

资源编号：532524_010_0003	归属物种：*Camellia oleifera* Abel	
资源类型：选育资源（良种）	主要用途：油用栽培，遗传育种材料	
保存地点：云南省建水县	保存方式：原地保护；省级种质资源保存基地，异地保存	

性 状 特 征

特 异 性：高产果量，高出籽率，高含油率

树　姿：开张	盛 花 期：11月上旬	果面特征：光滑
嫩枝绒毛：有	花瓣颜色：白色	平均单果重（g）：21.63
芽鳞颜色：黄绿色	萼片绒毛：有	鲜出籽率（%）：66.16
芽 绒 毛：有	雌雄蕊相对高度：雌高	种皮颜色：黑色
嫩叶颜色：绿色	花柱裂位：浅裂	种仁含油率（%）：54.76
老叶颜色：中绿色	柱头裂数：3	
叶　形：椭圆形	子房绒毛：有	油酸含量（%）：77.15
叶缘特征：平	果熟日期：10月中旬	亚油酸含量（%）：9.76
叶尖形状：渐尖	果　形：圆球形	亚麻酸含量（%）：0.56
叶基形状：楔形	果皮颜色：红色	硬脂酸含量（%）：2.01
平均叶长（cm）：5.12	平均叶宽（cm）：2.34	棕榈酸含量（%）：9.54

资源编号：522631_010_0035	归属物种：*Camellia meiocarpa* Hu
资源类型：选育资源（地方品种）	主要用途：油用栽培，遗传育种材料
保存地点：贵州省黎平县	保存方式：原地保护；省级种质资源保存基地，异地保存

55 小果油茶 — 黎平 6 号

性 状 特 征

特 异 性：高产果量，高出籽率，高含油率

树　　姿：开张	平均叶长（cm）：6.72	平均叶宽（cm）：3.00
嫩枝绒毛：无	叶基形状：楔形	果熟日期：10 月中下旬
芽绒毛：有	盛 花 期：10 月下旬	果　　形：近圆球形
芽鳞颜色：绿色	花瓣颜色：白色	果皮颜色：青黄色
嫩叶颜色：浅绿色	萼片绒毛：有	果面特征：光滑
老叶颜色：绿色	雌雄蕊相对高度：雄高	平均单果重（g）：10.94
叶　　形：长椭圆形	花柱裂位：浅裂	种皮颜色：黑色
叶缘特征：波状	柱头裂数：3	鲜出籽率（%）：57.59
叶尖形状：钝尖	子房绒毛：有	种仁含油率（%）：54.42

（8）具高产果量、高出籽率、高油酸资源

56

普油 | 赣林无6

资源编号：360111_010_0003	归属物种：*Camellia oleifera* Abel	
资源类型：选育资源（无性系）	主要用途：油用栽培，遗传育种材料	
保存地点：江西省南昌市青山湖区	保存方式：国家级种质资源保存基地，异地保存	

性　状　特　征

特 异 性：高产果量，高出籽率，高油酸		
树　姿：直立	盛 花 期：11月下旬	果面特征：光滑
嫩枝绒毛：有	花瓣颜色：白色	平均单果重（g）：13.22
芽鳞颜色：绿色	萼片绒毛：有	鲜出籽率（%）：54.04
芽 绒 毛：有	雌雄蕊相对高度：雌高	种皮颜色：棕褐色
嫩叶颜色：红色	花柱裂位：浅裂	种仁含油率（%）：48.60
老叶颜色：黄绿色	柱头裂数：3	
叶　形：披针形	子房绒毛：有	油酸含量（%）：85.10
叶缘特征：波状	果熟日期：10月下旬	亚油酸含量（%）：1.10
叶尖形状：渐尖	果　形：卵球形	亚麻酸含量（%）：0.00
叶基形状：楔形	果皮颜色：青色	硬脂酸含量（%）：4.10
平均叶长（cm）：6.43	平均叶宽（cm）：2.51	棕榈酸含量（%）：7.30

（9）具高产果量、高含油率、高油酸资源

资源编号：350121_010_0051	归属物种：*Camellia oleifera* Abel	
资源类型：选育资源（无性系）	主要用途：油用栽培，遗传育种材料	
保存地点：福建省闽侯县	保存方式：省级种质资源保存基地，异地保存	

性 状 特 征

特 异 性：高产果量，高含油率，高油酸		
树 姿：开张	盛 花 期：11月中旬	果面特征：光滑
嫩枝绒毛：有	花瓣颜色：白色	平均单果重（g）：26.93
芽鳞颜色：绿色	萼片绒毛：有	鲜出籽率（%）：40.92
芽 绒 毛：有	雌雄蕊相对高度：—	种皮颜色：棕褐色或黑色
嫩叶颜色：青绿色	花柱裂位：—	种仁含油率（%）：50.16
老叶颜色：黄绿色	柱头裂数：—	
叶 形：椭圆形、长椭圆形	子房绒毛：有	油酸含量（%）：86.60
叶缘特征：波状	果熟日期：11月上旬	亚油酸含量（%）：2.21
叶尖形状：钝尖或渐尖	果 形：圆球形或卵球形	亚麻酸含量（%）：0.00
叶基形状：楔形	果皮颜色：红黄色、红青色	硬脂酸含量（%）：2.64
平均叶长（cm）：5.77	平均叶宽（cm）：3.10	棕榈酸含量（%）：7.88

58
普油－赣林双塘171－1

资源编号：360111_010_0098	归属物种：*Camellia oleifera* Abel
资源类型：选育资源（无性系）	主要用途：油用栽培，遗传育种材料
保存地点：江西省南昌市青山湖区	保存方式：国家级种质资源保存基地，异地保存

性 状 特 征

特 异 性：高产果量，高含油率，高油酸

树　姿：直立	盛 花 期：11月下旬	果面特征：光滑
嫩枝绒毛：有	花瓣颜色：白色	平均单果重（g）：12.39
芽鳞颜色：玉白色	萼片绒毛：有	鲜出籽率（%）：39.14
芽绒毛：无	雌雄蕊相对高度：雄高	种皮颜色：黑色
嫩叶颜色：红色	花柱裂位：中裂	种仁含油率（%）：58.14
老叶颜色：深绿色	柱头裂数：3	
叶　形：长椭圆形	子房绒毛：有	油酸含量（%）：86.29
叶缘特征：波状	果熟日期：10月下旬	亚油酸含量（%）：0.56
叶尖形状：钝尖	果　形：其他	亚麻酸含量（%）：—
叶基形状：楔形	果皮颜色：青色	硬脂酸含量（%）：4.06
平均叶长（cm）：7.55	平均叶宽（cm）：4.11	棕榈酸含量（%）：7.07

59

谷城大红果8号

资源编号：420625_010_0001	归属物种：*Camellia oleifera* Abel
资源类型：选育资源（良种）	主要用途：油用栽培，遗传育种材料
保存地点：湖北省谷城县	保存方式：原地保护；省级种质资源保存基地，异地保存

性 状 特 征

特 异 性：高产果量，高含油率，高油酸

树　　姿：开张	盛 花 期：11月上旬	果面特征：光滑
嫩枝绒毛：有	花瓣颜色：白色	平均单果重（g）：18.35
芽鳞颜色：黄绿色	萼片绒毛：有	鲜出籽率（%）：40.38
芽绒毛：有	雌雄蕊相对高度：雌高	种皮颜色：棕色
嫩叶颜色：红色	花柱裂位：浅裂	种仁含油率（%）：52.70
老叶颜色：黄绿色	柱头裂数：3	
叶　　形：椭圆形	子房绒毛：有	油酸含量（%）：85.50
叶缘特征：平	果熟日期：10月中旬	亚油酸含量（%）：5.20
叶尖形状：渐尖	果　　形：圆球形	亚麻酸含量（%）：0.20
叶基形状：楔形	果皮颜色：红色	硬脂酸含量（%）：2.50
平均叶长（cm）：6.98	平均叶宽（cm）：4.76	棕榈酸含量（%）：6.20

60

湘林5

资源编号：430103_010_0004	归属物种：*Camellia oleifera* Abel	
资源类型：选育资源（良种）	主要用途：油用栽培，遗传育种材料	
保存地点：湖南省长沙市雨花区	保存方式：国家级种质资源保存基地，异地保存	

性 状 特 征

特 异 性：高产果量，高含油率，高油酸		
树　　姿：开张	盛 花 期：11月中旬	果面特征：略有毛
嫩枝绒毛：有	花瓣颜色：白色	平均单果重（g）：22.00
芽鳞颜色：黄绿色	萼片绒毛：有	鲜出籽率（%）：43.80
芽绒毛：有	雌雄蕊相对高度：雄高	种皮颜色：棕褐色
嫩叶颜色：黄绿色	花柱裂位：深裂	种仁含油率（%）：50.30
老叶颜色：中绿色	柱头裂数：4	油酸含量（%）：85.61
叶　　形：椭圆形	子房绒毛：有	亚油酸含量（%）：5.05
叶缘特征：细锯齿	果熟日期：10月下旬	亚麻酸含量（%）：0.02
叶尖形状：渐尖	果　　形：圆球形	硬脂酸含量（%）：2.03
叶基形状：楔形或近圆形	果皮颜色：青黄色	棕榈酸含量（%）：6.31
平均叶长（cm）：5.70	平均叶宽（cm）：2.80	

61

湘林97

资源编号：430103_010_0014	归属物种：*Camellia oleifera* Abel
资源类型：选育资源（良种）	主要用途：油用栽培，遗传育种材料
保存地点：湖南省长沙市雨花区	保存方式：国家级种质资源保存基地，异地保存

性 状 特 征

特 异 性：高产果量，高含油率，高油酸		
树　　姿：开张	盛 花 期：11月中下旬	果面特征：略有毛
嫩枝绒毛：有	花瓣颜色：白色	平均单果重（g）：26.80
芽鳞颜色：黄绿色	萼片绒毛：有	鲜出籽率（%）：45.20
芽 绒 毛：有	雌雄蕊相对高度：雄高	种皮颜色：棕褐色
嫩叶颜色：黄绿色	花柱裂位：浅裂	种仁含油率（%）：50.51
老叶颜色：中绿色	柱头裂数：3	
叶　　形：椭圆形	子房绒毛：有	油酸含量（%）：86.37
叶缘特征：细锯齿	果熟日期：10月下旬	亚油酸含量（%）：3.63
叶尖形状：渐尖	果　　形：卵球形	亚麻酸含量（%）：—
叶基形状：楔形或近圆形	果皮颜色：青红色	硬脂酸含量（%）：1.83
平均叶长（cm）：5.20	平均叶宽（cm）：3.20	棕榈酸含量（%）：6.73

62

湘林46

资源编号：430103_010_0022	归属物种：*Camellia oleifera* Abel	
资源类型：选育资源（良种）	主要用途：油用栽培，遗传育种材料	
保存地点：湖南省长沙市雨花区	保存方式：国家级种质资源保存基地，异地保存	

性 状 特 征

特 异 性：高产果量，高含油率，高油酸		
树　　姿：开张	盛 花 期：11月中旬	果面特征：略有毛
嫩枝绒毛：有	花瓣颜色：白色	平均单果重（g）：22.40
芽鳞颜色：黄绿色	萼片绒毛：有	鲜出籽率（%）：41.50
芽绒毛：有	雌雄蕊相对高度：雄高	种皮颜色：棕褐色
嫩叶颜色：黄绿色	花柱裂位：浅裂	种仁含油率（%）：49.37
老叶颜色：中绿色	柱头裂数：3	油酸含量（%）：85.15
叶　　形：椭圆形	子房绒毛：有	亚油酸含量（%）：5.01
叶缘特征：细锯齿	果熟日期：10月下旬	亚麻酸含量（%）：—
叶尖形状：渐尖	果　　形：圆球形	硬脂酸含量（%）：2.63
叶基形状：楔形或近圆形	果皮颜色：青红色	棕榈酸含量（%）：6.50
平均叶长（cm）：5.20	平均叶宽（cm）：3.20	

63

湘林 47

资源编号：430103_010_0023	归属物种：*Camellia oleifera* Abel
资源类型：选育资源（良种）	主要用途：油用栽培，遗传育种材料
保存地点：湖南省长沙市雨花区	保存方式：国家级种质资源保存基地，异地保存

性 状 特 征

特 异 性：高产果量，高含油率，高油酸		
树　　姿：开张	盛 花 期：11月中旬	果面特征：略有毛
嫩枝绒毛：有	花瓣颜色：白色	平均单果重（g）：22.50
芽鳞颜色：黄绿色	萼片绒毛：有	鲜出籽率（%）：47.20
芽绒毛：有	雌雄蕊相对高度：雄高	种皮颜色：棕褐色
嫩叶颜色：黄绿色	花柱裂位：浅裂	种仁含油率（%）：45
老叶颜色：中绿色	柱头裂数：4	
叶　　形：椭圆形	子房绒毛：有	油酸含量（%）：85.70
叶缘特征：细锯齿	果熟日期：10月下旬	亚油酸含量（%）：5.20
叶尖形状：渐尖	果　　形：圆球形	亚麻酸含量（%）：—
叶基形状：楔形或近圆形	果皮颜色：青红色	硬脂酸含量（%）：1.70
平均叶长（cm）：5.20	平均叶宽（cm）：3.20	棕榈酸含量（%）：6.50

资源编号：430103_010_0034	归属物种：*Camellia oleifera* Abel	
资源类型：选育资源（良种）	主要用途：油用栽培，遗传育种材料	
保存地点：湖南省长沙市雨花区	保存方式：国家级种质资源保存基地，异地保存	

64 秋霞

性 状 特 征

特 异 性：高产果量，高含油率，高油酸

树　姿：开张	盛 花 期：11月上中旬	果面特征：略有毛
嫩枝绒毛：有	花瓣颜色：白色	平均单果重（g）：24.30
芽鳞颜色：黄绿色	萼片绒毛：有	鲜出籽率（%）：45.00
芽绒毛：有	雌雄蕊相对高度：雄高	种皮颜色：棕褐色
嫩叶颜色：黄绿色	花柱裂位：浅裂	种仁含油率（%）：60.21
老叶颜色：中绿色	柱头裂数：4	
叶　形：椭圆形	子房绒毛：有	油酸含量（%）：85.12
叶缘特征：细锯齿	果熟日期：10月下旬	亚油酸含量（%）：6.24
叶尖形状：渐尖	果　形：圆球形	亚麻酸含量（%）：—
叶基形状：楔形或近圆形	果皮颜色：青黄色	硬脂酸含量（%）：1.89
平均叶长（cm）：5.20	平均叶宽（cm）：3.20	棕榈酸含量（%）：6.91

65

朝霞

资源编号：430103_010_0035	归属物种：*Camellia oleifera* Abel	
资源类型：选育资源（良种）	主要用途：油用栽培，遗传育种材料	
保存地点：湖南省长沙市雨花区	保存方式：国家级种质资源保存基地，异地保存	

性 状 特 征

特 异 性：高产果量，高含油率，高油酸		
树　　姿：半开张	盛 花 期：11月中下旬	果面特征：略有毛
嫩枝绒毛：有	花瓣颜色：白色	平均单果重（g）：29.31
芽鳞颜色：黄绿色	萼片绒毛：有	鲜出籽率（%）：48.60
芽绒毛：有	雌雄蕊相对高度：雄高	种皮颜色：棕褐色
嫩叶颜色：黄绿色	花柱裂位：浅裂	种仁含油率（%）：59.46
老叶颜色：中绿色	柱头裂数：3	油酸含量（%）：86.67
叶　　形：椭圆形	子房绒毛：有	亚油酸含量（%）：3.96
叶缘特征：细锯齿	果熟日期：10月下旬	亚麻酸含量（%）：—
叶尖形状：渐尖	果　　形：卵球形	硬脂酸含量（%）：1.91
叶基形状：楔形或近圆形	果皮颜色：青黄红色	棕榈酸含量（%）：6.45
平均叶长（cm）：5.20	平均叶宽（cm）：3.20	

66

普油－龙颈镇1号

资源编号：441827_010_0001	归属物种：*Camellia oleifera* Abel	
资源类型：选育资源（无性系）	主要用途：油用栽培，遗传育种材料	
保存地点：广东省清新区	保存方式：原地保护；省级种质资源保存基地，异地保存	

性 状 特 征

特 异 性：高产果量，高含油率，高油酸		
树　　姿：半开张	盛 花 期：10月下旬	果面特征：—
嫩枝绒毛：有	花瓣颜色：白色	平均单果重（g）：19.00
芽鳞颜色：黄绿色	萼片绒毛：有	鲜出籽率（%）：0.00
芽 绒 毛：有	雌雄蕊相对高度：雄高	种皮颜色：黑色
嫩叶颜色：黄绿色	花柱裂位：浅裂、中裂	种仁含油率（%）：66.38
老叶颜色：深绿色	柱头裂数：3	油酸含量（%）：85.31
叶　　形：近圆形	子房绒毛：有	亚油酸含量（%）：3.23
叶缘特征：平	果熟日期：10月上旬	亚麻酸含量（%）：—
叶尖形状：圆尖	果　　形：卵球形	硬脂酸含量（%）：2.06
叶基形状：近圆形	果皮颜色：青褐色	棕榈酸含量（%）：8.30
平均叶长（cm）：5.46	平均叶宽（cm）：3.14	

（10）具高产果量、大果资源

资源编号：330825_010_0046		归属物种：*Camellia oleifera* Abel
资源类型：选育资源（无性系）		主要用途：油用栽培，遗传育种材料
保存地点：浙江省龙游县		保存方式：原地保护；省级种质资源保存基地，异地保存

性 状 特 征

特 异 性：高产果量，大果		
树　　姿：开张	盛 花 期：11 月上旬	果面特征：光滑
嫩枝绒毛：有	花瓣颜色：白色	平均单果重（g）：33.11
芽鳞颜色：绿色	萼片绒毛：有	鲜出籽率（%）：31.14
芽绒毛：有	雌雄蕊相对高度：雄高	种皮颜色：褐色
嫩叶颜色：中绿色	花柱裂位：浅裂	种仁含油率（%）：48.90
老叶颜色：深绿色	柱头裂数：3	
叶　　形：近圆形	子房绒毛：有	油酸含量（%）：81.90
叶缘特征：平	果熟日期：10 月中下旬	亚油酸含量（%）：5.80
叶尖形状：钝尖	果　　形：卵球形	亚麻酸含量（%）：0.20
叶基形状：近圆形	果皮颜色：青色	硬脂酸含量（%）：3.00
平均叶长（cm）：5.10	平均叶宽（cm）：2.70	棕榈酸含量（%）：8.30

资源编号：341004_010_0003	归属物种：*Camellia oleifera* Abel	
资源类型：选育资源（良种）	主要用途：油用栽培，遗传育种材料	
保存地点：安徽省黄山市徽州区	保存方式：省级种质资源保存基地，异地保存	

黄山3号 68

性 状 特 征

特 异 性：高产果量，大果		
树　　姿：半开张	盛 花 期：11月上旬	果面特征：光滑
嫩枝绒毛：有	花瓣颜色：白色	平均单果重（g）：40.00
芽鳞颜色：黄绿色	萼片绒毛：有	鲜出籽率（%）：45.35
芽 绒 毛：有	雌雄蕊相对高度：等高	种皮颜色：棕褐色
嫩叶颜色：绿色	花柱裂位：中裂	种仁含油率（%）：40.40
老叶颜色：深绿色	柱头裂数：3	
叶　　形：长椭圆形	子房绒毛：有	油酸含量（%）：82.80
叶缘特征：波状	果熟日期：10月下旬	亚油酸含量（%）：6.90
叶尖形状：渐尖	果　　形：卵球形	亚麻酸含量（%）：0.20
叶基形状：楔形	果皮颜色：青色，向阳面红色	硬脂酸含量（%）：1.30
平均叶长（cm）：6.00	平均叶宽（cm）：3.07	棕榈酸含量（%）：8.20

69

油茶闽48

资源编号：350121_010_0005	归属物种：*Camellia oleifera* Abel	
资源类型：选育资源（良种）	主要用途：油用栽培，遗传育种材料	
保存地点：福建省闽侯县	保存方式：省级种质资源保存基地，异地保存	
性 状 特 征		
特 异 性：高产果量，大果		
树　姿：开张	盛 花 期：11月下旬至12月中旬	果面特征：光滑
嫩枝绒毛：有	花瓣颜色：白色	平均单果重（g）：34.00
芽鳞颜色：黄绿色	萼片绒毛：有	鲜出籽率（%）：41.10
芽 绒 毛：有	雌雄蕊相对高度：雌高	种皮颜色：深褐色或黑色
嫩叶颜色：黄绿色	花柱裂位：深裂	种仁含油率（%）：48.70
老叶颜色：黄绿色	柱头裂数：4	油酸含量（%）：71.90
叶　形：长椭圆形	子房绒毛：有	亚油酸含量（%）：14.40
叶缘特征：波状	果熟日期：11月上旬	亚麻酸含量（%）：1.40
叶尖形状：渐尖	果　形：圆球形至卵球形	硬脂酸含量（%）：1.30
叶基形状：楔形	果皮颜色：黄色或黄青色	棕榈酸含量（%）：10.10
平均叶长（cm）：6.60	平均叶宽（cm）：2.75	

油茶闽60 / 70

资源编号：350121_010_0007	归属物种：*Camellia oleifera* Abel	
资源类型：选育资源（良种）	主要用途：油用栽培，遗传育种材料	
保存地点：福建省闽侯县	保存方式：省级种质资源保存基地，异地保存	

性 状 特 征

特 异 性：高产果量，大果

树　　姿：开张	盛 花 期：11月中下旬	果面特征：光滑
嫩枝绒毛：有	花瓣颜色：白色	平均单果重（g）：33.50
芽鳞颜色：绿色	萼片绒毛：有	鲜出籽率（%）：40.50
芽 绒 毛：有	雌雄蕊相对高度：雄高	种皮颜色：黑色或棕色
嫩叶颜色：黄绿色	花柱裂位：浅裂	种仁含油率（%）：41.60
老叶颜色：中绿色、黄绿色	柱头裂数：4	
叶　　形：长椭圆形	子房绒毛：有	油酸含量（%）：76.00
叶缘特征：波状	果熟日期：11月中旬	亚油酸含量（%）：11.90
叶尖形状：渐尖	果　　形：圆球形，底部内凹为脐形	亚麻酸含量（%）：0.60
叶基形状：楔形	果皮颜色：青色或青黄色	硬脂酸含量（%）：1.40
平均叶长（cm）：6.10	平均叶宽（cm）：2.60	棕榈酸含量（%）：9.60

71 普通油茶闽杂优18

资源编号：350121_010_0028		归属物种：*Camellia oleifera* Abel
资源类型：选育资源（良种）		主要用途：油用栽培，遗传育种材料
保存地点：福建省闽侯县		保存方式：省级种质资源保存基地，异地保存

性 状 特 征

特 异 性：高产果量，大果

树　　姿：半开张	盛 花 期：11月中下旬	果面特征：光滑
嫩枝绒毛：有	花瓣颜色：白色	平均单果重（g）：35.00
芽鳞颜色：黄绿色	萼片绒毛：有	鲜出籽率（%）：34.50
芽 绒 毛：有	雌雄蕊相对高度：雄高或等高	种皮颜色：褐色、深褐色
嫩叶颜色：红黄色	花柱裂位：浅裂	种仁含油率（%）：45.00
老叶颜色：深绿色	柱头裂数：4	
叶　　形：椭圆形、长椭圆形	子房绒毛：有	油酸含量（%）：79.30
叶缘特征：波状	果熟日期：11月上旬	亚油酸含量（%）：9.50
叶尖形状：渐尖或钝尖	果　　形：卵球形或圆球形	亚麻酸含量（%）：0.20
叶基形状：楔形或近圆形	果皮颜色：红色、红黄色、红青色	硬脂酸含量（%）：1.70
平均叶长（cm）：6.00	平均叶宽（cm）：3.30	棕榈酸含量（%）：8.80

资源编号：350121_010_0030	归属物种：*Camellia oleifera* Abel	
资源类型：选育资源（良种）	主要用途：油用栽培，遗传育种材料	
保存地点：福建省闽侯县	保存方式：省级种质资源保存基地，异地保存	

性 状 特 征

特 异 性：高产果量，大果

树　　姿：半开张	盛 花 期：11月中下旬	果面特征：光滑
嫩枝绒毛：有	花瓣颜色：白色	平均单果重（g）：31.00
芽鳞颜色：绿色	萼片绒毛：有	鲜出籽率（%）：39.90
芽 绒 毛：有	雌雄蕊相对高度：雄高	种皮颜色：褐色或黑色
嫩叶颜色：黄绿色	花柱裂位：中裂	种仁含油率（%）：49.30
老叶颜色：中绿色	柱头裂数：4	
叶　　形：长椭圆形	子房绒毛：有	油酸含量（%）：82.40
叶缘特征：波状	果熟日期：11月上旬	亚油酸含量（%）：6.40
叶尖形状：渐尖或钝尖	果　　形：圆球形	亚麻酸含量（%）：0.30
叶基形状：楔形或近圆形	果皮颜色：红色、红青色	硬脂酸含量（%）：2.20
平均叶长（cm）：6.10	平均叶宽（cm）：2.70	棕榈酸含量（%）：8.30

普通油茶闽杂优 20

72

73

普通油茶闽杂优 25

资源编号：350121_010_0035		归属物种：*Camellia oleifera* Abel
资源类型：选育资源（良种）		主要用途：油用栽培，遗传育种材料
保存地点：福建省闽侯县		保存方式：省级种质资源保存基地，异地保存

性 状 特 征

特 异 性：高产果量，大果

树　　姿：半开张	盛 花 期：11月中下旬	果面特征：光滑
嫩枝绒毛：有	花瓣颜色：白色	平均单果重（g）：35.06
芽鳞颜色：黄绿色	萼片绒毛：有	鲜出籽率（%）：44.95
芽绒毛：有	雌雄蕊相对高度：雄高或等高	种皮颜色：褐色、深褐色
嫩叶颜色：红色、黄绿色	花柱裂位：浅裂	种仁含油率（%）：44.60
老叶颜色：中绿色	柱头裂数：5	
叶　　形：椭圆形、长椭圆形	子房绒毛：有	油酸含量（%）：78.60
叶缘特征：波状	果熟日期：11月上中旬	亚油酸含量（%）：10.60
叶尖形状：渐尖或钝尖	果　　形：圆球形或卵球形	亚麻酸含量（%）：0.30
叶基形状：近圆形	果皮颜色：红色或红青色	硬脂酸含量（%）：2.00
平均叶长（cm）：6.30	平均叶宽（cm）：3.00	棕榈酸含量（%）：7.90

74

闽杂优 27

资源编号：350121_010_0037	归属物种：*Camellia oleifera* Abel	
资源类型：选育资源（无性系）	主要用途：油用栽培，遗传育种材料	
保存地点：福建省闽侯县	保存方式：省级种质资源保存基地，异地保存	

性 状 特 征

特 异 性：高产果量，大果		
树　　姿：开张	盛 花 期：11 月中下旬	果面特征：光滑
嫩枝绒毛：有	花瓣颜色：白色	平均单果重（g）：31.50
芽鳞颜色：黄绿色	萼片绒毛：有	鲜出籽率（%）：41.97
芽 绒 毛：有	雌雄蕊相对高度：雄高或等高	种皮颜色：深褐色或黑色
嫩叶颜色：红黄色	花柱裂位：中裂	种仁含油率（%）：46.80
老叶颜色：中绿色	柱头裂数：3	
叶　　形：长椭圆形或披针形	子房绒毛：有	油酸含量（%）：83.20
叶缘特征：波状	果熟日期：11 月上中旬	亚油酸含量（%）：6.10
叶尖形状：渐尖	果　　形：卵球形	亚麻酸含量（%）：0.30
叶基形状：楔形	果皮颜色：红青色	硬脂酸含量（%）：2.50
平均叶长（cm）：6.55	平均叶宽（cm）：2.50	棕榈酸含量（%）：7.30

75 普通油茶闽杂优30

资源编号：350121_010_0040	归属物种：*Camellia oleifera* Abel	
资源类型：选育资源（良种）	主要用途：油用栽培，遗传育种材料	
保存地点：福建省闽侯县	保存方式：省级种质资源保存基地，异地保存	

性 状 特 征

特 异 性：高产果量，大果

树　　姿：半开张至开张	盛 花 期：11月中下旬	果面特征：光滑
嫩枝绒毛：有	花瓣颜色：白色	平均单果重（g）：35.00
芽鳞颜色：紫绿色	萼片绒毛：有	鲜出籽率（%）：43.74
芽 绒 毛：有	雌雄蕊相对高度：雌高	种皮颜色：褐色或黑色
嫩叶颜色：黄绿色、红绿色	花柱裂位：中裂	种仁含油率（%）：49.00
老叶颜色：中绿色	柱头裂数：4	
叶　　形：椭圆形、长椭圆形	子房绒毛：有	油酸含量（%）：79.80
叶缘特征：波状	果熟日期：11月上旬	亚油酸含量（%）：8.80
叶尖形状：渐尖或钝尖	果　　形：圆球形	亚麻酸含量（%）：0.30
叶基形状：楔形或近圆形	果皮颜色：红色	硬脂酸含量（%）：1.40
平均叶长（cm）：6.10	平均叶宽（cm）：3.10	棕榈酸含量（%）：9.10

76

普油－赣林无20

资源编号：360111_010_0012		归属物种：*Camellia oleifera* Abel
资源类型：选育资源（无性系）		主要用途：油用栽培，遗传育种材料
保存地点：江西省南昌市青山湖区		保存方式：国家级种质资源保存基地，异地保存

性 状 特 征

特 异 性：高产果量，大果

树　　姿：半开张	盛 花 期：11月上旬	果面特征：糠秕
嫩枝绒毛：有	花瓣颜色：白色	平均单果重（g）：34.50
芽鳞颜色：绿色	萼片绒毛：有	鲜出籽率（%）：32.59
芽 绒 毛：有	雌雄蕊相对高度：雌高	种皮颜色：黑色
嫩叶颜色：绿色	花柱裂位：中裂	种仁含油率（%）：45.90
老叶颜色：中绿色	柱头裂数：4	
叶　　形：椭圆形	子房绒毛：有	油酸含量（%）：83.10
叶缘特征：波状	果熟日期：10月下旬	亚油酸含量（%）：0.80
叶尖形状：圆尖	果　　形：圆球形	亚麻酸含量（%）：—
叶基形状：楔形	果皮颜色：黄棕色	硬脂酸含量（%）：2.10
平均叶长（cm）：5.00	平均叶宽（cm）：2.30	棕榈酸含量（%）：10.40

77

普油－赣林无22

资源编号：360111_010_0014		归属物种：*Camellia oleifera* Abel
资源类型：选育资源（无性系）		主要用途：油用栽培，遗传育种材料
保存地点：江西省南昌市青山湖区		保存方式：国家级种质资源保存基地，异地保存

性 状 特 征

特 异 性：高产果量，大果		
树　　姿：半开张	盛 花 期：11月中旬	果面特征：糠秕
嫩枝绒毛：有	花瓣颜色：白色	平均单果重（g）：31.92
芽鳞颜色：玉白色	萼片绒毛：有	鲜出籽率（%）：33.48
芽 绒 毛：有	雌雄蕊相对高度：雄高	种皮颜色：棕褐色
嫩叶颜色：绿色	花柱裂位：浅裂	种仁含油率（%）：49.70
老叶颜色：中绿色	柱头裂数：3	
叶　　形：长椭圆形	子房绒毛：有	油酸含量（%）：83.30
叶缘特征：波状	果熟日期：10月下旬	亚油酸含量（%）：1.50
叶尖形状：钝尖	果　　形：扁圆球形	亚麻酸含量（%）：—
叶基形状：楔形	果皮颜色：青色	硬脂酸含量（%）：2.40
平均叶长（cm）：5.30	平均叶宽（cm）：2.85	棕榈酸含量（%）：10.00

78

普油－赣林夏讲6号

资源编号：360111_010_0150	归属物种：*Camellia oleifera* Abel	
资源类型：选育资源（无性系）	主要用途：油用栽培，遗传育种材料	
保存地点：江西省南昌市青山湖区	保存方式：国家级种质资源保存基地，异地保存	

性 状 特 征

特 异 性：高产果量，大果

树　　姿：直立	盛 花 期：11月上旬	果面特征：光滑
嫩枝绒毛：有	花瓣颜色：白色	平均单果重（g）：41.58
芽鳞颜色：黄绿色	萼片绒毛：有	鲜出籽率（%）：20.56
芽 绒 毛：无	雌雄蕊相对高度：雄高	种皮颜色：棕褐色
嫩叶颜色：红色	花柱裂位：浅裂	种仁含油率（%）：34.80
老叶颜色：中绿色	柱头裂数：3	
叶　　形：长椭圆形	子房绒毛：有	油酸含量（%）：84.70
叶缘特征：波状	果熟日期：10月中旬	亚油酸含量（%）：2.10
叶尖形状：渐尖	果　　形：椭球形	亚麻酸含量（%）：—
叶基形状：楔形	果皮颜色：青色	硬脂酸含量（%）：2.30
平均叶长（cm）：8.82	平均叶宽（cm）：2.38	棕榈酸含量（%）：9.70

79

豫油茶2号

资源编号：411524_010_0002	归属物种：*Camellia oleifera* Abel
资源类型：选育资源（良种）	主要用途：油用栽培，遗传育种材料
保存地点：河南省商城县	保存方式：省级种质资源保存基地，异地保存

性 状 特 征

特 异 性：高产果量，大果

树　　姿：半开张	盛 花 期：11月上旬	果面特征：光滑
嫩枝绒毛：有	花瓣颜色：白色	平均单果重（g）：34.07
芽鳞颜色：黄绿色	萼片绒毛：有	鲜出籽率（%）：44.09
芽 绒 毛：有	雌雄蕊相对高度：雄高	种皮颜色：褐色
嫩叶颜色：绿色	花柱裂位：浅裂	种仁含油率（%）：35.80
老叶颜色：中绿色	柱头裂数：4	
叶　　形：近圆形	子房绒毛：有	油酸含量（%）：82.40
叶缘特征：平	果熟日期：10月中旬	亚油酸含量（%）：6.70
叶尖形状：钝尖	果　　形：扁圆球形	亚麻酸含量（%）：0.30
叶基形状：近圆形	果皮颜色：红色	硬脂酸含量（%）：2.40
平均叶长（cm）：5.95	平均叶宽（cm）：3.58	棕榈酸含量（%）：7.60

80

湘林 XCL15

资源编号：430103_010_0003	归属物种：*Camellia oleifera* Abel	
资源类型：选育资源（良种）	主要用途：油用栽培，遗传育种材料	
保存地点：湖南省长沙市雨花区	保存方式：国家级种质资源保存基地，异地保存	

性 状 特 征

特 异 性：高产果量，大果

树　　姿：开张	盛 花 期：11月中旬	果面特征：略有毛
嫩枝绒毛：有	花瓣颜色：白色	平均单果重（g）：33.50
芽鳞颜色：黄绿色	萼片绒毛：有	鲜出籽率（%）：45.00
芽 绒 毛：有	雌雄蕊相对高度：雄高	种皮颜色：棕褐色
嫩叶颜色：黄绿色	花柱裂位：深裂	种仁含油率（%）：50.00
老叶颜色：中绿色	柱头裂数：4	
叶　　形：椭圆形	子房绒毛：有	油酸含量（%）：84.50
叶缘特征：细锯齿	果熟日期：10月中旬	亚油酸含量（%）：6.32
叶尖形状：渐尖	果　　形：圆球形	亚麻酸含量（%）：—
叶基形状：楔形或近圆形	果皮颜色：青红色或青黄色	硬脂酸含量（%）：1.51
平均叶长（cm）：5.70	平均叶宽（cm）：2.70	棕榈酸含量（%）：6.38

资源编号：430103_010_0020		归属物种：*Camellia oleifera* Abel
资源类型：选育资源（良种）		主要用途：油用栽培，遗传育种材料
保存地点：湖南省长沙市雨花区		保存方式：国家级种质资源保存基地，异地保存

81 湘林 35

性 状 特 征

特 异 性：高产果量，大果

树　　姿：开张	盛 花 期：11月中下旬	果面特征：略有毛
嫩枝绒毛：有	花瓣颜色：白色	平均单果重（g）：30.21
芽鳞颜色：黄绿色	萼片绒毛：有	鲜出籽率（%）：45.80
芽绒毛：有	雌雄蕊相对高度：雄高	种皮颜色：棕褐色
嫩叶颜色：黄绿色	花柱裂位：浅裂	种仁含油率（%）：40.40
老叶颜色：中绿色	柱头裂数：4	
叶　　形：椭圆形	子房绒毛：有	油酸含量（%）：81.60
叶缘特征：细锯齿	果熟日期：10月下旬	亚油酸含量（%）：7.30
叶尖形状：渐尖	果　　形：圆球形	亚麻酸含量（%）：—
叶基形状：楔形或近圆形	果皮颜色：青红色或青黄色	硬脂酸含量（%）：2.00
平均叶长（cm）：5.20	平均叶宽（cm）：3.20	棕榈酸含量（%）：8.30

82

湘林
40

资源编号：430103_010_0021	归属物种：*Camellia oleifera* Abel
资源类型：选育资源（良种）	主要用途：油用栽培，遗传育种材料
保存地点：湖南省长沙市雨花区	保存方式：国家级种质资源保存基地，异地保存

性 状 特 征

特 异 性：高产果量，大果

树　　姿：开张	盛 花 期：11 月中旬	果面特征：略有毛
嫩枝绒毛：有	花瓣颜色：白色	平均单果重（g）：30.53
芽鳞颜色：黄绿色	萼片绒毛：有	鲜出籽率（%）：47.60
芽 绒 毛：有	雌雄蕊相对高度：雄高	种皮颜色：棕褐色
嫩叶颜色：黄绿色	花柱裂位：浅裂	种仁含油率（%）：38.70
老叶颜色：中绿色	柱头裂数：4	油酸含量（%）：80.80
叶　　形：椭圆形	子房绒毛：有	亚油酸含量（%）：8.70
叶缘特征：细锯齿	果熟日期：10 月下旬	亚麻酸含量（%）：—
叶尖形状：渐尖	果　　形：圆球形	硬脂酸含量（%）：1.80
叶基形状：楔形或近圆形	果皮颜色：青红色	棕榈酸含量（%）：7.50
平均叶长（cm）：5.20	平均叶宽（cm）：3.20	

83

云油茶 4 号

资源编号：532627_010_0004		归属物种：*Camellia oleifera* Abel
资源类型：选育资源（良种）		主要用途：油用栽培，遗传育种材料
保存地点：云南省广南县		保存方式：省级种质资源保存基地，异地保存

性 状 特 征

特 异 性：高产果量，大果		
树　　姿：开张	盛 花 期：11月上旬	果面特征：光滑
嫩枝绒毛：有	花瓣颜色：白色	平均单果重（g）：34.91
芽鳞颜色：黄绿色	萼片绒毛：有	鲜出籽率（%）：48.10
芽 绒 毛：有	雌雄蕊相对高度：雄高	种皮颜色：黑色
嫩叶颜色：绿色	花柱裂位：浅裂	种仁含油率（%）：45.30
老叶颜色：中绿色	柱头裂数：3	油酸含量（%）：82.70
叶　　形：长椭圆形	子房绒毛：有	亚油酸含量（%）：8.10
叶缘特征：平	果熟日期：10月上旬	亚麻酸含量（%）：—
叶尖形状：渐尖	果　　形：圆球形	硬脂酸含量（%）：1.30
叶基形状：楔形	果皮颜色：红色	棕榈酸含量（%）：7.20
平均叶长（cm）：6.20	平均叶宽（cm）：3.60	

84

云油茶9号

资源编号：532627_010_0007	归属物种：*Camellia oleifera* Abel	
资源类型：选育资源（良种）	主要用途：油用栽培，遗传育种材料	
保存地点：云南省广南县	保存方式：省级种质资源保存基地，异地保存	

性 状 特 征

特 异 性：高产果量，大果		
树　　姿：开张	盛 花 期：11月中旬	果面特征：光滑
嫩枝绒毛：有	花瓣颜色：白色	平均单果重（g）：35.36
芽鳞颜色：黄绿色	萼片绒毛：有	鲜出籽率（%）：47.31
芽 绒 毛：有	雌雄蕊相对高度：雄高	种皮颜色：黑色
嫩叶颜色：红色	花柱裂位：浅裂	种仁含油率（%）：49.10
老叶颜色：中绿色	柱头裂数：3	
叶　　形：长椭圆形	子房绒毛：有	油酸含量（%）：83.80
叶缘特征：平	果熟日期：10月中旬	亚油酸含量（%）：6.60
叶尖形状：渐尖	果　　形：圆球形	亚麻酸含量（%）：0.40
叶基形状：楔形	果皮颜色：红色	硬脂酸含量（%）：1.70
平均叶长（cm）：6.50	平均叶宽（cm）：2.50	棕榈酸含量（%）：6.80

85

云油茶13号

资源编号：532627_010_0008	归属物种：*Camellia oleifera* Abel	
资源类型：选育资源（良种）	主要用途：油用栽培，遗传育种材料	
保存地点：云南省广南县	保存方式：省级种质资源保存基地，异地保存	

性 状 特 征

特 异 性：高产果量，大果		
树　　姿：开张	盛 花 期：11月上旬	果面特征：光滑
嫩枝绒毛：有	花瓣颜色：白色	平均单果重（g）：30.14
芽鳞颜色：黄绿色	萼片绒毛：有	鲜出籽率（%）：40.51
芽 绒 毛：有	雌雄蕊相对高度：雄高	种皮颜色：黑色
嫩叶颜色：绿色	花柱裂位：浅裂	种仁含油率（%）：33.30
老叶颜色：中绿色	柱头裂数：3	
叶　　形：长椭圆形	子房绒毛：有	油酸含量（%）：76.30
叶缘特征：平	果熟日期：10月中旬	亚油酸含量（%）：12.60
叶尖形状：渐尖	果　　形：圆球形	亚麻酸含量（%）：—
叶基形状：楔形	果皮颜色：红色	硬脂酸含量（%）：1.30
平均叶长（cm）：6.30	平均叶宽（cm）：3.20	棕榈酸含量（%）：9.00

86

富宁油茶 4 号

资源编号：532628_010_0004	归属物种：*Camellia oleifera* Abel
资源类型：选育资源（良种）	主要用途：油用栽培，遗传育种材料
保存地点：云南省富宁县	保存方式：省级种质资源保存基地，异地保存

性 状 特 征

特 异 性：高产果量，大果

树　姿：开张	盛花期：10月下旬	果面特征：光滑
嫩枝绒毛：有	花瓣颜色：白色	平均单果重（g）：31.84
芽鳞颜色：黄绿色	萼片绒毛：有	鲜出籽率（%）：42.49
芽绒毛：有	雌雄蕊相对高度：雌高	种皮颜色：黑色
嫩叶颜色：绿色	花柱裂位：浅裂	种仁含油率（%）：49.50
老叶颜色：中绿色	柱头裂数：3	
叶　形：长椭圆形	子房绒毛：有	油酸含量（%）：78.90
叶缘特征：平	果熟日期：10月中旬	亚油酸含量（%）：9.60
叶尖形状：渐尖	果　形：扁圆球形	亚麻酸含量（%）：0.30
叶基形状：楔形	果皮颜色：青色	硬脂酸含量（%）：1.90
平均叶长（cm）：6.06	平均叶宽（cm）：2.74	棕榈酸含量（%）：8.60

87

富宁油茶 7 号

资源编号：532628_010_0007		归属物种：*Camellia oleifera* Abel
资源类型：选育资源（良种）		主要用途：油用栽培，遗传育种材料
保存地点：云南省富宁县		保存方式：省级种质资源保存基地，异地保存

性 状 特 征

特 异 性：高产果量，大果

树　姿：半开张	盛 花 期：11 月上旬	果面特征：光滑
嫩枝绒毛：有	花瓣颜色：白色	平均单果重（g）：37.85
芽鳞颜色：黄绿色	萼片绒毛：有	鲜出籽率（%）：48.69
芽绒毛：有	雌雄蕊相对高度：雌高	种皮颜色：黑色
嫩叶颜色：红色	花柱裂位：浅裂	种仁含油率（%）：47.60
老叶颜色：中绿色	柱头裂数：3	
叶　形：长椭圆形	子房绒毛：有	油酸含量（%）：80.60
叶缘特征：平	果熟日期：10 月中旬	亚油酸含量（%）：8.10
叶尖形状：渐尖	果　形：卵球形	亚麻酸含量（%）：0.30
叶基形状：楔形	果皮颜色：红色、绿色	硬脂酸含量（%）：2.40
平均叶长（cm）：6.10	平均叶宽（cm）：3.00	棕榈酸含量（%）：7.80

88

普油—南郑1号

资源编号：610721_010_0003	归属物种：*Camellia oleifera* Abel
资源类型：选育资源（无性系）	主要用途：油用栽培，遗传育种材料
保存地点：陕西省南郑区	保存方式：原地保护，异地保存

性 状 特 征

特 异 性：高产果量，大果

树 姿：直立	盛 花 期：10月上旬	果面特征：光滑
嫩枝绒毛：有	花瓣颜色：白色	平均单果重（g）：42.93
芽鳞颜色：黄绿色	萼片绒毛：有	鲜出籽率（%）：36.94
芽绒毛：有	雌雄蕊相对高度：雄高	种皮颜色：棕褐色、黑色
嫩叶颜色：绿色	花柱裂位：浅裂	种仁含油率（%）：47.10
老叶颜色：绿色	柱头裂数：3	
叶 形：近圆形	子房绒毛：有	油酸含量（%）：81.40
叶缘特征：平	果熟日期：10月中旬	亚油酸含量（%）：7.30
叶尖形状：渐尖	果 形：圆球形	亚麻酸含量（%）：0.40
叶基形状：近圆形	果皮颜色：红青色	硬脂酸含量（%）：1.80
平均叶长（cm）：6.44	平均叶宽（cm）：3.94	棕榈酸含量（%）：8.60

（11）具高产果量、高出籽率资源

资源编号：330702_010_0003	归属物种：*Camellia oleifera* Abel	
资源类型：选育资源（无性系）	主要用途：油用栽培，遗传育种材料	
保存地点：浙江省金华市婺城区	保存方式：国家油茶良种基地，异地保存	

性 状 特 征

特 异 性：高产果量，高出籽率		
树　姿：开张	盛 花 期：10月下旬	果面特征：糠秕
嫩枝绒毛：有	花瓣颜色：白色	平均单果重（g）：11.15
芽鳞颜色：绿色	萼片绒毛：有	鲜出籽率（%）：54.10
芽绒毛：有	雌雄蕊相对高度：雌高	种皮颜色：棕褐色
嫩叶颜色：红色	花柱裂位：中裂	种仁含油率（%）：38.76
老叶颜色：绿色	柱头裂数：3	
叶　形：椭圆形	子房绒毛：有	油酸含量（%）：71.85
叶缘特征：波状	果熟日期：10月中旬	亚油酸含量（%）：14.80
叶尖形状：渐尖	果　形：圆球形	亚麻酸含量（%）：0.37
叶基形状：近圆形	果皮颜色：青色	硬脂酸含量（%）：1.32
平均叶长（cm）：6.51	平均叶宽（cm）：3.11	棕榈酸含量（%）：10.78

90

亚林普油 I 2008 I 020 号

资源编号：330702_010_0015	归属物种：*Camellia oleifera* Abel	
资源类型：选育资源（无性系）	主要用途：油用栽培，遗传育种材料	
保存地点：浙江省金华市婺城区	保存方式：国家油茶良种基地，异地保存	

性 状 特 征

特 异 性：高产果量，高出籽率

树　姿：半开张	盛花期：11 月中旬	果面特征：斑点状糠秕
嫩枝绒毛：有	花瓣颜色：白色	平均单果重（g）：20.86
芽鳞颜色：绿色	萼片绒毛：有	鲜出籽率（%）：51.20
芽绒毛：有	雌雄蕊相对高度：雌高	种皮颜色：棕褐色
嫩叶颜色：红色	花柱裂位：全裂	种仁含油率（%）：32.84
老叶颜色：绿色	柱头裂数：5	
叶　形：椭圆形	子房绒毛：有	油酸含量（%）：79.22
叶缘特征：波状	果熟日期：10 月中旬	亚油酸含量（%）：9.28
叶尖形状：渐尖	果　形：扁圆球形	亚麻酸含量（%）：0.30
叶基形状：楔形	果皮颜色：青色	硬脂酸含量（%）：1.86
平均叶长（cm）：5.25	平均叶宽（cm）：2.63	棕榈酸含量（%）：8.55

资源编号：330702_010_0019	归属物种：*Camellia oleifera* Abel
资源类型：选育资源（无性系）	主要用途：油用栽培，遗传育种材料
保存地点：浙江省金华市婺城区	保存方式：国家油茶良种基地，异地保存

91 亚林普油 | 2008|024号

性 状 特 征

特 异 性：高产果量，高出籽率

树　　姿：开张	盛 花 期：11月下旬	果面特征：斑点状糠秕
嫩枝绒毛：有	花瓣颜色：白色	平均单果重（g）：21.24
芽鳞颜色：绿色	萼片绒毛：有	鲜出籽率（%）：52.07
芽绒毛：有	雌雄蕊相对高度：雄高	种皮颜色：黑色
嫩叶颜色：红色	花柱裂位：中裂	种仁含油率（%）：38.58
老叶颜色：深绿色	柱头裂数：4	
叶　　形：近圆形	子房绒毛：有	油酸含量（%）：83.76
叶缘特征：波状	果熟日期：10月中旬	亚油酸含量（%）：9.14
叶尖形状：渐尖	果　　形：圆球形	亚麻酸含量（%）：0.31
叶基形状：近圆形	果皮颜色：红色	硬脂酸含量（%）：1.68
平均叶长（cm）：6.31	平均叶宽（cm）：3.26	棕榈酸含量（%）：8.95

92

资源编号：330702_010_0021	归属物种：*Camellia oleifera* Abel	
资源类型：选育资源（无性系）	主要用途：油用栽培，遗传育种材料	
保存地点：浙江省金华市婺城区	保存方式：国家油茶良种基地，异地保存	

性 状 特 征

特异性：高产果量，高出籽率		
树　　姿：直立	盛花期：10月下旬	果面特征：斑点状糠秕
嫩枝绒毛：有	花瓣颜色：白色	平均单果重（g）：18.23
芽鳞颜色：绿色	萼片绒毛：有	鲜出籽率（%）：53.02
芽绒毛：有	雌雄蕊相对高度：雄高	种皮颜色：黑色
嫩叶颜色：红色	花柱裂位：中裂	种仁含油率（%）：34.39
老叶颜色：深绿色	柱头裂数：4	油酸含量（%）：79.90
叶　　形：椭圆形	子房绒毛：有	亚油酸含量（%）：7.75
叶缘特征：波状	果熟日期：10月上旬	亚麻酸含量（%）：0.31
叶尖形状：渐尖	果　　形：圆球形	硬脂酸含量（%）：2.60
叶基形状：近圆形	果皮颜色：红色	棕榈酸含量（%）：8.64
平均叶长（cm）：6.36	平均叶宽（cm）：3.16	

93

亚林普油Ⅰ2008Ⅰ039号

资源编号：330702_010_0028	归属物种：*Camellia oleifera* Abel
资源类型：选育资源（无性系）	主要用途：油用栽培，遗传育种材料
保存地点：浙江省金华市婺城区	保存方式：国家油茶良种基地，异地保存

性 状 特 征

特 异 性：高产果量，高出籽率

树　　姿：直立	盛 花 期：12月上旬	果面特征：斑点状糠秕
嫩枝绒毛：有	花瓣颜色：白色	平均单果重（g）：24.52
芽鳞颜色：绿色	萼片绒毛：有	鲜出籽率（%）：54.12
芽绒毛：有	雌雄蕊相对高度：雄高	种皮颜色：棕褐色
嫩叶颜色：红色	花柱裂位：浅裂	种仁含油率（%）：41.56
老叶颜色：深绿色	柱头裂数：3	
叶　　形：椭圆形	子房绒毛：有	油酸含量（%）：76.77
叶缘特征：波状	果熟日期：10月中旬	亚油酸含量（%）：11.82
叶尖形状：渐尖	果　　形：卵球形	亚麻酸含量（%）：0.47
叶基形状：楔形	果皮颜色：青色	硬脂酸含量（%）：1.19
平均叶长（cm）：6.93	平均叶宽（cm）：3.03	棕榈酸含量（%）：9.04

亚林普油 | 2008-053号

94

资源编号：330702_010_0037	归属物种：*Camellia oleifera* Abel	
资源类型：选育资源（无性系）	主要用途：油用栽培，遗传育种材料	
保存地点：浙江省金华市婺城区	保存方式：国家油茶良种基地，异地保存	

性 状 特 征

特 异 性：高产果量，高出籽率

树　　姿：开张	盛 花 期：12月上旬	果面特征：糠秕
嫩枝绒毛：有	花瓣颜色：白色	平均单果重（g）：18.72
芽鳞颜色：绿色	萼片绒毛：有	鲜出籽率（%）：51.86
芽绒毛：有	雌雄蕊相对高度：雄高	种皮颜色：黑色
嫩叶颜色：红色	花柱裂位：中裂	种仁含油率（%）：38.97
老叶颜色：绿色	柱头裂数：4	
叶　　形：椭圆形	子房绒毛：有	油酸含量（%）：80.10
叶缘特征：波状	果熟日期：10月中旬	亚油酸含量（%）：8.90
叶尖形状：渐尖	果　　形：倒卵球形	亚麻酸含量（%）：0.20
叶基形状：楔形	果皮颜色：青色	硬脂酸含量（%）：2.00
平均叶长（cm）：6.58	平均叶宽（cm）：3.71	棕榈酸含量（%）：8.30

95
亚林普油丨2008丨056号

资源编号：330702_010_0040	归属物种：*Camellia oleifera* Abel	
资源类型：选育资源（无性系）	主要用途：油用栽培，遗传育种材料	
保存地点：浙江省金华市婺城区	保存方式：国家油茶良种基地，异地保存	

性 状 特 征

特 异 性：高产果量，高出籽率		
树　　姿：半开张	盛 花 期：11月上旬	果面特征：光滑
嫩枝绒毛：有	花瓣颜色：白色	平均单果重（g）：18.93
芽鳞颜色：绿色	萼片绒毛：有	鲜出籽率（%）：53.20
芽 绒 毛：有	雌雄蕊相对高度：雄高	种皮颜色：黑褐色
嫩叶颜色：红色	花柱裂位：浅裂	种仁含油率（%）：45.26
老叶颜色：深绿色	柱头裂数：3	
叶　　形：近圆形	子房绒毛：有	油酸含量（%）：80.20
叶缘特征：波状	果熟日期：10月中旬	亚油酸含量（%）：8.60
叶尖形状：钝尖	果　　形：圆球形	亚麻酸含量（%）：0.30
叶基形状：近圆形	果皮颜色：红色	硬脂酸含量（%）：1.80
平均叶长（cm）：6.77	平均叶宽（cm）：3.51	棕榈酸含量（%）：8.60

96

亚林普油—2008-173号

资源编号：330702_010_0070	归属物种：*Camellia oleifera* Abel	
资源类型：选育资源（无性系）	主要用途：油用栽培，遗传育种材料	
保存地点：浙江省金华市婺城区	保存方式：国家油茶良种基地，异地保存	

性 状 特 征

特 异 性：高产果量，高出籽率		
树 姿：直立	盛 花 期：11 月上旬	果面特征：斑点状糠秕
嫩枝绒毛：有	花瓣颜色：白色	平均单果重（g）：11.77
芽鳞颜色：绿色	萼片绒毛：有	鲜出籽率（%）：52.03
芽 绒 毛：有	雌雄蕊相对高度：雌高	种皮颜色：黑褐色
嫩叶颜色：红色	花柱裂位：深裂	种仁含油率（%）：43.48
老叶颜色：绿色	柱头裂数：4	
叶 形：近圆形	子房绒毛：有	油酸含量（%）：77.70
叶缘特征：波状	果熟日期：10 月中旬	亚油酸含量（%）：9.80
叶尖形状：渐尖	果 形：圆球形	亚麻酸含量（%）：0.30
叶基形状：近圆形	果皮颜色：青色	硬脂酸含量（%）：1.60
平均叶长（cm）：8.18	平均叶宽（cm）：2.80	棕榈酸含量（%）：10.00

97

亚林普油 | 2008-174号

资源编号：330702_010_0072		归属物种：*Camellia oleifera* Abel		
资源类型：选育资源（无性系）		主要用途：油用栽培，遗传育种材料		
保存地点：浙江省金华市婺城区		保存方式：国家油茶良种基地，异地保存		

性 状 特 征

特 异 性：高产果量，高出籽率

树　　姿：半开张	盛 花 期：11月中旬	果面特征：光洁
嫩枝绒毛：有	花瓣颜色：白色	平均单果重（g）：11.15
芽鳞颜色：绿色	萼片绒毛：有	鲜出籽率（%）：54.10
芽绒毛：有	雌雄蕊相对高度：雄高	种皮颜色：黑褐色
嫩叶颜色：黄绿色	花柱裂位：中裂	种仁含油率（%）：33.42
老叶颜色：绿色	柱头裂数：4	
叶　　形：椭圆形	子房绒毛：有	油酸含量（%）：80.20
叶缘特征：平	果熟日期：10月中旬	亚油酸含量（%）：6.30
叶尖形状：渐尖	果　　形：倒卵球形	亚麻酸含量（%）：0.20
叶基形状：近圆形	果皮颜色：青黄色	硬脂酸含量（%）：1.40
平均叶长（cm）：5.04	平均叶宽（cm）：2.28	棕榈酸含量（%）：11.50

资源编号：330702_010_0073	归属物种：*Camellia oleifera* Abel	
资源类型：选育资源（无性系）	主要用途：油用栽培，遗传育种材料	
保存地点：浙江省金华市婺城区	保存方式：国家油茶良种基地，异地保存	

亚林普油 | 2008 | 175号　98

性 状 特 征

特 异 性：高产果量，高出籽率

树　　姿：直立	盛 花 期：11月上旬	果面特征：斑点状糠秕
嫩枝绒毛：有	花瓣颜色：白色	平均单果重（g）：14.01
芽鳞颜色：紫绿色	萼片绒毛：有	鲜出籽率（%）：57.10
芽 绒 毛：有	雌雄蕊相对高度：雄高	种皮颜色：黑褐色
嫩叶颜色：红色	花柱裂位：浅裂	种仁含油率（%）：40.61
老叶颜色：深绿色	柱头裂数：3	
叶　　形：椭圆形	子房绒毛：有	油酸含量（%）：82.10
叶缘特征：波状	果熟日期：10月中旬	亚油酸含量（%）：6.70
叶尖形状：渐尖	果　　形：椭球形	亚麻酸含量（%）：0.20
叶基形状：楔形	果皮颜色：青红色	硬脂酸含量（%）：1.80
平均叶长（cm）：6.05	平均叶宽（cm）：3.06	棕榈酸含量（%）：8.00

99

亚林普油 I 2008 I 548 号

资源编号：330702_010_0086	归属物种：*Camellia oleifera* Abel	
资源类型：选育资源（无性系）	主要用途：油用栽培，遗传育种材料	
保存地点：浙江省金华市婺城区	保存方式：国家油茶良种基地，异地保存	

性 状 特 征

特 异 性：高产果量，高出籽率		
树　　姿：直立	盛 花 期：10月下旬	果面特征：光滑
嫩枝绒毛：有	花瓣颜色：白色	平均单果重（g）：20.86
芽鳞颜色：绿色	萼片绒毛：有	鲜出籽率（%）：51.20
芽 绒 毛：有	雌雄蕊相对高度：雌高	种皮颜色：黑褐色
嫩叶颜色：绿色	花柱裂位：浅裂	种仁含油率（%）：42.04
老叶颜色：绿色	柱头裂数：3	
叶　　形：椭圆形	子房绒毛：有	油酸含量（%）：78.50
叶缘特征：波状	果熟日期：10月中旬	亚油酸含量（%）：10.10
叶尖形状：渐尖	果　　形：椭球形	亚麻酸含量（%）：0.20
叶基形状：近圆形	果皮颜色：黄棕色	硬脂酸含量（%）：2.20
平均叶长（cm）：5.65	平均叶宽（cm）：2.37	棕榈酸含量（%）：8.60

资源编号：330702_010_0091	归属物种：*Camellia oleifera* Abel	
资源类型：选育资源（无性系）	主要用途：油用栽培，遗传育种材料	
保存地点：浙江省金华市婺城区	保存方式：国家油茶良种基地，异地保存	

性 状 特 征

特 异 性：高产果量，高出籽率		
树　　姿：半开张	盛 花 期：10月下旬	果面特征：斑点状糠秕
嫩枝绒毛：有	花瓣颜色：白色	平均单果重（g）：18.23
芽鳞颜色：绿色	萼片绒毛：有	鲜出籽率（%）：53.02
芽 绒 毛：有	雌雄蕊相对高度：雌高	种皮颜色：黑褐色
嫩叶颜色：绿色	花柱裂位：中裂	种仁含油率（%）：41.41
老叶颜色：深绿色	柱头裂数：3	油酸含量（%）：76.80
叶　　形：椭圆形	子房绒毛：有	亚油酸含量（%）：10.10
叶缘特征：波状	果熟日期：10月中旬	亚麻酸含量（%）：0.20
叶尖形状：渐尖	果　　形：椭球形	硬脂酸含量（%）：2.00
叶基形状：近圆形	果皮颜色：青黄色	棕榈酸含量（%）：9.20
平均叶长（cm）：6.11	平均叶宽（cm）：2.85	

亚林普油 | 2008-3003 号 100

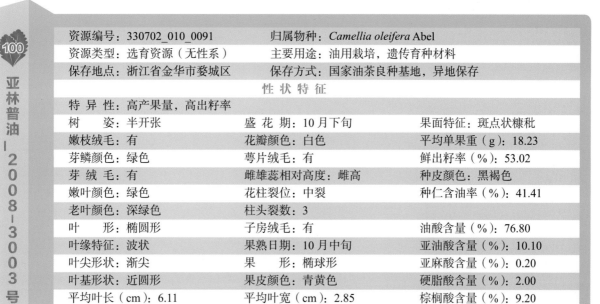

资源编号：330702_010_0095	归属物种：*Camellia oleifera* Abel	
资源类型：选育资源（无性系）	主要用途：油用栽培，遗传育种材料	
保存地点：浙江省金华市婺城区	保存方式：国家油茶良种基地，异地保存	

性 状 特 征

特 异 性：高产果量，高出籽率		
树　　姿：半开张	盛 花 期：10月下旬	果面特征：斑点状糠秕
嫩枝绒毛：有	花瓣颜色：白色	平均单果重（g）：8.23
芽鳞颜色：绿色	萼片绒毛：有	鲜出籽率（%）：38.38
芽 绒 毛：有	雌雄蕊相对高度：雌高	种皮颜色：黑褐色
嫩叶颜色：绿色	花柱裂位：中裂	种仁含油率（%）：45.34
老叶颜色：绿色	柱头裂数：3	
叶　　形：椭圆形	子房绒毛：有	油酸含量（%）：79.40
叶缘特征：波状	果熟日期：10月中旬	亚油酸含量（%）：8.10
叶尖形状：渐尖	果　　形：椭球形	亚麻酸含量（%）：0.30
叶基形状：近圆形	果皮颜色：青红色	硬脂酸含量（%）：2.00
平均叶长（cm）：5.96	平均叶宽（cm）：2.58	棕榈酸含量（%）：8.00

左侧标签：101　亚林普油—2008—3012号

102

亚林普油｜2008｜3038号

资源编号：330702_010_0097	归属物种：*Camellia oleifera* Abel	
资源类型：选育资源（无性系）	主要用途：油用栽培，遗传育种材料	
保存地点：浙江省金华市婺城区	保存方式：国家油茶良种基地，异地保存	

性 状 特 征

特 异 性：高产果量，高出籽率

树　姿：半开张	盛 花 期：10月下旬	果面特征：糠秕
嫩枝绒毛：有	花瓣颜色：白色	平均单果重（g）：23.44
芽鳞颜色：绿色	萼片绒毛：有	鲜出籽率（%）：37.09
芽 绒 毛：有	雌雄蕊相对高度：雌高	种皮颜色：黑褐色
嫩叶颜色：绿色	花柱裂位：浅裂	种仁含油率（%）：46.32
老叶颜色：黄绿色	柱头裂数：3	
叶　形：近圆形	子房绒毛：有	油酸含量（%）：81.80
叶缘特征：波状	果熟日期：10月中旬	亚油酸含量（%）：6.60
叶尖形状：渐尖	果　形：圆球形	亚麻酸含量（%）：0.30
叶基形状：近圆形	果皮颜色：绿色	硬脂酸含量（%）：2.00
平均叶长（cm）：6.34	平均叶宽（cm）：3.22	棕榈酸含量（%）：8.00

103

亚林普油ⅠⅠ2008-C53号

资源编号：330702_010_0103	归属物种：*Camellia oleifera* Abel	
资源类型：选育资源（无性系）	主要用途：油用栽培，遗传育种材料	
保存地点：浙江省金华市婺城区	保存方式：国家油茶良种基地，异地保存	

性 状 特 征

特异性：高产果量，高出籽率		
树　姿：半开张	盛花期：10月下旬	果面特征：光洁
嫩枝绒毛：有	花瓣颜色：白色	平均单果重（g）：19.26
芽鳞颜色：绿色	萼片绒毛：有	鲜出籽率（%）：44.99
芽绒毛：有	雌雄蕊相对高度：雌高	种皮颜色：黑褐色
嫩叶颜色：黄绿色	花柱裂位：中裂	种仁含油率（%）：36.47
老叶颜色：绿色	柱头裂数：4	油酸含量（%）：80.10
叶　形：椭圆形	子房绒毛：有	亚油酸含量（%）：9.40
叶缘特征：平	果熟日期：10月中旬	亚麻酸含量（%）：0.20
叶尖形状：渐尖	果　形：倒卵球形	硬脂酸含量（%）：1.90
叶基形状：楔形	果皮颜色：青红色	棕榈酸含量（%）：7.80
平均叶长（cm）：5.77	平均叶宽（cm）：3.05	

亚林普油 | 2008-FY1

104

资源编号：330702_010_0104	归属物种：*Camellia oleifera* Abel
资源类型：选育资源（无性系）	主要用途：油用栽培，遗传育种材料
保存地点：浙江省金华市婺城区	保存方式：国家油茶良种基地，异地保存

性状特征

特异性：高产果量，高出籽率

树　姿：直立	盛花期：10月下旬	果面特征：斑状糠秕
嫩枝绒毛：有	花瓣颜色：白色	平均单果重（g）：17.72
芽鳞颜色：绿色	萼片绒毛：有	鲜出籽率（%）：54.29
芽绒毛：有	雌雄蕊相对高度：雌高	种皮颜色：黑褐色
嫩叶颜色：红色	花柱裂位：深裂	种仁含油率（%）：37.96
老叶颜色：深绿色	柱头裂数：4	
叶　形：椭圆形	子房绒毛：有	油酸含量（%）：74.50
叶缘特征：波状	果熟日期：10月中旬	亚油酸含量（%）：13.30
叶尖形状：渐尖	果　形：扁圆球形	亚麻酸含量（%）：0.40
叶基形状：近圆形	果皮颜色：青色	硬脂酸含量（%）：1.30
平均叶长（cm）：6.37	平均叶宽（cm）：2.57	棕榈酸含量（%）：10.00

105

亚林普油 I 2008 I FY2

资源编号：330702_010_0105	归属物种：*Camellia oleifera* Abel
资源类型：选育资源（无性系）	主要用途：油用栽培，遗传育种材料
保存地点：浙江省金华市婺城区	保存方式：国家油茶良种基地，异地保存

性 状 特 征

特 异 性：高产果量，高出籽率		
树　　姿：直立	盛 花 期：10月下旬	果面特征：斑状糠秕
嫩枝绒毛：有	花瓣颜色：白色	平均单果重（g）：18.93
芽鳞颜色：绿色	萼片绒毛：有	鲜出籽率（%）：53.20
芽绒毛：有	雌雄蕊相对高度：雌高	种皮颜色：黑褐色
嫩叶颜色：黄绿色	花柱裂位：深裂	种仁含油率（%）：42.34
老叶颜色：绿色	柱头裂数：4	
叶　　形：椭圆形	子房绒毛：有	油酸含量（%）：81.50
叶缘特征：波状	果熟日期：10月中旬	亚油酸含量（%）：8.10
叶尖形状：渐尖	果　　形：圆球形	亚麻酸含量（%）：0.20
叶基形状：楔形	果皮颜色：青绿色	硬脂酸含量（%）：1.80
平均叶长（cm）：5.51	平均叶宽（cm）：2.68	棕榈酸含量（%）：7.80

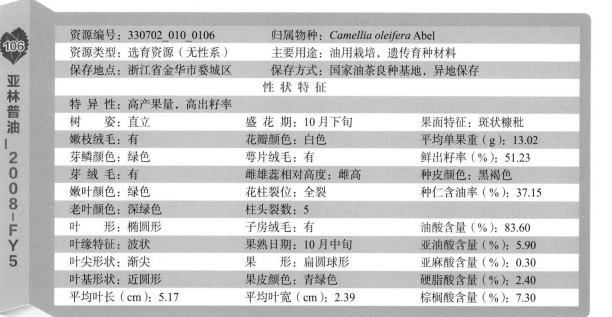

106

亚林普油Ⅰ2008-FY5

资源编号：330702_010_0106	归属物种：*Camellia oleifera* Abel	
资源类型：选育资源（无性系）	主要用途：油用栽培，遗传育种材料	
保存地点：浙江省金华市婺城区	保存方式：国家油茶良种基地，异地保存	

性 状 特 征

特 异 性：高产果量，高出籽率

树　　姿：直立	盛 花 期：10月下旬	果面特征：斑状糠秕
嫩枝绒毛：有	花瓣颜色：白色	平均单果重（g）：13.02
芽鳞颜色：绿色	萼片绒毛：有	鲜出籽率（%）：51.23
芽绒毛：有	雌雄蕊相对高度：雌高	种皮颜色：黑褐色
嫩叶颜色：绿色	花柱裂位：全裂	种仁含油率（%）：37.15
老叶颜色：深绿色	柱头裂数：5	
叶　　形：椭圆形	子房绒毛：有	油酸含量（%）：83.60
叶缘特征：波状	果熟日期：10月中旬	亚油酸含量（%）：5.90
叶尖形状：渐尖	果　　形：扁圆球形	亚麻酸含量（%）：0.30
叶基形状：近圆形	果皮颜色：青绿色	硬脂酸含量（%）：2.40
平均叶长（cm）：5.17	平均叶宽（cm）：2.39	棕榈酸含量（%）：7.30

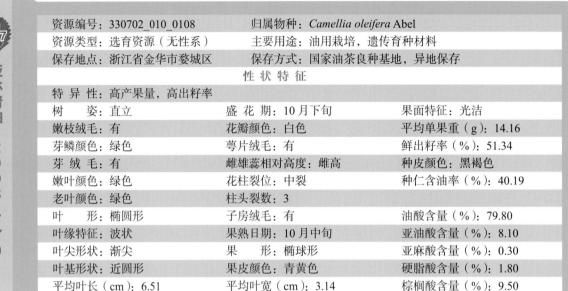

107		
亚林普油 I 2008-FY9	资源编号：330702_010_0108	归属物种：*Camellia oleifera* Abel
	资源类型：选育资源（无性系）	主要用途：油用栽培，遗传育种材料
	保存地点：浙江省金华市婺城区	保存方式：国家油茶良种基地，异地保存

性 状 特 征

特 异 性：高产果量，高出籽率

树　　姿：直立	盛 花 期：10月下旬	果面特征：光洁
嫩枝绒毛：有	花瓣颜色：白色	平均单果重（g）：14.16
芽鳞颜色：绿色	萼片绒毛：有	鲜出籽率（%）：51.34
芽绒毛：有	雌雄蕊相对高度：雌高	种皮颜色：黑褐色
嫩叶颜色：绿色	花柱裂位：中裂	种仁含油率（%）：40.19
老叶颜色：绿色	柱头裂数：3	
叶　　形：椭圆形	子房绒毛：有	油酸含量（%）：79.80
叶缘特征：波状	果熟日期：10月中旬	亚油酸含量（%）：8.10
叶尖形状：渐尖	果　　形：椭球形	亚麻酸含量（%）：0.30
叶基形状：近圆形	果皮颜色：青黄色	硬脂酸含量（%）：1.80
平均叶长（cm）：6.51	平均叶宽（cm）：3.14	棕榈酸含量（%）：9.50

108

亚林普油丨2008丨赣4

资源编号：330702_010_0114	归属物种：*Camellia oleifera* Abel	
资源类型：选育资源（无性系）	主要用途：油用栽培，遗传育种材料	
保存地点：浙江省金华市婺城区	保存方式：国家油茶良种基地，异地保存	

性 状 特 征

特 异 性：高产果量，高出籽率		
树　　姿：半开张	盛 花 期：10月下旬	果面特征：光洁
嫩枝绒毛：有	花瓣颜色：白色	平均单果重（g）：17.33
芽鳞颜色：绿色	萼片绒毛：有	鲜出籽率（%）：43.31
芽 绒 毛：有	雌雄蕊相对高度：雄高	种皮颜色：黑褐色
嫩叶颜色：黄绿色	花柱裂位：深裂	种仁含油率（%）：34.67
老叶颜色：深绿色	柱头裂数：3	
叶　　形：近圆形	子房绒毛：有	油酸含量（%）：80.80
叶缘特征：平	果熟日期：10月中旬	亚油酸含量（%）：8.10
叶尖形状：渐尖	果　　形：圆球形	亚麻酸含量（%）：0.30
叶基形状：近圆形	果皮颜色：青黄色	硬脂酸含量（%）：1.80
平均叶长（cm）：5.23	平均叶宽（cm）：2.88	棕榈酸含量（%）：8.50

109

亚林普油 2008-赣5

资源编号：330702_010_0115	归属物种：*Camellia oleifera* Abel	
资源类型：选育资源（无性系）	主要用途：油用栽培，遗传育种材料	
保存地点：浙江省金华市婺城区	保存方式：国家油茶良种基地，异地保存	

性 状 特 征

特 异 性：高产果量，高出籽率		
树　　姿：开张	盛 花 期：11月下旬	果面特征：光洁
嫩枝绒毛：有	花瓣颜色：白色	平均单果重（g）：19.15
芽鳞颜色：绿色	萼片绒毛：有	鲜出籽率（%）：54.30
芽 绒 毛：有	雌雄蕊相对高度：雌高	种皮颜色：黑褐色
嫩叶颜色：黄绿色	花柱裂位：浅裂	种仁含油率（%）：36.82
老叶颜色：深绿色	柱头裂数：3	
叶　　形：椭圆形	子房绒毛：有	油酸含量（%）：77.70
叶缘特征：平	果熟日期：10月中旬	亚油酸含量（%）：10.90
叶尖形状：渐尖	果　　形：圆球形	亚麻酸含量（%）：0.30
叶基形状：楔形	果皮颜色：青红色	硬脂酸含量（%）：1.40
平均叶长（cm）：5.81	平均叶宽（cm）：2.67	棕榈酸含量（%）：8.90

110

亚林普油 | 桐 3

资源编号：330702_010_0122	归属物种：*Camellia oleifera* Abel
资源类型：选育资源（无性系）	主要用途：油用栽培，遗传育种材料
保存地点：浙江省金华市婺城区	保存方式：国家油茶良种基地，异地保存

性 状 特 征

特 异 性：高产果量，高出籽率

树　姿：开张	盛 花 期：11月上旬	果面特征：光洁
嫩枝绒毛：有	花瓣颜色：白色	平均单果重（g）：16.99
芽鳞颜色：绿色	萼片绒毛：有	鲜出籽率（%）：44.54
芽绒毛：有	雌雄蕊相对高度：雌高	种皮颜色：黑褐色
嫩叶颜色：黄绿色	花柱裂位：中裂	种仁含油率（%）：38.08
老叶颜色：绿色	柱头裂数：4	油酸含量（%）：80.00
叶　形：椭圆形	子房绒毛：有	亚油酸含量（%）：8.70
叶缘特征：平	果熟日期：10月中旬	亚麻酸含量（%）：0.20
叶尖形状：渐尖	果　形：圆球形	硬脂酸含量（%）：1.80
叶基形状：楔形	果皮颜色：青红色	棕榈酸含量（%）：8.70
平均叶长（cm）：6.68	平均叶宽（cm）：3.14	

111

亚林普油 | 桐41

资源编号：330702_010_0129		归属物种：*Camellia oleifera* Abel
资源类型：选育资源（无性系）		主要用途：油用栽培，遗传育种材料
保存地点：浙江省金华市婺城区		保存方式：国家油茶良种基地，异地保存

性 状 特 征

特 异 性：高产果量，高出籽率

树　　姿：半开张	盛 花 期：10月下旬	果面特征：光洁
嫩枝绒毛：有	花瓣颜色：白色	平均单果重（g）：23.68
芽鳞颜色：绿色	萼片绒毛：有	鲜出籽率（%）：50.87
芽绒毛：有	雌雄蕊相对高度：雄高	种皮颜色：黑褐色
嫩叶颜色：黄绿色	花柱裂位：浅裂	种仁含油率（%）：40.46
老叶颜色：深绿色	柱头裂数：3	油酸含量（%）：83.30
叶　　形：椭圆形	子房绒毛：有	亚油酸含量（%）：5.30
叶缘特征：平	果熟日期：10月中旬	亚麻酸含量（%）：0.20
叶尖形状：渐尖	果　　形：圆球形	硬脂酸含量（%）：2.30
叶基形状：楔形	果皮颜色：青绿色	棕榈酸含量（%）：7.40
平均叶长（cm）：5.68	平均叶宽（cm）：2.88	

112

亚林普油｜桐 6

资源编号：330702_010_0130	归属物种：*Camellia oleifera* Abel	
资源类型：选育资源（无性系）	主要用途：油用栽培，遗传育种材料	
保存地点：浙江省金华市婺城区	保存方式：国家油茶良种基地，异地保存	

性 状 特 征

特 异 性：高产果量，高出籽率

树　　姿：开张	盛 花 期：10月下旬	果面特征：斑块状糠秕
嫩枝绒毛：有	花瓣颜色：白色	平均单果重（g）：13.06
芽鳞颜色：绿色	萼片绒毛：有	鲜出籽率（%）：23.91
芽绒毛：有	雌雄蕊相对高度：雄高	种皮颜色：黑褐色
嫩叶颜色：黄绿色	花柱裂位：深裂	种仁含油率（%）：47.12
老叶颜色：深绿色	柱头裂数：3	
叶　　形：椭圆形	子房绒毛：有	油酸含量（%）：74.90
叶缘特征：平	果熟日期：10月中旬	亚油酸含量（%）：11.60
叶尖形状：渐尖	果　　形：椭球形	亚麻酸含量（%）：0.30
叶基形状：楔形	果皮颜色：青红色	硬脂酸含量（%）：2.50
平均叶长（cm）：5.17	平均叶宽（cm）：2.54	棕榈酸含量（%）：10.20

113

亚林普油 — 桐9

资源编号：330702_010_0131	归属物种：*Camellia oleifera* Abel
资源类型：选育资源（无性系）	主要用途：油用栽培，遗传育种材料
保存地点：浙江省金华市婺城区	保存方式：国家油茶良种基地，异地保存

性 状 特 征

特 异 性：高产果量，高出籽率

树　　姿：开张	盛 花 期：3 月上旬	果面特征：光洁
嫩枝绒毛：有	花瓣颜色：白色	平均单果重（g）：17.78
芽鳞颜色：绿色	萼片绒毛：有	鲜出籽率（%）：51.29
芽 绒 毛：有	雌雄蕊相对高度：雄高	种皮颜色：棕褐色
嫩叶颜色：黄绿色	花柱裂位：浅裂	种仁含油率（%）：44.31
老叶颜色：绿色	柱头裂数：4	油酸含量（%）：80.10
叶　　形：椭圆形	子房绒毛：有	亚油酸含量（%）：8.80
叶缘特征：平	果熟日期：10 月中旬	亚麻酸含量（%）：0.30
叶尖形状：渐尖	果　　形：宽卵球形	硬脂酸含量（%）：1.80
叶基形状：楔形	果皮颜色：青红色	棕榈酸含量（%）：8.30
平均叶长（cm）：5.49	平均叶宽（cm）：3.12	

114

亚林普油－2008－069号

资源编号：330702_010_0050		归属物种：*Camellia oleifera* Abel
资源类型：选育资源（无性系）		主要用途：油用栽培，遗传育种材料
保存地点：浙江省金华市婺城区		保存方式：国家油茶良种基地，异地保存

性　状　特　征

特 异 性：高产果量，高出籽率		
树　　姿：半开张	平均叶长（cm）：6.55	平均叶宽（cm）：2.91
嫩枝绒毛：有	叶基形状：近圆形	果熟日期：10月中旬
芽绒毛：有	盛 花 期：11月中旬	果　　形：圆球形
芽鳞颜色：绿色	花瓣颜色：白色	果皮颜色：青红色
嫩叶颜色：红色	萼片绒毛：有	果面特征：斑点状糠秕
老叶颜色：深绿色	雌雄蕊相对高度：雄高	平均单果重（g）：20.81
叶　　形：长椭圆形	花柱裂位：中裂	种皮颜色：黑褐色
叶缘特征：波状	柱头裂数：3	鲜出籽率（%）：53.20
叶尖形状：渐尖	子房绒毛：有	种仁含油率（%）：35.77

115 亚林普油 | 2008-164号

资源编号：330702_010_0062	归属物种：*Camellia oleifera* Abel	
资源类型：选育资源（无性系）	主要用途：油用栽培，遗传育种材料	
保存地点：浙江省金华市婺城区	保存方式：国家油茶良种基地，异地保存	

性 状 特 征

特 异 性：高产果量，高出籽率

树　姿：半开张	平均叶长（cm）：5.83	平均叶宽（cm）：3.16
嫩枝绒毛：有	叶基形状：楔形	果熟日期：10月中旬
芽绒毛：有	盛花期：11月上旬	果　形：圆球形
芽鳞颜色：绿色	花瓣颜色：白色	果皮颜色：青绿色
嫩叶颜色：红色	萼片绒毛：有	果面特征：斑点状糠秕
老叶颜色：黄绿色	雌雄蕊相对高度：雌高	平均单果重（g）：17.68
叶　形：近圆形	花柱裂位：浅裂	种皮颜色：棕褐色
叶缘特征：波状	柱头裂数：4	鲜出籽率（%）：53.56
叶尖形状：渐尖	子房绒毛：有	种仁含油率（%）：37.39

116

亚林普油 | 2008-042号

资源编号：330702_010_0030	归属物种：*Camellia oleifera* Abel
资源类型：选育资源（无性系）	主要用途：油用栽培，遗传育种材料
保存地点：浙江省金华市婺城区	保存方式：国家油茶良种基地，异地保存

性 状 特 征

特 异 性：高产果量，高出籽率

树 姿：半开张	平均叶长（cm）：6.40	平均叶宽（cm）：3.47
嫩枝绒毛：有	叶基形状：楔形	果熟日期：10月中旬
芽 绒 毛：有	盛 花 期：11月中旬	果 形：卵球形
芽鳞颜色：绿色	花瓣颜色：白色	果皮颜色：红色
嫩叶颜色：红色	萼片绒毛：有	果面特征：光洁
老叶颜色：深绿色	雌雄蕊相对高度：雄高	平均单果重（g）：19.72
叶 形：椭圆形	花柱裂位：浅裂	种皮颜色：棕褐色
叶缘特征：波状	柱头裂数：3	鲜出籽率（%）：52.63
叶尖形状：渐尖	子房绒毛：有	

117　亚林普油|2008-054号

资源编号：330702_010_0038		归属物种：*Camellia oleifera* Abel
资源类型：选育资源（无性系）		主要用途：油用栽培，遗传育种材料
保存地点：浙江省金华市婺城区		保存方式：国家油茶良种基地，异地保存

性 状 特 征

特 异 性：高产果量，高出籽率		
树　　姿：半开张	平均叶长（cm）：6.91	平均叶宽（cm）：3.07
嫩枝绒毛：有	叶基形状：近圆形	果熟日期：10月中旬
芽绒毛：有	盛 花 期：11月上旬	果　　形：椭球形
芽鳞颜色：绿色	花瓣颜色：白色	果皮颜色：黄棕色
嫩叶颜色：红色	萼片绒毛：有	果面特征：光洁
老叶颜色：绿色	雌雄蕊相对高度：雌高	平均单果重（g）：17.72
叶　　形：近圆形	花柱裂位：中裂	种皮颜色：棕褐色
叶缘特征：波状	柱头裂数：3	鲜出籽率（%）：54.29
叶尖形状：渐尖	子房绒毛：有	

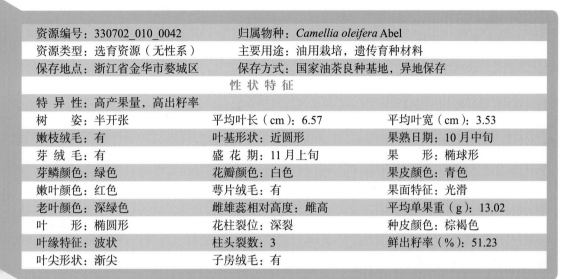

资源编号：330702_010_0042	归属物种：*Camellia oleifera* Abel	
资源类型：选育资源（无性系）	主要用途：油用栽培，遗传育种材料	
保存地点：浙江省金华市婺城区	保存方式：国家油茶良种基地，异地保存	

性 状 特 征

特 异 性：高产果量，高出籽率		
树　　姿：半开张	平均叶长（cm）：6.57	平均叶宽（cm）：3.53
嫩枝绒毛：有	叶基形状：近圆形	果熟日期：10月中旬
芽绒毛：有	盛 花 期：11月上旬	果　　形：椭球形
芽鳞颜色：绿色	花瓣颜色：白色	果皮颜色：青色
嫩叶颜色：红色	萼片绒毛：有	果面特征：光滑
老叶颜色：深绿色	雌雄蕊相对高度：雌高	平均单果重（g）：13.02
叶　　形：椭圆形	花柱裂位：深裂	种皮颜色：棕褐色
叶缘特征：波状	柱头裂数：3	鲜出籽率（%）：51.23
叶尖形状：渐尖	子房绒毛：有	

左侧标签：118　亚林普油Ⅰ2008Ⅰ059号

119

亚林普油I2008I067号

资源编号：330702_010_0049	归属物种：*Camellia oleifera* Abel	
资源类型：选育资源（无性系）	主要用途：油用栽培，遗传育种材料	
保存地点：浙江省金华市婺城区	保存方式：国家油茶良种基地，异地保存	

性状特征

特异性：高产果量，高出籽率		
树　姿：直立	平均叶长（cm）：6.06	平均叶宽（cm）：2.95
嫩枝绒毛：有	叶基形状：近圆形	果熟日期：10月中旬
芽绒毛：有	盛花期：12月上旬	果　形：圆球形，果棱明显
芽鳞颜色：黄绿色	花瓣颜色：白色	果皮颜色：褐红色
嫩叶颜色：红色	萼片绒毛：有	果面特征：光滑
老叶颜色：深绿色	雌雄蕊相对高度：雌高	平均单果重（g）：27.29
叶　形：椭圆形	花柱裂位：中裂	种皮颜色：黑色
叶缘特征：波状	柱头裂数：5	鲜出籽率（%）：50.35
叶尖形状：渐尖	子房绒毛：有	

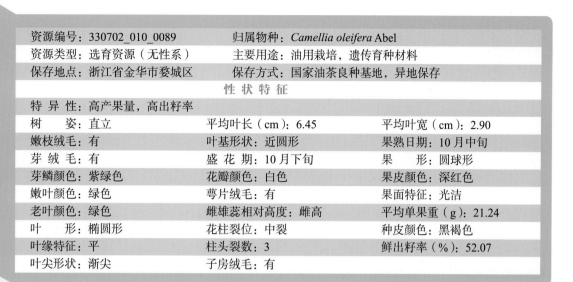

資源編号：330702_010_0089　　　　归属物種：*Camellia oleifera* Abel

資源類型：选育資源（无性系）　　　　主要用途：油用栽培，遗传育种材料

保存地点：浙江省金华市婺城区　　　　保存方式：国家油茶良种基地，异地保存

性 状 特 征

特 异 性：高产果量，高出籽率

树　　姿：直立	平均叶长（cm）：6.45	平均叶宽（cm）：2.90
嫩枝绒毛：有	叶基形状：近圆形	果熟日期：10 月中旬
芽 绒 毛：有	盛 花 期：10 月下旬	果　　形：圆球形
芽鳞颜色：紫绿色	花瓣颜色：白色	果皮颜色：深红色
嫩叶颜色：绿色	萼片绒毛：有	果面特征：光洁
老叶颜色：绿色	雌雄蕊相对高度：雌高	平均单果重（g）：21.24
叶　　形：椭圆形	花柱裂位：中裂	种皮颜色：黑褐色
叶缘特征：平	柱头裂数：3	鲜出籽率（%）：52.07
叶尖形状：渐尖	子房绒毛：有	

亚林普油 I 2008-564 号

120

121

长林106号

资源编号：330702_010_0134	归属物种：*Camellia oleifera* Abel	
资源类型：选育资源（无性系）	主要用途：油用栽培，遗传育种材料	
保存地点：浙江省金华市婺城区	保存方式：国家油茶良种基地，异地保存	

性 状 特 征

特 异 性：高产果量，高出籽率		
树　　姿：开张	平均叶长（cm）：7.11	平均叶宽（cm）：2.87
嫩枝绒毛：有	叶基形状：楔形	果熟日期：10月中旬
芽绒毛：有	盛 花 期：11月上旬	果　　形：倒卵球形
芽鳞颜色：紫绿色	花瓣颜色：白色	果皮颜色：青色
嫩叶颜色：红色	萼片绒毛：有	果面特征：斑点状糠秕
老叶颜色：深绿色	雌雄蕊相对高度：雌高	平均单果重（g）：24.50
叶　　形：椭圆形	花柱裂位：中裂	种皮颜色：黑褐色
叶缘特征：波状	柱头裂数：3	鲜出籽率（%）：59.24
叶尖形状：渐尖	子房绒毛：有	

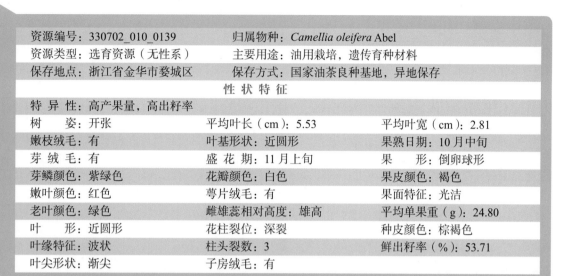

资源编号：330702_010_0139	归属物种：*Camellia oleifera* Abel	
资源类型：选育资源（无性系）	主要用途：油用栽培，遗传育种材料	
保存地点：浙江省金华市婺城区	保存方式：国家油茶良种基地，异地保存	

性 状 特 征

特 异 性：高产果量，高出籽率		
树　　姿：开张	平均叶长（cm）：5.53	平均叶宽（cm）：2.81
嫩枝绒毛：有	叶基形状：近圆形	果熟日期：10 月中旬
芽 绒 毛：有	盛 花 期：11 月上旬	果　　形：倒卵球形
芽鳞颜色：紫绿色	花瓣颜色：白色	果皮颜色：褐色
嫩叶颜色：红色	萼片绒毛：有	果面特征：光洁
老叶颜色：绿色	雌雄蕊相对高度：雄高	平均单果重（g）：24.80
叶　　形：近圆形	花柱裂位：深裂	种皮颜色：棕褐色
叶缘特征：波状	柱头裂数：3	鲜出籽率（%）：53.71
叶尖形状：渐尖	子房绒毛：有	

长林153号

122

123

皖潜1号

资源编号：340824_010_0001	归属物种：*Camellia oleifera* Abel
资源类型：选育资源（良种）	主要用途：油用栽培，遗传育种材料
保存地点：安徽省潜山市	保存方式：原地保护，异地保存

性 状 特 征

特 异 性：高产果量，高出籽率

树　　姿：开张	盛 花 期：10月下旬	果面特征：光滑
嫩枝绒毛：有	花瓣颜色：白色	平均单果重（g）：12.86
芽鳞颜色：黄绿色	萼片绒毛：有	鲜出籽率（%）：50.93
芽绒毛：有	雌雄蕊相对高度：雄高	种皮颜色：棕褐色
嫩叶颜色：深绿色	花柱裂位：浅裂	种仁含油率（%）：40.90
老叶颜色：深绿色	柱头裂数：3	
叶　　形：长椭圆形	子房绒毛：有	油酸含量（%）：82.80
叶缘特征：波状	果熟日期：10月中旬	亚油酸含量（%）：7.10
叶尖形状：渐尖	果　　形：扁圆球形	亚麻酸含量（%）：0.20
叶基形状：楔形	果皮颜色：红色	硬脂酸含量（%）：0.80
平均叶长（cm）：5.98	平均叶宽（cm）：3.04	棕榈酸含量（%）：8.60

124

皖潜 2 号

资源编号：340824_010_0002	归属物种：*Camellia oleifera* Abel	
资源类型：选育资源（良种）	主要用途：油用栽培，遗传育种材料	
保存地点：安徽省潜山市	保存方式：原地保护，异地保存	

性 状 特 征

特 异 性：高产果量，高出籽率		
树　　姿：开张	盛 花 期：11月上旬	果面特征：光滑
嫩枝绒毛：有	花瓣颜色：白色	平均单果重（g）：13.09
芽鳞颜色：绿色	萼片绒毛：有	鲜出籽率（%）：54.62
芽 绒 毛：有	雌雄蕊相对高度：雄高	种皮颜色：棕褐色
嫩叶颜色：绿色	花柱裂位：浅裂	种仁含油率（%）：41.00
老叶颜色：中绿色	柱头裂数：3	
叶　　形：长椭圆形	子房绒毛：有	油酸含量（%）：80.60
叶缘特征：波状	果熟日期：10月下旬	亚油酸含量（%）：7.80
叶尖形状：渐尖	果　　形：圆球形	亚麻酸含量（%）：0.40
叶基形状：楔形	果皮颜色：青色	硬脂酸含量（%）：1.50
平均叶长（cm）：5.92	平均叶宽（cm）：3.00	棕榈酸含量（%）：8.80

125　皖徽1号

资源编号：341004_010_0006	归属物种：*Camellia oleifera* Abel
资源类型：选育资源（良种）	主要用途：油用栽培，遗传育种材料
保存地点：安徽省黄山市徽州区	保存方式：原地保护，异地保存

性状特征

特异性：高产果量，高出籽率

树　姿：开张	盛花期：10月中旬	果面特征：光滑
嫩枝绒毛：有	花瓣颜色：白色	平均单果重（g）：28.67
芽鳞颜色：黄绿色	萼片绒毛：有	鲜出籽率（%）：50.40
芽绒毛：有	雌雄蕊相对高度：雄高	种皮颜色：棕褐色
嫩叶颜色：黄绿色	花柱裂位：浅裂	种仁含油率（%）：42.10
老叶颜色：中绿色	柱头裂数：3	
叶　形：椭圆形	子房绒毛：有	油酸含量（%）：83.20
叶缘特征：波状	果熟日期：10月中旬	亚油酸含量（%）：5.90
叶尖形状：钝尖	果　形：卵球形	亚麻酸含量（%）：0.20
叶基形状：近圆形	果皮颜色：鲜红色	硬脂酸含量（%）：1.90
平均叶长（cm）：5.98	平均叶宽（cm）：3.04	棕榈酸含量（%）：8.20

126

皖祁1号

资源编号：341024_010_0001	归属物种：*Camellia oleifera* Abel	
资源类型：选育资源（良种）	主要用途：油用栽培，遗传育种材料	
保存地点：安徽省黄山市祁门县	保存方式：原地保护，异地保存	

性 状 特 征

特 异 性：高产果量，高出籽率		
树　　姿：半开张	盛 花 期：10月下旬	果面特征：光滑
嫩枝绒毛：有	花瓣颜色：白色	平均单果重（g）：26.54
芽鳞颜色：黄绿色	萼片绒毛：有	鲜出籽率（%）：55.61
芽 绒 毛：有	雌雄蕊相对高度：雄高	种皮颜色：棕褐色
嫩叶颜色：中绿色	花柱裂位：浅裂	种仁含油率（%）：42.10
老叶颜色：中绿色	柱头裂数：3	
叶　　形：长椭圆形	子房绒毛：有	油酸含量（%）：82.20
叶缘特征：波状	果熟日期：10月下旬	亚油酸含量（%）：7.30
叶尖形状：渐尖	果　　形：圆球形	亚麻酸含量（%）：0.20
叶基形状：楔形	果皮颜色：大红色	硬脂酸含量（%）：1.20
平均叶长（cm）：6.04	平均叶宽（cm）：3.10	棕榈酸含量（%）：8.60

127

凤阳4号

资源编号：341126_010_0004	归属物种：*Camellia oleifera* Abel	
资源类型：选育资源（良种）	主要用途：油用栽培，遗传育种材料	
保存地点：安徽省滁州市凤阳县	保存方式：原地保护，异地保存	

性 状 特 征

特 异 性：高产果量，高出籽率		
树　　姿：半开张	盛 花 期：10月下旬	果面特征：光滑
嫩枝绒毛：有	花瓣颜色：白色	平均单果重（g）：22.60
芽鳞颜色：黄绿色	萼片绒毛：有	鲜出籽率（%）：53.72
芽绒毛：有	雌雄蕊相对高度：雄高	种皮颜色：—
嫩叶颜色：红色	花柱裂位：浅裂	种仁含油率（%）：47.70
老叶颜色：黄绿色	柱头裂数：3	
叶　　形：披针形	子房绒毛：有	油酸含量（%）：81.30
叶缘特征：波状	果熟日期：10月下旬	亚油酸含量（%）：9.80
叶尖形状：渐尖	果　　形：圆球形	亚麻酸含量（%）：—
叶基形状：楔形	果皮颜色：红色	硬脂酸含量（%）：—
平均叶长（cm）：5.98	平均叶宽（cm）：3.06	棕榈酸含量（%）：—

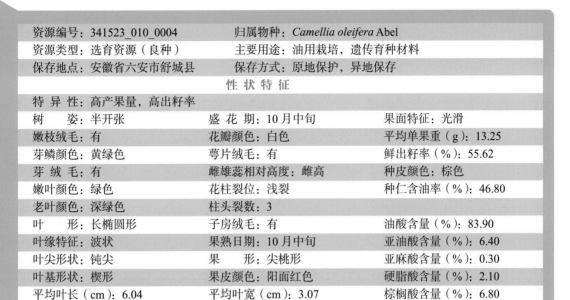

资源编号：341523_010_0004	归属物种：*Camellia oleifera* Abel	
资源类型：选育资源（良种）	主要用途：油用栽培，遗传育种材料	
保存地点：安徽省六安市舒城县	保存方式：原地保护，异地保存	

性 状 特 征

特 异 性：高产果量，高出籽率

树　　姿：半开张	盛 花 期：10月中旬	果面特征：光滑
嫩枝绒毛：有	花瓣颜色：白色	平均单果重（g）：13.25
芽鳞颜色：黄绿色	萼片绒毛：有	鲜出籽率（%）：55.62
芽 绒 毛：有	雌雄蕊相对高度：雌高	种皮颜色：棕色
嫩叶颜色：绿色	花柱裂位：浅裂	种仁含油率（%）：46.80
老叶颜色：深绿色	柱头裂数：3	
叶　　形：长椭圆形	子房绒毛：有	油酸含量（%）：83.90
叶缘特征：波状	果熟日期：10月中旬	亚油酸含量（%）：6.40
叶尖形状：钝尖	果　　形：尖桃形	亚麻酸含量（%）：0.30
叶基形状：楔形	果皮颜色：阳面红色	硬脂酸含量（%）：2.10
平均叶长（cm）：6.04	平均叶宽（cm）：3.07	棕榈酸含量（%）：6.80

129

绩溪2号

资源编号：341824_010_0002	归属物种：*Camellia oleifera* Abel
资源类型：选育资源（良种）	主要用途：油用栽培，遗传育种材料
保存地点：安徽省宣城市绩溪县	保存方式：原地保护，异地保存

性 状 特 征

特 异 性：高产果量，高出籽率

树　姿：直立	盛 花 期：10月下旬	果面特征：光滑
嫩枝绒毛：有	花瓣颜色：白色	平均单果重（g）：26.71
芽鳞颜色：黄绿色	萼片绒毛：有	鲜出籽率（%）：54.74
芽 绒 毛：有	雌雄蕊相对高度：雄高	种皮颜色：棕褐色
嫩叶颜色：黄绿色	花柱裂位：浅裂	种仁含油率（%）：47.90
老叶颜色：中绿色	柱头裂数：3	
叶　形：椭圆形	子房绒毛：有	油酸含量（%）：81.60
叶缘特征：波状	果熟日期：10月中旬	亚油酸含量（%）：7.30
叶尖形状：钝尖	果　形：鸡心形	亚麻酸含量（%）：0.20
叶基形状：近圆形	果皮颜色：青中透红	硬脂酸含量（%）：2.10
平均叶长（cm）：6.18	平均叶宽（cm）：3.16	棕榈酸含量（%）：8.20

130

皖宁3号

资源编号：341881_010_0003	归属物种：*Camellia oleifera* Abel
资源类型：选育资源（良种）	主要用途：油用栽培，遗传育种材料
保存地点：安徽省宣城市宁国市	保存方式：原地保护，异地保存

性 状 特 征

特 异 性：高产果量，高出籽率

树　　姿：开张	盛 花 期：10月中旬	果面特征：光滑
嫩枝绒毛：有	花瓣颜色：白色	平均单果重（g）：18.16
芽鳞颜色：绿色	萼片绒毛：有	鲜出籽率（%）：50.28
芽 绒 毛：无	雌雄蕊相对高度：雄高	种皮颜色：棕褐色
嫩叶颜色：黄绿色	花柱裂位：浅裂	种仁含油率（%）：42.50
老叶颜色：绿色	柱头裂数：3	
叶　　形：椭圆形	子房绒毛：有	油酸含量（%）：80.30
叶缘特征：波状	果熟日期：10月下旬	亚油酸含量（%）：8.80
叶尖形状：钝尖	果　　形：圆球形	亚麻酸含量（%）：0.30
叶基形状：楔形	果皮颜色：青色	硬脂酸含量（%）：1.40
平均叶长（cm）：6.00	平均叶宽（cm）：3.08	棕榈酸含量（%）：8.70

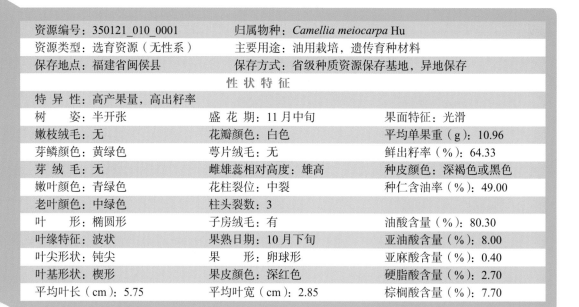

资源编号：350121_010_0001	归属物种：*Camellia meiocarpa* Hu
资源类型：选育资源（无性系）	主要用途：油用栽培，遗传育种材料
保存地点：福建省闽侯县	保存方式：省级种质资源保存基地，异地保存

性 状 特 征

特 异 性：高产果量，高出籽率

树　　姿：半开张	盛 花 期：11月中旬	果面特征：光滑
嫩枝绒毛：无	花瓣颜色：白色	平均单果重（g）：10.96
芽鳞颜色：黄绿色	萼片绒毛：无	鲜出籽率（%）：64.33
芽绒毛：无	雌雄蕊相对高度：雄高	种皮颜色：深褐色或黑色
嫩叶颜色：青绿色	花柱裂位：中裂	种仁含油率（%）：49.00
老叶颜色：中绿色	柱头裂数：3	
叶　　形：椭圆形	子房绒毛：有	油酸含量（%）：80.30
叶缘特征：波状	果熟日期：10月下旬	亚油酸含量（%）：8.00
叶尖形状：钝尖	果　　形：卵球形	亚麻酸含量（%）：0.40
叶基形状：楔形	果皮颜色：深红色	硬脂酸含量（%）：2.70
平均叶长（cm）：5.75	平均叶宽（cm）：2.85	棕榈酸含量（%）：7.70

资源编号 131 闽龙742

132

羊屎茶

资源编号：350722_010_0001	归属物种：*Camellia meiocarpa* Hu	
资源类型：选育资源（地方品种）	主要用途：油用栽培，遗传育种材料	
保存地点：福建省浦城县	保存方式：原地保护；省级种质资源保存基地，异地保存	

性 状 特 征

特 异 性：高产果量，高出籽率		
树　　姿：开张或半开张	盛 花 期：10月下旬至11月中旬	果面特征：光滑
嫩枝绒毛：无	花瓣颜色：白色	平均单果重（g）：4.84
芽鳞颜色：黄色、绿色	萼片绒毛：无	鲜出籽率（%）：65.01
芽 绒 毛：无	雌雄蕊相对高度：雌高	种皮颜色：褐色、深褐色
嫩叶颜色：红色、青绿色	花柱裂位：浅裂、中裂、深裂	种仁含油率（%）：48.80
老叶颜色：中绿色、深绿色	柱头裂数：4	
叶　　形：椭圆形、长椭圆形	子房绒毛：有	油酸含量（%）：80.30
叶缘特征：平或波状	果熟日期：10月下旬	亚油酸含量（%）：7.40
叶尖形状：钝尖或渐尖	果　　形：球形、卵球形、椭球形	亚麻酸含量（%）：0.20
叶基形状：楔形	果皮颜色：红色、黄色、青色、红青色	硬脂酸含量（%）：2.00
平均叶长（cm）：5.65	平均叶宽（cm）：2.50	棕榈酸含量（%）：7.80

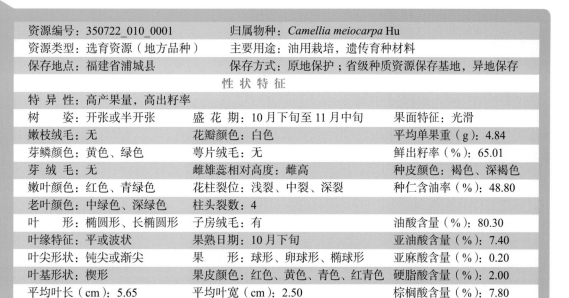

133

普油 I 赣林所 364

资源编号：360111_010_0028		归属物种：*Camellia oleifera* Abel
资源类型：选育资源（无性系）		主要用途：油用栽培，遗传育种材料
保存地点：江西省南昌市青山湖区		保存方式：国家级种质资源保存基地，异地保存

性 状 特 征

特 异 性：高产果量，高出籽率

树　姿：开张	盛 花 期：11月中旬	果面特征：凹凸
嫩枝绒毛：有	花瓣颜色：白色	平均单果重（g）：26.28
芽鳞颜色：绿色	萼片绒毛：有	鲜出籽率（%）：53.37
芽绒毛：有	雌雄蕊相对高度：等高	种皮颜色：棕褐色
嫩叶颜色：绿色	花柱裂位：中裂	种仁含油率（%）：26.40
老叶颜色：深绿色	柱头裂数：3	
叶　形：椭圆形	子房绒毛：有	油酸含量（%）：82.00
叶缘特征：波状	果熟日期：10月下旬	亚油酸含量（%）：1.70
叶尖形状：圆尖	果　形：扁圆球形	亚麻酸含量（%）：—
叶基形状：楔形	果皮颜色：黄棕色	硬脂酸含量（%）：2.40
平均叶长（cm）：5.57	平均叶宽（cm）：3.77	棕榈酸含量（%）：11.30

普油－赣林所147

资源编号：360111_010_0039	归属物种：*Camellia oleifera* Abel	
资源类型：选育资源（无性系）	主要用途：油用栽培，遗传育种材料	
保存地点：江西省南昌市青山湖区	保存方式：国家级种质资源保存基地，异地保存	

性 状 特 征

特 异 性：高产果量，高出籽率

树　　姿：直立	盛 花 期：11月下旬	果面特征：光滑
嫩枝绒毛：有	花瓣颜色：白色	平均单果重（g）：24.28
芽鳞颜色：黄绿色	萼片绒毛：有	鲜出籽率（%）：50.15
芽 绒 毛：有	雌雄蕊相对高度：等高	种皮颜色：褐色
嫩叶颜色：红色	花柱裂位：中裂	种仁含油率（%）：41.90
老叶颜色：深绿色	柱头裂数：4	
叶　　形：椭圆形	子房绒毛：有	油酸含量（%）：84.10
叶缘特征：波状	果熟日期：10月下旬	亚油酸含量（%）：4.10
叶尖形状：渐尖	果　　形：卵球形	亚麻酸含量（%）：—
叶基形状：楔形	果皮颜色：青色	硬脂酸含量（%）：2.10
平均叶长（cm）：6.03	平均叶宽（cm）：2.86	棕榈酸含量（%）：8.60

135

普油－赣林典青1

资源编号：360111_010_0067		归属物种：*Camellia oleifera* Abel
资源类型：选育资源（无性系）		主要用途：油用栽培，遗传育种材料
保存地点：江西省南昌市青山湖区		保存方式：国家级种质资源保存基地，异地保存

性 状 特 征

特 异 性：高产果量，高出籽率

树　　姿：半开张	盛 花 期：11月中旬	果面特征：光滑
嫩枝绒毛：有	花瓣颜色：白色	平均单果重（g）：16.92
芽鳞颜色：玉白色	萼片绒毛：有	鲜出籽率（%）：51.65
芽绒毛：无	雌雄蕊相对高度：雌高	种皮颜色：褐色
嫩叶颜色：绿色	花柱裂位：深裂	种仁含油率（%）：45.50
老叶颜色：中绿色	柱头裂数：3	油酸含量（%）：80.30
叶　　形：长椭圆形	子房绒毛：有	亚油酸含量（%）：0.70
叶缘特征：波状	果熟日期：10月下旬	亚麻酸含量（%）：—
叶尖形状：渐尖	果　　形：卵球形	硬脂酸含量（%）：4.00
叶基形状：楔形	果皮颜色：黄棕色	棕榈酸含量（%）：11.70
平均叶长（cm）：7.55	平均叶宽（cm）：2.60	

136

赣无1

资源编号：360111_010_0073		归属物种：*Camellia oleifera* Abel
资源类型：选育资源（良种）		主要用途：油用栽培，遗传育种材料
保存地点：江西省南昌市青山湖区		保存方式：国家级种质资源保存基地，异地保存

性 状 特 征

特 异 性：高产果量，高出籽率

树　　姿：直立	盛 花 期：11月中旬	果面特征：光滑
嫩枝绒毛：有	花瓣颜色：淡红色	平均单果重（g）：10.72
芽鳞颜色：黄绿色	萼片绒毛：有	鲜出籽率（%）：53.78
芽 绒 毛：有	雌雄蕊相对高度：雌高	种皮颜色：棕褐色
嫩叶颜色：绿色	花柱裂位：浅裂	种仁含油率（%）：46.20
老叶颜色：中绿色	柱头裂数：3	
叶　　形：长椭圆形	子房绒毛：有	油酸含量（%）：84.80
叶缘特征：波状	果熟日期：10月下旬	亚油酸含量（%）：0.80
叶尖形状：渐尖	果　　形：卵球形	亚麻酸含量（%）：—
叶基形状：楔形	果皮颜色：红色	硬脂酸含量（%）：2.80
平均叶长（cm）：6.27	平均叶宽（cm）：2.96	棕榈酸含量（%）：9.50

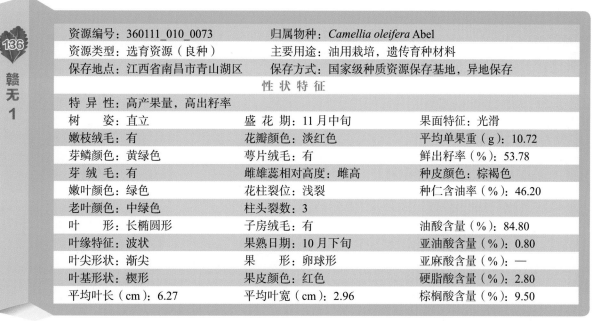

137

赣永6

资源编号：360111_010_0090	归属物种：*Camellia oleifera* Abel	
资源类型：选育资源（良种）	主要用途：油用栽培，遗传育种材料	
保存地点：江西省南昌市青山湖区	保存方式：国家级种质资源保存基地，异地保存	

性 状 特 征

特 异 性：高产果量，高出籽率		
树　　姿：半开张	盛 花 期：11月中旬	果面特征：光滑
嫩枝绒毛：有	花瓣颜色：白色	平均单果重（g）：13.65
芽鳞颜色：玉白色	萼片绒毛：有	鲜出籽率（%）：56.41
芽 绒 毛：有	雌雄蕊相对高度：等高	种皮颜色：褐色
嫩叶颜色：绿色	花柱裂位：浅裂	种仁含油率（%）：45.50
老叶颜色：中绿色	柱头裂数：3	
叶　　形：长椭圆形	子房绒毛：有	油酸含量（%）：84.90
叶缘特征：波状	果熟日期：10月下旬	亚油酸含量（%）：1.00
叶尖形状：钝尖	果　　形：扁圆球形	亚麻酸含量（%）：—
叶基形状：楔形	果皮颜色：黄棕色	硬脂酸含量（%）：2.80
平均叶长（cm）：6.04	平均叶宽（cm）：3.24	棕榈酸含量（%）：8.70

138

普油－赣林宜布芽变2号

资源编号：360111_010_0145	归属物种：*Camellia oleifera* Abel	
资源类型：选育资源（无性系）	主要用途：油用栽培，遗传育种材料	
保存地点：江西省南昌市青山湖区	保存方式：国家级种质资源保存基地，异地保存	

性 状 特 征

特 异 性：高产果量，高出籽率		
树 姿：开张	盛 花 期：3月下旬	果面特征：光滑
嫩枝绒毛：有	花瓣颜色：淡红色	平均单果重（g）：12.78
芽鳞颜色：绿色	萼片绒毛：无	鲜出籽率（%）：65.36
芽 绒 毛：有	雌雄蕊相对高度：雄高	种皮颜色：棕褐色
嫩叶颜色：红色	花柱裂位：浅裂	种仁含油率（%）：46.10
老叶颜色：中绿色	柱头裂数：3	
叶 形：长椭圆形	子房绒毛：无	油酸含量（%）：82.90
叶缘特征：波状	果熟日期：10月下旬	亚油酸含量（%）：0.60
叶尖形状：渐尖	果 形：椭球形	亚麻酸含量（%）：—
叶基形状：楔形	果皮颜色：黄棕色	硬脂酸含量（%）：4.50
平均叶长（cm）：9.28	平均叶宽（cm）：3.37	棕榈酸含量（%）：8.90

139

普油－赣林农家3号

资源编号：360111_010_0159	归属物种：*Camellia oleifera* Abel
资源类型：选育资源（无性系）	主要用途：油用栽培，遗传育种材料
保存地点：江西省南昌市青山湖区	保存方式：国家级种质资源保存基地，异地保存

性 状 特 征

特 异 性：高产果量，高出籽率

树　　姿：直立	盛 花 期：11月上旬	果面特征：光滑
嫩枝绒毛：有	花瓣颜色：白色	平均单果重（g）：6.19
芽鳞颜色：黄绿色	萼片绒毛：有	鲜出籽率（%）：59.21
芽绒毛：有	雌雄蕊相对高度：等高	种皮颜色：棕褐色
嫩叶颜色：绿色	花柱裂位：浅裂	种仁含油率（%）：47.60
老叶颜色：深绿色	柱头裂数：4	
叶　　形：长椭圆形	子房绒毛：有	油酸含量（%）：75.90
叶缘特征：波状	果熟日期：10月上中旬	亚油酸含量（%）：0.30
叶尖形状：钝尖	果　　形：卵球形	亚麻酸含量（%）：—
叶基形状：楔形	果皮颜色：青色	硬脂酸含量（%）：3.30
平均叶长（cm）：6.26	平均叶宽（cm）：2.40	棕榈酸含量（%）：11.60

140

普油－赣林农家4号

资源编号：360111_010_0160	归属物种：*Camellia oleifera* Abel	
资源类型：选育资源（无性系）	主要用途：油用栽培，遗传育种材料	
保存地点：江西省南昌市青山湖区	保存方式：国家级种质资源保存基地，异地保存	

性 状 特 征

特 异 性：高产果量，高出籽率		
树　　姿：半开张	盛 花 期：11月中旬	果面特征：光滑
嫩枝绒毛：有	花瓣颜色：白色	平均单果重（g）：6.14
芽鳞颜色：玉白色	萼片绒毛：有	鲜出籽率（%）：59.82
芽 绒 毛：无	雌雄蕊相对高度：雌高	种皮颜色：棕褐色
嫩叶颜色：绿色	花柱裂位：中裂	种仁含油率（%）：43.10
老叶颜色：中绿色	柱头裂数：3	
叶　　形：椭圆形	子房绒毛：有	油酸含量（%）：80.40
叶缘特征：波状	果熟日期：10月上旬	亚油酸含量（%）：0.40
叶尖形状：钝尖	果　　形：卵球形	亚麻酸含量（%）：—
叶基形状：楔形	果皮颜色：青色	硬脂酸含量（%）：3.20
平均叶长（cm）：7.51	平均叶宽（cm）：3.05	棕榈酸含量（%）：9.70

141

普油－赣林农家8号

资源编号：360111_010_0164		归属物种：*Camellia oleifera* Abel
资源类型：选育资源（无性系）		主要用途：油用栽培，遗传育种材料
保存地点：江西省南昌市青山湖区		保存方式：国家级种质资源保存基地，异地保存

性 状 特 征

特 异 性：高产果量，高出籽率

树　　姿：半开张	盛 花 期：11月中旬	果面特征：光滑
嫩枝绒毛：有	花瓣颜色：白色	平均单果重（g）：24.58
芽鳞颜色：玉白色	萼片绒毛：有	鲜出籽率（%）：51.36
芽绒毛：无	雌雄蕊相对高度：雄高	种皮颜色：棕色
嫩叶颜色：绿色	花柱裂位：浅裂	种仁含油率（%）：46.80
老叶颜色：中绿色	柱头裂数：3	油酸含量（%）：80.90
叶　　形：长椭圆形	子房绒毛：有	亚油酸含量（%）：0.50
叶缘特征：波状	果熟日期：10月中旬	亚麻酸含量（%）：—
叶尖形状：钝尖	果　　形：卵球形	硬脂酸含量（%）：4.70
叶基形状：楔形	果皮颜色：青色	棕榈酸含量（%）：9.80
平均叶长（cm）：8.17	平均叶宽（cm）：2.71	

142

普油—赣林农家9号

资源编号：360111_010_0165	归属物种：*Camellia oleifera* Abel	
资源类型：选育资源（无性系）	主要用途：油用栽培，遗传育种材料	
保存地点：江西省南昌市青山湖区	保存方式：国家级种质资源保存基地，异地保存	

性　状　特　征

特 异 性：高产果量，高出籽率

树　　姿：直立	盛花期：11月上旬	果面特征：光滑
嫩枝绒毛：有	花瓣颜色：白色	平均单果重（g）：7.72
芽鳞颜色：玉白色	萼片绒毛：有	鲜出籽率（%）：51.85
芽 绒 毛：无	雌雄蕊相对高度：等高	种皮颜色：棕褐色
嫩叶颜色：红色	花柱裂位：全裂	种仁含油率（%）：50.00
老叶颜色：深绿色	柱头裂数：3	
叶　　形：长椭圆形	子房绒毛：有	油酸含量（%）：82.30
叶缘特征：波状	果熟日期：10月上旬	亚油酸含量（%）：1.90
叶尖形状：渐尖	果　　形：卵球形	亚麻酸含量（%）：—
叶基形状：楔形	果皮颜色：红色	硬脂酸含量（%）：3.40
平均叶长（cm）：9.14	平均叶宽（cm）：3.16	棕榈酸含量（%）：9.80

143

资源编号：360111_010_0029	归属物种：*Camellia oleifera* Abel
资源类型：选育资源（无性系）	主要用途：油用栽培，遗传育种材料
保存地点：江西省南昌市青山湖区	保存方式：国家级种质资源保存基地，异地保存

性 状 特 征

特 异 性：高产果量，高出籽率

树　　姿：开张	平均叶长（cm）：5.61	平均叶宽（cm）：3.57
嫩枝绒毛：有	叶基形状：楔形	果熟日期：10 月下旬
芽绒毛：有	盛花期：11 月下旬	果　　形：卵球形
芽鳞颜色：玉白色	花瓣颜色：白色	果皮颜色：青色
嫩叶颜色：绿色	萼片绒毛：有	果面特征：糠秕
老叶颜色：黄绿色	雌雄蕊相对高度：雌高	平均单果重（g）：16.17
叶　　形：长椭圆形	花柱裂位：深裂	种皮颜色：黑色
叶缘特征：波状	柱头裂数：1	鲜出籽率（%）：50.77
叶尖形状：渐尖	子房绒毛：有	

144

渝林 A1

资源编号：500241_010_0001		归属物种：*Camellia oleifera* Abel
资源类型：选育资源（良种）		主要用途：油用栽培，遗传育种材料
保存地点：重庆市秀山土家族苗族自治县		保存方式：原地保护，异地保存

性 状 特 征

特 异 性：高产果量，高出籽率

树　姿：半开张	盛 花 期：10 月中旬	果面特征：光滑
嫩枝绒毛：有	花瓣颜色：白色	平均单果重（g）：15.33
芽鳞颜色：黄绿色	萼片绒毛：有	鲜出籽率（%）：58.32
芽 绒 毛：有	雌雄蕊相对高度：等高	种皮颜色：褐色或棕褐色
嫩叶颜色：红色	花柱裂位：中裂	种仁含油率（%）：50.00
老叶颜色：中绿色	柱头裂数：3	
叶　形：长椭圆形	子房绒毛：有	油酸含量（%）：0.80
叶缘特征：平	果熟日期：9 月中旬	亚油酸含量（%）：0.10
叶尖形状：钝尖	果　形：圆球形	亚麻酸含量（%）：—
叶基形状：近圆形	果皮颜色：红色或青色	硬脂酸含量（%）：—
平均叶长（cm）：7.28	平均叶宽（cm）：4.25	棕榈酸含量（%）：—

145

渝林
K
5

资源编号：500243_010_0017		归属物种：*Camellia oleifera* Abel
资源类型：选育资源（良种）		主要用途：油用栽培，遗传育种材料
保存地点：重庆市彭水苗族土家族自治县		保存方式：原地保护，异地保存

性 状 特 征

特 异 性：高产果量，高出籽率

树　　姿：半开张	盛 花 期：11 月下旬	果面特征：光滑
嫩枝绒毛：有	花瓣颜色：白色	平均单果重（g）：6.40
芽鳞颜色：黄绿色	萼片绒毛：有	鲜出籽率（%）：60.94
芽 绒 毛：有	雌雄蕊相对高度：雌高	种皮颜色：褐色
嫩叶颜色：红色	花柱裂位：全裂	种仁含油率（%）：50.00
老叶颜色：中绿色	柱头裂数：4	
叶　　形：长椭圆形	子房绒毛：有	油酸含量（%）：0.80
叶缘特征：平	果熟日期：10 月中旬	亚油酸含量（%）：0.10
叶尖形状：渐尖	果　　形：卵球形	亚麻酸含量（%）：—
叶基形状：楔形	果皮颜色：红色	硬脂酸含量（%）：—
平均叶长（cm）：7.94	平均叶宽（cm）：3.36	棕榈酸含量（%）：—

146

渝林
A
4

资源编号：500241_010_0009	归属物种：*Camellia oleifera* Abel
资源类型：选育资源（良种）	主要用途：油用栽培，遗传育种材料
保存地点：重庆市秀山土家族苗族自治县	保存方式：原地保护，异地保存

性 状 特 征

特 异 性：高产果量，高出籽率		
树　　姿：开张	平均叶长（cm）：4.80	平均叶宽（cm）：2.55
嫩枝绒毛：有	叶基形状：近圆形	果熟日期：10月上旬
芽绒毛：有	盛花期：10月中旬	果　　形：卵球形或球形
芽鳞颜色：黄绿色	花瓣颜色：白色	果皮颜色：红色或褐色
嫩叶颜色：红色	萼片绒毛：有	果面特征：光滑
老叶颜色：黄绿色	雌雄蕊相对高度：雌高	平均单果重（g）：3.10
叶　　形：近圆形	花柱裂位：中裂	种皮颜色：黑色或褐色
叶缘特征：平	柱头裂数：3	鲜出籽率（%）：54.52
叶尖形状：圆尖	子房绒毛：有毛	

147

易梅普通油茶优良无性系

资源编号：530425_010_0001	归属物种：*Camellia oleifera* Abel	
资源类型：选育资源（良种）	主要用途：油用栽培，遗传育种材料	
保存地点：云南省易门县	保存方式：原地保护，异地保存	

性 状 特 征

特异性：高产果量，高出籽率		
树　姿：开张	盛花期：11月上旬	果面特征：光滑
嫩枝绒毛：有	花瓣颜色：白色	平均单果重（g）：27.03
芽鳞颜色：绿色	萼片绒毛：有	鲜出籽率（%）：54.31
芽绒毛：有	雌雄蕊相对高度：雄高	种皮颜色：黑色
嫩叶颜色：红色	花柱裂位：浅裂	种仁含油率（%）：48.80
老叶颜色：中绿色	柱头裂数：3	
叶　形：椭圆形	子房绒毛：有	油酸含量（%）：82.60
叶缘特征：平	果熟日期：10月中旬	亚油酸含量（%）：6.80
叶尖形状：渐尖	果　形：扁圆球形	亚麻酸含量（%）：—
叶基形状：近圆形	果皮颜色：青红色	硬脂酸含量（%）：1.60
平均叶长（cm）：5.60	平均叶宽（cm）：3.00	棕榈酸含量（%）：7.40

148

云油茶红河2号

资源编号：532524_010_0001	归属物种：*Camellia oleifera* Abel	
资源类型：选育资源（良种）	主要用途：油用栽培，遗传育种材料	
保存地点：云南省建水县	保存方式：原地保护，异地保存	

性 状 特 征

特 异 性：高产果量，高出籽率		
树　　姿：开张	盛 花 期：11月中旬	果面特征：光滑
嫩枝绒毛：有	花瓣颜色：白色	平均单果重（g）：25.53
芽鳞颜色：黄绿色	萼片绒毛：有	鲜出籽率（%）：69.17
芽绒毛：有	雌雄蕊相对高度：雌高	种皮颜色：黑色
嫩叶颜色：绿色	花柱裂位：浅裂	种仁含油率（%）：48.00
老叶颜色：中绿色	柱头裂数：3	
叶　　形：椭圆形	子房绒毛：有	油酸含量（%）：79.70
叶缘特征：平	果熟日期：10月中旬	亚油酸含量（%）：9.60
叶尖形状：渐尖	果　　形：圆球形	亚麻酸含量（%）：0.60
叶基形状：楔形	果皮颜色：红色	硬脂酸含量（%）：1.20
平均叶长（cm）：5.83	平均叶宽（cm）：2.65	棕榈酸含量（%）：8.10

149

云油茶红河4号

资源编号：532530_010_0004		归属物种：*Camellia oleifera* Abel	
资源类型：选育资源（良种）		主要用途：油用栽培，遗传育种材料	
保存地点：云南省金平苗族傣族自治县		保存方式：原地保护，异地保存	

性 状 特 征

特 异 性：高产果量，高出籽率		
树　　姿：开张	盛 花 期：11月中旬	果面特征：光滑
嫩枝绒毛：有	花瓣颜色：白色	平均单果重（g）：24.22
芽鳞颜色：黄绿色	萼片绒毛：有	鲜出籽率（%）：62.76
芽 绒 毛：有	雌雄蕊相对高度：雄高	种皮颜色：黑色
嫩叶颜色：绿色	花柱裂位：中裂	种仁含油率（%）：48.00
老叶颜色：中绿色	柱头裂数：3	
叶　　形：披针形	子房绒毛：有	油酸含量（%）：73.10
叶缘特征：平	果熟日期：10月中旬	亚油酸含量（%）：12.80
叶尖形状：钝尖	果　　形：圆球形	亚麻酸含量（%）：1.00
叶基形状：楔形	果皮颜色：红色	硬脂酸含量（%）：1.10
平均叶长（cm）：6.60	平均叶宽（cm）：3.50	棕榈酸含量（%）：11.30

150

富宁油茶1号

资源编号：532628_010_0001	归属物种：*Camellia oleifera* Abel	
资源类型：选育资源（良种）	主要用途：油用栽培，遗传育种材料	
保存地点：云南省富宁县	保存方式：原地保护，异地保存	

性 状 特 征

特 异 性：高产果量，高出籽率		
树　　姿：开张	盛 花 期：11月上旬	果面特征：光滑
嫩枝绒毛：有	花瓣颜色：白色	平均单果重（g）：22.08
芽鳞颜色：黄绿色	萼片绒毛：有	鲜出籽率（%）：51.59
芽 绒 毛：有	雌雄蕊相对高度：雌高	种皮颜色：黑色
嫩叶颜色：绿色	花柱裂位：浅裂	种仁含油率（%）：48.10
老叶颜色：中绿色	柱头裂数：3	
叶　　形：长椭圆形	子房绒毛：有	油酸含量（%）：84.70
叶缘特征：平	果熟日期：10月中旬	亚油酸含量（%）：4.90
叶尖形状：渐尖	果　　形：圆球形	亚麻酸含量（%）：0.20
叶基形状：楔形	果皮颜色：红色	硬脂酸含量（%）：2.60
平均叶长（cm）：6.20	平均叶宽（cm）：3.40	棕榈酸含量（%）：6.70

151 德林油4号

资源编号：533122_010_0002	归属物种：*Camellia oleifera* Abel	
资源类型：选育资源（良种）	主要用途：油用栽培，遗传育种材料	
保存地点：云南省梁河县	保存方式：原地保护，异地保存	

性 状 特 征

特 异 性：高产果量，高出籽率

树　　姿：半开张	盛 花 期：11月	果面特征：光滑
嫩枝绒毛：有	花瓣颜色：白色	平均单果重（g）：22.34
芽鳞颜色：紫绿色	萼片绒毛：有	鲜出籽率（%）：53.22
芽绒毛：有	雌雄蕊相对高度：雌高	种皮颜色：棕褐色
嫩叶颜色：绿色	花柱裂位：中裂	种仁含油率（%）：50.00
老叶颜色：深绿色	柱头裂数：3	
叶　　形：长椭圆形	子房绒毛：有	油酸含量（%）：74.28
叶缘特征：平	果熟日期：10月中旬	亚油酸含量（%）：13.13
叶尖形状：钝尖	果　　形：倒卵球形	亚麻酸含量（%）：1.25
叶基形状：楔形	果皮颜色：红绿色	硬脂酸含量（%）：1.59
平均叶长（cm）：5.37	平均叶宽（cm）：3.35	棕榈酸含量（%）：8.28

152

小果油茶－黎平 2 号

资源编号：522631_010_0031	归属物种：*Camellia meiocarpa* Hu	
资源类型：选育资源（地方品种）	主要用途：油用栽培，遗传育种材料	
保存地点：贵州省黎平县	保存方式：原地保护，异地保存	

性 状 特 征

特 异 性：高产果量，高出籽率

树　　姿：半开张	平均叶长（cm）：5.92	平均叶宽（cm）：2.62
嫩枝绒毛：无	叶基形状：楔形	果熟日期：10 月中下旬
芽绒毛：无	盛花期：11 月上旬	果　　形：近圆球形
芽鳞颜色：黄绿色	花瓣颜色：白色	果皮颜色：青红色
嫩叶颜色：绿色	萼片绒毛：无	果面特征：光滑
老叶颜色：灰绿色	雌雄蕊相对高度：雌高或等高	平均单果重（g）：3.96
叶　　形：长椭圆形	花柱裂位：浅裂	种皮颜色：黑色
叶缘特征：平	柱头裂数：3	鲜出籽率（%）：64.90
叶尖形状：渐尖	子房绒毛：有	种仁含油率（%）：44.20

153

小果油茶－黎平3号

资源编号：522631_010_0032	归属物种：*Camellia meiocarpa* Hu
资源类型：选育资源（地方品种）	主要用途：油用栽培，遗传育种材料
保存地点：贵州省黎平县	保存方式：原地保护，异地保存

性 状 特 征

特 异 性：高产果量，高出籽率

树　　姿：开张	平均叶长（cm）：7.01	平均叶宽（cm）：3.38
嫩枝绒毛：无	叶基形状：楔形	果熟日期：10月中下旬
芽绒毛：无	盛 花 期：10月中旬	果　　形：近圆球形
芽鳞颜色：黄绿色	花瓣颜色：白色	果皮颜色：青红色
嫩叶颜色：绿色	萼片绒毛：无	果面特征：光滑
老叶颜色：灰绿色	雌雄蕊相对高度：雄高	平均单果重（g）：6.31
叶　　形：长椭圆形	花柱裂位：浅裂	种皮颜色：黑色
叶缘特征：平	柱头裂数：3	鲜出籽率（%）：61.49
叶尖形状：渐尖	子房绒毛：有	种仁含油率（%）：49.70

154

小果油茶—黎平5号

资源编号：522631_010_0034	归属物种：*Camellia meiocarpa* Hu	
资源类型：选育资源（地方品种）	主要用途：油用栽培，遗传育种材料	
保存地点：贵州省黎平县	保存方式：原地保护，异地保存	

性 状 特 征

特 异 性：高产果量，高出籽率		
树　　姿：开张	平均叶长（cm）：6.42	平均叶宽（cm）：3.38
嫩枝绒毛：无	叶基形状：近圆形	果熟日期：10月中下旬
芽 绒 毛：无	盛 花 期：12月中旬	果　　形：近圆球形
芽鳞颜色：黄绿色	花瓣颜色：白色	果皮颜色：青黄色
嫩叶颜色：绿色	萼片绒毛：无	果面特征：光滑
老叶颜色：灰绿色	雌雄蕊相对高度：雌高或等高	平均单果重（g）：5.14
叶　　形：长椭圆形	花柱裂位：浅裂	种皮颜色：黑色
叶缘特征：波状	柱头裂数：3	鲜出籽率（%）：61.87
叶尖形状：圆尖	子房绒毛：有	种仁含油率（%）：44.20

155

普通油茶－歙县"小青"群体

资源编号：341004_010_0013	归属物种：*Camellia oleifera* Abel	
资源类型：选育资源（地方品种）	主要用途：油用栽培，遗传育种材料	
保存地点：安徽省黄山市徽州区	保存方式：原地保护，异地保存	
性状特征		
特异性：高产果量，高出籽率		
树姿：半开张	平均叶长（cm）：6.00	平均叶宽（cm）：3.04
嫩枝绒毛：有	叶基形状：楔形	果熟日期：10月下旬
芽绒毛：有	盛花期：11月中旬	果形：橘形
芽鳞颜色：玉白色	花瓣颜色：白色	果皮颜色：红色
嫩叶颜色：绿色	萼片绒毛：有	果面特征：光滑
老叶颜色：深绿色	雌雄蕊相对高度：雄高	平均单果重（g）：8.73
叶形：椭圆形	花柱裂位：浅裂	种皮颜色：黑色
叶缘特征：波状	柱头裂数：3	鲜出籽率（%）：55.10
叶尖形状：渐尖	子房绒毛：有	

（12）具高产果量、高含油率资源

156
亚林普油Ⅰ2008Ⅰ145号

资源编号：330702_010_0057		归属物种：*Camellia oleifera* Abel	
资源类型：选育资源（无性系）		主要用途：油用栽培，遗传育种材料	
保存地点：浙江省金华市婺城区		保存方式：国家油茶良种基地，异地保存	
性 状 特 征			
特 异 性：高产果量，高含油率			
树　姿：半开张	盛 花 期：10月下旬	果面特征：斑块状糠秕	
嫩枝绒毛：有	花瓣颜色：白色	平均单果重（g）：21.42	
芽鳞颜色：绿色	萼片绒毛：有	鲜出籽率（%）：41.04	
芽 绒 毛：有	雌雄蕊相对高度：雄高	种皮颜色：棕褐色	
嫩叶颜色：黄绿色	花柱裂位：浅裂	种仁含油率（%）：51.55	
老叶颜色：深绿色	柱头裂数：3	油酸含量（%）：81.80	
叶　形：椭圆形	子房绒毛：有	亚油酸含量（%）：6.20	
叶缘特征：平	果熟日期：10月中旬	亚麻酸含量（%）：0.20	
叶尖形状：渐尖	果　形：倒卵球形	硬脂酸含量（%）：2.30	
叶基形状：楔形	果皮颜色：青黄色	棕榈酸含量（%）：9.00	
平均叶长（cm）：6.81	平均叶宽（cm）：2.91		

157 普油－衡东大桃

资源编号：330825_010_0048	归属物种：*Camellia oleifera* Abel
资源类型：选育资源（无性系）	主要用途：油用栽培，遗传育种材料
保存地点：浙江省龙游区	保存方式：省级种质资源保存基地，异地保存

性 状 特 征

特异性：高产果量，高含油率

树　姿：直立	盛花期：11月上旬	果面特征：有棱
嫩枝绒毛：有	花瓣颜色：白色	平均单果重（g）：25.42
芽鳞颜色：绿色	萼片绒毛：有	鲜出籽率（%）：28.05
芽绒毛：有	雌雄蕊相对高度：雄高	种皮颜色：褐色
嫩叶颜色：中绿色	花柱裂位：浅裂	种仁含油率（%）：50.67
老叶颜色：深绿色	柱头裂数：3	油酸含量（%）：80.77
叶　形：近圆形	子房绒毛：有	亚油酸含量（%）：7.07
叶缘特征：平	果熟日期：10月中下旬	亚麻酸含量（%）：0.22
叶尖形状：钝尖	果　形：卵球形	硬脂酸含量（%）：2.05
叶基形状：近圆形	果皮颜色：青色	棕榈酸含量（%）：9.27
平均叶长（cm）：5.50	平均叶宽（cm）：3.10	

158

黄山4号

资源编号：341004_010_0004	归属物种：*Camellia oleifera* Abel	
资源类型：选育资源（良种）	主要用途：油用栽培，遗传育种材料	
保存地点：安徽省黄山市徽州区	保存方式：省级种质资源保存基地，异地保存	

性 状 特 征

特 异 性：高产果量，高含油率		
树　姿：半开张	盛 花 期：10月下旬	果面特征：光滑
嫩枝绒毛：有	花瓣颜色：白色	平均单果重（g）：21.80
芽鳞颜色：黄绿色	萼片绒毛：有	鲜出籽率（%）：49.82
芽 绒 毛：有	雌雄蕊相对高度：雄高	种皮颜色：棕褐色
嫩叶颜色：绿色	花柱裂位：中裂	种仁含油率（%）：50.00
老叶颜色：中绿色	柱头裂数：3	
叶　形：长椭圆形	子房绒毛：有	油酸含量（%）：84.20
叶缘特征：波状	果熟日期：10月中旬	亚油酸含量（%）：5.20
叶尖形状：渐尖	果　形：椭球形或卵球形	亚麻酸含量（%）：0.30
叶基形状：楔形	果皮颜色：黄红色	硬脂酸含量（%）：2.10
平均叶长（cm）：6.07	平均叶宽（cm）：3.07	棕榈酸含量（%）：7.70

159

皖徽 3 号

资源编号：341004_010_0008		归属物种：*Camellia oleifera* Abel
资源类型：选育资源（良种）		主要用途：油用栽培，遗传育种材料
保存地点：安徽省黄山市徽州区		保存方式：省级种质资源保存基地，异地保存
性 状 特 征		
特 异 性：高产果量，高含油率		
树　姿：开张	盛花期：11 月上旬	果面特征：光滑
嫩枝绒毛：有	花瓣颜色：白色	平均单果重（g）：21.35
芽鳞颜色：黄绿色	萼片绒毛：有	鲜出籽率（%）：44.40
芽绒毛：有	雌雄蕊相对高度：雄高	种皮颜色：棕褐色
嫩叶颜色：黄绿色	花柱裂位：浅裂	种仁含油率（%）：49.40
老叶颜色：中绿色	柱头裂数：3	油酸含量（%）：81.70
叶　形：长椭圆形	子房绒毛：有	亚油酸含量（%）：7.00
叶缘特征：波状	果熟日期：10 月中旬	亚麻酸含量（%）：0.30
叶尖形状：渐尖	果　形：圆球形	硬脂酸含量（%）：1.90
叶基形状：近圆形	果皮颜色：泛红色	棕榈酸含量（%）：8.50
平均叶长（cm）：6.10	平均叶宽（cm）：3.10	

160

凤阳1号

资源编号：341126_010_0001	归属物种：*Camellia oleifera* Abel	
资源类型：选育资源（良种）	主要用途：油用栽培，遗传育种材料	
保存地点：安徽省滁州市凤阳县	保存方式：省级种质资源保存基地，异地保存	

性 状 特 征

特 异 性：高产果量，高含油率		
树　姿：半开张	盛花期：10月下旬	果面特征：光滑
嫩枝绒毛：有	花瓣颜色：白色	平均单果重（g）：23.12
芽鳞颜色：绿色	萼片绒毛：有	鲜出籽率（%）：45.59
芽绒毛：有	雌雄蕊相对高度：雄高	种皮颜色：黑色
嫩叶颜色：黄绿色	花柱裂位：浅裂	种仁含油率（%）：51.70
老叶颜色：深绿色	柱头裂数：3	
叶　形：长椭圆形	子房绒毛：有	油酸含量（%）：79.30
叶缘特征：波状	果熟日期：9月下旬	亚油酸含量（%）：10.00
叶尖形状：渐尖	果　形：卵球形	亚麻酸含量（%）：—
叶基形状：楔形	果皮颜色：幼果顶端红色	硬脂酸含量（%）：—
平均叶长（cm）：5.95	平均叶宽（cm）：3.05	棕榈酸含量（%）：—

161

凤阳 2 号

资源编号：341126_010_0002	归属物种：*Camellia oleifera* Abel
资源类型：选育资源（良种）	主要用途：油用栽培，遗传育种材料
保存地点：安徽省滁州市凤阳县	保存方式：省级种质资源保存基地，异地保存

性 状 特 征

特 异 性：高产果量，高含油率

树　　姿：半开张	盛 花 期：10月下旬	果面特征：光滑
嫩枝绒毛：有	花瓣颜色：白色	平均单果重（g）：20.53
芽鳞颜色：绿色	萼片绒毛：有	鲜出籽率（%）：47.49
芽 绒 毛：有	雌雄蕊相对高度：雄高	种皮颜色：褐色
嫩叶颜色：黄绿色	花柱裂位：浅裂	种仁含油率（%）：54.00
老叶颜色：中绿色	柱头裂数：3	油酸含量（%）：78.00
叶　　形：长椭圆形	子房绒毛：有	亚油酸含量（%）：11.80
叶缘特征：波状	果熟日期：10月下旬	亚麻酸含量（%）：—
叶尖形状：渐尖	果　　形：圆球形	硬脂酸含量（%）：—
叶基形状：楔形	果皮颜色：红色	棕榈酸含量（%）：—
平均叶长（cm）：6.00	平均叶宽（cm）：3.06	

162

凤阳3号

资源编号：341126_010_0003	归属物种：*Camellia oleifera* Abel	
资源类型：选育资源（良种）	主要用途：油用栽培，遗传育种材料	
保存地点：安徽省滁州市凤阳县	保存方式：省级种质资源保存基地，异地保存	

性 状 特 征

特 异 性：高产果量，高含油率		
树 姿：半开张	盛 花 期：11月中旬	果面特征：糠秕
嫩枝绒毛：有	花瓣颜色：白色	平均单果重（g）：21.22
芽鳞颜色：黄绿色	萼片绒毛：有	鲜出籽率（%）：46.56
芽 绒 毛：有	雌雄蕊相对高度：雄高	种皮颜色：褐色
嫩叶颜色：黄绿色	花柱裂位：浅裂	种仁含油率（%）：53.20
老叶颜色：深绿色	柱头裂数：3	
叶 形：椭圆形	子房绒毛：有	油酸含量（%）：83.60
叶缘特征：波状	果熟日期：9月下旬	亚油酸含量（%）：7.50
叶尖形状：钝尖	果 形：卵球形	亚麻酸含量（%）：—
叶基形状：楔形	果皮颜色：向阳面红色	硬脂酸含量（%）：—
平均叶长（cm）：5.96	平均叶宽（cm）：3.04	棕榈酸含量（%）：—

163

普通油茶闽79

资源编号：350121_010_0009	归属物种：*Camellia oleifera* Abel	
资源类型：选育资源（良种）	主要用途：油用栽培，遗传育种材料	
保存地点：福建省闽侯县	保存方式：省级种质资源保存基地，异地保存	

性状特征

特异性：高产果量，高含油率		
树　姿：开张	盛花期：11月下旬	果面特征：光滑
嫩枝绒毛：有	花瓣颜色：白色	平均单果重（g）：25.00
芽鳞颜色：黄绿色	萼片绒毛：有	鲜出籽率（%）：41.50
芽绒毛：有	雌雄蕊相对高度：雄高	种皮颜色：深褐色或黑色
嫩叶颜色：青绿色	花柱裂位：全裂	种仁含油率（%）：47.30
老叶颜色：黄绿色	柱头裂数：4	
叶　形：长椭圆形	子房绒毛：有	油酸含量（%）：78.80
叶缘特征：波状	果熟日期：11月上旬	亚油酸含量（%）：9.80
叶尖形状：渐尖	果　形：圆球形	亚麻酸含量（%）：0.20
叶基形状：楔形	果皮颜色：黄色	硬脂酸含量（%）：2.00
平均叶长（cm）：6.65	平均叶宽（cm）：2.65	棕榈酸含量（%）：8.60

164

闽杂优9

资源编号：350121_010_0018	归属物种：*Camellia oleifera* Abel	
资源类型：选育资源（无性系）	主要用途：油用栽培，遗传育种材料	
保存地点：福建省闽侯县	保存方式：省级种质资源保存基地，异地保存	

性 状 特 征

特 异 性：高产果量，高含油率		
树 姿：半开张至开张	盛 花 期：11月中下旬	果面特征：光滑
嫩枝绒毛：有	花瓣颜色：白色	平均单果重（g）：24.50
芽鳞颜色：黄绿色	萼片绒毛：有	鲜出籽率（%）：39.17
芽 绒 毛：有	雌雄蕊相对高度：雄高或等高	种皮颜色：深褐色或黑色
嫩叶颜色：黄绿色	花柱裂位：深裂	种仁含油率（%）：54.95
老叶颜色：中绿色	柱头裂数：4	油酸含量（%）：82.50
叶 形：椭圆形、长椭圆形	子房绒毛：有	亚油酸含量（%）：7.30
叶缘特征：波状	果熟日期：11月上中旬	亚麻酸含量（%）：0.30
叶尖形状：渐尖或钝尖	果 形：圆球形	硬脂酸含量（%）：1.90
叶基形状：楔形或近圆形	果皮颜色：青红色	棕榈酸含量（%）：7.50
平均叶长（cm）：6.00	平均叶宽（cm）：2.85	

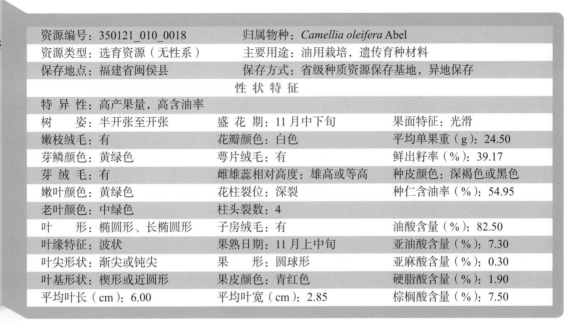

165

闽杂优15

资源编号：350121_010_0024		归属物种：*Camellia oleifera* Abel
资源类型：选育资源（无性系）		主要用途：油用栽培，遗传育种材料
保存地点：福建省闽侯县		保存方式：省级种质资源保存基地，异地保存

性 状 特 征

特 异 性：高产果量，高含油率

树　　姿：开张	盛 花 期：11月中旬	果面特征：光滑或微糠秕
嫩枝绒毛：有	花瓣颜色：白色	平均单果重（g）：20.90
芽鳞颜色：黄绿色	萼片绒毛：有	鲜出籽率（%）：41.38
芽绒毛：有	雌雄蕊相对高度：雄高或等高	种皮颜色：深褐色或黑色
嫩叶颜色：红黄色	花柱裂位：浅裂	种仁含油率（%）：48.06
老叶颜色：中绿色	柱头裂数：3	
叶　　形：长椭圆形	子房绒毛：有	油酸含量（%）：80.30
叶缘特征：波状	果熟日期：11月上旬	亚油酸含量（%）：8.60
叶尖形状：渐尖或钝尖	果　　形：圆球形	亚麻酸含量（%）：0.30
叶基形状：楔形	果皮颜色：红黄色、青红色	硬脂酸含量（%）：1.90
平均叶长（cm）：6.90	平均叶宽（cm）：3.15	棕榈酸含量（%）：8.30

166

闽杂优17

资源编号：350121_010_0027	归属物种：*Camellia oleifera* Abel	
资源类型：选育资源（无性系）	主要用途：油用栽培，遗传育种材料	
保存地点：福建省闽侯县	保存方式：省级种质资源保存基地，异地保存	

性 状 特 征

特 异 性：高产果量，高含油率		
树　姿：半开张	盛 花 期：11月中下旬	果面特征：光滑
嫩枝绒毛：有	花瓣颜色：白色	平均单果重（g）：19.50
芽鳞颜色：黄绿色	萼片绒毛：有	鲜出籽率（%）：41.66
芽 绒 毛：有	雌雄蕊相对高度：雄高或等高	种皮颜色：深褐色或黑色
嫩叶颜色：红黄色	花柱裂位：深裂	种仁含油率（%）：51.18
老叶颜色：中绿色	柱头裂数：4	
叶　形：椭圆形、长椭圆形	子房绒毛：有	油酸含量（%）：83.10
叶缘特征：波状	果熟日期：11月上旬	亚油酸含量（%）：6.10
叶尖形状：渐尖	果　形：球形至卵球形	亚麻酸含量（%）：0.20
叶基形状：楔形或近圆形	果皮颜色：红青色、红黄色	硬脂酸含量（%）：2.20
平均叶长（cm）：6.75	平均叶宽（cm）：2.85	棕榈酸含量（%）：7.90

167

闽杂优 23

资源编号：350121_010_0033	归属物种：*Camellia oleifera* Abel
资源类型：选育资源（无性系）	主要用途：油用栽培，遗传育种材料
保存地点：福建省闽侯县	保存方式：省级种质资源保存基地，异地保存

性 状 特 征

特 异 性：高产果量，高含油率

树　　姿：半开张	盛 花 期：11月中下旬	果面特征：光滑
嫩枝绒毛：有	花瓣颜色：白色	平均单果重（g）：25.00
芽鳞颜色：黄绿色	萼片绒毛：有	鲜出籽率（%）：39.48
芽绒毛：有	雌雄蕊相对高度：雄高	种皮颜色：深褐色或黑色
嫩叶颜色：黄绿色	花柱裂位：浅裂	种仁含油率（%）：50.92
老叶颜色：中绿色	柱头裂数：4	油酸含量（%）：82.50
叶　　形：长椭圆形	子房绒毛：有	亚油酸含量（%）：6.60
叶缘特征：波状	果熟日期：11月上中旬	亚麻酸含量（%）：0.30
叶尖形状：渐尖或钝尖	果　　形：圆球形	硬脂酸含量（%）：1.80
叶基形状：楔形或近圆形	果皮颜色：红青色	棕榈酸含量（%）：8.20
平均叶长（cm）：6.10	平均叶宽（cm）：2.50	

168

闽杂优32

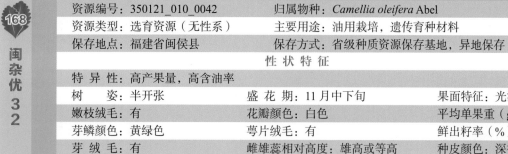

资源编号：350121_010_0042	归属物种：*Camellia oleifera* Abel
资源类型：选育资源（无性系）	主要用途：油用栽培，遗传育种材料
保存地点：福建省闽侯县	保存方式：省级种质资源保存基地，异地保存

性 状 特 征

特 异 性：高产果量，高含油率

树 姿：半开张	盛 花 期：11月中下旬	果面特征：光滑
嫩枝绒毛：有	花瓣颜色：白色	平均单果重（g）：25.50
芽鳞颜色：黄绿色	萼片绒毛：有	鲜出籽率（%）：38.88
芽 绒 毛：有	雌雄蕊相对高度：雄高或等高	种皮颜色：深褐色或黑色
嫩叶颜色：红绿色、黄绿色	花柱裂位：全裂	种仁含油率（%）：45.73
老叶颜色：黄绿色	柱头裂数：4	
叶 形：长椭圆形	子房绒毛：有	油酸含量（%）：84.10
叶缘特征：波状	果熟日期：11月上中旬	亚油酸含量（%）：5.80
叶尖形状：渐尖或钝尖	果 形：圆球形，底部内凹为脐形	亚麻酸含量（%）：0.30
叶基形状：楔形或近圆形	果皮颜色：红青色	硬脂酸含量（%）：1.70
平均叶长（cm）：6.35	平均叶宽（cm）：3.00	棕榈酸含量（%）：6.00

169

闽7415

资源编号：350121_010_0050	归属物种：*Camellia oleifera* Abel
资源类型：选育资源（无性系）	主要用途：油用栽培，遗传育种材料
保存地点：福建省闽侯县	保存方式：省级种质资源保存基地，异地保存

性 状 特 征

特 异 性：高产果量，高含油率

树　　姿：开张	盛 花 期：11月中下旬	果面特征：光滑
嫩枝绒毛：有	花瓣颜色：白色	平均单果重（g）：23.00
芽鳞颜色：绿色	萼片绒毛：有	鲜出籽率（%）：34.62
芽 绒 毛：有	雌雄蕊相对高度：雌高	种皮颜色：褐色或黑色
嫩叶颜色：黄绿色	花柱裂位：浅裂	种仁含油率（%）：54.46
老叶颜色：黄绿色	柱头裂数：4	
叶　　形：椭圆形、长椭圆形	子房绒毛：有	油酸含量（%）：80.60
叶缘特征：波状	果熟日期：11月上旬	亚油酸含量（%）：6.98
叶尖形状：钝尖	果　　形：倒卵球形	亚麻酸含量（%）：0.18
叶基形状：楔形	果皮颜色：黄青色	硬脂酸含量（%）：2.58
平均叶长（cm）：7.31	平均叶宽（cm）：2.51	棕榈酸含量（%）：9.10

170

普油－赣林无3

资源编号：360111_010_0001	归属物种：*Camellia oleifera* Abel	
资源类型：选育资源（无性系）	主要用途：油用栽培，遗传育种材料	
保存地点：江西省南昌市青山湖区	保存方式：国家级种质资源保存基地，异地保存	

性 状 特 征

特 异 性：高产果量，高含油率

树　　姿：半开张	盛 花 期：11月下旬	果面特征：光滑
嫩枝绒毛：有	花瓣颜色：白色	平均单果重（g）：25.99
芽鳞颜色：绿色	萼片绒毛：有	鲜出籽率（%）：31.89
芽 绒 毛：有	雌雄蕊相对高度：雄高	种皮颜色：褐色
嫩叶颜色：绿色	花柱裂位：浅裂	种仁含油率（%）：50.28
老叶颜色：深绿色	柱头裂数：3	
叶　　形：长椭圆形	子房绒毛：有	油酸含量（%）：84.45
叶缘特征：波状	果熟日期：10月下旬	亚油酸含量（%）：0.73
叶尖形状：钝尖	果　　形：卵球形	亚麻酸含量（%）：—
叶基形状：楔形	果皮颜色：青色	硬脂酸含量（%）：3.45
平均叶长（cm）：7.29	平均叶宽（cm）：3.56	棕榈酸含量（%）：8.83

171

普油－赣林无5

资源编号：360111_010_0002	归属物种：*Camellia oleifera* Abel	
资源类型：选育资源（无性系）	主要用途：油用栽培，遗传育种材料	
保存地点：江西省南昌市青山湖区	保存方式：国家级种质资源保存基地，异地保存	

性 状 特 征

特 异 性：高产果量，高含油率		
树　　姿：直立	盛 花 期：11月上旬	果面特征：光滑
嫩枝绒毛：有	花瓣颜色：白色	平均单果重（g）：11.75
芽鳞颜色：玉白色	萼片绒毛：无	鲜出籽率（%）：—
芽 绒 毛：有	雌雄蕊相对高度：雌高	种皮颜色：褐色
嫩叶颜色：绿色	花柱裂位：中裂	种仁含油率（%）：57.13
老叶颜色：黄绿色	柱头裂数：3	
叶　　形：近圆形	子房绒毛：有	油酸含量（%）：82.53
叶缘特征：波状	果熟日期：10月下旬	亚油酸含量（%）：0.67
叶尖形状：渐尖	果　　形：卵球形	亚麻酸含量（%）：—
叶基形状：楔形	果皮颜色：青色	硬脂酸含量（%）：2.41
平均叶长（cm）：3.93	平均叶宽（cm）：2.98	棕榈酸含量（%）：10.80

172

普油－赣林无7

资源编号：360111_010_0004	归属物种：*Camellia oleifera* Abel	
资源类型：选育资源（无性系）	主要用途：油用栽培，遗传育种材料	
保存地点：江西省南昌市青山湖区	保存方式：国家级种质资源保存基地，异地保存	

性 状 特 征

特 异 性：高产果量，高含油率		
树　　姿：直立	盛 花 期：11月下旬	果面特征：光滑
嫩枝绒毛：有	花瓣颜色：白色	平均单果重（g）：12.81
芽鳞颜色：黄绿色	萼片绒毛：有	鲜出籽率（%）：33.26
芽 绒 毛：无	雌雄蕊相对高度：等高	种皮颜色：棕褐色
嫩叶颜色：绿色	花柱裂位：全裂	种仁含油率（%）：54.28
老叶颜色：黄绿色	柱头裂数：4	
叶　　形：披针形	子房绒毛：有	油酸含量（%）：81.72
叶缘特征：波状	果熟日期：10月下旬	亚油酸含量（%）：0.99
叶尖形状：渐尖	果　　形：扁圆球形	亚麻酸含量（%）：—
叶基形状：楔形	果皮颜色：黄棕色	硬脂酸含量（%）：3.45
平均叶长（cm）：6.65	平均叶宽（cm）：2.10	棕榈酸含量（%）：10.86

173

普油－赣林无9

资源编号：360111_010_0006	归属物种：*Camellia oleifera* Abel	
资源类型：选育资源（无性系）	主要用途：油用栽培，遗传育种材料	
保存地点：江西省南昌市青山湖区	保存方式：国家级种质资源保存基地，异地保存	

性 状 特 征

特异性：高产果量，高含油率

树　姿：直立	盛花期：11月中旬	果面特征：光滑
嫩枝绒毛：有	花瓣颜色：白色	平均单果重（g）：12.76
芽鳞颜色：黄绿色	萼片绒毛：有	鲜出籽率（%）：—
芽绒毛：有	雌雄蕊相对高度：雄高	种皮颜色：褐色
嫩叶颜色：绿色	花柱裂位：中裂	种仁含油率（%）：55.24
老叶颜色：深绿色	柱头裂数：3	
叶　形：长椭圆形	子房绒毛：有	油酸含量（%）：82.54
叶缘特征：波状	果熟日期：10月下旬	亚油酸含量（%）：0.86
叶尖形状：钝尖	果　形：卵球形	亚麻酸含量（%）：—
叶基形状：楔形	果皮颜色：红色	硬脂酸含量（%）：3.35
平均叶长（cm）：5.90	平均叶宽（cm）：3.07	棕榈酸含量（%）：10.32

资源编号：360111_010_0015	归属物种：*Camellia oleifera* Abel	
资源类型：选育资源（无性系）	主要用途：油用栽培，遗传育种材料	
保存地点：江西省南昌市青山湖区	保存方式：国家级种质资源保存基地，异地保存	

性 状 特 征

特 异 性：高产果量，高含油率		
树　　姿：半开张	盛 花 期：11月上旬	果面特征：光滑
嫩枝绒毛：有	花瓣颜色：白色	平均单果重（g）：10.16
芽鳞颜色：绿色	萼片绒毛：有	鲜出籽率（%）：45.12
芽 绒 毛：无	雌雄蕊相对高度：雄高	种皮颜色：褐色
嫩叶颜色：绿色	花柱裂位：浅裂	种仁含油率（%）：53.37
老叶颜色：中绿色	柱头裂数：3	
叶　　形：长椭圆形	子房绒毛：有	油酸含量（%）：83.83
叶缘特征：波状	果熟日期：10月下旬	亚油酸含量（%）：1.18
叶尖形状：渐尖	果　　形：椭球形	亚麻酸含量（%）：—
叶基形状：楔形	果皮颜色：青色	硬脂酸含量（%）：2.77
平均叶长（cm）：6.27	平均叶宽（cm）：2.92	棕榈酸含量（%）：10.17

175

普油－赣林石8 3－2

资源编号：360111_010_0020		归属物种：*Camellia oleifera* Abel
资源类型：选育资源（无性系）		主要用途：油用栽培，遗传育种材料
保存地点：江西省南昌市青山湖区		保存方式：国家级种质资源保存基地，异地保存

性 状 特 征

特 异 性：高产果量，高含油率		
树　　姿：直立	盛 花 期：11月中旬	果面特征：光滑
嫩枝绒毛：有	花瓣颜色：白色	平均单果重（g）：14.10
芽鳞颜色：玉白色	萼片绒毛：有	鲜出籽率（%）：38.94
芽绒毛：有	雌雄蕊相对高度：等高	种皮颜色：棕褐色
嫩叶颜色：红色	花柱裂位：深裂	种仁含油率（%）：52.01
老叶颜色：深绿色	柱头裂数：3	
叶　　形：披针形	子房绒毛：有	油酸含量（%）：83.38
叶缘特征：波状	果熟日期：10月下旬	亚油酸含量（%）：0.78
叶尖形状：钝尖	果　　形：卵球形	亚麻酸含量（%）：—
叶基形状：楔形	果皮颜色：黄棕色	硬脂酸含量（%）：2.77
平均叶长（cm）：6.96	平均叶宽（cm）：3.37	棕榈酸含量（%）：10.01

176

普油－赣林石83－6

资源编号：360111_010_0022	归属物种：*Camellia oleifera* Abel
资源类型：选育资源（无性系）	主要用途：油用栽培，遗传育种材料
保存地点：江西省南昌市青山湖区	保存方式：国家级种质资源保存基地，异地保存

性 状 特 征

特 异 性：高产果量，高含油率

树　姿：开张	盛 花 期：11月中旬	果面特征：光滑
嫩枝绒毛：有	花瓣颜色：白色	平均单果重（g）：7.86
芽鳞颜色：黄绿色	萼片绒毛：有	鲜出籽率（%）：40.61
芽绒毛：有	雌雄蕊相对高度：等高	种皮颜色：褐色
嫩叶颜色：绿色	花柱裂位：深裂	种仁含油率（%）：54.45
老叶颜色：深绿色	柱头裂数：3	
叶　形：披针形	子房绒毛：有	油酸含量（%）：83.52
叶缘特征：波状	果熟日期：10月下旬	亚油酸含量（%）：1.25
叶尖形状：渐尖	果　形：椭球形	亚麻酸含量（%）：—
叶基形状：楔形	果皮颜色：青色	硬脂酸含量（%）：3.58
平均叶长（cm）：5.97	平均叶宽（cm）：2.44	棕榈酸含量（%）：8.93

177

普油－赣林所438

资源编号：360111_010_0031	归属物种：*Camellia oleifera* Abel
资源类型：选育资源（无性系）	主要用途：油用栽培，遗传育种材料
保存地点：江西省南昌市青山湖区	保存方式：国家级种质资源保存基地，异地保存

性 状 特 征

特 异 性：高产果量，高含油率

树　姿：半开张	盛 花 期：11月上旬	果面特征：光滑
嫩枝绒毛：有	花瓣颜色：白色	平均单果重（g）：9.06
芽鳞颜色：绿色	萼片绒毛：有	鲜出籽率（%）：40.61
芽绒毛：无	雌雄蕊相对高度：等高	种皮颜色：褐色
嫩叶颜色：黄绿色	花柱裂位：浅裂	种仁含油率（%）：59
老叶颜色：深绿色	柱头裂数：3	
叶　形：椭圆形	子房绒毛：有	油酸含量（%）：80.31
叶缘特征：平	果熟日期：10月下旬	亚油酸含量（%）：1.04
叶尖形状：渐尖	果　形：卵球形	亚麻酸含量（%）：—
叶基形状：楔形	果皮颜色：青色	硬脂酸含量（%）：3.06
平均叶长（cm）：4.67	平均叶宽（cm）：3.66	棕榈酸含量（%）：12.39

178

普油－赣林所447

资源编号：360111_010_0032		归属物种：*Camellia oleifera* Abel
资源类型：选育资源（无性系）		主要用途：油用栽培，遗传育种材料
保存地点：江西省南昌市青山湖区		保存方式：国家级种质资源保存基地，异地保存

性 状 特 征

特 异 性：高产果量，高含油率

树　　姿：半开张	盛 花 期：11 月上旬	果面特征：光滑
嫩枝绒毛：有	花瓣颜色：白色	平均单果重（g）：13.27
芽鳞颜色：黄绿色	萼片绒毛：有	鲜出籽率（%）：42.22
芽 绒 毛：无	雌雄蕊相对高度：等高	种皮颜色：褐色
嫩叶颜色：绿色	花柱裂位：浅裂	种仁含油率（%）：55.04
老叶颜色：深绿色	柱头裂数：4	
叶　　形：长椭圆形	子房绒毛：有	油酸含量（%）：81.93
叶缘特征：波状	果熟日期：10 月下旬	亚油酸含量（%）：3.85
叶尖形状：钝尖	果　　形：扁圆球形	亚麻酸含量（%）：—
叶基形状：楔形	果皮颜色：青色	硬脂酸含量（%）：2.08
平均叶长（cm）：5.39	平均叶宽（cm）：2.26	棕榈酸含量（%）：9.89

179

普油 – 赣林所 514

资源编号：360111_010_0034	归属物种：*Camellia oleifera* Abel
资源类型：选育资源（无性系）	主要用途：油用栽培，遗传育种材料
保存地点：江西省南昌市青山湖区	保存方式：国家级种质资源保存基地，异地保存

性 状 特 征

特 异 性：高产果量，高含油率

树　姿：半开张	盛 花 期：11月上旬	果面特征：光滑
嫩枝绒毛：有	花瓣颜色：白色	平均单果重（g）：11.59
芽鳞颜色：绿色	萼片绒毛：有	鲜出籽率（%）：44.37
芽 绒 毛：无	雌雄蕊相对高度：等高	种皮颜色：棕色
嫩叶颜色：绿色	花柱裂位：浅裂	种仁含油率（%）：51.58
老叶颜色：中绿色	柱头裂数：1	油酸含量（%）：83.03
叶　形：椭圆形	子房绒毛：有	亚油酸含量（%）：0.76
叶缘特征：平	果熟日期：10月下旬	亚麻酸含量（%）：—
叶尖形状：钝尖	果　形：扁圆球形	硬脂酸含量（%）：3.19
叶基形状：近圆形	果皮颜色：青色	棕榈酸含量（%）：9.75
平均叶长（cm）：6.75	平均叶宽（cm）：4.47	

180

普油－赣林所757

资源编号：360111_010_0036		归属物种：*Camellia oleifera* Abel
资源类型：选育资源（无性系）		主要用途：油用栽培，遗传育种材料
保存地点：江西省南昌市青山湖区		保存方式：国家级种质资源保存基地，异地保存

性 状 特 征

特 异 性：高产果量，高含油率		
树　　姿：直立	盛 花 期：11月上、中旬	果面特征：光滑
嫩枝绒毛：有	花瓣颜色：白色	平均单果重（g）：14.24
芽鳞颜色：黄绿色	萼片绒毛：有	鲜出籽率（%）：33.26
芽绒毛：无	雌雄蕊相对高度：雄高	种皮颜色：褐色
嫩叶颜色：绿色	花柱裂位：中裂	种仁含油率（%）：51.99
老叶颜色：黄绿色	柱头裂数：4	油酸含量（%）：81.44
叶　　形：长椭圆形	子房绒毛：有	亚油酸含量（%）：1.36
叶缘特征：波状	果熟日期：10月下旬	亚麻酸含量（%）：0.01
叶尖形状：钝尖	果　　形：卵球形	硬脂酸含量（%）：1.88
叶基形状：楔形	果皮颜色：黄棕色	棕榈酸含量（%）：12.02
平均叶长（cm）：5.86	平均叶宽（cm）：2.39	

普油－赣林所759

资源编号：360111_010_0037	归属物种：*Camellia oleifera* Abel	
资源类型：选育资源（无性系）	主要用途：油用栽培，遗传育种材料	
保存地点：江西省南昌市青山湖区	保存方式：国家级种质资源保存基地，异地保存	

性 状 特 征

特 异 性：高产果量，高含油率		
树 姿：开张	盛 花 期：11月下旬	果面特征：光滑
嫩枝绒毛：有	花瓣颜色：白色	平均单果重（g）：14.13
芽鳞颜色：黄绿色	萼片绒毛：有	鲜出籽率（%）：31.21
芽 绒 毛：有	雌雄蕊相对高度：等高	种皮颜色：棕褐色
嫩叶颜色：绿色	花柱裂位：深裂	种仁含油率（%）：53.26
老叶颜色：中绿色	柱头裂数：1	
叶 形：披针形	子房绒毛：有	油酸含量（%）：81.57
叶缘特征：波状	果熟日期：10月下旬	亚油酸含量（%）：0.42
叶尖形状：渐尖	果 形：卵球形	亚麻酸含量（%）：—
叶基形状：楔形	果皮颜色：红色	硬脂酸含量（%）：3.99
平均叶长（cm）：5.97	平均叶宽（cm）：2.60	棕榈酸含量（%）：10.49

普油－赣林59

资源编号：360111_010_0051		归属物种：*Camellia oleifera* Abel	
资源类型：选育资源（无性系）		主要用途：油用栽培，遗传育种材料	
保存地点：江西省南昌市青山湖区		保存方式：国家级种质资源保存基地，异地保存	

性状特征

特异性：高产果量，高含油率			
树　　姿：开张	盛花期：11月中旬	果面特征：光滑
嫩枝绒毛：有	花瓣颜色：白色	平均单果重（g）：8.59
芽鳞颜色：玉白色	萼片绒毛：有	鲜出籽率（%）：39.90
芽绒毛：无	雌雄蕊相对高度：雄高	种皮颜色：棕褐色
嫩叶颜色：绿色	花柱裂位：中裂	种仁含油率（%）：55.39
老叶颜色：中绿色	柱头裂数：3	油酸含量（%）：84.32
叶　　形：长椭圆形	子房绒毛：有	亚油酸含量（%）：1.39
叶缘特征：平	果熟日期：10月下旬	亚麻酸含量（%）：—
叶尖形状：渐尖	果　　形：倒卵球形	硬脂酸含量（%）：2.87
叶基形状：楔形	果皮颜色：青色	棕榈酸含量（%）：7.78
平均叶长（cm）：5.00	平均叶宽（cm）：2.50	

183

普油－赣林典红3

资源编号：360111_010_0059	归属物种：*Camellia oleifera* Abel
资源类型：选育资源（无性系）	主要用途：油用栽培，遗传育种材料
保存地点：江西省南昌市青山湖区	保存方式：国家级种质资源保存基地，异地保存

性 状 特 征

特 异 性：高产果量，高含油率

树　姿：直立	盛 花 期：11月下旬	果面特征：光滑
嫩枝绒毛：有	花瓣颜色：白色	平均单果重（g）：11.03
芽鳞颜色：玉白色	萼片绒毛：有	鲜出籽率（%）：38.37
芽 绒 毛：无	雌雄蕊相对高度：等高	种皮颜色：褐色
嫩叶颜色：绿色	花柱裂位：浅裂	种仁含油率（%）：58.41
老叶颜色：深绿色	柱头裂数：3	
叶　形：椭圆形	子房绒毛：有	油酸含量（%）：82.70
叶缘特征：波状	果熟日期：10月下旬	亚油酸含量（%）：0.77
叶尖形状：钝尖	果　形：卵球形	亚麻酸含量（%）：—
叶基形状：近圆形	果皮颜色：红色	硬脂酸含量（%）：3.96
平均叶长（cm）：6.79	平均叶宽（cm）：3.10	棕榈酸含量（%）：10.04

184

普油－赣林韶地63–11

资源编号：360111_010_0068	归属物种：*Camellia oleifera* Abel	
资源类型：选育资源（无性系）	主要用途：油用栽培，遗传育种材料	
保存地点：江西省南昌市青山湖区	保存方式：国家级种质资源保存基地，异地保存	

性 状 特 征

特 异 性：高产果量，高含油率		
树 姿：直立	盛 花 期：11月中旬	果面特征：光滑
嫩枝绒毛：有	花瓣颜色：白色	平均单果重（g）：8.91
芽鳞颜色：玉白色	萼片绒毛：有	鲜出籽率（%）：37.84
芽绒毛：有	雌雄蕊相对高度：雄高	种皮颜色：棕色
嫩叶颜色：红色	花柱裂位：中裂	种仁含油率（%）：55.18
老叶颜色：中绿色	柱头裂数：3	油酸含量（%）：73.35
叶 形：长椭圆形	子房绒毛：有	亚油酸含量（%）：3.74
叶缘特征：波状	果熟日期：10月下旬	亚麻酸含量（%）：—
叶尖形状：钝尖	果 形：卵球形	硬脂酸含量（%）：2.51
叶基形状：楔形	果皮颜色：红色	棕榈酸含量（%）：13.86
平均叶长（cm）：5.47	平均叶宽（cm）：2.21	

185

赣无11

资源编号：360111_010_0075　　归属物种：*Camellia oleifera* Abel

资源类型：选育资源（良种）　　主要用途：油用栽培，遗传育种材料

保存地点：江西省南昌市青山湖区　　保存方式：国家级种质资源保存基地，异地保存

性 状 特 征

特 异 性：高产果量，高含油率

树　　姿：直立	盛 花 期：11 月中旬	果面特征：光滑
嫩枝绒毛：有	花瓣颜色：淡红色	平均单果重（g）：14.39
芽鳞颜色：黄绿色	萼片绒毛：有	鲜出籽率（%）：45.01
芽 绒 毛：有	雌雄蕊相对高度：雌高	种皮颜色：棕褐色
嫩叶颜色：绿色	花柱裂位：深裂	种仁含油率（%）：58.46
老叶颜色：中绿色	柱头裂数：4	
叶　　形：长椭圆形	子房绒毛：有	油酸含量（%）：79.91
叶缘特征：波状	果熟日期：10 月下旬	亚油酸含量（%）：0.43
叶尖形状：渐尖	果　　形：圆球形	亚麻酸含量（%）：—
叶基形状：楔形	果皮颜色：青色	硬脂酸含量（%）：3.79
平均叶长（cm）：6.15	平均叶宽（cm）：2.73	棕榈酸含量（%）：10.50

186

赣无24

资源编号：360111_010_0079		归属物种：*Camellia oleifera* Abel
资源类型：选育资源（良种）		主要用途：油用栽培，遗传育种材料
保存地点：江西省南昌市青山湖区		保存方式：国家级种质资源保存基地，异地保存

性 状 特 征

特 异 性：高产果量，高含油率		
树　　姿：直立	盛 花 期：11月上旬	果面特征：光滑
嫩枝绒毛：有	花瓣颜色：白色	平均单果重（g）：15.61
芽鳞颜色：玉白色	萼片绒毛：有	鲜出籽率（%）：43.42
芽绒毛：有	雌雄蕊相对高度：等高	种皮颜色：黑色
嫩叶颜色：绿色	花柱裂位：浅裂	种仁含油率（%）：52.21
老叶颜色：黄绿色	柱头裂数：3	油酸含量（%）：78.60
叶　　形：近圆形	子房绒毛：有	亚油酸含量（%）：1.01
叶缘特征：波状	果熟日期：10月下旬	亚麻酸含量（%）：—
叶尖形状：圆尖	果　　形：卵球形	硬脂酸含量（%）：3.61
叶基形状：近圆形	果皮颜色：红色	棕榈酸含量（%）：11.49
平均叶长（cm）：6.71	平均叶宽（cm）：3.36	

187

赣抚 20

资源编号：360111_010_0080	归属物种：*Camellia oleifera* Abel	
资源类型：选育资源（良种）	主要用途：油用栽培，遗传育种材料	
保存地点：江西省南昌市青山湖区	保存方式：国家级种质资源保存基地，异地保存	

性 状 特 征

特 异 性：高产果量，高含油率

树　姿：直立	盛 花 期：11 月中旬	果面特征：光滑
嫩枝绒毛：有	花瓣颜色：白色	平均单果重（g）：9.31
芽鳞颜色：玉白色	萼片绒毛：有	鲜出籽率（%）：44.58
芽绒毛：有	雌雄蕊相对高度：雌高	种皮颜色：棕色
嫩叶颜色：绿色	花柱裂位：深裂	种仁含油率（%）：57.16
老叶颜色：深绿色	柱头裂数：3	
叶　形：椭圆形	子房绒毛：有	油酸含量（%）：83.80
叶缘特征：波状	果熟日期：10 月下旬	亚油酸含量（%）：0.64
叶尖形状：渐尖	果　形：卵球形	亚麻酸含量（%）：—
叶基形状：近圆形	果皮颜色：青色	硬脂酸含量（%）：2.90
平均叶长（cm）：5.86	平均叶宽（cm）：3.10	棕榈酸含量（%）：9.83

188

赣 6

资源编号：360111_010_0081	归属物种：*Camellia oleifera* Abel
资源类型：选育资源（良种）	主要用途：油用栽培，遗传育种材料
保存地点：江西省南昌市青山湖区	保存方式：国家级种质资源保存基地，异地保存

性 状 特 征

特 异 性：高产果量，高含油率

树　　姿：开张	盛 花 期：11月上旬	果面特征：光滑
嫩枝绒毛：有	花瓣颜色：白色	平均单果重（g）：11.52
芽鳞颜色：玉白色	萼片绒毛：有	鲜出籽率（%）：48.24
芽绒毛：有	雌雄蕊相对高度：雄高	种皮颜色：棕褐色
嫩叶颜色：绿色	花柱裂位：浅裂	种仁含油率（%）：55.31
老叶颜色：深绿色	柱头裂数：3	油酸含量（%）：83.36
叶　　形：披针形	子房绒毛：有	亚油酸含量（%）：1.54
叶缘特征：波状	果熟日期：10月下旬	亚麻酸含量（%）：—
叶尖形状：渐尖	果　　形：椭球形	硬脂酸含量（%）：2.51
叶基形状：楔形	果皮颜色：青色	棕榈酸含量（%）：9.99
平均叶长（cm）：6.18	平均叶宽（cm）：2.43	

189
赣
8

资源编号：360111_010_0082	归属物种：*Camellia oleifera* Abel	
资源类型：选育资源（良种）	主要用途：油用栽培，遗传育种材料	
保存地点：江西省南昌市青山湖区	保存方式：国家级种质资源保存基地，异地保存	
性状特征		
特异性：高产果量，高含油率		
树　姿：开张	盛花期：11月中旬	果面特征：光滑
嫩枝绒毛：有	花瓣颜色：白色	平均单果重（g）：11.05
芽鳞颜色：玉白色	萼片绒毛：有	鲜出籽率（%）：36.52
芽绒毛：有	雌雄蕊相对高度：等高	种皮颜色：棕褐色
嫩叶颜色：绿色	花柱裂位：中裂	种仁含油率（%）：51.92
老叶颜色：深绿色	柱头裂数：4	油酸含量（%）：84.46
叶　形：长椭圆形	子房绒毛：有	亚油酸含量（%）：1.49
叶缘特征：波状	果熟日期：10月下旬	亚麻酸含量（%）：—
叶尖形状：渐尖	果　形：圆球形	硬脂酸含量（%）：2.06
叶基形状：楔形	果皮颜色：青色	棕榈酸含量（%）：9.04
平均叶长（cm）：6.33	平均叶宽（cm）：2.33	

190

赣70

资源编号：360111_010_0085		归属物种：*Camellia oleifera* Abel
资源类型：选育资源（良种）		主要用途：油用栽培，遗传育种材料
保存地点：江西省南昌市青山湖区		保存方式：国家级种质资源保存基地，异地保存

性 状 特 征

特 异 性：高产果量，高含油率		
树　　姿：开张	盛 花 期：11 月上旬	果面特征：光滑
嫩枝绒毛：有	花瓣颜色：白色	平均单果重（g）：13.65
芽鳞颜色：玉白色	萼片绒毛：有	鲜出籽率（%）：41.76
芽 绒 毛：有	雌雄蕊相对高度：雌高	种皮颜色：棕色
嫩叶颜色：红色	花柱裂位：浅裂	种仁含油率（%）：50.70
老叶颜色：深绿色	柱头裂数：2	油酸含量（%）：82.89
叶　　形：长椭圆形	子房绒毛：有	亚油酸含量（%）：2.21
叶缘特征：波状	果熟日期：10 月下旬	亚麻酸含量（%）：—
叶尖形状：渐尖	果　　形：卵球形	硬脂酸含量（%）：2.44
叶基形状：楔形	果皮颜色：青色	棕榈酸含量（%）：10.05
平均叶长（cm）：7.65	平均叶宽（cm）：3.27	

191

赣
7
1

资源编号：360111_010_0086	归属物种：*Camellia oleifera* Abel	
资源类型：选育资源（良种）	主要用途：油用栽培，遗传育种材料	
保存地点：江西省南昌市青山湖区	保存方式：国家级种质资源保存基地，异地保存	

性 状 特 征

特 异 性：高产果量，高含油率		
树　　姿：开张	盛 花 期：11月上旬	果面特征：光滑
嫩枝绒毛：有	花瓣颜色：白色	平均单果重（g）：10.10
芽鳞颜色：玉白色	萼片绒毛：有	鲜出籽率（%）：49.16
芽 绒 毛：无	雌雄蕊相对高度：雄高	种皮颜色：褐色
嫩叶颜色：红色	花柱裂位：浅裂	种仁含油率（%）：50.24
老叶颜色：深绿色	柱头裂数：4	
叶　　形：长椭圆形	子房绒毛：有	油酸含量（%）：82.76
叶缘特征：波状	果熟日期：10月下旬	亚油酸含量（%）：0.75
叶尖形状：渐尖	果　　形：卵球形	亚麻酸含量（%）：—
叶基形状：楔形	果皮颜色：黄棕色	硬脂酸含量（%）：2.30
平均叶长（cm）：6.21	平均叶宽（cm）：2.33	棕榈酸含量（%）：10.78

192
赣
190

资源编号：360111_010_0087	归属物种：*Camellia oleifera* Abel
资源类型：选育资源（良种）	主要用途：油用栽培，遗传育种材料
保存地点：江西省南昌市青山湖区	保存方式：国家级种质资源保存基地，异地保存

性 状 特 征

特 异 性：高产果量，高含油率

树　　姿：开张	盛 花 期：12 月上旬	果面特征：光滑
嫩枝绒毛：有	花瓣颜色：白色	平均单果重（g）：10.48
芽鳞颜色：玉白色	萼片绒毛：有	鲜出籽率（%）：38.47
芽 绒 毛：有	雌雄蕊相对高度：雄高	种皮颜色：黑色
嫩叶颜色：绿色	花柱裂位：全裂	种仁含油率（%）：51.63
老叶颜色：中绿色	柱头裂数：3	
叶　　形：长椭圆形	子房绒毛：有	油酸含量（%）：80.87
叶缘特征：波状	果熟日期：10 月下旬	亚油酸含量（%）：1.23
叶尖形状：钝尖	果　　形：圆球形	亚麻酸含量（%）：—
叶基形状：楔形	果皮颜色：青色	硬脂酸含量（%）：2.43
平均叶长（cm）：6.50	平均叶宽（cm）：3.06	棕榈酸含量（%）：10.09

193

普油－赣林宜布芽变3号

资源编号：360111_010_0146	归属物种：*Camellia oleifera* Abel	
资源类型：选育资源（无性系）	主要用途：油用栽培，遗传育种材料	
保存地点：江西省南昌市青山湖区	保存方式：国家级种质资源保存基地，异地保存	

性 状 特 征

特 异 性：高产果量，高含油率

树　　姿：开张	盛 花 期：11月中旬	果面特征：光滑
嫩枝绒毛：有	花瓣颜色：白色	平均单果重（g）：10.59
芽鳞颜色：黄绿色	萼片绒毛：有	鲜出籽率（%）：38.48
芽 绒 毛：无	雌雄蕊相对高度：等高	种皮颜色：棕褐色
嫩叶颜色：绿色	花柱裂位：中裂	种仁含油率（%）：53.40
老叶颜色：中绿色	柱头裂数：3	
叶　　形：长椭圆形	子房绒毛：无	油酸含量（%）：82.95
叶缘特征：波状	果熟日期：10月下旬	亚油酸含量（%）：0.42
叶尖形状：渐尖	果　　形：卵球形	亚麻酸含量（%）：—
叶基形状：楔形	果皮颜色：青色	硬脂酸含量（%）：4.08
平均叶长（cm）：8.79	平均叶宽（cm）：3.39	棕榈酸含量（%）：9.22

194 豫油茶 4 号

资源编号：411524_010_0008	归属物种：*Camellia oleifera* Abel	
资源类型：选育资源（良种）	主要用途：油用栽培，遗传育种材料	
保存地点：河南省商城县	保存方式：原地保护；省级种质资源保存基地，异地保存	

性 状 特 征

特 异 性：高产果量，高含油率

树　　姿：半开张	盛 花 期：10 月下旬	果面特征：光滑
嫩枝绒毛：有	花瓣颜色：白色	平均单果重（g）：13.28
芽鳞颜色：黄绿色	萼片绒毛：有	鲜出籽率（%）：42.32
芽 绒 毛：有	雌雄蕊相对高度：等高	种皮颜色：褐色
嫩叶颜色：红色	花柱裂位：全裂	种仁含油率（%）：51.96
老叶颜色：中绿色	柱头裂数：4	
叶　　形：近圆形	子房绒毛：有	油酸含量（%）：84.00
叶缘特征：平	果熟日期：10 月中旬	亚油酸含量（%）：5.00
叶尖形状：钝尖	果　　形：卵球形	亚麻酸含量（%）：0.30
叶基形状：楔形	果皮颜色：红色	硬脂酸含量（%）：2.30
平均叶长（cm）：5.00	平均叶宽（cm）：2.64	棕榈酸含量（%）：7.80

阳新米茶202号

195

资源编号：420222_010_0001		归属物种：*Camellia oleifera* Abel
资源类型：选育资源（良种）		主要用途：油用栽培，遗传育种材料
保存地点：湖北省阳新县		保存方式：省级种质资源保存基地，异地保存

性 状 特 征

特 异 性：高产果量，高含油率		
树 姿：开张	盛 花 期：11月上旬	果面特征：光滑
嫩枝绒毛：有	花瓣颜色：白色	平均单果重（g）：13.63
芽鳞颜色：黄绿色	萼片绒毛：有	鲜出籽率（%）：38.00
芽绒毛：有	雌雄蕊相对高度：等高	种皮颜色：棕褐色
嫩叶颜色：绿色	花柱裂位：深裂	种仁含油率（%）：53.32
老叶颜色：深绿色	柱头裂数：4	油酸含量（%）：81.20
叶 形：椭圆形	子房绒毛：有	亚油酸含量（%）：8.20
叶缘特征：平	果熟日期：10月上旬	亚麻酸含量（%）：0.40
叶尖形状：渐尖	果 形：圆球形	硬脂酸含量（%）：1.70
叶基形状：近圆形	果皮颜色：红色	棕榈酸含量（%）：7.90
平均叶长（cm）：5.56	平均叶宽（cm）：3.24	

196

阳新桐茶208号

资源编号：420222_010_0002	归属物种：*Camellia oleifera* Abel
资源类型：选育资源（良种）	主要用途：油用栽培，遗传育种材料
保存地点：湖北省阳新县	保存方式：省级种质资源保存基地，异地保存

性 状 特 征

特 异 性：高产果量，高含油率

树　　姿：开张	盛 花 期：11月上旬	果面特征：光滑
嫩枝绒毛：有	花瓣颜色：白色	平均单果重（g）：14.53
芽鳞颜色：黄绿色	萼片绒毛：有	鲜出籽率（%）：34.82
芽 绒 毛：有	雌雄蕊相对高度：雄高	种皮颜色：黑色
嫩叶颜色：绿色	花柱裂位：浅裂	种仁含油率（%）：54.40
老叶颜色：中绿色	柱头裂数：3	
叶　　形：椭圆形	子房绒毛：有	油酸含量（%）：78.00
叶缘特征：平	果熟日期：10月下旬	亚油酸含量（%）：9.50
叶尖形状：渐尖	果　　形：圆球形	亚麻酸含量（%）：0.60
叶基形状：楔形	果皮颜色：黄棕色	硬脂酸含量（%）：1.90
平均叶长（cm）：6.32	平均叶宽（cm）：2.96	棕榈酸含量（%）：9.30

197

鄂油54号

资源编号：421181_010_0002	归属物种：*Camellia oleifera* Abel	
资源类型：选育资源（良种）	主要用途：油用栽培，遗传育种材料	
保存地点：湖北省麻城市	保存方式：省级种质资源保存基地，异地保存	

性　状　特　征

特　异　性：高产果量，高含油率

树　　姿：半开张	盛　花　期：11月中旬	果面特征：光滑
嫩枝绒毛：有	花瓣颜色：白色	平均单果重（g）：9.34
芽鳞颜色：绿色	萼片绒毛：有	鲜出籽率（%）：47.86
芽　绒　毛：有	雌雄蕊相对高度：等高	种皮颜色：棕色
嫩叶颜色：绿色	花柱裂位：浅裂	种仁含油率（%）：53.40
老叶颜色：黄绿色	柱头裂数：3	
叶　　形：椭圆形	子房绒毛：有	油酸含量（%）：80.30
叶缘特征：平	果熟日期：10月下旬	亚油酸含量（%）：8.40
叶尖形状：渐尖	果　　形：圆球形	亚麻酸含量（%）：0.30
叶基形状：楔形	果皮颜色：黄棕色	硬脂酸含量（%）：1.50
平均叶长（cm）：6.22	平均叶宽（cm）：3.28	棕榈酸含量（%）：9.10

198

鄂林油茶102

资源编号：421181_010_0003	归属物种：*Camellia oleifera* Abel	
资源类型：选育资源（良种）	主要用途：油用栽培，遗传育种材料	
保存地点：湖北省麻城市	保存方式：省级种质资源保存基地，异地保存	

性 状 特 征

特 异 性：高产果量，高含油率		
树　　姿：半开张	盛 花 期：10月下旬	果面特征：光滑
嫩枝绒毛：有	花瓣颜色：白色	平均单果重（g）：14.51
芽鳞颜色：绿色	萼片绒毛：有	鲜出籽率（%）：44.45
芽 绒 毛：有	雌雄蕊相对高度：雄高	种皮颜色：棕褐色
嫩叶颜色：红色	花柱裂位：浅裂	种仁含油率（%）：51.71
老叶颜色：中绿色	柱头裂数：2	
叶　　形：椭圆形	子房绒毛：有	油酸含量（%）：83.40
叶缘特征：平	果熟日期：10月中旬	亚油酸含量（%）：5.40
叶尖形状：渐尖	果　　形：卵球形	亚麻酸含量（%）：0.60
叶基形状：楔形	果皮颜色：红色	硬脂酸含量（%）：2.10
平均叶长（cm）：6.02	平均叶宽（cm）：2.92	棕榈酸含量（%）：7.90

199

鄂林油茶151

资源编号：421181_010_0004	归属物种：*Camellia oleifera* Abel
资源类型：选育资源（良种）	主要用途：油用栽培，遗传育种材料
保存地点：湖北省麻城市	保存方式：省级种质资源保存基地，异地保存

性 状 特 征

特 异 性：高产果量，高含油率		
树　姿：半开张	盛 花 期：11月中旬	果面特征：糠秕
嫩枝绒毛：有	花瓣颜色：白色	平均单果重（g）：14.44
芽鳞颜色：绿色	萼片绒毛：有	鲜出籽率（%）：42.45
芽绒毛：有	雌雄蕊相对高度：等高	种皮颜色：黑色
嫩叶颜色：红色	花柱裂位：中裂	种仁含油率（%）：56.56
老叶颜色：中绿色	柱头裂数：3	
叶　形：椭圆形	子房绒毛：有	油酸含量（%）：82.20
叶缘特征：平	果熟日期：10月上旬	亚油酸含量（%）：6.90
叶尖形状：渐尖	果　形：圆球形	亚麻酸含量（%）：0.30
叶基形状：楔形	果皮颜色：黄棕色	硬脂酸含量（%）：2.10
平均叶长（cm）：6.72	平均叶宽（cm）：3.78	棕榈酸含量（%）：8.10

200

鄂油465号

资源编号：421181_010_0006	归属物种：*Camellia oleifera* Abel	
资源类型：选育资源（良种）	主要用途：油用栽培，遗传育种材料	
保存地点：湖北省麻城市	保存方式：省级种质资源保存基地，异地保存	

性 状 特 征

特 异 性：高产果量，高含油率

树　　姿：半开张	盛 花 期：10月下旬	果面特征：光滑
嫩枝绒毛：有	花瓣颜色：白色	平均单果重（g）：11.82
芽鳞颜色：绿色	萼片绒毛：有	鲜出籽率（%）：45.60
芽 绒 毛：有	雌雄蕊相对高度：等高	种皮颜色：棕褐色
嫩叶颜色：红色	花柱裂位：浅裂	种仁含油率（%）：56.17
老叶颜色：中绿色	柱头裂数：3	油酸含量（%）：81.70
叶　　形：椭圆形	子房绒毛：有	亚油酸含量（%）：7.10
叶缘特征：平	果熟日期：10月上旬	亚麻酸含量（%）：0.30
叶尖形状：渐尖	果　　形：圆球形	硬脂酸含量（%）：1.90
叶基形状：楔形	果皮颜色：红色	棕榈酸含量（%）：8.50
平均叶长（cm）：7.60	平均叶宽（cm）：4.06	

201

鄂油424号

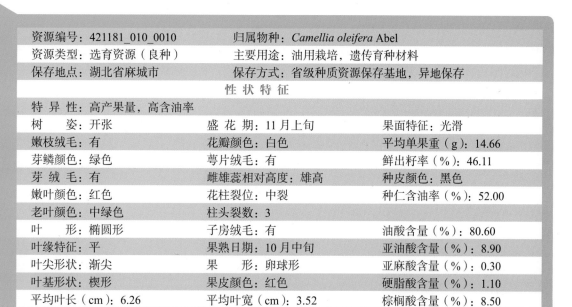

资源编号：421181_010_0010	归属物种：*Camellia oleifera* Abel	
资源类型：选育资源（良种）	主要用途：油用栽培，遗传育种材料	
保存地点：湖北省麻城市	保存方式：省级种质资源保存基地，异地保存	

性 状 特 征

特 异 性：高产果量，高含油率

树　姿：开张	盛 花 期：11月上旬	果面特征：光滑
嫩枝绒毛：有	花瓣颜色：白色	平均单果重（g）：14.66
芽鳞颜色：绿色	萼片绒毛：有	鲜出籽率（%）：46.11
芽绒毛：有	雌雄蕊相对高度：雄高	种皮颜色：黑色
嫩叶颜色：红色	花柱裂位：中裂	种仁含油率（%）：52.00
老叶颜色：中绿色	柱头裂数：3	
叶　形：椭圆形	子房绒毛：有	油酸含量（%）：80.60
叶缘特征：平	果熟日期：10月中旬	亚油酸含量（%）：8.90
叶尖形状：渐尖	果　形：卵球形	亚麻酸含量（%）：0.30
叶基形状：楔形	果皮颜色：红色	硬脂酸含量（%）：1.10
平均叶长（cm）：6.26	平均叶宽（cm）：3.52	棕榈酸含量（%）：8.50

202 湘林1

资源编号：430103_010_0001	归属物种：*Camellia oleifera* Abel	
资源类型：选育资源（良种）	主要用途：油用栽培，遗传育种材料	
保存地点：湖南省长沙市雨花区	保存方式：国家级种质资源保存基地，异地保存	

性 状 特 征

特异性：高产果量，高含油率		
树　　姿：半开张	盛花期：11月中下旬	果面特征：略有毛
嫩枝绒毛：有	花瓣颜色：白色	平均单果重（g）：25.79
芽鳞颜色：黄绿色	萼片绒毛：有	鲜出籽率（%）：47.15
芽绒毛：有	雌雄蕊相对高度：雄高	种皮颜色：棕褐色
嫩叶颜色：黄绿色	花柱裂位：浅裂	种仁含油率（%）：65.40
老叶颜色：中绿色	柱头裂数：3	
叶　　形：椭圆形	子房绒毛：有	油酸含量（%）：84.38
叶缘特征：细锯齿	果熟日期：10月下旬	亚油酸含量（%）：5.52
叶尖形状：渐尖	果　　形：卵球形或椭球形	亚麻酸含量（%）：—
叶基形状：楔形或近圆形	果皮颜色：青黄色	硬脂酸含量（%）：1.98
平均叶长（cm）：5.44	平均叶宽（cm）：3.20	棕榈酸含量（%）：6.74

203

湘林104

资源编号：430103_010_0002		归属物种：*Camellia oleifera* Abel
资源类型：选育资源（良种）		主要用途：油用栽培，遗传育种材料
保存地点：湖南省长沙市雨花区		保存方式：国家级种质资源保存基地，异地保存

性 状 特 征

特 异 性：高产果量，高含油率		
树　　姿：开张	盛 花 期：11月中旬	果面特征：略有毛
嫩枝绒毛：有	花瓣颜色：白色	平均单果重（g）：23.50
芽鳞颜色：黄绿色	萼片绒毛：有	鲜出籽率（%）：49.70
芽 绒 毛：有	雌雄蕊相对高度：雄高	种皮颜色：棕褐色
嫩叶颜色：黄绿色	花柱裂位：浅裂	种仁含油率（%）：49.56
老叶颜色：中绿色	柱头裂数：3	
叶　　形：椭圆形	子房绒毛：有	油酸含量（%）：83.94
叶缘特征：细锯齿	果熟日期：10月中旬	亚油酸含量（%）：6.32
叶尖形状：渐尖	果　　形：圆球形	亚麻酸含量（%）：—
叶基形状：楔形或近圆形	果皮颜色：青红色	硬脂酸含量（%）：1.32
平均叶长（cm）：5.50	平均叶宽（cm）：3.20	棕榈酸含量（%）：7.36

204

湘林27

资源编号：430103_010_0005	归属物种：*Camellia oleifera* Abel
资源类型：选育资源（良种）	主要用途：油用栽培，遗传育种材料
保存地点：湖南省长沙市雨花区	保存方式：国家级种质资源保存基地，异地保存

性 状 特 征

特 异 性：高产果量，高含油率

树　　姿：半开张	盛 花 期：11月中旬	果面特征：略有毛
嫩枝绒毛：有	花瓣颜色：白色	平均单果重（g）：23.00
芽鳞颜色：黄绿色	萼片绒毛：有	鲜出籽率（%）：48.00
芽绒毛：有	雌雄蕊相对高度：雄高	种皮颜色：棕褐色
嫩叶颜色：黄绿色	花柱裂位：浅裂	种仁含油率（%）：62.09
老叶颜色：中绿色	柱头裂数：3	
叶　　形：椭圆形	子房绒毛：有	油酸含量（%）：82.19
叶缘特征：细锯齿	果熟日期：10月下旬	亚油酸含量（%）：7.00
叶尖形状：渐尖	果　　形：卵球形	亚麻酸含量（%）：—
叶基形状：楔形或近圆形	果皮颜色：青红色或青黄色	硬脂酸含量（%）：2.01
平均叶长（cm）：5.30	平均叶宽（cm）：2.80	棕榈酸含量（%）：7.44

205

湘林32

资源编号：430103_010_0006	归属物种：*Camellia oleifera* Abel
资源类型：选育资源（良种）	主要用途：油用栽培，遗传育种材料
保存地点：湖南省长沙市雨花区	保存方式：国家级种质资源保存基地，异地保存

性 状 特 征

特 异 性：高产果量，高含油率

树　　姿：开张	盛 花 期：11月中旬	果面特征：略有毛
嫩枝绒毛：有	花瓣颜色：白色	平均单果重（g）：25.30
芽鳞颜色：黄绿色	萼片绒毛：有	鲜出籽率（%）：47.90
芽 绒 毛：有	雌雄蕊相对高度：雄高	种皮颜色：棕褐色
嫩叶颜色：黄绿色	花柱裂位：浅裂	种仁含油率（%）：62.58
老叶颜色：中绿色	柱头裂数：3	油酸含量（%）：78.17
叶　　形：椭圆形	子房绒毛：有	亚油酸含量（%）：10.43
叶缘特征：细锯齿	果熟日期：10月下旬	亚麻酸含量（%）：—
叶尖形状：渐尖	果　　形：圆球形	硬脂酸含量（%）：1.04
叶基形状：楔形或近圆形	果皮颜色：青红色或青黄色	棕榈酸含量（%）：9.32
平均叶长（cm）：5.30	平均叶宽（cm）：3.20	

206 湘林63

资源编号：430103_010_0008		归属物种：*Camellia oleifera* Abel
资源类型：选育资源（良种）		主要用途：油用栽培，遗传育种材料
保存地点：湖南省长沙市雨花区		保存方式：国家级种质资源保存基地，异地保存

性 状 特 征

特异性：高产果量，高含油率

树　姿：开张	盛花期：11月中旬	果面特征：略有毛
嫩枝绒毛：有	花瓣颜色：白色	平均单果重（g）：24.00
芽鳞颜色：黄绿色	萼片绒毛：有	鲜出籽率（%）：43.10
芽绒毛：有	雌雄蕊相对高度：雄高	种皮颜色：棕褐色
嫩叶颜色：黄绿色	花柱裂位：浅裂	种仁含油率（%）：57.39
老叶颜色：中绿色	柱头裂数：3	油酸含量（%）：80.32
叶　形：椭圆形	子房绒毛：有	亚油酸含量（%）：9.51
叶缘特征：细锯齿	果熟日期：10月下旬	亚麻酸含量（%）：—
叶尖形状：渐尖	果　形：圆球形	硬脂酸含量（%）：1.54
叶基形状：楔形或近圆形	果皮颜色：青黄色	棕榈酸含量（%）：7.38
平均叶长（cm）：5.20	平均叶宽（cm）：2.90	

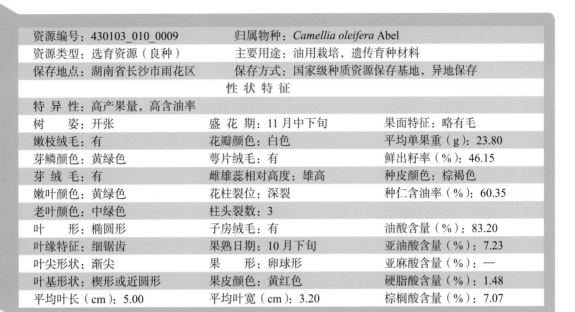

207

湘林 67

资源编号：430103_010_0009	归属物种：*Camellia oleifera* Abel	
资源类型：选育资源（良种）	主要用途：油用栽培，遗传育种材料	
保存地点：湖南省长沙市雨花区	保存方式：国家级种质资源保存基地，异地保存	

性 状 特 征

特 异 性：高产果量，高含油率		
树　姿：开张	盛 花 期：11月中下旬	果面特征：略有毛
嫩枝绒毛：有	花瓣颜色：白色	平均单果重（g）：23.80
芽鳞颜色：黄绿色	萼片绒毛：有	鲜出籽率（%）：46.15
芽绒毛：有	雌雄蕊相对高度：雄高	种皮颜色：棕褐色
嫩叶颜色：黄绿色	花柱裂位：深裂	种仁含油率（%）：60.35
老叶颜色：中绿色	柱头裂数：3	
叶　形：椭圆形	子房绒毛：有	油酸含量（%）：83.20
叶缘特征：细锯齿	果熟日期：10月下旬	亚油酸含量（%）：7.23
叶尖形状：渐尖	果　形：卵球形	亚麻酸含量（%）：—
叶基形状：楔形或近圆形	果皮颜色：黄红色	硬脂酸含量（%）：1.48
平均叶长（cm）：5.00	平均叶宽（cm）：3.20	棕榈酸含量（%）：7.07

208

湘林69

资源编号：430103_010_0010		归属物种：*Camellia oleifera* Abel
资源类型：选育资源（良种）		主要用途：油用栽培，遗传育种材料
保存地点：湖南省长沙市雨花区		保存方式：国家级种质资源保存基地，异地保存

性 状 特 征

特异性：高产果量，高含油率		
树　　姿：半开张	盛 花 期：11月中下旬	果面特征：略有毛
嫩枝绒毛：有	花瓣颜色：白色	平均单果重（g）：23.37
芽鳞颜色：黄绿色	萼片绒毛：有	鲜出籽率（%）：46.00
芽绒毛：有	雌雄蕊相对高度：雄高	种皮颜色：棕褐色
嫩叶颜色：黄绿色	花柱裂位：浅裂	种仁含油率（%）：55.48
老叶颜色：中绿色	柱头裂数：3	油酸含量（%）：82.25
叶　　形：椭圆形	子房绒毛：有	亚油酸含量（%）：7.19
叶缘特征：细锯齿	果熟日期：10月下旬	亚麻酸含量（%）：—
叶尖形状：渐尖	果　　形：圆球形	硬脂酸含量（%）：1.92
叶基形状：楔形或近圆形	果皮颜色：红色	棕榈酸含量（%）：7.45
平均叶长（cm）：5.10	平均叶宽（cm）：3.10	

209

湘林
70

资源编号：430103_010_0011	归属物种：*Camellia oleifera* Abel	
资源类型：选育资源（良种）	主要用途：油用栽培，遗传育种材料	
保存地点：湖南省长沙市雨花区	保存方式：国家级种质资源保存基地，异地保存	

性 状 特 征

特 异 性：高产果量，高含油率		
树　姿：开张	盛 花 期：11月中下旬	果面特征：略有毛
嫩枝绒毛：有	花瓣颜色：白色	平均单果重（g）：25.87
芽鳞颜色：黄绿色	萼片绒毛：有	鲜出籽率（%）：44.00
芽 绒 毛：有	雌雄蕊相对高度：雄高	种皮颜色：棕褐色
嫩叶颜色：黄绿色	花柱裂位：浅裂	种仁含油率（%）：57.32
老叶颜色：中绿色	柱头裂数：4	
叶　形：椭圆形	子房绒毛：有	油酸含量（%）：77.93
叶缘特征：细锯齿	果熟日期：10月下旬	亚油酸含量（%）：11.66
叶尖形状：渐尖	果　形：圆球形	亚麻酸含量（%）：—
叶基形状：楔形或近圆形	果皮颜色：黄红色	硬脂酸含量（%）：1.00
平均叶长（cm）：5.20	平均叶宽（cm）：3.20	棕榈酸含量（%）：7.85

210

湘林82

资源编号：430103_010_0013	归属物种：*Camellia oleifera* Abel	
资源类型：选育资源（良种）	主要用途：油用栽培，遗传育种材料	
保存地点：湖南省长沙市雨花区	保存方式：国家级种质资源保存基地，异地保存	

性 状 特 征

特 异 性：高产果量，高含油率		
树 姿：开张	盛 花 期：11月中下旬	果面特征：略有毛
嫩枝绒毛：有	花瓣颜色：白色	平均单果重（g）：27.80
芽鳞颜色：黄绿色	萼片绒毛：有	鲜出籽率（%）：45.00
芽 绒 毛：有	雌雄蕊相对高度：雄高	种皮颜色：棕褐色
嫩叶颜色：黄绿色	花柱裂位：浅裂	种仁含油率（%）：54.35
老叶颜色：中绿色	柱头裂数：4	
叶 形：椭圆形	子房绒毛：有	油酸含量（%）：81.92
叶缘特征：细锯齿	果熟日期：10月下旬	亚油酸含量（%）：7.34
叶尖形状：渐尖	果 形：卵球形	亚麻酸含量（%）：—
叶基形状：楔形或近圆形	果皮颜色：青黄红色	硬脂酸含量（%）：2.19
平均叶长（cm）：5.20	平均叶宽（cm）：3.50	棕榈酸含量（%）：6.94

211

湘林16

资源编号：430103_010_0017	归属物种：*Camellia oleifera* Abel
资源类型：选育资源（良种）	主要用途：油用栽培，遗传育种材料
保存地点：湖南省长沙市雨花区	保存方式：国家级种质资源保存基地，异地保存

性 状 特 征

特 异 性：高产果量，高含油率

树 姿：开张	盛 花 期：11月中旬	果面特征：略有毛
嫩枝绒毛：有	花瓣颜色：白色	平均单果重（g）：22.80
芽鳞颜色：黄绿色	萼片绒毛：有	鲜出籽率（%）：46.20
芽绒毛：有	雌雄蕊相对高度：雄高	种皮颜色：棕褐色
嫩叶颜色：黄绿色	花柱裂位：浅裂	种仁含油率（%）：57.24
老叶颜色：中绿色	柱头裂数：4	
叶 形：椭圆形	子房绒毛：有	油酸含量（%）：83.27
叶缘特征：细锯齿	果熟日期：10月下旬	亚油酸含量（%）：5.77
叶尖形状：渐尖	果 形：圆球形	亚麻酸含量（%）：—
叶基形状：楔形或近圆形	果皮颜色：青红色或青黄色	硬脂酸含量（%）：1.97
平均叶长（cm）：5.20	平均叶宽（cm）：3.20	棕榈酸含量（%）：7.85

212

湘林64

资源编号：430103_010_0025		归属物种：*Camellia oleifera* Abel
资源类型：选育资源（良种）		主要用途：油用栽培，遗传育种材料
保存地点：湖南省长沙市雨花区		保存方式：国家级种质资源保存基地，异地保存

性 状 特 征

特 异 性：高产果量，高含油率

树　　姿：开张	盛 花 期：11月中下旬	果面特征：略有毛
嫩枝绒毛：有	花瓣颜色：白色	平均单果重（g）：24.20
芽鳞颜色：黄绿色	萼片绒毛：有	鲜出籽率（%）：43.10
芽 绒 毛：有	雌雄蕊相对高度：雄高	种皮颜色：棕褐色
嫩叶颜色：黄绿色	花柱裂位：浅裂	种仁含油率（%）：53.62
老叶颜色：中绿色	柱头裂数：4	
叶　　形：椭圆形	子房绒毛：有	油酸含量（%）：83.69
叶缘特征：细锯齿	果熟日期：10月下旬	亚油酸含量（%）：6.11
叶尖形状：渐尖	果　　形：圆球形	亚麻酸含量（%）：—
叶基形状：楔形或近圆形	果皮颜色：青红色或青黄色	硬脂酸含量（%）：2.43
平均叶长（cm）：5.20	平均叶宽（cm）：3.10	棕榈酸含量（%）：6.83

湘林 89

资源编号：430103_010_0027	归属物种：*Camellia oleifera* Abel	
资源类型：选育资源（良种）	主要用途：油用栽培，遗传育种材料	
保存地点：湖南省长沙市雨花区	保存方式：国家级种质资源保存基地，异地保存	

性 状 特 征

特异性：高产果量，高含油率		
树　姿：开张	盛花期：11月上中旬	果面特征：略有毛
嫩枝绒毛：有	花瓣颜色：白色	平均单果重（g）：23.51
芽鳞颜色：黄绿色	萼片绒毛：有	鲜出籽率（%）：45.10
芽绒毛：有	雌雄蕊相对高度：雄高	种皮颜色：棕褐色
嫩叶颜色：黄绿色	花柱裂位：浅裂	种仁含油率（%）：55.42
老叶颜色：中绿色	柱头裂数：3	
叶　形：椭圆形	子房绒毛：有	油酸含量（%）：81.96
叶缘特征：细锯齿	果熟日期：10月下旬	亚油酸含量（%）：8.03
叶尖形状：渐尖	果　形：圆球形	亚麻酸含量（%）：—
叶基形状：楔形或近圆形	果皮颜色：青黄色	硬脂酸含量（%）：1.72
平均叶长（cm）：5.20	平均叶宽（cm）：3.20	棕榈酸含量（%）：7.02

214

湘林107

资源编号：430103_010_0028		归属物种：*Camellia oleifera* Abel
资源类型：选育资源（良种）		主要用途：油用栽培，遗传育种材料
保存地点：湖南省长沙市雨花区		保存方式：国家级种质资源保存基地，异地保存

性 状 特 征

特 异 性：高产果量，高含油率

树　　姿：开张	盛 花 期：11月中旬	果面特征：略有毛
嫩枝绒毛：有	花瓣颜色：白色	平均单果重（g）：12.00
芽鳞颜色：黄绿色	萼片绒毛：有	鲜出籽率（%）：49.80
芽绒毛：有	雌雄蕊相对高度：雄高	种皮颜色：棕褐色
嫩叶颜色：黄绿色	花柱裂位：浅裂	种仁含油率（%）：54.93
老叶颜色：中绿色	柱头裂数：3	
叶　　形：椭圆形	子房绒毛：有	油酸含量（%）：82.31
叶缘特征：细锯齿	果熟日期：10月中下旬	亚油酸含量（%）：7.11
叶尖形状：渐尖	果　　形：卵球形	亚麻酸含量（%）：—
叶基形状：楔形或近圆形	果皮颜色：红色	硬脂酸含量（%）：2.04
平均叶长（cm）：5.20	平均叶宽（cm）：3.20	棕榈酸含量（%）：7.49

215

湘林109

资源编号：430103_010_0030	归属物种：*Camellia oleifera* Abel
资源类型：选育资源（良种）	主要用途：油用栽培，遗传育种材料
保存地点：湖南省长沙市雨花区	保存方式：国家级种质资源保存基地，异地保存

性 状 特 征

特 异 性：高产果量，高含油率

树 姿：开张	盛 花 期：11月中旬	果面特征：略有毛
嫩枝绒毛：有	花瓣颜色：白色	平均单果重（g）：17.60
芽鳞颜色：黄绿色	萼片绒毛：有	鲜出籽率（%）：48.67
芽 绒 毛：有	雌雄蕊相对高度：雄高	种皮颜色：棕褐色
嫩叶颜色：黄绿色	花柱裂位：浅裂	种仁含油率（%）：53.16
老叶颜色：中绿色	柱头裂数：3	
叶 形：椭圆形	子房绒毛：有	油酸含量（%）：77.64
叶缘特征：细锯齿	果熟日期：10月中下旬	亚油酸含量（%）：9.14
叶尖形状：渐尖	果 形：卵球形	亚麻酸含量（%）：—
叶基形状：楔形或近圆形	果皮颜色：红色	硬脂酸含量（%）：1.38
平均叶长（cm）：5.20	平均叶宽（cm）：3.20	棕榈酸含量（%）：10.67

216

湘林110

资源编号：430103_010_0031		归属物种：*Camellia oleifera* Abel	
资源类型：选育资源（良种）		主要用途：油用栽培，遗传育种材料	
保存地点：湖南省长沙市雨花区		保存方式：国家级种质资源保存基地，异地保存	
性 状 特 征			
特 异 性：高产果量，高含油率			
树　　姿：开张	盛花期：11月中旬	果面特征：略有毛	
嫩枝绒毛：有	花瓣颜色：白色	平均单果重（g）：15.63	
芽鳞颜色：黄绿色	萼片绒毛：有	鲜出籽率（%）：42.90	
芽绒毛：有	雌雄蕊相对高度：雄高	种皮颜色：棕褐色	
嫩叶颜色：黄绿色	花柱裂位：浅裂	种仁含油率（%）：59.94	
老叶颜色：中绿色	柱头裂数：3	油酸含量（%）：84.08	
叶　　形：椭圆形	子房绒毛：有	亚油酸含量（%）：5.72	
叶缘特征：细锯齿	果熟日期：10月中下旬	亚麻酸含量（%）：—	
叶尖形状：渐尖	果　　形：卵球形	硬脂酸含量（%）：2.16	
叶基形状：楔形或近圆形	果皮颜色：黄红色	棕榈酸含量（%）：6.94	
平均叶长（cm）：5.20	平均叶宽（cm）：3.20		

217

湘林190

资源编号：430103_010_0032		归属物种：*Camellia oleifera* Abel
资源类型：选育资源（良种）		主要用途：油用栽培，遗传育种材料
保存地点：湖南省长沙市雨花区		保存方式：国家级种质资源保存基地，异地保存

性 状 特 征

特 异 性：高产果量，高含油率

树　　姿：开张	盛 花 期：11月中下旬	果面特征：略有毛
嫩枝绒毛：有	花瓣颜色：白色	平均单果重（g）：30.00
芽鳞颜色：黄绿色	萼片绒毛：有	鲜出籽率（%）：43.30
芽 绒 毛：有	雌雄蕊相对高度：雄高	种皮颜色：棕褐色
嫩叶颜色：黄绿色	花柱裂位：浅裂	种仁含油率（%）：55.35
老叶颜色：中绿色	柱头裂数：3	
叶　　形：椭圆形	子房绒毛：有	油酸含量（%）：83.00
叶缘特征：细锯齿	果熟日期：10月中下旬	亚油酸含量（%）：6.61
叶尖形状：渐尖	果　　形：卵球形	亚麻酸含量（%）：—
叶基形状：楔形或近圆形	果皮颜色：青黄色	硬脂酸含量（%）：1.80
平均叶长（cm）：5.20	平均叶宽（cm）：3.30	棕榈酸含量（%）：7.54

218

赤霞

资源编号：430103_010_0036	归属物种：*Camellia oleifera* Abel	
资源类型：选育资源（良种）	主要用途：油用栽培，遗传育种材料	
保存地点：湖南省长沙市雨花区	保存方式：国家级种质资源保存基地，异地保存	
性 状 特 征		
特 异 性：高产果量，高含油率		
树　　姿：开张	盛 花 期：11月中下旬	果面特征：略有毛
嫩枝绒毛：有	花瓣颜色：白色	平均单果重（g）：23.50
芽鳞颜色：黄绿色	萼片绒毛：有	鲜出籽率（%）：47.20
芽绒毛：有	雌雄蕊相对高度：雄高	种皮颜色：棕褐色
嫩叶颜色：黄绿色	花柱裂位：深裂	种仁含油率（%）：61.41
老叶颜色：中绿色	柱头裂数：3	
叶　　形：椭圆形	子房绒毛：有	油酸含量（%）：84.16
叶缘特征：细锯齿	果熟日期：10月下旬	亚油酸含量（%）：7.23
叶尖形状：渐尖	果　　形：卵球形	亚麻酸含量（%）：—
叶基形状：楔形或近圆形	果皮颜色：红色或暗红色	硬脂酸含量（%）：1.48
平均叶长（cm）：5.20	平均叶宽（cm）：3.20	棕榈酸含量（%）：7.07

219

油茶198

资源编号：430111_010_0198	归属物种：*Camellia oleifera* Abel	
资源类型：选育资源（品系）	主要用途：油用栽培，遗传育种材料	
保存地点：湖南省长沙市雨花区	保存方式：保存基地异地保存	

性 状 特 征

特 异 性：高产果量，高含油率

树　　姿：开张	盛 花 期：11月上旬	果面特征：略有毛
嫩枝绒毛：有	花瓣颜色：白色	平均单果重（g）：11.00
芽鳞颜色：黄绿色	萼片绒毛：有	鲜出籽率（%）：46.10
芽 绒 毛：有	雌雄蕊相对高度：近等高	种皮颜色：棕褐色
嫩叶颜色：黄绿色	花柱裂位：浅裂	种仁含油率（%）：52.00
老叶颜色：中绿色	柱头裂数：3	
叶　　形：长椭圆形	子房绒毛：有	油酸含量（%）：81.90
叶缘特征：细锯齿	果熟日期：10月下旬	亚油酸含量（%）：8.29
叶尖形状：渐尖	果　　形：近球形	亚麻酸含量（%）：0.63
叶基形状：楔形	果皮颜色：黄红色	硬脂酸含量（%）：1.65
平均叶长（cm）：4.78	平均叶宽（cm）：2.16	棕榈酸含量（%）：7.05

220

油茶205

资源编号：430111_010_0205	归属物种：*Camellia oleifera* Abel	
资源类型：选育资源（良种）	主要用途：油用栽培，遗传育种材料	
保存地点：湖南省长沙市雨花区	保存方式：国家级种质资源保存基地，异地保存	

性 状 特 征

特 异 性：高产果量，高含油率		
树　　姿：开张	盛 花 期：11月中下旬	果面特征：略有毛
嫩枝绒毛：有	花瓣颜色：白色	平均单果重（g）：25.00
芽鳞颜色：黄绿色	萼片绒毛：有	鲜出籽率（%）：45.00
芽 绒 毛：有	雌雄蕊相对高度：雄高	种皮颜色：棕褐色
嫩叶颜色：黄绿色	花柱裂位：浅裂	种仁含油率（%）：54.35
老叶颜色：中绿色	柱头裂数：3	
叶　　形：椭圆形	子房绒毛：有	油酸含量（%）：81.92
叶缘特征：细锯齿	果熟日期：10月下旬	亚油酸含量（%）：7.34
叶尖形状：渐尖	果　　形：近球形	亚麻酸含量（%）：—
叶基形状：楔形或近圆形	果皮颜色：黄红色	硬脂酸含量（%）：2.19
平均叶长（cm）：4.15	平均叶宽（cm）：2.02	棕榈酸含量（%）：6.94

221

油茶栽培种

资源编号：431003_010_0001	归属物种：*Camellia oleifera* Abel	
资源类型：选育资源（良种）	主要用途：油用栽培，遗传育种材料	
保存地点：湖南省郴州市苏仙区	保存方式：省级种质资源保存基地，异地保存	

性 状 特 征

特 异 性：高产果量，高含油率		
树　　姿：开张	盛 花 期：11月中下旬	果面特征：略有毛
嫩枝绒毛：有	花瓣颜色：白色	平均单果重（g）：30.00
芽鳞颜色：黄绿色	萼片绒毛：有	鲜出籽率（%）：44.80
芽 绒 毛：有	雌雄蕊相对高度：近等高	种皮颜色：棕褐色
嫩叶颜色：黄绿色	花柱裂位：浅裂	种仁含油率（%）：50.90
老叶颜色：中绿色	柱头裂数：3	
叶　　形：椭圆至长椭圆形	子房绒毛：有	油酸含量（%）：81.82
叶缘特征：细锯齿	果熟日期：10月下旬	亚油酸含量（%）：7.78
叶尖形状：渐尖	果　　形：圆球形	亚麻酸含量（%）：—
叶基形状：楔形或近圆形	果皮颜色：黄红色	硬脂酸含量（%）：1.70
平均叶长（cm）：5.66	平均叶宽（cm）：2.42	棕榈酸含量（%）：7.63

222

普通油茶 1 无性系

资源编号：431202_010_0172	归属物种：*Camellia oleifera* Abel	
资源类型：选育资源（无性系）	主要用途：油用栽培，遗传育种材料	
保存地点：湖南省怀化市鹤城区	保存方式：省级种质资源保存基地，异地保存	

性 状 特 征

特 异 性：高产果量，高含油率		
树　　姿：半开张	盛 花 期：11月中下旬	果面特征：略有毛
嫩枝绒毛：有	花瓣颜色：白色	平均单果重（g）：12.30
芽鳞颜色：黄绿色	萼片绒毛：有	鲜出籽率（%）：49.00
芽绒毛：有	雌雄蕊相对高度：近等高	种皮颜色：棕褐色
嫩叶颜色：黄绿色	花柱裂位：浅裂	种仁含油率（%）：55.16
老叶颜色：深绿色	柱头裂数：3	
叶　　形：椭圆形	子房绒毛：有	油酸含量（%）：81.95
叶缘特征：细锯齿	果熟日期：10月下旬	亚油酸含量（%）：8.04
叶尖形状：钝尖	果　　形：近球形	亚麻酸含量（%）：—
叶基形状：楔形或近圆形	果皮颜色：青黄红色	硬脂酸含量（%）：1.72
平均叶长（cm）：4.76	平均叶宽（cm）：2.39	棕榈酸含量（%）：7.05

223

普通油茶 2 无性系

资源编号：431202_010_0173	归属物种：*Camellia oleifera* Abel	
资源类型：选育资源（无性系）	主要用途：油用栽培，遗传育种材料	
保存地点：湖南省怀化市鹤城区	保存方式：省级种质资源保存基地，异地保存	

性 状 特 征

特 异 性：高产果量，高含油率		
树　姿：开张	盛 花 期：11 月中下旬	果面特征：略有毛
嫩枝绒毛：有	花瓣颜色：白色	平均单果重（g）：15.20
芽鳞颜色：黄绿色	萼片绒毛：有	鲜出籽率（%）：45.00
芽 绒 毛：有	雌雄蕊相对高度：近等高	种皮颜色：棕褐色
嫩叶颜色：黄绿色	花柱裂位：浅裂	种仁含油率（%）：52.47
老叶颜色：深绿色	柱头裂数：3	油酸含量（%）：83.30
叶　形：椭圆形	子房绒毛：有	亚油酸含量（%）：7.34
叶缘特征：细锯齿	果熟日期：10 月下旬	亚麻酸含量（%）：—
叶尖形状：渐尖	果　形：近球形	硬脂酸含量（%）：1.51
叶基形状：楔形或近圆形	果皮颜色：青黄红色	棕榈酸含量（%）：7.04
平均叶长（cm）：6.46	平均叶宽（cm）：3.02	

224 普通油茶 6 无性系

资源编号：431202_010_0174	归属物种：*Camellia oleifera* Abel	
资源类型：选育资源（无性系）	主要用途：油用栽培，遗传育种材料	
保存地点：湖南省怀化市鹤城区	保存方式：省级种质资源保存基地，异地保存	

性 状 特 征

特 异 性：高产果量，高含油率

树　　姿：开张	盛 花 期：11月中下旬	果面特征：略有毛
嫩枝绒毛：有	花瓣颜色：白色	平均单果重（g）：13.70
芽鳞颜色：黄绿色	萼片绒毛：有	鲜出籽率（%）：44.00
芽绒毛：有	雌雄蕊相对高度：近等高	种皮颜色：棕褐色
嫩叶颜色：黄绿色	花柱裂位：浅裂	种仁含油率（%）：50.18
老叶颜色：深绿色	柱头裂数：3	
叶　　形：椭圆形	子房绒毛：有	油酸含量（%）：82.96
叶缘特征：细锯齿	果熟日期：10月下旬	亚油酸含量（%）：6.31
叶尖形状：渐尖	果　　形：近球形	亚麻酸含量（%）：—
叶基形状：楔形或近圆形	果皮颜色：青黄红色	硬脂酸含量（%）：2.31
平均叶长（cm）：8.00	平均叶宽（cm）：3.58	棕榈酸含量（%）：7.35

普通油茶 3 无性系

225

资源编号：431202_010_0175	归属物种：*Camellia oleifera* Abel	
资源类型：选育资源（无性系）	主要用途：油用栽培，遗传育种材料	
保存地点：湖南省怀化市鹤城区	保存方式：省级种质资源保存基地，异地保存	

性 状 特 征

特 异 性：高产果量，高含油率

树　　姿：开张	盛 花 期：11 月中下旬	果面特征：略有毛
嫩枝绒毛：有	花瓣颜色：白色	平均单果重（g）：14.10
芽鳞颜色：黄绿色	萼片绒毛：有	鲜出籽率（%）：46.00
芽 绒 毛：有	雌雄蕊相对高度：近等高	种皮颜色：棕褐色
嫩叶颜色：黄绿色	花柱裂位：浅裂	种仁含油率（%）：54.49
老叶颜色：中绿色	柱头裂数：3	
叶　　形：椭圆形	子房绒毛：有	油酸含量（%）：80.76
叶缘特征：细锯齿	果熟日期：10 月下旬	亚油酸含量（%）：8.72
叶尖形状：渐尖	果　　形：近球形	亚麻酸含量（%）：—
叶基形状：楔形或近圆形	果皮颜色：青黄红色	硬脂酸含量（%）：1.75
平均叶长（cm）：6.34	平均叶宽（cm）：2.66	棕榈酸含量（%）：7.51

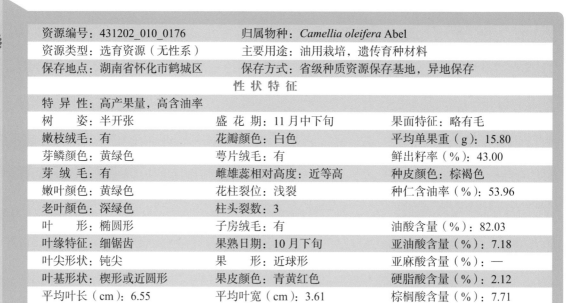

226

普通油茶 4 无性系

资源编号：431202_010_0176	归属物种：*Camellia oleifera* Abel	
资源类型：选育资源（无性系）	主要用途：油用栽培，遗传育种材料	
保存地点：湖南省怀化市鹤城区	保存方式：省级种质资源保存基地，异地保存	

性 状 特 征

特 异 性：高产果量，高含油率		
树　　姿：半开张	盛 花 期：11月中下旬	果面特征：略有毛
嫩枝绒毛：有	花瓣颜色：白色	平均单果重（g）：15.80
芽鳞颜色：黄绿色	萼片绒毛：有	鲜出籽率（%）：43.00
芽 绒 毛：有	雌雄蕊相对高度：近等高	种皮颜色：棕褐色
嫩叶颜色：黄绿色	花柱裂位：浅裂	种仁含油率（%）：53.96
老叶颜色：深绿色	柱头裂数：3	
叶　　形：椭圆形	子房绒毛：有	油酸含量（%）：82.03
叶缘特征：细锯齿	果熟日期：10月下旬	亚油酸含量（%）：7.18
叶尖形状：钝尖	果　　形：近球形	亚麻酸含量（%）：—
叶基形状：楔形或近圆形	果皮颜色：青黄红色	硬脂酸含量（%）：2.12
平均叶长（cm）：6.55	平均叶宽（cm）：3.61	棕榈酸含量（%）：7.71

227

普油－大龙华2号

资源编号：441423_010_0002	归属物种：*Camellia oleifera* Abel	
资源类型：选育资源（无性系）	主要用途：油用栽培，遗传育种材料	
保存地点：广东省丰顺县	保存方式：原地保护，异地保存	

性状特征

特异性：高产果量，高含油率

树　　姿：开张	盛花期：11月中旬	果面特征：光滑
嫩枝绒毛：有	花瓣颜色：白色	平均单果重（g）：24.14
芽鳞颜色：绿色	萼片绒毛：有	鲜出籽率（%）：49.17
芽绒毛：有	雌雄蕊相对高度：雄高	种皮颜色：褐色
嫩叶颜色：绿色	花柱裂位：浅裂	种仁含油率（%）：51.42
老叶颜色：深绿色	柱头裂数：4	油酸含量（%）：72.63
叶　　形：椭圆形、长椭圆形	子房绒毛：有	亚油酸含量（%）：12.42
叶缘特征：波状	果熟日期：10月下旬	亚麻酸含量（%）：—
叶尖形状：钝尖	果　　形：卵球形	硬脂酸含量（%）：3.02
叶基形状：楔形、近圆形	果皮颜色：黄棕色	棕榈酸含量（%）：11.69
平均叶长（cm）：6.33	平均叶宽（cm）：2.63	

228

普油－黄陂镇3号

资源编号：441481_010_0003	归属物种：*Camellia oleifera* Abel	
资源类型：选育资源（无性系）	主要用途：油用栽培，遗传育种材料	
保存地点：广东省兴宁市	保存方式：原地保护，异地保存	

性 状 特 征

特 异 性：高产果量，高含油率

树　姿：半开	盛花期：11月中旬	果面特征：光滑
嫩枝绒毛：有	花瓣颜色：白色	平均单果重（g）：28.90
芽鳞颜色：绿色	萼片绒毛：有	鲜出籽率（%）：42.91
芽绒毛：有	雌雄蕊相对高度：雄高	种皮颜色：褐色
嫩叶颜色：黄绿色	花柱裂位：浅裂	种仁含油率（%）：56.77
老叶颜色：深绿色、黄绿色	柱头裂数：2	油酸含量（%）：76.00
叶　形：长椭圆形、椭圆形	子房绒毛：有	亚油酸含量（%）：9.41
叶缘特征：波状	果熟日期：10月中旬	亚麻酸含量（%）：—
叶尖形状：渐尖	果　形：扁圆球形	硬脂酸含量（%）：2.33
叶基形状：楔形	果皮颜色：黄红色	棕榈酸含量（%）：11.03
平均叶长（cm）：6.00	平均叶宽（cm）：2.80	

229

普油－绣缎镇2号

资源编号：441623_010_0002	归属物种：*Camellia oleifera* Abel	
资源类型：选育资源（无性系）	主要用途：油用栽培，遗传育种材料	
保存地点：广东省连平县	保存方式：原地保护，异地保存	

性 状 特 征

特 异 性：高产果量，高含油率

树　　姿：半开张	盛 花 期：11月下旬	果面特征：糠秕
嫩枝绒毛：有	花瓣颜色：白色	平均单果重（g）：25.07
芽鳞颜色：黄绿色	萼片绒毛：有	鲜出籽率（%）：45.43
芽 绒 毛：有	雌雄蕊相对高度：雄高	种皮颜色：棕褐色
嫩叶颜色：绿色	花柱裂位：浅裂、全裂、深裂	种仁含油率（%）：54.61
老叶颜色：中绿色	柱头裂数：4	
叶　　形：椭圆形	子房绒毛：有	油酸含量（%）：81.90
叶缘特征：平	果熟日期：10月下旬	亚油酸含量（%）：6.70
叶尖形状：钝尖	果　　形：桃形、扁圆球形	亚麻酸含量（%）：—
叶基形状：楔形	果皮颜色：青黄色、青色	硬脂酸含量（%）：1.96
平均叶长（cm）：7.05	平均叶宽（cm）：3.22	棕榈酸含量（%）：8.63

230
普油－春湾镇卫国4号

资源编号：441781_010_0004		归属物种：*Camellia oleifera* Abel	
资源类型：选育资源（无性系）		主要用途：油用栽培，遗传育种材料	
保存地点：广东省阳春市		保存方式：原地保护，异地保存	
性 状 特 征			
特 异 性：高产果量，高含油率			
树　姿：开张	盛 花 期：11月下旬	果面特征：糠秕	
嫩枝绒毛：有	花瓣颜色：白色	平均单果重（g）：26.61	
芽鳞颜色：绿色	萼片绒毛：有	鲜出籽率（%）：43.82	
芽绒毛：有	雌雄蕊相对高度：雄高	种皮颜色：黑色、褐色	
嫩叶颜色：褐色	花柱裂位：中裂、浅裂	种仁含油率（%）：54.96	
老叶颜色：中绿色	柱头裂数：3	油酸含量（%）：83.27	
叶　形：椭圆形	子房绒毛：有	亚油酸含量（%）：6.71	
叶缘特征：平	果熟日期：11月上旬	亚麻酸含量（%）：—	
叶尖形状：渐尖	果　形：圆球形、倒卵球形、卵球形	硬脂酸含量（%）：2.62	
叶基形状：楔形	果皮颜色：青色	棕榈酸含量（%）：7.20	
平均叶长（cm）：7.19	平均叶宽（cm）：3.35		

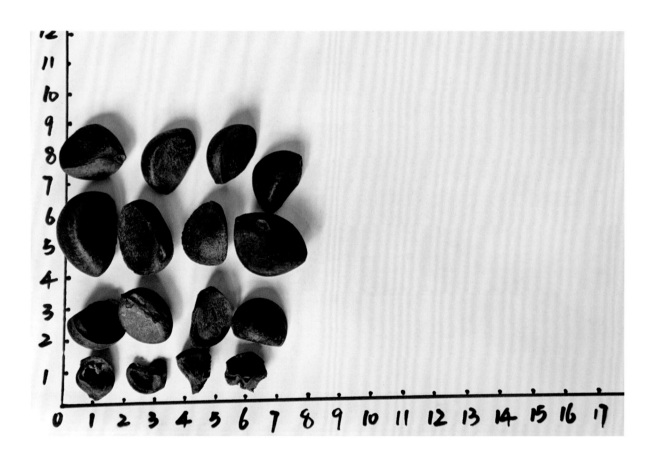

231

普油－春湾镇卫国优2号

资源编号：441781_010_0012	归属物种：*Camellia oleifera* Abel
资源类型：选育资源（无性系）	主要用途：油用栽培，遗传种材料
保存地点：广东省阳春市	保存方式：原地保护，异地保存

性 状 特 征

特 异 性：高产果量，高含油率

树　　姿：开张	盛 花 期：11月下旬	果面特征：糠秕
嫩枝绒毛：有	花瓣颜色：白色	平均单果重（g）：26.22
芽鳞颜色：绿色	萼片绒毛：有	鲜出籽率（%）：38.67
芽绒毛：有	雌雄蕊相对高度：雄高	种皮颜色：黑色、棕褐色
嫩叶颜色：褐色	花柱裂位：中裂、浅裂	种仁含油率（%）：54.58
老叶颜色：中绿色	柱头裂数：3	
叶　　形：近圆形	子房绒毛：有	油酸含量（%）：81.90
叶缘特征：平	果熟日期：11月上旬	亚油酸含量（%）：5.87
叶尖形状：渐尖	果　　形：圆球形	亚麻酸含量（%）：—
叶基形状：楔形	果皮颜色：青色	硬脂酸含量（%）：2.57
平均叶长（cm）：6.23	平均叶宽（cm）：3.30	棕榈酸含量（%）：8.68

232

普油－春湾镇卫国优15号

资源编号：441781_010_0025	归属物种：*Camellia oleifera* Abel
资源类型：选育资源（无性系）	主要用途：油用栽培，遗传育种材料
保存地点：广东省阳春市	保存方式：原地保护，异地保存

性 状 特 征

特 异 性：高产果量，高含油率

树　　姿：开张	盛 花 期：11月下旬	果面特征：糠秕
嫩枝绒毛：有	花瓣颜色：白色	平均单果重（g）：26.53
芽鳞颜色：绿色	萼片绒毛：有	鲜出籽率（%）：41.27
芽绒毛：有	雌雄蕊相对高度：雄高	种皮颜色：黑色、棕褐色
嫩叶颜色：褐色	花柱裂位：中裂、浅裂	种仁含油率（%）：57.57
老叶颜色：中绿色	柱头裂数：4	
叶　　形：椭圆形	子房绒毛：有	油酸含量（%）：83.30
叶缘特征：平	果熟日期：11月上旬	亚油酸含量（%）：6.70
叶尖形状：渐尖	果　　形：扁圆球形	亚麻酸含量（%）：—
叶基形状：楔形	果皮颜色：褐色	硬脂酸含量（%）：2.12
平均叶长（cm）：6.68	平均叶宽（cm）：3.08	棕榈酸含量（%）：7.87

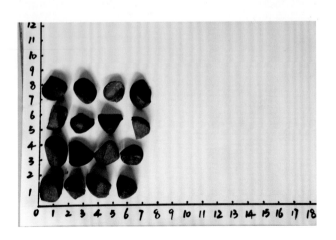

233

普油－春湾镇卫国优26号

资源编号：441781_010_0036	归属物种：*Camellia oleifera* Abel	
资源类型：选育资源（无性系）	主要用途：油用栽培，遗传育种材料	
保存地点：广东省阳春市	保存方式：原地保护，异地保存	

性 状 特 征

特 异 性：高产果量，高含油率

树　姿：开张	盛花期：11月下旬	果面特征：糠秕
嫩枝绒毛：有	花瓣颜色：白色	平均单果重（g）：26.27
芽鳞颜色：绿色	萼片绒毛：有	鲜出籽率（%）：43.05
芽绒毛：有	雌雄蕊相对高度：雄高	种皮颜色：黑色、褐色
嫩叶颜色：褐色	花柱裂位：浅裂、中裂	种仁含油率（%）：52.73
老叶颜色：中绿色	柱头裂数：4	油酸含量（%）：83.08
叶　形：椭圆形	子房绒毛：有	亚油酸含量（%）：5.87
叶缘特征：平	果熟日期：11月上旬	亚麻酸含量（%）：—
叶尖形状：渐尖	果　形：扁圆球形	硬脂酸含量（%）：2.49
叶基形状：楔形	果皮颜色：青色	棕榈酸含量（%）：7.94
平均叶长（cm）：6.12	平均叶宽（cm）：2.75	

234

桂普101

资源编号：450107_010_0311	归属物种：*Camellia oleifera* Abel
资源类型：选育资源（良种）	主要用途：油用栽培，遗传育种材料
保存地点：广西壮族自治区南宁市西乡塘区	保存方式：国家级种质资源保存基地，异地保存

性 状 特 征

特 异 性：高产果量，高含油率

树 姿：直立	盛 花 期：10月中旬	果面特征：光滑
嫩枝绒毛：有	花瓣颜色：白色	平均单果重（g）：—
芽鳞颜色：黄色	萼片绒毛：有	鲜出籽率（%）：—
芽 绒 毛：有	雌雄蕊相对高度：雄高	种皮颜色：褐色
嫩叶颜色：绿色	花柱裂位：浅裂	种仁含油率（%）：51.32
老叶颜色：绿色	柱头裂数：3	油酸含量（%）：76.20
叶 形：近圆形	子房绒毛：有	亚油酸含量（%）：11.30
叶缘特征：平	果熟日期：10月上旬	亚麻酸含量（%）：—
叶尖形状：渐尖	果 形：圆球形或近圆球形	硬脂酸含量（%）：—
叶基形状：楔形	果皮颜色：青绿色	棕榈酸含量（%）：—
平均叶长（cm）：5.50	平均叶宽（cm）：3.10	

235

桂 1 3 6 号

资源编号：450107_010_0312		归属物种：*Camellia oleifera* Abel
资源类型：选育资源（良种）		主要用途：油用栽培，遗传育种材料
保存地点：广西壮族自治区南宁市西乡塘区		保存方式：国家级种质资源保存基地，异地保存

性 状 特 征

特 异 性：高产果量，高含油率

树　　姿：半开张	盛 花 期：10月中旬	果面特征：光滑
嫩枝绒毛：有	花瓣颜色：白色	平均单果重（g）：—
芽鳞颜色：黄绿色	萼片绒毛：有	鲜出籽率（%）：—
芽绒毛：有	雌雄蕊相对高度：雄高	种皮颜色：棕褐色
嫩叶颜色：绿色	花柱裂位：浅裂	种仁含油率（%）：51.14
老叶颜色：绿色	柱头裂数：3	油酸含量（%）：83.10
叶　　形：椭圆形	子房绒毛：有	亚油酸含量（%）：5.70
叶缘特征：平	果熟日期：10月上旬	亚麻酸含量（%）：—
叶尖形状：渐尖	果　　形：圆球形或近圆球形	硬脂酸含量（%）：2.30
叶基形状：楔形	果皮颜色：青绿色	棕榈酸含量（%）：8.10
平均叶长（cm）：6.00	平均叶宽（cm）：2.90	

桂91号

资源编号：450107_010_0315		归属物种：*Camellia oleifera* Abel
资源类型：选育资源（良种）		主要用途：油用栽培，遗传育种材料
保存地点：广西壮族自治区南宁市西乡塘区		保存方式：国家级种质资源保存基地，异地保存

性 状 特 征

特 异 性：高产果量，高含油率

树 姿：开张	盛 花 期：10月中旬	果面特征：光滑
嫩枝绒毛：有	花瓣颜色：白色	平均单果重（g）：—
芽鳞颜色：黄绿色	萼片绒毛：有	鲜出籽率（%）：—
芽 绒 毛：有	雌雄蕊相对高度：雄高	种皮颜色：棕褐色
嫩叶颜色：绿色	花柱裂位：浅裂	种仁含油率（%）：57.50
老叶颜色：绿色	柱头裂数：3	
叶 形：椭圆形	子房绒毛：有	油酸含量（%）：82.30
叶缘特征：平	果熟日期：10月上旬	亚油酸含量（%）：7.40
叶尖形状：渐尖	果 形：圆球形或近圆球形或卵球形	亚麻酸含量（%）：—
叶基形状：楔形	果皮颜色：红青色	硬脂酸含量（%）：2.30
平均叶长（cm）：5.80	平均叶宽（cm）：2.10	棕榈酸含量（%）：7.60

237

桂78号

资源编号：450107_010_0316	归属物种：*Camellia oleifera* Abel
资源类型：选育资源（良种）	主要用途：油用栽培，遗传育种材料
保存地点：广西壮族自治区南宁市西乡塘区	保存方式：国家级种质资源保存基地，异地保存

性 状 特 征

特 异 性：高产果量，高含油率

树　　姿：直立	盛 花 期：10月中旬	果面特征：光滑
嫩枝绒毛：有	花瓣颜色：白色	平均单果重（g）：—
芽鳞颜色：黄绿色	萼片绒毛：有	鲜出籽率（%）：—
芽 绒 毛：有	雌雄蕊相对高度：雄高	种皮颜色：棕褐色
嫩叶颜色：红色	花柱裂位：浅裂	种仁含油率（%）：56.60
老叶颜色：绿色	柱头裂数：3	油酸含量（%）：79.80
叶　　形：近圆形	子房绒毛：有	
叶缘特征：平	果熟日期：10月上旬	亚油酸含量（%）：8.20
叶尖形状：渐尖	果　　形：圆球形或近圆球形	亚麻酸含量（%）：—
叶基形状：楔形	果皮颜色：青绿色	硬脂酸含量（%）：2.70
平均叶长（cm）：5.70	平均叶宽（cm）：2.30	棕榈酸含量（%）：8.80

桂 88 号

资源编号：450107_010_0317	归属物种：*Camellia oleifera* Abel	
资源类型：选育资源（良种）	主要用途：油用栽培，遗传育种材料	
保存地点：广西壮族自治区南宁市西乡塘区	保存方式：国家级种质资源保存基地，异地保存	

性 状 特 征

特 异 性：高产果量，高含油率		
树 姿：直立	盛 花 期：10月中旬	果面特征：光滑
嫩枝绒毛：有	花瓣颜色：白色	平均单果重（g）：—
芽鳞颜色：黄绿色	萼片绒毛：有	鲜出籽率（%）：—
芽 绒 毛：有	雌雄蕊相对高度：雄高	种皮颜色：棕褐色
嫩叶颜色：绿色	花柱裂位：浅裂	种仁含油率（%）：53.66
老叶颜色：绿色	柱头裂数：3	油酸含量（%）：81.70
叶 形：椭圆形	子房绒毛：有	亚油酸含量（%）：7.80
叶缘特征：平	果熟日期：10月上旬	亚麻酸含量（%）：—
叶尖形状：渐尖	果 形：圆球形或近圆球形	硬脂酸含量（%）：2.10
叶基形状：楔形	果皮颜色：黄绿色	棕榈酸含量（%）：8.40
平均叶长（cm）：5.65	平均叶宽（cm）：2.85	

239

川荣－55

资源编号：510321_010_0002　　　归属物种：*Camellia oleifera* Abel

资源类型：选育资源（良种）　　　主要用途：油用栽培，遗传育种材料

保存地点：四川省荣县　　　　　　保存方式：原地保护，异地保存

性 状 特 征

特 异 性：高产果量，高含油率

树　　姿：半开张	盛 花 期：10 月下旬	果面特征：光滑
嫩枝绒毛：有	花瓣颜色：白色	平均单果重（g）：25.60
芽鳞颜色：绿色	萼片绒毛：有	鲜出籽率（%）：—
芽 绒 毛：有	雌雄蕊相对高度：雄高	种皮颜色：棕褐色
嫩叶颜色：绿色	花柱裂位：浅裂	种仁含油率（%）：51.20
老叶颜色：深绿色	柱头裂数：3	油酸含量（%）：70.80
叶　　形：椭圆形	子房绒毛：有	亚油酸含量（%）：4.50
叶缘特征：平	果熟日期：10 月中旬	亚麻酸含量（%）：—
叶尖形状：渐尖	果　　形：圆球形	硬脂酸含量（%）：1.50
叶基形状：楔形	果皮颜色：绿色	棕榈酸含量（%）：16.10
平均叶长（cm）：6.80	平均叶宽（cm）：3.30	

240

川荣-153

资源编号：510321_010_0004	归属物种：*Camellia oleifera* Abel	
资源类型：选育资源（良种）	主要用途：油用栽培，遗传育种材料	
保存地点：四川省荣县	保存方式：原地保护，异地保存	

性 状 特 征

特 异 性：高产果量，高含油率

树　　姿：开张	盛 花 期：11月上旬	果面特征：光滑
嫩枝绒毛：有	花瓣颜色：白色	平均单果重（g）：25.00
芽鳞颜色：绿色	萼片绒毛：有	鲜出籽率（%）：—
芽 绒 毛：有	雌雄蕊相对高度：雄高	种皮颜色：棕褐色
嫩叶颜色：绿色	花柱裂位：浅裂	种仁含油率（%）：50.45
老叶颜色：深绿色	柱头裂数：3	油酸含量（%）：68.09
叶　　形：近圆形	子房绒毛：有	亚油酸含量（%）：13.31
叶缘特征：平	果熟日期：10月中旬	亚麻酸含量（%）：—
叶尖形状：钝尖	果　　形：圆球形	硬脂酸含量（%）：1.61
叶基形状：楔形	果皮颜色：浅红色	棕榈酸含量（%）：16.06
平均叶长（cm）：6.40	平均叶宽（cm）：3.40	

241

川荣-156

资源编号：510321_010_0005	归属物种：*Camellia oleifera* Abel	
资源类型：选育资源（良种）	主要用途：油用栽培，遗传育种材料	
保存地点：四川省荣县	保存方式：原地保护，异地保存	

性 状 特 征

特 异 性：高产果量，高含油率		
树　　姿：半开张	盛 花 期：10月下旬	果面特征：光滑
嫩枝绒毛：有	花瓣颜色：白色	平均单果重（g）：23.80
芽鳞颜色：绿色	萼片绒毛：有	鲜出籽率（%）：—
芽 绒 毛：有	雌雄蕊相对高度：雄高	种皮颜色：棕褐色
嫩叶颜色：绿色	花柱裂位：浅裂	种仁含油率（%）：53.72
老叶颜色：深绿色	柱头裂数：3	油酸含量（%）：76.60
叶　　形：椭圆形	子房绒毛：有	亚油酸含量（%）：4.98
叶缘特征：平	果熟日期：10月中旬	亚麻酸含量（%）：—
叶尖形状：钝尖	果　　形：圆球形	硬脂酸含量（%）：1.01
叶基形状：近圆形	果皮颜色：浅红色	棕榈酸含量（%）：16.45
平均叶长（cm）：6.70	平均叶宽（cm）：2.90	

242

易龙普通油茶优良无性系

资源编号：530425_010_0003	归属物种：*Camellia oleifera* Abel	
资源类型：选育资源（良种）	主要用途：油用栽培，遗传育种材料	
保存地点：云南省易门县	保存方式：原地保护，异地保存	

性 状 特 征

特 异 性：高产果量，高含油率		
树　　姿：半开张	盛 花 期：11月上旬	果面特征：光滑
嫩枝绒毛：有	花瓣颜色：白色	平均单果重（g）：28.74
芽鳞颜色：黄绿色	萼片绒毛：有	鲜出籽率（%）：45.79
芽 绒 毛：有	雌雄蕊相对高度：雄高	种皮颜色：黑色
嫩叶颜色：红色	花柱裂位：浅裂	种仁含油率（%）：58.78
老叶颜色：中绿色	柱头裂数：3	
叶　　形：近圆形	子房绒毛：有	油酸含量（%）：82.88
叶缘特征：平	果熟日期：10月中旬	亚油酸含量（%）：6.53
叶尖形状：圆尖	果　　形：扁圆球形	亚麻酸含量（%）：—
叶基形状：楔形	果皮颜色：青色	硬脂酸含量（%）：1.98
平均叶长（cm）：4.60	平均叶宽（cm）：2.90	棕榈酸含量（%）：7.02

243

易泉普通油茶优良无性系

资源编号：530425_010_0004		归属物种：*Camellia oleifera* Abel
资源类型：选育资源（良种）		主要用途：油用栽培，遗传育种材料
保存地点：云南省易门县		保存方式：原地保护，异地保存

性状特征

特异性：高产果量，高含油率		
树姿：半开张	盛花期：10月下旬	果面特征：光滑
嫩枝绒毛：有	花瓣颜色：白色	平均单果重（g）：27.64
芽鳞颜色：黄绿色	萼片绒毛：有	鲜出籽率（%）：49.71
芽绒毛：有	雌雄蕊相对高度：雄高	种皮颜色：黑色
嫩叶颜色：绿色	花柱裂位：浅裂	种仁含油率（%）：52.06
老叶颜色：中绿色	柱头裂数：3	
叶形：椭圆形	子房绒毛：有	油酸含量（%）：81.54
叶缘特征：平	果熟日期：10月上旬	亚油酸含量（%）：7.79
叶尖形状：钝尖	果形：圆球形	亚麻酸含量（%）：—
叶基形状：楔形	果皮颜色：青红色	硬脂酸含量（%）：1.48
平均叶长（cm）：4.60	平均叶宽（cm）：2.50	棕榈酸含量（%）：0.00

244

云油茶红河5号

资源编号：532522_010_0005	归属物种：*Camellia oleifera* Abel	
资源类型：选育资源（良种）	主要用途：油用栽培，遗传育种材料	
保存地点：云南省蒙自市	保存方式：原地保护，异地保存	

性 状 特 征

特 异 性：高产果量，高含油率

树　　姿：开张	盛 花 期：11月上旬	果面特征：糠秕
嫩枝绒毛：有	花瓣颜色：白色	平均单果重（g）：26.57
芽鳞颜色：黄绿色	萼片绒毛：有	鲜出籽率（%）：43.28
芽 绒 毛：有	雌雄蕊相对高度：雌高	种皮颜色：黑色
嫩叶颜色：绿色	花柱裂位：浅裂	种仁含油率（%）：50.59
老叶颜色：中绿色	柱头裂数：3	
叶　　形：椭圆形	子房绒毛：有	油酸含量（%）：78.63
叶缘特征：平	果熟日期：10月上旬	亚油酸含量（%）：8.44
叶尖形状：渐尖	果　　形：圆球形	亚麻酸含量（%）：0.54
叶基形状：楔形	果皮颜色：红色	硬脂酸含量（%）：2.53
平均叶长（cm）：5.63	平均叶宽（cm）：2.86	棕榈酸含量（%）：8.78

245

云油茶1号

资源编号：532627_010_0001	归属物种：*Camellia oleifera* Abel
资源类型：选育资源（良种）	主要用途：油用栽培，遗传育种材料
保存地点：云南省广南县	保存方式：原地保护，异地保存

性 状 特 征

特 异 性：高产果量，高含油率

树　　姿：开张	盛 花 期：11月中旬	果面特征：光滑
嫩枝绒毛：有	花瓣颜色：白色	平均单果重（g）：26.64
芽鳞颜色：黄绿色	萼片绒毛：有	鲜出籽率（%）：46.73
芽绒毛：有	雌雄蕊相对高度：雌高	种皮颜色：黑色
嫩叶颜色：绿色	花柱裂位：浅裂	种仁含油率（%）：54.30
老叶颜色：中绿色	柱头裂数：3	
叶　　形：椭圆形	子房绒毛：有	油酸含量（%）：82.94
叶缘特征：平	果熟日期：10月中旬	亚油酸含量（%）：7.17
叶尖形状：渐尖	果　　形：圆球形	亚麻酸含量（%）：0.48
叶基形状：楔形	果皮颜色：红色	硬脂酸含量（%）：1.96
平均叶长（cm）：6.20	平均叶宽（cm）：4.20	棕榈酸含量（%）：8.47

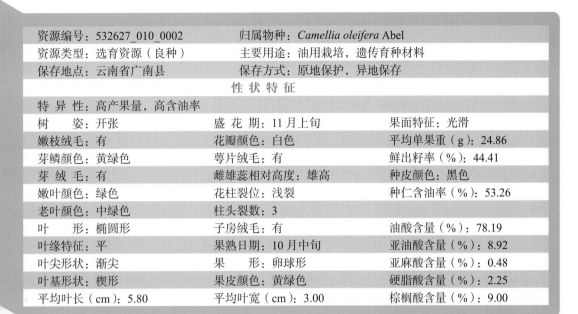

<table>
<tr><td>资源编号：532627_010_0002</td><td>归属物种：Camellia oleifera Abel</td></tr>
<tr><td>资源类型：选育资源（良种）</td><td>主要用途：油用栽培，遗传育种材料</td></tr>
<tr><td>保存地点：云南省广南县</td><td>保存方式：原地保护，异地保存</td></tr>
</table>

246

云油茶2号

性 状 特 征

特 异 性：高产果量，高含油率

树　姿：开张	盛 花 期：11月上旬	果面特征：光滑
嫩枝绒毛：有	花瓣颜色：白色	平均单果重（g）：24.86
芽鳞颜色：黄绿色	萼片绒毛：有	鲜出籽率（%）：44.41
芽 绒 毛：有	雌雄蕊相对高度：雄高	种皮颜色：黑色
嫩叶颜色：绿色	花柱裂位：浅裂	种仁含油率（%）：53.26
老叶颜色：中绿色	柱头裂数：3	
叶　形：椭圆形	子房绒毛：有	油酸含量（%）：78.19
叶缘特征：平	果熟日期：10月中旬	亚油酸含量（%）：8.92
叶尖形状：渐尖	果　形：卵球形	亚麻酸含量（%）：0.48
叶基形状：楔形	果皮颜色：黄绿色	硬脂酸含量（%）：2.25
平均叶长（cm）：5.80	平均叶宽（cm）：3.00	棕榈酸含量（%）：9.00

247

云油茶3号

资源编号：532627_010_0003	归属物种：*Camellia oleifera* Abel	
资源类型：选育资源（良种）	主要用途：油用栽培，遗传育种材料	
保存地点：云南省广南县	保存方式：原地保护，异地保存	

性 状 特 征

特 异 性：高产果量，高含油率		
树　　姿：开张	盛 花 期：11月上旬	果面特征：光滑
嫩枝绒毛：有	花瓣颜色：白色	平均单果重（g）：22.51
芽鳞颜色：黄绿色	萼片绒毛：有	鲜出籽率（%）：44.56
芽 绒 毛：有	雌雄蕊相对高度：雄高	种皮颜色：黑色
嫩叶颜色：绿色	花柱裂位：浅裂	种仁含油率（%）：54.70
老叶颜色：中绿色	柱头裂数：3	
叶　　形：椭圆形	子房绒毛：有	油酸含量（%）：81.20
叶缘特征：平	果熟日期：10月中旬	亚油酸含量（%）：8.04
叶尖形状：渐尖	果　　形：圆球形	亚麻酸含量（%）：0.31
叶基形状：楔形	果皮颜色：红色	硬脂酸含量（%）：2.03
平均叶长（cm）：5.40	平均叶宽（cm）：3.20	棕榈酸含量（%）：7.54

248

富宁油茶 8 号

资源编号：532628_010_0008	归属物种：*Camellia oleifera* Abel	
资源类型：选育资源（良种）	主要用途：油用栽培，遗传育种材料	
保存地点：云南省富宁县	保存方式：原地保护，异地保存	

性 状 特 征

特 异 性：高产果量，高含油率

树　　姿：开张	盛 花 期：10 月下旬	果面特征：光滑
嫩枝绒毛：有	花瓣颜色：白色	平均单果重（g）：29.59
芽鳞颜色：黄绿色	萼片绒毛：有	鲜出籽率（%）：47.21
芽 绒 毛：有	雌雄蕊相对高度：雌高	种皮颜色：黑色
嫩叶颜色：红色	花柱裂位：中裂	种仁含油率（%）：59.40
老叶颜色：中绿色	柱头裂数：3	
叶　　形：长椭圆形	子房绒毛：有	油酸含量（%）：74.42
叶缘特征：平	果熟日期：10 月中旬	亚油酸含量（%）：14.19
叶尖形状：渐尖	果　　形：扁圆球形	亚麻酸含量（%）：0.49
叶基形状：楔形	果皮颜色：红色、绿色	硬脂酸含量（%）：2.64
平均叶长（cm）：6.76	平均叶宽（cm）：3.68	棕榈酸含量（%）：7.60

249

德林油6号

资源编号：533122_010_0004	归属物种：*Camellia oleifera* Abel
资源类型：选育资源（良种）	主要用途：油用栽培，遗传育种材料
保存地点：云南省梁河县	保存方式：原地保护，异地保存

性 状 特 征

特 异 性：高产果量，高含油率

树　姿：半开张	盛花期：11月	果面特征：光滑
嫩枝绒毛：有	花瓣颜色：白色	平均单果重（g）：26.78
芽鳞颜色：紫绿色	萼片绒毛：有	鲜出籽率（%）：47.76
芽绒毛：有	雌雄蕊相对高度：雌高	种皮颜色：棕褐色
嫩叶颜色：绿色	花柱裂位：中裂	种仁含油率（%）：56.00
老叶颜色：深绿色	柱头裂数：3	油酸含量（%）：79.21
叶　形：长椭圆形	子房绒毛：有	亚油酸含量（%）：8.15
叶缘特征：平	果熟日期：11月上旬	亚麻酸含量（%）：0.99
叶尖形状：钝尖	果　形：圆球形	硬脂酸含量（%）：1.81
叶基形状：楔形	果皮颜色：红绿色	棕榈酸含量（%）：8.29
平均叶长（cm）：6.63	平均叶宽（cm）：3.34	

250

普油－粤韶76－1号

资源编号：440203_010_0010	归属物种：*Camellia oleifera* Abel	
资源类型：选育资源（良种）	主要用途：油用栽培，遗传育种材料	
保存地点：广东省韶关市武江区	保存方式：原地保护，异地保存	

性 状 特 征

特 异 性：高产果量，高含油率		
树　　姿：半张开	平均叶长（cm）：5.97	平均叶宽（cm）：2.93
嫩枝绒毛：有	叶基形状：楔形	果熟日期：10月下旬
芽绒毛：有	盛 花 期：11月上旬	果　　形：圆球形
芽鳞颜色：绿色	花瓣颜色：白色	果皮颜色：青黄色
嫩叶颜色：绿色	萼片绒毛：有	果面特征：光滑
老叶颜色：中绿色	雌雄蕊相对高度：雌高	平均单果重（g）：21.29
叶　　形：椭圆形、近圆形	花柱裂位：浅裂	种皮颜色：棕褐色、棕色
叶缘特征：平	柱头裂数：3	鲜出籽率（%）：48.52
叶尖形状：钝尖	子房绒毛：有	种仁含油率（%）：52.45

251

普油－粤韶 77－1 号

资源编号：440203_010_0011	归属物种：*Camellia oleifera* Abel	
资源类型：选育资源（良种）	主要用途：油用栽培，遗传育种材料	
保存地点：广东省韶关市武江区	保存方式：原地保护，异地保存	
性 状 特 征		
特 异 性：高产果量，高含油率		
树　　姿：直立	平均叶长（cm）：6.14	平均叶宽（cm）：2.96
嫩枝绒毛：有	叶基形状：楔形、近圆形	果熟日期：10 月下旬
芽绒毛：有	盛 花 期：11 月上旬	果　　形：圆球形
芽鳞颜色：绿色	花瓣颜色：白色	果皮颜色：青黄色
嫩叶颜色：绿色	萼片绒毛：有	果面特征：光滑、糠秕
老叶颜色：中绿色	雌雄蕊相对高度：雌高	平均单果重（g）：24.83
叶　　形：椭圆形、近圆形	花柱裂位：浅裂	种皮颜色：棕褐色
叶缘特征：平	柱头裂数：3	鲜出籽率（%）：46.52
叶尖形状：钝尖	子房绒毛：有	种仁含油率（%）：51.86

252

普通油茶杂交家系 1×24

资源编号：450107_010_0220		归属物种：*Camellia oleifera* Abel	
资源类型：选育资源（品系）		主要用途：油用栽培，遗传育种材料	
保存地点：广西壮族自治区南宁市西乡塘区		保存方式：国家级种质资源保存基地，异地保存	

性 状 特 征

特 异 性：高产果量，高含油率		
树　　姿：开张	平均叶长（cm）：6.60	平均叶宽（cm）：3.10
嫩枝绒毛：有	叶基形状：楔形	果熟日期：10月上旬
芽 绒 毛：有	盛 花 期：10月中旬	果　　形：圆球形或近圆球形
芽鳞颜色：黄绿色	花瓣颜色：白色	果皮颜色：黄绿色
嫩叶颜色：绿色	萼片绒毛：有	果面特征：光滑
老叶颜色：绿色	雌雄蕊相对高度：雄高	平均单果重（g）：22.05
叶　　形：椭圆形	花柱裂位：深裂	种皮颜色：黑褐色
叶缘特征：平	柱头裂数：3	鲜出籽率（%）：38.05
叶尖形状：渐尖	子房绒毛：有	种仁含油率（%）：50.57

253

普通油茶无性系 A1

资源编号：450481_010_0079		归属物种：*Camellia oleifera* Abel	
资源类型：选育资源（无性系）		主要用途：油用栽培，遗传育种材料	
保存地点：广西壮族自治区区岑溪市		保存方式：省级种质资源保存基地，异地保存	

性 状 特 征

特 异 性：高产果量，高含油率		
树　　姿：直立	平均叶长（cm）：5.60	平均叶宽（cm）：2.50
嫩枝绒毛：有	叶基形状：楔形	果熟日期：9月下旬
芽 绒 毛：有	盛 花 期：10月下旬	果　　形：圆球形或近圆球形
芽鳞颜色：绿色	花瓣颜色：白色	果皮颜色：青红色
嫩叶颜色：青黄色	萼片绒毛：有	果面特征：光滑
老叶颜色：青黄色	雌雄蕊相对高度：雄高	平均单果重（g）：15.90
叶　　形：椭圆形	花柱裂位：中裂	种皮颜色：棕褐色
叶缘特征：波状	柱头裂数：3	鲜出籽率（%）：37.67
叶尖形状：渐尖	子房绒毛：有	种仁含油率（%）：50.11

254

普通油茶无性系三门江11

资源编号：450481_010_0106		归属物种：*Camellia oleifera* Abel
资源类型：选育资源（无性系）		主要用途：油用栽培，遗传育种材料
保存地点：广西壮族自治区岑溪市		保存方式：省级种质资源保存基地，异地保存

性 状 特 征

特 异 性：高产果量，高含油率		
树　　姿：开张	平均叶长（cm）：7.30	平均叶宽（cm）：3.80
嫩枝绒毛：有	叶基形状：楔形	果熟日期：10月下旬
芽绒毛：有	盛 花 期：11月上旬	果　　形：圆球形或近圆球形
芽鳞颜色：黄色	花瓣颜色：白色	果皮颜色：青绿色
嫩叶颜色：红绿色	萼片绒毛：有	果面特征：光滑
老叶颜色：深绿色	雌雄蕊相对高度：雄高	平均单果重（g）：27.22
叶　　形：长椭圆形	花柱裂位：深裂	种皮颜色：棕褐色
叶缘特征：平	柱头裂数：4	鲜出籽率（%）：30.68
叶尖形状：渐尖	子房绒毛：有	种仁含油率（%）：50.11

255

渝林5

资源编号：500243_010_0001		归属物种：*Camellia oleifera* Abel
资源类型：选育资源（良种）		主要用途：油用栽培，遗传育种材料
保存地点：重庆市彭水苗族土家族自治县		保存方式：原地保护，异地保存

性 状 特 征

特 异 性：高产果量，高含油率		
树　　姿：开张	平均叶长（cm）：6.84	平均叶宽（cm）：3.06
嫩枝绒毛：有	叶基形状：近圆形	果熟日期：10月下旬
芽绒毛：有	盛 花 期：11月上旬	果　　形：卵球形
芽鳞颜色：黄绿色	花瓣颜色：白色	果皮颜色：红色
嫩叶颜色：红色	萼片绒毛：有	果面特征：光滑
老叶颜色：中绿色	雌雄蕊相对高度：雌高	平均单果重（g）：—
叶　　形：椭圆形	花柱裂位：浅裂	种皮颜色：—
叶缘特征：平	柱头裂数：4	鲜出籽率（%）：—
叶尖形状：钝尖	子房绒毛：有	种仁含油率（%）：53.62

256

渝林6

资源编号：500243_010_0002		归属物种：*Camellia oleifera* Abel
资源类型：选育资源（良种）		主要用途：油用栽培，遗传育种材料
保存地点：重庆市彭水苗族土家族自治县		保存方式：原地保护，异地保存

性 状 特 征

特 异 性：高产果量，高含油率		
树　　姿：开张	平均叶长（cm）：6.77	平均叶宽（cm）：3.33
嫩枝绒毛：有	叶基形状：近圆形	果熟日期：10月下旬
芽 绒 毛：有	盛 花 期：11月上旬	果　　形：圆球形
芽鳞颜色：黄绿色	花瓣颜色：淡红色	果皮颜色：红色
嫩叶颜色：红色	萼片绒毛：有	果面特征：光滑
老叶颜色：深绿色	雌雄蕊相对高度：雄高	平均单果重（g）：—
叶　　形：椭圆形	花柱裂位：深裂	种皮颜色：褐色
叶缘特征：平	柱头裂数：3	鲜出籽率（%）：—
叶尖形状：渐尖	子房绒毛：有	种仁含油率（%）：50.66

小果油茶 – 黎平 4 号

资源编号：522631_010_0033	归属物种：*Camellia meiocarpa* Hu
资源类型：选育资源（地方品种）	主要用途：油用栽培，遗传育种材料
保存地点：贵州省黎平县	保存方式：原地保护，异地保存

性 状 特 征

特 异 性：高产果量，高含油率		
树　　姿：开张	平均叶长（cm）：8.71	平均叶宽（cm）：2.98
嫩枝绒毛：无	叶基形状：楔形	果熟日期：10月中下旬
芽绒毛：有	盛花期：11月中旬	果　　形：卵球形
芽鳞颜色：黄绿色	花瓣颜色：白色	果皮颜色：青黄色
嫩叶颜色：浅绿色	萼片绒毛：有	果面特征：光滑
老叶颜色：绿色	雌雄蕊相对高度：等高	平均单果重（g）：12.71
叶　　形：长椭圆形	花柱裂位：浅裂	种皮颜色：黑色
叶缘特征：平	柱头裂数：3	鲜出籽率（%）：41.86
叶尖形状：渐尖	子房绒毛：有	种仁含油率（%）：57.8

258

小果油茶－黎平7号

资源编号：522631_010_0036	归属物种：*Camellia meiocarpa* Hu	
资源类型：选育资源（地方品种）	主要用途：油用栽培，遗传育种材料	
保存地点：贵州省黎平县	保存方式：原地保护，异地保存	

性 状 特 征

特 异 性：高产果量，高含油率

树　　姿：开张	平均叶长（cm）：5.50	平均叶宽（cm）：2.62
嫩枝绒毛：无	叶基形状：楔形	果熟日期：10月中下旬
芽绒毛：有	盛花期：10月下旬	果　　形：近圆球形
芽鳞颜色：黄绿色	花瓣颜色：白色	果皮颜色：青黄色
嫩叶颜色：浅绿色	萼片绒毛：有	果面特征：光滑
老叶颜色：黄绿色	雌雄蕊相对高度：雌高	平均单果重（g）：8.92
叶　　形：长椭圆形	花柱裂位：中裂	种皮颜色：黑色
叶缘特征：平	柱头裂数：3	鲜出籽率（%）：37.44
叶尖形状：渐尖	子房绒毛：有	种仁含油率（%）：51.81

（13）具高产果量、高油酸资源

259

亚林普油丨2008-177号

资源编号：330702_010_0076	归属物种：*Camellia oleifera* Abel
资源类型：选育资源（无性系）	主要用途：油用栽培，遗传育种材料
保存地点：浙江省金华市婺城区	保存方式：国家油茶良种基地，异地保存

性 状 特 征

特 异 性：高产果量，高油酸

树　　姿：开张	盛 花 期：10月下旬	果面特征：斑点状糠秕
嫩枝绒毛：有	花瓣颜色：白色	平均单果重（g）：19.95
芽鳞颜色：绿色	萼片绒毛：有	鲜出籽率（%）：47.41
芽绒毛：有	雌雄蕊相对高度：雌高	种皮颜色：棕褐色
嫩叶颜色：黄绿色	花柱裂位：深裂	种仁含油率（%）：43.03
老叶颜色：深绿色	柱头裂数：3	
叶　　形：近圆形	子房绒毛：有	油酸含量（%）：85.50
叶缘特征：平	果熟日期：10月中旬	亚油酸含量（%）：4.60
叶尖形状：渐尖	果　　形：圆斑形	亚麻酸含量（%）：0.20
叶基形状：近圆形	果皮颜色：青色	硬脂酸含量（%）：2.50
平均叶长（cm）：5.31	平均叶宽（cm）：2.74	棕榈酸含量（%）：6.70

260

普油－赣林无10

资源编号：360111_010_0007	归属物种：*Camellia oleifera* Abel	
资源类型：选育资源（无性系）	主要用途：油用栽培，遗传育种材料	
保存地点：江西省南昌市青山湖区	保存方式：国家级种质资源保存基地，异地保存	

性 状 特 征

特 异 性：高产果量，高油酸

树　　姿：半开张	盛 花 期：11月中旬	果面特征：光滑
嫩枝绒毛：有	花瓣颜色：白色	平均单果重（g）：17.17
芽鳞颜色：绿色	萼片绒毛：有	鲜出籽率（%）：46.13
芽 绒 毛：无	雌雄蕊相对高度：雄高	种皮颜色：棕褐色
嫩叶颜色：绿色	花柱裂位：深裂	种仁含油率（%）：46.50
老叶颜色：中绿色	柱头裂数：4	
叶　　形：披针形	子房绒毛：有	油酸含量（%）：85.30
叶缘特征：波状	果熟日期：10月下旬	亚油酸含量（%）：0.90
叶尖形状：渐尖	果　　形：椭球形	亚麻酸含量（%）：—
叶基形状：楔形	果皮颜色：红色	硬脂酸含量（%）：3.00
平均叶长（cm）：4.62	平均叶宽（cm）：2.88	棕榈酸含量（%）：7.80

261 普油－赣林无17

资源编号：360111_010_0010		归属物种：*Camellia oleifera* Abel
资源类型：选育资源（无性系）		主要用途：油用栽培，遗传育种材料
保存地点：江西省南昌市青山湖区		保存方式：国家级种质资源保存基地，异地保存

性 状 特 征

特 异 性：高产果量，高油酸		
树　　姿：开张	盛 花 期：11月下旬	果面特征：凹凸
嫩枝绒毛：有	花瓣颜色：白色	平均单果重（g）：17.13
芽鳞颜色：玉白色	萼片绒毛：有	鲜出籽率（%）：47.64
芽 绒 毛：有	雌雄蕊相对高度：雄高	种皮颜色：黑色
嫩叶颜色：红色	花柱裂位：深裂	种仁含油率（%）：48.50
老叶颜色：深绿色	柱头裂数：4	
叶　　形：长椭圆形	子房绒毛：有	油酸含量（%）：85.30
叶缘特征：波状	果熟日期：10月下旬	亚油酸含量（%）：2.80
叶尖形状：钝尖	果　　形：扁圆球形	亚麻酸含量（%）：—
叶基形状：楔形	果皮颜色：青色	硬脂酸含量（%）：2.70
平均叶长（cm）：5.74	平均叶宽（cm）：2.93	棕榈酸含量（%）：8.20

262

普油 I 赣林典红 83 I 5

资源编号：360111_010_0064	归属物种：*Camellia oleifera* Abel
资源类型：选育资源（无性系）	主要用途：油用栽培，遗传育种材料
保存地点：江西省南昌市青山湖区	保存方式：国家级种质资源保存基地，异地保存

性 状 特 征

特 异 性：高产果量，高油酸

树　　姿：半开张	盛 花 期：11月中旬	果面特征：糠秕
嫩枝绒毛：有	花瓣颜色：白色	平均单果重（g）：15.36
芽鳞颜色：玉白色	萼片绒毛：有	鲜出籽率（%）：42.46
芽 绒 毛：有	雌雄蕊相对高度：雌高	种皮颜色：黑色
嫩叶颜色：红色	花柱裂位：浅裂	种仁含油率（%）：48.40
老叶颜色：中绿色	柱头裂数：3	油酸含量（%）：86.20
叶　　形：长椭圆形	子房绒毛：有	亚油酸含量（%）：1.80
叶缘特征：波状	果熟日期：10月下旬	亚麻酸含量（%）：—
叶尖形状：渐尖	果　　形：扁圆球形	硬脂酸含量（%）：2.90
叶基形状：近圆形	果皮颜色：红色	棕榈酸含量（%）：7.60
平均叶长（cm）：7.60	平均叶宽（cm）：3.21	

263

豫油茶 6 号

资源编号：411524_010_0001	归属物种：*Camellia oleifera* Abel	
资源类型：选育资源（良种）	主要用途：油用栽培，遗传育种材料	
保存地点：河南省商城县	保存方式：原地保护，异地保存	

性 状 特 征

特 异 性：高产果量，高油酸		
树　　姿：半开张	盛 花 期：11月上旬	果面特征：光滑
嫩枝绒毛：有	花瓣颜色：白色	平均单果重（g）：25.12
芽鳞颜色：黄绿色	萼片绒毛：有	鲜出籽率（%）：46.66
芽 绒 毛：有	雌雄蕊相对高度：雌高	种皮颜色：棕褐色
嫩叶颜色：绿色	花柱裂位：深裂	种仁含油率（%）：45.40
老叶颜色：中绿色	柱头裂数：3	油酸含量（%）：85.40
叶　　形：椭圆形	子房绒毛：有	亚油酸含量（%）：4.70
叶缘特征：平	果熟日期：10月中旬	亚麻酸含量（%）：0.30
叶尖形状：渐尖	果　　形：椭球形	硬脂酸含量（%）：2.00
叶基形状：楔形	果皮颜色：红色	棕榈酸含量（%）：6.90
平均叶长（cm）：6.49	平均叶宽（cm）：2.85	

264

豫油茶1号

资源编号：411524_010_0004	归属物种：*Camellia oleifera* Abel	
资源类型：选育资源（良种）	主要用途：油用栽培，遗传育种材料	
保存地点：河南省商城县	保存方式：原地保护，异地保存	

性 状 特 征

特 异 性：高产果量，高油酸

树　姿：开张	盛花期：11月上旬	果面特征：光滑
嫩枝绒毛：有	花瓣颜色：白色	平均单果重（g）：21.86
芽鳞颜色：黄绿色	萼片绒毛：有	鲜出籽率（%）：42.73
芽绒毛：有	雌雄蕊相对高度：等高	种皮颜色：棕褐色
嫩叶颜色：红色	花柱裂位：浅裂	种仁含油率（%）：36.50
老叶颜色：中绿色	柱头裂数：4	
叶　形：椭圆形	子房绒毛：有	油酸含量（%）：85.60
叶缘特征：平	果熟日期：10月上旬	亚油酸含量（%）：4.00
叶尖形状：钝尖	果　形：圆球形	亚麻酸含量（%）：0.30
叶基形状：近圆形	果皮颜色：青色	硬脂酸含量（%）：3.10
平均叶长（cm）：5.77	平均叶宽（cm）：2.41	棕榈酸含量（%）：6.50

265

湘林81

资源编号：430103_010_0026		归属物种：*Camellia oleifera* Abel
资源类型：选育资源（良种）		主要用途：油用栽培，遗传育种材料
保存地点：湖南省长沙市雨花区		保存方式：国家级种质资源保存基地，异地保存

性 状 特 征

特 异 性：高产果量，高油酸		
树　　姿：开张	盛 花 期：11月中旬	果面特征：略有糠秕
嫩枝绒毛：有	花瓣颜色：白色	平均单果重（g）：21.00
芽鳞颜色：黄绿色	萼片绒毛：有	鲜出籽率（%）：46.70
芽 绒 毛：有	雌雄蕊相对高度：雄高	种皮颜色：棕褐色
嫩叶颜色：黄绿色	花柱裂位：浅裂	种仁含油率（%）：49.90
老叶颜色：中绿色	柱头裂数：4	
叶　　形：椭圆形	子房绒毛：有	油酸含量（%）：85.89
叶缘特征：细锯齿	果熟日期：10月下旬	亚油酸含量（%）：4.19
叶尖形状：渐尖	果　　形：圆球形	亚麻酸含量（%）：—
叶基形状：楔形或近圆形	果皮颜色：青红色	硬脂酸含量（%）：2.69
平均叶长（cm）：5.20	平均叶宽（cm）：3.50	棕榈酸含量（%）：6.14

（14）具高产果量资源

266

亚林普油 | 2008-001 号

资源编号：330702_010_0001	归属物种：*Camellia oleifera* Abel	
资源类型：选育资源（无性系）	主要用途：油用栽培，遗传育种材料	
保存地点：浙江省金华市婺城区	保存方式：国家油茶良种基地，异地保存	

性 状 特 征

特 异 性：高产果量		
树　　姿：半开张	盛 花 期：10月中旬	果面特征：斑点状糠秕
嫩枝绒毛：有	花瓣颜色：白色	平均单果重（g）：16.00
芽鳞颜色：绿色	萼片绒毛：有	鲜出籽率（%）：41.54
芽 绒 毛：有	雌雄蕊相对高度：雌高	种皮颜色：黑褐色
嫩叶颜色：黄绿色	花柱裂位：中裂	种仁含油率（%）：42.69
老叶颜色：绿色	柱头裂数：3	
叶　　形：椭圆形	子房绒毛：有	油酸含量（%）：77.20
叶缘特征：平	果熟日期：10月中旬	亚油酸含量（%）：10.40
叶尖形状：渐尖	果　　形：椭球形	亚麻酸含量（%）：0.20
叶基形状：楔形	果皮颜色：红色	硬脂酸含量（%）：1.70
平均叶长（cm）：5.40	平均叶宽（cm）：2.49	棕榈酸含量（%）：9.90

267

亚林普油 | 2008|002 号

资源编号：330702_010_0002		归属物种：*Camellia oleifera* Abel
资源类型：选育资源（无性系）		主要用途：油用栽培，遗传育种材料
保存地点：浙江省金华市婺城区		保存方式：国家油茶良种基地，异地保存

性 状 特 征

特 异 性：高产果量

树　　姿：半开张	盛 花 期：11月上旬	果面特征：斑点状糠秕
嫩枝绒毛：有	花瓣颜色：白色	平均单果重（g）：17.30
芽鳞颜色：绿色	萼片绒毛：有	鲜出籽率（%）：35.15
芽绒毛：有	雌雄蕊相对高度：雄高	种皮颜色：黑褐色
嫩叶颜色：黄绿色	花柱裂位：浅裂	种仁含油率（%）：38.79
老叶颜色：绿色	柱头裂数：4	
叶　　形：近圆形	子房绒毛：有	油酸含量（%）：82.10
叶缘特征：平	果熟日期：10月中旬	亚油酸含量（%）：7.70
叶尖形状：渐尖	果　　形：圆球形	亚麻酸含量（%）：0.20
叶基形状：近圆形	果皮颜色：青红色	硬脂酸含量（%）：2.00
平均叶长（cm）：4.93	平均叶宽（cm）：2.65	棕榈酸含量（%）：7.40

268
亚林普油 | 2008 | 004 号

资源编号：330702_010_0004　　归属物种：*Camellia oleifera* Abel
资源类型：选育资源（无性系）　　主要用途：油用栽培，遗传育种材料
保存地点：浙江省金华市婺城区　　保存方式：国家油茶良种基地，异地保存

性 状 特 征

特 异 性：高产果量

树　姿：开张	盛 花 期：10月下旬	果面特征：糠秕
嫩枝绒毛：有	花瓣颜色：白色	平均单果重（g）：19.52
芽鳞颜色：绿色	萼片绒毛：有	鲜出籽率（%）：48.05
芽 绒 毛：有	雌雄蕊相对高度：雄高	种皮颜色：棕褐色
嫩叶颜色：红色	花柱裂位：中裂	种仁含油率（%）：34.23
老叶颜色：绿色	柱头裂数：4	油酸含量（%）：79.74
叶　形：椭圆形	子房绒毛：有	亚油酸含量（%）：8.53
叶缘特征：波状	果熟日期：10月中旬	亚麻酸含量（%）：0.32
叶尖形状：渐尖	果　形：圆球形	硬脂酸含量（%）：1.94
叶基形状：楔形	果皮颜色：青红色	棕榈酸含量（%）：8.76
平均叶长（cm）：6.93	平均叶宽（cm）：3.18	

269

亚林普油 | 2008I009号

资源编号：330702_010_0006	归属物种：*Camellia oleifera* Abel
资源类型：选育资源（无性系）	主要用途：油用栽培，遗传育种材料
保存地点：浙江省金华市婺城区	保存方式：国家油茶良种基地，异地保存

性 状 特 征

特 异 性：高产果量

树　　姿：半开张	盛 花 期：11月上旬	果面特征：斑点状糠秕
嫩枝绒毛：有	花瓣颜色：白色	平均单果重（g）：16.95
芽鳞颜色：绿色	萼片绒毛：有	鲜出籽率（%）：47.02
芽绒毛：有	雌雄蕊相对高度：雄高	种皮颜色：棕褐色
嫩叶颜色：红色	花柱裂位：浅裂	种仁含油率（%）：46.29
老叶颜色：绿色	柱头裂数：3	
叶　　形：椭圆形	子房绒毛：有	油酸含量（%）：81.03
叶缘特征：波状	果熟日期：10月中旬	亚油酸含量（%）：7.65
叶尖形状：渐尖	果　　形：圆球形或椭球形	亚麻酸含量（%）：0.24
叶基形状：楔形	果皮颜色：青红色	硬脂酸含量（%）：1.77
平均叶长（cm）：7.20	平均叶宽（cm）：2.92	棕榈酸含量（%）：8.55

270

亚林普油 | 2008-010号

资源编号：330702_010_0007	归属物种：*Camellia oleifera* Abel	
资源类型：选育资源（无性系）	主要用途：油用栽培，遗传育种材料	
保存地点：浙江省金华市婺城区	保存方式：国家油茶良种基地，异地保存	

性 状 特 征

特 异 性：高产果量

树　姿：半开张	盛 花 期：11月上旬	果面特征：斑点状糠秕
嫩枝绒毛：有	花瓣颜色：白色	平均单果重（g）：16.65
芽鳞颜色：绿色	萼片绒毛：有	鲜出籽率（%）：44.74
芽 绒 毛：有	雌雄蕊相对高度：雌高	种皮颜色：棕褐色
嫩叶颜色：红色	花柱裂位：深裂	种仁含油率（%）：41.01
老叶颜色：深绿色	柱头裂数：4	
叶　形：长椭圆形	子房绒毛：有	油酸含量（%）：83.76
叶缘特征：波状	果熟日期：10月中旬	亚油酸含量（%）：4.60
叶尖形状：渐尖	果　形：椭球形	亚麻酸含量（%）：0.30
叶基形状：楔形	果皮颜色：青红色	硬脂酸含量（%）：3.18
平均叶长（cm）：6.95	平均叶宽（cm）：2.54	棕榈酸含量（%）：7.26

271
亚林普油 I 2008-011 号

资源编号：330702_010_0008		归属物种：*Camellia oleifera* Abel
资源类型：选育资源（无性系）		主要用途：油用栽培，遗传育种材料
保存地点：浙江省金华市婺城区		保存方式：国家油茶良种基地，异地保存

性 状 特 征

特 异 性：高产果量

树　　姿：半开张	盛 花 期：11月上旬	果面特征：斑点状糠秕
嫩枝绒毛：有	花瓣颜色：白色	平均单果重（g）：19.89
芽鳞颜色：绿色	萼片绒毛：有	鲜出籽率（%）：44.33
芽绒毛：有	雌雄蕊相对高度：雌高	种皮颜色：黑褐色
嫩叶颜色：红色	花柱裂位：中裂	种仁含油率（%）：38.15
老叶颜色：深绿色	柱头裂数：4	
叶　　形：椭圆形	子房绒毛：有	油酸含量（%）：83.03
叶缘特征：波状	果熟日期：10月中旬	亚油酸含量（%）：6.41
叶尖形状：渐尖	果　　形：扁圆球形，果脐内凹	亚麻酸含量（%）：0.29
叶基形状：近圆形	果皮颜色：褐色	硬脂酸含量（%）：1.95
平均叶长（cm）：6.23	平均叶宽（cm）：2.88	棕榈酸含量（%）：7.46

272

亚林普油—2008—012号

资源编号：330702_010_0009	归属物种：*Camellia oleifera* Abel	
资源类型：选育资源（无性系）	主要用途：油用栽培，遗传育种材料	
保存地点：浙江省金华市婺城区	保存方式：国家油茶良种基地，异地保存	

性 状 特 征

特 异 性：高产果量		
树 姿：半开张	盛 花 期：12月上旬	果面特征：斑点状糠秕
嫩枝绒毛：有	花瓣颜色：白色	平均单果重（g）：19.35
芽鳞颜色：绿色	萼片绒毛：有	鲜出籽率（%）：47.38
芽 绒 毛：有	雌雄蕊相对高度：雌高	种皮颜色：棕褐色
嫩叶颜色：红色	花柱裂位：中裂	种仁含油率（%）：41.12
老叶颜色：深绿色	柱头裂数：2	
叶 形：椭圆形	子房绒毛：有	油酸含量（%）：80.35
叶缘特征：波状	果熟日期：10月中旬	亚油酸含量（%）：8.94
叶尖形状：渐尖	果 形：圆球形	亚麻酸含量（%）：0.28
叶基形状：近圆形	果皮颜色：青色	硬脂酸含量（%）：1.51
平均叶长（cm）：6.53	平均叶宽（cm）：3.03	棕榈酸含量（%）：8.11

273

亚林普油 | 2008—015 号

资源编号：330702_010_0010		归属物种：*Camellia oleifera* Abel
资源类型：选育资源（无性系）		主要用途：油用栽培，遗传育种材料
保存地点：浙江省金华市婺城区		保存方式：国家油茶良种基地，异地保存

性 状 特 征

特异性：高产果量

树　　姿：半开张	盛花期：11月上旬	果面特征：光洁
嫩枝绒毛：有	花瓣颜色：白色	平均单果重（g）：26.62
芽鳞颜色：绿色	萼片绒毛：有	鲜出籽率（%）：49.85
芽绒毛：有	雌雄蕊相对高度：雌高	种皮颜色：黑褐色
嫩叶颜色：红色	花柱裂位：中裂	种仁含油率（%）：36.53
老叶颜色：深绿色	柱头裂数：4	油酸含量（%）：81.38
叶　　形：椭圆形	子房绒毛：有	亚油酸含量（%）：7.59
叶缘特征：波状	果熟日期：10月中旬	亚麻酸含量（%）：0.33
叶尖形状：渐尖	果　　形：椭球形	硬脂酸含量（%）：2.00
叶基形状：近圆形	果皮颜色：青色	棕榈酸含量（%）：7.85
平均叶长（cm）：7.34	平均叶宽（cm）：3.46	

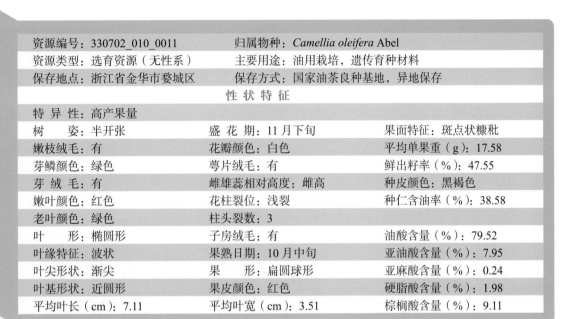

资源编号：330702_010_0011	归属物种：*Camellia oleifera* Abel
资源类型：选育资源（无性系）	主要用途：油用栽培，遗传育种材料
保存地点：浙江省金华市婺城区	保存方式：国家油茶良种基地，异地保存

性 状 特 征

特 异 性：高产果量

树 姿：半开张	盛 花 期：11月下旬	果面特征：斑点状糠秕
嫩枝绒毛：有	花瓣颜色：白色	平均单果重（g）：17.58
芽鳞颜色：绿色	萼片绒毛：有	鲜出籽率（%）：47.55
芽 绒 毛：有	雌雄蕊相对高度：雌高	种皮颜色：黑褐色
嫩叶颜色：红色	花柱裂位：浅裂	种仁含油率（%）：38.58
老叶颜色：绿色	柱头裂数：3	油酸含量（%）：79.52
叶 形：椭圆形	子房绒毛：有	亚油酸含量（%）：7.95
叶缘特征：波状	果熟日期：10月中旬	亚麻酸含量（%）：0.24
叶尖形状：渐尖	果 形：扁圆球形	硬脂酸含量（%）：1.98
叶基形状：近圆形	果皮颜色：红色	棕榈酸含量（%）：9.11
平均叶长（cm）：7.11	平均叶宽（cm）：3.51	

275

亚林普油 | 2008I017号

资源编号：330702_010_0012	归属物种：*Camellia oleifera* Abel	
资源类型：选育资源（无性系）	主要用途：油用栽培，遗传育种材料	
保存地点：浙江省金华市婺城区	保存方式：国家油茶良种基地，异地保存	

性 状 特 征

特 异 性：高产果量

树　　姿：半开张	盛 花 期：10 月下旬	果面特征：光洁
嫩枝绒毛：有	花瓣颜色：白色	平均单果重（g）：16.12
芽鳞颜色：绿色	萼片绒毛：有	鲜出籽率（%）：44.73
芽绒毛：有	雌雄蕊相对高度：雄高	种皮颜色：棕褐色
嫩叶颜色：红色	花柱裂位：浅裂	种仁含油率（%）：38.8
老叶颜色：绿色	柱头裂数：4	油酸含量（%）：80.57
叶　　形：椭圆形	子房绒毛：有	亚油酸含量（%）：7.11
叶缘特征：波状	果熟日期：10 月中旬	亚麻酸含量（%）：0.26
叶尖形状：渐尖	果　　形：扁圆球形	硬脂酸含量（%）：2.68
叶基形状：近圆形	果皮颜色：青色	棕榈酸含量（%）：8.63
平均叶长（cm）：6.49	平均叶宽（cm）：3.12	

276

亚林普油Ｉ2008Ｉ019号

资源编号：330702_010_0014	归属物种：*Camellia oleifera* Abel	
资源类型：选育资源（无性系）	主要用途：油用栽培，遗传育种材料	
保存地点：浙江省金华市婺城区	保存方式：国家油茶良种基地，异地保存	

性 状 特 征

特 异 性：高产果量

树　　姿：半开张	盛 花 期：11月上旬	果面特征：斑点状糠秕
嫩枝绒毛：有	花瓣颜色：白色	平均单果重（g）：19.49
芽鳞颜色：绿色	萼片绒毛：有	鲜出籽率（%）：38.76
芽 绒 毛：有	雌雄蕊相对高度：雄高	种皮颜色：黑褐色
嫩叶颜色：黄绿色	花柱裂位：浅裂	种仁含油率（%）：38.72
老叶颜色：深绿色	柱头裂数：3	
叶　　形：椭圆形	子房绒毛：有	油酸含量（%）：80.10
叶缘特征：平	果熟日期：10月中旬	亚油酸含量（%）：8.10
叶尖形状：渐尖	果　　形：倒卵球形	亚麻酸含量（%）：0.30
叶基形状：楔形	果皮颜色：青色	硬脂酸含量（%）：1.60
平均叶长（cm）：6.80	平均叶宽（cm）：3.05	棕榈酸含量（%）：9.40

277

亚林普油 I 2008-021 号

资源编号：330702_010_0016		归属物种：*Camellia oleifera* Abel
资源类型：选育资源（无性系）		主要用途：油用栽培，遗传育种材料
保存地点：浙江省金华市婺城区		保存方式：国家油茶良种基地，异地保存

性 状 特 征

特 异 性：高产果量		
树　姿：半开张	盛 花 期：10月下旬	果面特征：光洁
嫩枝绒毛：有	花瓣颜色：白色	平均单果重（g）：18.75
芽鳞颜色：绿色	萼片绒毛：有	鲜出籽率（%）：45.81
芽 绒 毛：有	雌雄蕊相对高度：雌高	种皮颜色：棕褐色
嫩叶颜色：红色	花柱裂位：中裂	种仁含油率（%）：39.53
老叶颜色：深绿色	柱头裂数：4	
叶　形：近圆形	子房绒毛：有	油酸含量（%）：56.65
叶缘特征：波状	果熟日期：10月中旬	亚油酸含量（%）：5.19
叶尖形状：渐尖	果　形：扁圆球形	亚麻酸含量（%）：0.33
叶基形状：近圆形	果皮颜色：青色	硬脂酸含量（%）：2.71
平均叶长（cm）：6.69	平均叶宽（cm）：3.39	棕榈酸含量（%）：9.07

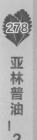

278

亚林普油Ⅰ2008Ⅰ023号

资源编号：330702_010_0018	归属物种：*Camellia oleifera* Abel	
资源类型：选育资源（无性系）	主要用途：油用栽培，遗传育种材料	
保存地点：浙江省金华市婺城区	保存方式：国家油茶良种基地，异地保存	

性状特征

特异性：高产果量

树　姿：直立	盛花期：11月中旬	果面特征：光洁
嫩枝绒毛：有	花瓣颜色：白色	平均单果重（g）：18.51
芽鳞颜色：紫绿色	萼片绒毛：有	鲜出籽率（%）：41.82
芽绒毛：有	雌雄蕊相对高度：雌高	种皮颜色：棕褐色
嫩叶颜色：红色	花柱裂位：浅裂	种仁含油率（%）：36.53
老叶颜色：绿色	柱头裂数：3	油酸含量（%）：79.18
叶　形：椭圆形	子房绒毛：有	亚油酸含量（%）：6.41
叶缘特征：波状	果熟日期：10月中旬	亚麻酸含量（%）：0.25
叶尖形状：渐尖	果　形：圆球形	硬脂酸含量（%）：2.66
叶基形状：近圆形	果皮颜色：绿色	棕榈酸含量（%）：7.73
平均叶长（cm）：6.59	平均叶宽（cm）：3.21	

279 亚林普油 | 2008-026号

资源编号：330702_010_0020		归属物种：*Camellia oleifera* Abel
资源类型：选育资源（无性系）		主要用途：油用栽培，遗传育种材料
保存地点：浙江省金华市婺城区		保存方式：国家油茶良种基地，异地保存

性 状 特 征

特 异 性：高产果量

树　　姿：半开张	盛 花 期：11月上旬	果面特征：斑点状糠秕
嫩枝绒毛：有	花瓣颜色：白色	平均单果重（g）：20.40
芽鳞颜色：绿色	萼片绒毛：有	鲜出籽率（%）：45.49
芽绒毛：有	雌雄蕊相对高度：雄高	种皮颜色：黑色
嫩叶颜色：红色	花柱裂位：浅裂	种仁含油率（%）：38.80
老叶颜色：绿色	柱头裂数：4	油酸含量（%）：79.82
叶　　形：近圆形	子房绒毛：有	亚油酸含量（%）：7.67
叶缘特征：波状	果熟日期：10月中旬	亚麻酸含量（%）：0.56
叶尖形状：渐尖	果　　形：倒卵球形	硬脂酸含量（%）：2.33
叶基形状：近圆形	果皮颜色：青黄色	棕榈酸含量（%）：8.65
平均叶长（cm）：6.87	平均叶宽（cm）：3.49	

亚林普油Ⅰ2008Ⅰ029号 280

资源编号：330702_010_0023	归属物种：*Camellia oleifera* Abel
资源类型：选育资源（无性系）	主要用途：油用栽培，遗传育种材料
保存地点：浙江省金华市婺城区	保存方式：国家油茶良种基地，异地保存

性 状 特 征

特 异 性：高产果量

树　姿：开张	盛 花 期：11月上旬	果面特征：光洁
嫩枝绒毛：有	花瓣颜色：白色	平均单果重（g）：22.93
芽鳞颜色：绿色	萼片绒毛：有	鲜出籽率（%）：46.77
芽绒毛：有	雌雄蕊相对高度：雌高	种皮颜色：黑色
嫩叶颜色：红色	花柱裂位：全裂	种仁含油率（%）：38.72
老叶颜色：黄绿色	柱头裂数：4	
叶　形：椭圆形	子房绒毛：有	油酸含量（%）：84.91
叶缘特征：波状	果熟日期：10月中旬	亚油酸含量（%）：4.53
叶尖形状：渐尖	果　形：倒卵球形	亚麻酸含量（%）：0.25
叶基形状：楔形	果皮颜色：青色	硬脂酸含量（%）：2.66
平均叶长（cm）：7.57	平均叶宽（cm）：3.85	棕榈酸含量（%）：6.96

281

亚林普油 | 2008-031 号

资源编号：330702_010_0026	归属物种：*Camellia oleifera* Abel
资源类型：选育资源（无性系）	主要用途：油用栽培，遗传育种材料
保存地点：浙江省金华市婺城区	保存方式：国家油茶良种基地，异地保存

性 状 特 征

特 异 性：高产果量

树　　姿：半开张	盛 花 期：11月下旬	果面特征：斑点状糠秕
嫩枝绒毛：有	花瓣颜色：白色	平均单果重（g）：27.83
芽鳞颜色：绿色	萼片绒毛：有	鲜出籽率（%）：46.21
芽绒毛：有	雌雄蕊相对高度：雌高	种皮颜色：黑色
嫩叶颜色：红色	花柱裂位：中裂	种仁含油率（%）：44.61
老叶颜色：绿色	柱头裂数：4	
叶　　形：椭圆形	子房绒毛：有	油酸含量（%）：78.79
叶缘特征：波状	果熟日期：10月中旬	亚油酸含量（%）：9.32
叶尖形状：渐尖	果　　形：椭球形	亚麻酸含量（%）：0.25
叶基形状：近圆形	果皮颜色：青色	硬脂酸含量（%）：1.64
平均叶长（cm）：6.97	平均叶宽（cm）：2.95	棕榈酸含量（%）：9.26

282

亚林普油Ⅰ2008Ⅰ040号

资源编号：330702_010_0029		归属物种：*Camellia oleifera* Abel
资源类型：选育资源（无性系）		主要用途：油用栽培，遗传育种材料
保存地点：浙江省金华市婺城区		保存方式：国家油茶良种基地，异地保存

性 状 特 征

特 异 性：高产果量		
树 姿：半开张	盛 花 期：11月上旬	果面特征：糠秕
嫩枝绒毛：有	花瓣颜色：白色	平均单果重（g）：13.23
芽鳞颜色：绿色	萼片绒毛：有	鲜出籽率（%）：43.84
芽绒毛：有	雌雄蕊相对高度：雌高	种皮颜色：黑褐色
嫩叶颜色：黄绿色	花柱裂位：浅裂	种仁含油率（%）：43.88
老叶颜色：深绿色	柱头裂数：3	
叶 形：近圆形	子房绒毛：有	油酸含量（%）：82.30
叶缘特征：波状	果熟日期：10月中旬	亚油酸含量（%）：5.70
叶尖形状：渐尖	果 形：椭球形	亚麻酸含量（%）：0.20
叶基形状：近圆形	果皮颜色：青色	硬脂酸含量（%）：2.80
平均叶长（cm）：6.50	平均叶宽（cm）：3.72	棕榈酸含量（%）：7.70

283

亚林普油│2008│045号

资源编号：330702_010_0033		归属物种：*Camellia oleifera* Abel
资源类型：选育资源（无性系）		主要用途：油用栽培，遗传育种材料
保存地点：浙江省金华市婺城区		保存方式：国家油茶良种基地，异地保存

性 状 特 征

特 异 性：高产果量		
树　　姿：开张	盛 花 期：10月下旬	果面特征：斑点状糠秕
嫩枝绒毛：有	花瓣颜色：白色	平均单果重（g）：26.17
芽鳞颜色：绿色	萼片绒毛：有	鲜出籽率（%）：41.08
芽 绒 毛：有	雌雄蕊相对高度：雌高	种皮颜色：黑色
嫩叶颜色：红色	花柱裂位：浅裂	种仁含油率（%）：41.25
老叶颜色：绿色	柱头裂数：3	
叶　　形：椭圆形	子房绒毛：有	油酸含量（%）：72.70
叶缘特征：波状	果熟日期：10月中旬	亚油酸含量（%）：12.00
叶尖形状：渐尖	果　　形：椭球形	亚麻酸含量（%）：0.30
叶基形状：楔形	果皮颜色：青绿色	硬脂酸含量（%）：1.20
平均叶长（cm）：7.70	平均叶宽（cm）：3.83	棕榈酸含量（%）：13.40

284

亚林普油—2008—071号

资源编号：330702_010_0051	归属物种：*Camellia oleifera* Abel	
资源类型：选育资源（无性系）	主要用途：油用栽培，遗传育种材料	
保存地点：浙江省金华市婺城区	保存方式：国家油茶良种基地，异地保存	

性 状 特 征

特 异 性：高产果量

树　　姿：开张	盛 花 期：11月上旬	果面特征：光滑
嫩枝绒毛：有	花瓣颜色：白色	平均单果重（g）：11.77
芽鳞颜色：绿色	萼片绒毛：有	鲜出籽率（%）：48.04
芽 绒 毛：有	雌雄蕊相对高度：雌高	种皮颜色：棕褐色
嫩叶颜色：黄绿色	花柱裂位：中裂	种仁含油率（%）：39.52
老叶颜色：绿色	柱头裂数：4	
叶　　形：长椭圆形	子房绒毛：有	油酸含量（%）：79.80
叶缘特征：平	果熟日期：10月中旬	亚油酸含量（%）：8.80
叶尖形状：渐尖	果　　形：椭球形	亚麻酸含量（%）：0.20
叶基形状：楔形	果皮颜色：青红色	硬脂酸含量（%）：2.00
平均叶长（cm）：6.07	平均叶宽（cm）：2.45	棕榈酸含量（%）：8.70

285

亚林普油—2008-072号

资源编号：330702_010_0052		归属物种：*Camellia oleifera* Abel
资源类型：选育资源（无性系）		主要用途：油用栽培，遗传育种材料
保存地点：浙江省金华市婺城区		保存方式：国家油茶良种基地，异地保存

性 状 特 征

特 异 性：高产果量		
树　　姿：半开张	盛 花 期：11月上旬	果面特征：光滑
嫩枝绒毛：有	花瓣颜色：白色	平均单果重（g）：11.29
芽鳞颜色：黄绿色	萼片绒毛：有	鲜出籽率（%）：35.55
芽 绒 毛：有	雌雄蕊相对高度：雄高	种皮颜色：黑色
嫩叶颜色：黄绿色	花柱裂位：中裂	种仁含油率（%）：26.17
老叶颜色：深绿色	柱头裂数：3	
叶　　形：近圆形	子房绒毛：有	油酸含量（%）：78.40
叶缘特征：波状	果熟日期：10月中旬	亚油酸含量（%）：7.50
叶尖形状：渐尖	果　　形：圆球形	亚麻酸含量（%）：0.30
叶基形状：近圆形	果皮颜色：青黄色	硬脂酸含量（%）：1.50
平均叶长（cm）：5.03	平均叶宽（cm）：2.60	棕榈酸含量（%）：11.90

286

亚林普油 | 2008-073 号

资源编号：330702_010_0053	归属物种：*Camellia oleifera* Abel	
资源类型：选育资源（无性系）	主要用途：油用栽培，遗传育种材料	
保存地点：浙江省金华市婺城区	保存方式：国家油茶良种基地，异地保存	

性状特征

特异性：高产果量		
树　姿：半开张	盛花期：11月上旬	果面特征：光滑
嫩枝绒毛：有	花瓣颜色：白色	平均单果重（g）：12.84
芽鳞颜色：绿色	萼片绒毛：有	鲜出籽率（%）：48.83
芽绒毛：有	雌雄蕊相对高度：雄高	种皮颜色：棕褐色
嫩叶颜色：黄绿色	花柱裂位：中裂	种仁含油率（%）：33.65
老叶颜色：深绿色	柱头裂数：4	
叶　形：近圆形	子房绒毛：有	油酸含量（%）：78.00
叶缘特征：平	果熟日期：10月中旬	亚油酸含量（%）：8.30
叶尖形状：渐尖	果　形：圆球形	亚麻酸含量（%）：0.30
叶基形状：近圆形	果皮颜色：青红色	硬脂酸含量（%）：1.40
平均叶长（cm）：5.45	平均叶宽（cm）：2.79	棕榈酸含量（%）：11.40

287

亚林普油 | 2008-076 号

资源编号：330702_010_0054		归属物种：*Camellia oleifera* Abel
资源类型：选育资源（无性系）		主要用途：油用栽培，遗传育种材料
保存地点：浙江省金华市婺城区		保存方式：国家油茶良种基地，异地保存

性 状 特 征

特 异 性：高产果量		
树　　姿：半开张	盛 花 期：11 月上旬	果面特征：光滑
嫩枝绒毛：有	花瓣颜色：白色	平均单果重（g）：12.60
芽鳞颜色：绿色	萼片绒毛：有	鲜出籽率（%）：44.34
芽 绒 毛：有	雌雄蕊相对高度：雄高	种皮颜色：黑褐色
嫩叶颜色：黄绿色	花柱裂位：中裂	种仁含油率（%）：34.63
老叶颜色：深绿色	柱头裂数：4	
叶　　形：近圆形	子房绒毛：有	油酸含量（%）：82.00
叶缘特征：平	果熟日期：10 月中旬	亚油酸含量（%）：7.50
叶尖形状：渐尖	果　　形：圆球形	亚麻酸含量（%）：0.30
叶基形状：近圆形	果皮颜色：青红色	硬脂酸含量（%）：1.60
平均叶长（cm）：5.08	平均叶宽（cm）：2.58	棕榈酸含量（%）：7.90

288

亚林普油 | 2008-081号

资源编号：330702_010_0055		归属物种：*Camellia oleifera* Abel
资源类型：选育资源（无性系）		主要用途：油用栽培，遗传育种材料
保存地点：浙江省金华市婺城区		保存方式：国家油茶良种基地，异地保存

性 状 特 征

特 异 性：高产果量		
树 姿：直立	盛 花 期：11月上旬	果面特征：光滑
嫩枝绒毛：有	花瓣颜色：白色	平均单果重（g）：9.63
芽鳞颜色：绿色	萼片绒毛：有	鲜出籽率（%）：34.90
芽 绒 毛：有	雌雄蕊相对高度：雌高	种皮颜色：黑褐色
嫩叶颜色：绿色	花柱裂位：中裂	种仁含油率（%）：38.04
老叶颜色：绿色	柱头裂数：3	
叶 形：近圆形	子房绒毛：有	油酸含量（%）：81.90
叶缘特征：平	果熟日期：10月中旬	亚油酸含量（%）：7.30
叶尖形状：渐尖	果 形：圆球形	亚麻酸含量（%）：0.20
叶基形状：近圆形	果皮颜色：青黄色	硬脂酸含量（%）：1.80
平均叶长（cm）：5.66	平均叶宽（cm）：2.76	棕榈酸含量（%）：8.30

289

亚林普油 | 2008 | 096 号

资源编号：330702_010_0056	归属物种：*Camellia oleifera* Abel
资源类型：选育资源（无性系）	主要用途：油用栽培，遗传育种材料
保存地点：浙江省金华市婺城区	保存方式：国家油茶良种基地，异地保存

性 状 特 征

特 异 性：高产果量		
树　　姿：半开张	盛 花 期：10月下旬	果面特征：光滑
嫩枝绒毛：有	花瓣颜色：白色	平均单果重（g）：17.32
芽鳞颜色：绿色	萼片绒毛：有	鲜出籽率（%）：47.82
芽 绒 毛：有	雌雄蕊相对高度：雌高	种皮颜色：黑褐色
嫩叶颜色：黄绿色	花柱裂位：浅裂	种仁含油率（%）：45.29
老叶颜色：绿色	柱头裂数：4	油酸含量（%）：81.60
叶　　形：长椭圆形	子房绒毛：无	亚油酸含量（%）：7.40
叶缘特征：平	果熟日期：10月中旬	亚麻酸含量（%）：0.20
叶尖形状：渐尖	果　　形：圆球形	硬脂酸含量（%）：1.70
叶基形状：楔形	果皮颜色：青黄色	棕榈酸含量（%）：8.60
平均叶长（cm）：6.46	平均叶宽（cm）：2.42	

290

亚林普油—2008—166号

资源编号：330702_010_0064	归属物种：*Camellia oleifera* Abel
资源类型：选育资源（无性系）	主要用途：油用栽培，遗传育种材料
保存地点：浙江省金华市婺城区	保存方式：国家油茶良种基地，异地保存

性 状 特 征

特 异 性：高产果量

树　姿：半开张	盛花期：11月上旬	果面特征：光洁
嫩枝绒毛：有	花瓣颜色：白色	平均单果重（g）：13.00
芽鳞颜色：紫绿色	萼片绒毛：有	鲜出籽率（%）：43.69
芽绒毛：有	雌雄蕊相对高度：雄高	种皮颜色：黑褐色
嫩叶颜色：红色	花柱裂位：中裂	种仁含油率（%）：36.12
老叶颜色：绿色	柱头裂数：3	
叶　形：椭圆形	子房绒毛：有	油酸含量（%）：83.10
叶缘特征：波状	果熟日期：10月中旬	亚油酸含量（%）：5.20
叶尖形状：渐尖	果　形：椭球形	亚麻酸含量（%）：0.20
叶基形状：近圆形	果皮颜色：紫红色	硬脂酸含量（%）：2.30
平均叶长（cm）：5.76	平均叶宽（cm）：2.42	棕榈酸含量（%）：7.90

291
亚林普油 | 2008-172号

资源编号：330702_010_0068	归属物种：*Camellia oleifera* Abel
资源类型：选育资源（无性系）	主要用途：油用栽培，遗传育种材料
保存地点：浙江省金华市婺城区	保存方式：国家油茶良种基地，异地保存

性 状 特 征

特异性：高产果量

树　　姿：直立	盛 花 期：11月上旬	果面特征：斑块状糠秕
嫩枝绒毛：有	花瓣颜色：白色	平均单果重（g）：18.50
芽鳞颜色：绿色	萼片绒毛：有	鲜出籽率（%）：44.39
芽绒毛：有	雌雄蕊相对高度：雌高	种皮颜色：棕褐色
嫩叶颜色：红色	花柱裂位：深裂	种仁含油率（%）：44.63
老叶颜色：黄绿色	柱头裂数：4	
叶　　形：椭圆形	子房绒毛：有	油酸含量（%）：78.90
叶缘特征：波状	果熟日期：10月中旬	亚油酸含量（%）：9.40
叶尖形状：渐尖	果　　形：倒卵球形	亚麻酸含量（%）：0.30
叶基形状：近圆形	果皮颜色：青红色	硬脂酸含量（%）：1.40
平均叶长（cm）：7.52	平均叶宽（cm）：3.23	棕榈酸含量（%）：8.10

292

亚林普油
I
2008-176
号

资源编号：330702_010_0075	归属物种：*Camellia oleifera* Abel	
资源类型：选育资源（无性系）	主要用途：油用栽培，遗传育种材料	
保存地点：浙江省金华市婺城区	保存方式：国家油茶良种基地，异地保存	

性 状 特 征

特 异 性：高产果量

树　　姿：半开张	盛 花 期：10月下旬	果面特征：光洁
嫩枝绒毛：有	花瓣颜色：白色	平均单果重（g）：19.52
芽鳞颜色：绿色	萼片绒毛：有	鲜出籽率（%）：48.05
芽 绒 毛：有	雌雄蕊相对高度：雄高	种皮颜色：黑褐色
嫩叶颜色：黄绿色	花柱裂位：深裂	种仁含油率（%）：38.26
老叶颜色：绿色	柱头裂数：4	
叶　　形：椭圆形	子房绒毛：有	油酸含量（%）：80.70
叶缘特征：平	果熟日期：10月中旬	亚油酸含量（%）：7.70
叶尖形状：渐尖	果　　形：椭球形	亚麻酸含量（%）：0.30
叶基形状：楔形	果皮颜色：青红色	硬脂酸含量（%）：1.90
平均叶长（cm）：6.17	平均叶宽（cm）：2.49	棕榈酸含量（%）：8.80

293

亚林普油 I 2008-178 号

资源编号：330702_010_0077		归属物种：*Camellia oleifera* Abel
资源类型：选育资源（无性系）		主要用途：油用栽培，遗传育种材料
保存地点：浙江省金华市婺城区		保存方式：国家油茶良种基地，异地保存

性 状 特 征

特 异 性：高产果量		
树　姿：半开张	盛 花 期：11月上旬	果面特征：光洁
嫩枝绒毛：有	花瓣颜色：白色	平均单果重（g）：11.43
芽鳞颜色：绿色	萼片绒毛：有	鲜出籽率（%）：45.29
芽 绒 毛：有	雌雄蕊相对高度：雄高	种皮颜色：棕褐色
嫩叶颜色：黄绿色	花柱裂位：浅裂	种仁含油率（%）：43.98
老叶颜色：绿色	柱头裂数：3	油酸含量（%）：80.40
叶　形：椭圆形	子房绒毛：有	亚油酸含量（%）：8.40
叶缘特征：平	果熟日期：10月中旬	亚麻酸含量（%）：0.20
叶尖形状：渐尖	果　形：卵球形	硬脂酸含量（%）：1.70
叶基形状：楔形	果皮颜色：青红色	棕榈酸含量（%）：8.10
平均叶长（cm）：5.02	平均叶宽（cm）：2.50	

亚林普油 | 2008-191号

294

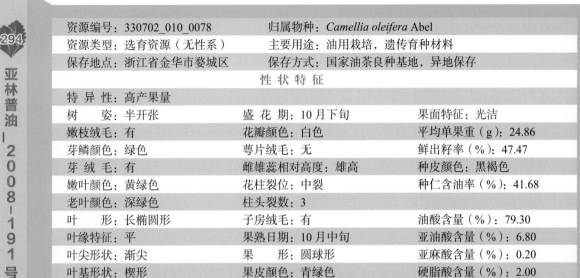

资源编号：330702_010_0078	归属物种：*Camellia oleifera* Abel	
资源类型：选育资源（无性系）	主要用途：油用栽培，遗传育种材料	
保存地点：浙江省金华市婺城区	保存方式：国家油茶良种基地，异地保存	

性 状 特 征

特 异 性：高产果量		
树　　姿：半开张	盛 花 期：10月下旬	果面特征：光洁
嫩枝绒毛：有	花瓣颜色：白色	平均单果重（g）：24.86
芽鳞颜色：绿色	萼片绒毛：无	鲜出籽率（%）：47.47
芽 绒 毛：有	雌雄蕊相对高度：雄高	种皮颜色：黑褐色
嫩叶颜色：黄绿色	花柱裂位：中裂	种仁含油率（%）：41.68
老叶颜色：深绿色	柱头裂数：3	
叶　　形：长椭圆形	子房绒毛：有	油酸含量（%）：79.30
叶缘特征：平	果熟日期：10月中旬	亚油酸含量（%）：6.80
叶尖形状：渐尖	果　　形：圆球形	亚麻酸含量（%）：0.20
叶基形状：楔形	果皮颜色：青绿色	硬脂酸含量（%）：2.00
平均叶长（cm）：5.03	平均叶宽（cm）：2.13	棕榈酸含量（%）：11.40

资源编号：330702_010_0079		归属物种：*Camellia oleifera* Abel
资源类型：选育资源（无性系）		主要用途：油用栽培，遗传育种材料
保存地点：浙江省金华市婺城区		保存方式：国家油茶良种基地，异地保存

性 状 特 征

特 异 性：高产果量		
树　姿：半开张	盛 花 期：10月下旬	果面特征：光洁
嫩枝绒毛：有	花瓣颜色：白色	平均单果重（g）：16.95
芽鳞颜色：绿色	萼片绒毛：无	鲜出籽率（%）：47.02
芽绒毛：有	雌雄蕊相对高度：雄高	种皮颜色：黑褐色
嫩叶颜色：黄绿色	花柱裂位：中裂	种仁含油率（%）：38.58
老叶颜色：深绿色	柱头裂数：3	
叶　形：长椭圆形	子房绒毛：有	油酸含量（%）：83.10
叶缘特征：平	果熟日期：10月中旬	亚油酸含量（%）：6.60
叶尖形状：渐尖	果　形：卵球形	亚麻酸含量（%）：0.20
叶基形状：楔形	果皮颜色：青红色	硬脂酸含量（%）：2.10
平均叶长（cm）：5.20	平均叶宽（cm）：3.07	棕榈酸含量（%）：7.60

资源编号：330702_010_0080	归属物种：*Camellia oleifera* Abel	
资源类型：选育资源（无性系）	主要用途：油用栽培，遗传育种材料	
保存地点：浙江省金华市婺城区	保存方式：国家油茶良种基地，异地保存	

性　状　特　征

特 异 性：高产果量

树　　姿：半开张	盛 花 期：11月上旬	果面特征：光洁
嫩枝绒毛：有	花瓣颜色：白色	平均单果重（g）：18.52
芽鳞颜色：绿色	萼片绒毛：有	鲜出籽率（%）：42.81
芽 绒 毛：有	雌雄蕊相对高度：雌高	种皮颜色：黑褐色
嫩叶颜色：黄绿色	花柱裂位：中裂	种仁含油率（%）：37.68
老叶颜色：黄绿色	柱头裂数：5	
叶　　形：椭圆形	子房绒毛：有	油酸含量（%）：83.00
叶缘特征：平	果熟日期：10月中旬	亚油酸含量（%）：7.00
叶尖形状：渐尖	果　　形：圆球形	亚麻酸含量（%）：0.20
叶基形状：楔形	果皮颜色：青红色	硬脂酸含量（%）：2.20
平均叶长（cm）：5.38	平均叶宽（cm）：2.85	棕榈酸含量（%）：7.10

资源编号：330702_010_0081	归属物种：*Camellia oleifera* Abel
资源类型：选育资源（无性系）	主要用途：油用栽培，遗传育种材料
保存地点：浙江省金华市婺城区	保存方式：国家油茶良种基地，异地保存

性 状 特 征

特 异 性：高产果量

树　姿：半开张	盛 花 期：10月下旬	果面特征：斑点状糠秕
嫩枝绒毛：有	花瓣颜色：白色	平均单果重（g）：17.26
芽鳞颜色：绿色	萼片绒毛：有	鲜出籽率（%）：36.07
芽绒毛：有	雌雄蕊相对高度：雄高	种皮颜色：黑褐色
嫩叶颜色：黄绿色	花柱裂位：中裂	种仁含油率（%）：44.12
老叶颜色：深绿色	柱头裂数：4	
叶　形：椭圆形	子房绒毛：有	油酸含量（%）：81.10
叶缘特征：平	果熟日期：10月中旬	亚油酸含量（%）：5.70
叶尖形状：渐尖	果　形：椭球形	亚麻酸含量（%）：0.20
叶基形状：近圆形	果皮颜色：青红色	硬脂酸含量（%）：1.90
平均叶长（cm）：6.53	平均叶宽（cm）：3.14	棕榈酸含量（%）：10.70

<table>
<tr><td>资源编号：330702_010_0082</td><td>归属物种：Camellia oleifera Abel</td></tr>
<tr><td>资源类型：选育资源（无性系）</td><td>主要用途：油用栽培，遗传育种材料</td></tr>
<tr><td>保存地点：浙江省金华市婺城区</td><td>保存方式：国家油茶良种基地，异地保存</td></tr>
</table>

性 状 特 征

特 异 性：高产果量

树　姿：直立	盛花期：10月下旬	果面特征：斑点状糠秕
嫩枝绒毛：有	花瓣颜色：白色	平均单果重（g）：19.35
芽鳞颜色：绿色	萼片绒毛：有	鲜出籽率（%）：47.38
芽绒毛：有	雌雄蕊相对高度：雌高	种皮颜色：棕褐色
嫩叶颜色：绿色	花柱裂位：浅裂	种仁含油率（%）：44.69
老叶颜色：深绿色	柱头裂数：5	
叶　形：椭圆形	子房绒毛：有	油酸含量（%）：84.70
叶缘特征：波状	果熟日期：10月中旬	亚油酸含量（%）：6.20
叶尖形状：渐尖	果　形：扁圆球形	亚麻酸含量（%）：0.30
叶基形状：近圆形	果皮颜色：青黄色	硬脂酸含量（%）：2.00
平均叶长（cm）：6.89	平均叶宽（cm）：2.99	棕榈酸含量（%）：6.00

298

亚林普油 | 2008-501号

资源编号：330702_010_0083	归属物种：*Camellia oleifera* Abel	
资源类型：选育资源（无性系）	主要用途：油用栽培，遗传育种材料	
保存地点：浙江省金华市婺城区	保存方式：国家油茶良种基地，异地保存	

性 状 特 征

特 异 性：高产果量		
树　　姿：直立	盛 花 期：10月下旬	果面特征：光洁
嫩枝绒毛：有	花瓣颜色：白色	平均单果重（g）：13.08
芽鳞颜色：紫绿色	萼片绒毛：有	鲜出籽率（%）：39.70
芽 绒 毛：有	雌雄蕊相对高度：雌高	种皮颜色：棕褐色
嫩叶颜色：绿色	花柱裂位：浅裂	种仁含油率（%）：41.12
老叶颜色：深绿色	柱头裂数：3	
叶　　形：椭圆形	子房绒毛：有	油酸含量（%）：80.00
叶缘特征：平	果熟日期：10月中旬	亚油酸含量（%）：8.40
叶尖形状：渐尖	果　　形：椭球形	亚麻酸含量（%）：0.20
叶基形状：楔形	果皮颜色：青黄色	硬脂酸含量（%）：2.10
平均叶长（cm）：6.12	平均叶宽（cm）：2.71	棕榈酸含量（%）：8.10

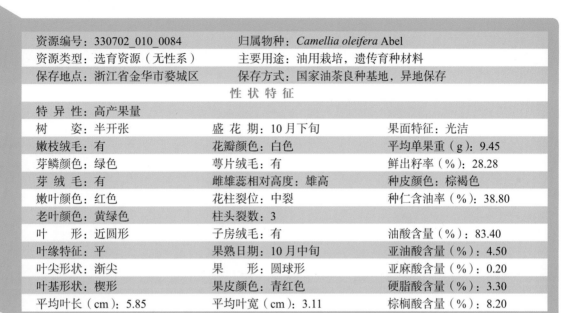

资源编号：330702_010_0084		归属物种：*Camellia oleifera* Abel
资源类型：选育资源（无性系）		主要用途：油用栽培，遗传育种材料
保存地点：浙江省金华市婺城区		保存方式：国家油茶良种基地，异地保存

性 状 特 征

特 异 性：高产果量		
树 姿：半开张	盛 花 期：10月下旬	果面特征：光洁
嫩枝绒毛：有	花瓣颜色：白色	平均单果重（g）：9.45
芽鳞颜色：绿色	萼片绒毛：有	鲜出籽率（%）：28.28
芽 绒 毛：有	雌雄蕊相对高度：雄高	种皮颜色：棕褐色
嫩叶颜色：红色	花柱裂位：中裂	种仁含油率（%）：38.80
老叶颜色：黄绿色	柱头裂数：3	
叶 形：近圆形	子房绒毛：有	油酸含量（%）：83.40
叶缘特征：平	果熟日期：10月中旬	亚油酸含量（%）：4.50
叶尖形状：渐尖	果 形：圆球形	亚麻酸含量（%）：0.20
叶基形状：楔形	果皮颜色：青红色	硬脂酸含量（%）：3.30
平均叶长（cm）：5.85	平均叶宽（cm）：3.11	棕榈酸含量（%）：8.20

300

亚林普油—2008—545号

301

亚林普油 | 2008-547 号

资源编号：330702_010_0085		归属物种：*Camellia oleifera* Abel
资源类型：选育资源（无性系）		主要用途：油用栽培，遗传育种材料
保存地点：浙江省金华市婺城区		保存方式：国家油茶良种基地，异地保存

性 状 特 征

特 异 性：高产果量

树　　姿：半开张	盛 花 期：10 月下旬	果面特征：光洁
嫩枝绒毛：有	花瓣颜色：白色	平均单果重（g）：13.48
芽鳞颜色：绿色	萼片绒毛：有	鲜出籽率（%）：32.96
芽绒毛：有	雌雄蕊相对高度：雄高	种皮颜色：棕褐色
嫩叶颜色：红色	花柱裂位：浅裂	种仁含油率（%）：38.72
老叶颜色：深绿色	柱头裂数：3	
叶　　形：近圆形	子房绒毛：有	油酸含量（%）：82.90
叶缘特征：平	果熟日期：10 月中旬	亚油酸含量（%）：6.80
叶尖形状：渐尖	果　　形：椭球形	亚麻酸含量（%）：0.20
叶基形状：近圆形	果皮颜色：青绿色	硬脂酸含量（%）：1.80
平均叶长（cm）：5.39	平均叶宽（cm）：2.87	棕榈酸含量（%）：7.70

302

亚林普油｜2008-559号

资源编号：330702_010_0087	归属物种：*Camellia oleifera* Abel	
资源类型：选育资源（无性系）	主要用途：油用栽培，遗传育种材料	
保存地点：浙江省金华市婺城区	保存方式：国家油茶良种基地，异地保存	

性 状 特 征

特 异 性：高产果量

树　　姿：直立	盛 花 期：10月下旬	果面特征：光洁
嫩枝绒毛：有	花瓣颜色：白色	平均单果重（g）：18.75
芽鳞颜色：绿色	萼片绒毛：有	鲜出籽率（%）：45.81
芽 绒 毛：有	雌雄蕊相对高度：雄高	种皮颜色：黑褐色
嫩叶颜色：红色	花柱裂位：浅裂	种仁含油率（%）：32.84
老叶颜色：深绿色	柱头裂数：3	
叶　　形：椭圆形	子房绒毛：有	油酸含量（%）：79.10
叶缘特征：波状	果熟日期：10月中旬	亚油酸含量（%）：9.70
叶尖形状：渐尖	果　　形：圆球形	亚麻酸含量（%）：0.30
叶基形状：近圆形	果皮颜色：红色	硬脂酸含量（%）：2.00
平均叶长（cm）：6.05	平均叶宽（cm）：2.85	棕榈酸含量（%）：8.50

303

亚林普油｜2008-561号

资源编号：330702_010_0088	归属物种：*Camellia oleifera* Abel
资源类型：选育资源（无性系）	主要用途：油用栽培，遗传育种材料
保存地点：浙江省金华市婺城区	保存方式：国家油茶良种基地，异地保存

性 状 特 征

特 异 性：高产果量

树　　姿：直立	盛 花 期：10月下旬	果面特征：光洁
嫩枝绒毛：有	花瓣颜色：白色	平均单果重（g）：18.51
芽鳞颜色：黄绿色	萼片绒毛：有	鲜出籽率（%）：41.82
芽绒毛：有	雌雄蕊相对高度：雄高	种皮颜色：黑褐色
嫩叶颜色：绿色	花柱裂位：深裂	种仁含油率（%）：39.53
老叶颜色：绿色	柱头裂数：4	
叶　　形：近圆形	子房绒毛：有	油酸含量（%）：79.00
叶缘特征：平	果熟日期：10月中旬	亚油酸含量（%）：8.70
叶尖形状：渐尖	果　　形：圆球形	亚麻酸含量（%）：0.20
叶基形状：楔形	果皮颜色：青绿色	硬脂酸含量（%）：2.30
平均叶长（cm）：6.32	平均叶宽（cm）：3.38	棕榈酸含量（%）：9.40

304

亚林普油Ⅰ2008Ⅰ3001号

资源编号：330702_010_0090	归属物种：*Camellia oleifera* Abel	
资源类型：选育资源（无性系）	主要用途：油用栽培，遗传育种材料	
保存地点：浙江省金华市婺城区	保存方式：国家油茶良种基地，异地保存	

性 状 特 征

特 异 性：高产果量		
树　姿：直立	盛花期：10月下旬	果面特征：斑点状糠秕
嫩枝绒毛：有	花瓣颜色：白色	平均单果重（g）：20.40
芽鳞颜色：绿色	萼片绒毛：有	鲜出籽率（%）：45.49
芽绒毛：有	雌雄蕊相对高度：雌高	种皮颜色：棕褐色
嫩叶颜色：红色	花柱裂位：中裂	种仁含油率（%）：34.67
老叶颜色：绿色	柱头裂数：3	
叶　形：椭圆形	子房绒毛：有	油酸含量（%）：80.70
叶缘特征：波状	果熟日期：10月中旬	亚油酸含量（%）：7.10
叶尖形状：渐尖	果　形：圆球形	亚麻酸含量（%）：0.20
叶基形状：近圆形	果皮颜色：青绿色	硬脂酸含量（%）：1.90
平均叶长（cm）：6.52	平均叶宽（cm）：3.10	棕榈酸含量（%）：8.60

资源编号：330702_010_0092	归属物种：*Camellia oleifera* Abel
资源类型：选育资源（无性系）	主要用途：油用栽培，遗传育种材料
保存地点：浙江省金华市婺城区	保存方式：国家油茶良种基地，异地保存

305 亚林普油—2008—3007号

性 状 特 征

特 异 性：高产果量

树　　姿：直立	盛 花 期：10月下旬	果面特征：光洁
嫩枝绒毛：有	花瓣颜色：白色	平均单果重（g）：22.93
芽鳞颜色：绿色	萼片绒毛：有	鲜出籽率（%）：46.77
芽绒毛：有	雌雄蕊相对高度：雌高	种皮颜色：黑褐色
嫩叶颜色：绿色	花柱裂位：中裂	种仁含油率（%）：43.24
老叶颜色：绿色	柱头裂数：4	
叶　　形：椭圆形	子房绒毛：有	油酸含量（%）：79.40
叶缘特征：波状	果熟日期：10月中旬	亚油酸含量（%）：9.20
叶尖形状：渐尖	果　　形：圆球形	亚麻酸含量（%）：0.20
叶基形状：近圆形	果皮颜色：黄棕色	硬脂酸含量（%）：2.10
平均叶长（cm）：5.75	平均叶宽（cm）：2.56	棕榈酸含量（%）：8.70

306

亚林普油Ⅰ2008Ⅰ3009号

资源编号：330702_010_0093		归属物种：*Camellia oleifera* Abel
资源类型：选育资源（无性系）		主要用途：油用栽培，遗传育种材料
保存地点：浙江省金华市婺城区		保存方式：国家油茶良种基地，异地保存

性 状 特 征

特 异 性：高产果量

树　姿：半开张	盛 花 期：10月下旬	果面特征：糠秕
嫩枝绒毛：有	花瓣颜色：白色	平均单果重（g）：23.90
芽鳞颜色：紫绿色	萼片绒毛：有	鲜出籽率（%）：44.65
芽 绒 毛：有	雌雄蕊相对高度：雌高	种皮颜色：黑褐色
嫩叶颜色：红色	花柱裂位：中裂	种仁含油率（%）：37.62
老叶颜色：黄绿色	柱头裂数：4	
叶　形：椭圆形	子房绒毛：有	油酸含量（%）：82.00
叶缘特征：平	果熟日期：10月中旬	亚油酸含量（%）：7.10
叶尖形状：渐尖	果　形：倒卵球形	亚麻酸含量（%）：0.30
叶基形状：近圆形	果皮颜色：淡红色	硬脂酸含量（%）：2.30
平均叶长（cm）：6.39	平均叶宽（cm）：3.02	棕榈酸含量（%）：7.90

资源编号：330702_010_0094	归属物种：*Camellia oleifera* Abel	
资源类型：选育资源（无性系）	主要用途：油用栽培，遗传育种材料	
保存地点：浙江省金华市婺城区	保存方式：国家油茶良种基地，异地保存	

性 状 特 征

特 异 性：高产果量		
树　　姿：直立	盛 花 期：10月下旬	果面特征：光洁
嫩枝绒毛：有	花瓣颜色：白色	平均单果重（g）：27.83
芽鳞颜色：紫绿色	萼片绒毛：有	鲜出籽率（%）：46.21
芽 绒 毛：有	雌雄蕊相对高度：雄高	种皮颜色：黑褐色
嫩叶颜色：红色	花柱裂位：中裂	种仁含油率（%）：42.05
老叶颜色：黄绿色	柱头裂数：4	
叶　　形：近圆形	子房绒毛：有	油酸含量（%）：77.40
叶缘特征：平	果熟日期：10月中旬	亚油酸含量（%）：10.70
叶尖形状：渐尖	果　　形：圆球形	亚麻酸含量（%）：0.40
叶基形状：楔形	果皮颜色：青色	硬脂酸含量（%）：1.50
平均叶长（cm）：6.61	平均叶宽（cm）：3.84	棕榈酸含量（%）：9.60

308

亚林普油ー2008ー3014号

资源编号：330702_010_0096	归属物种：*Camellia oleifera* Abel	
资源类型：选育资源（无性系）	主要用途：油用栽培，遗传育种材料	
保存地点：浙江省金华市婺城区	保存方式：国家油茶良种基地，异地保存	

性 状 特 征

特 异 性：高产果量

树　　姿：半开张	盛 花 期：10月下旬	果面特征：斑点状糠秕
嫩枝绒毛：有	花瓣颜色：白色	平均单果重（g）：13.23
芽鳞颜色：绿色	萼片绒毛：有	鲜出籽率（%）：43.84
芽 绒 毛：有	雌雄蕊相对高度：雌高	种皮颜色：黑褐色
嫩叶颜色：红色	花柱裂位：深裂	种仁含油率（%）：39.57
老叶颜色：绿色	柱头裂数：3	油酸含量（%）：81.30
叶　　形：椭圆形	子房绒毛：有	亚油酸含量（%）：8.30
叶缘特征：波状	果熟日期：10月中旬	亚麻酸含量（%）：0.20
叶尖形状：渐尖	果　　形：圆球形	硬脂酸含量（%）：1.70
叶基形状：近圆形	果皮颜色：青红色	棕榈酸含量（%）：8.10
平均叶长（cm）：6.71	平均叶宽（cm）：3.39	

309
亚林普油 | 2008-C3-1号

资源编号：330702_010_0099	归属物种：*Camellia oleifera* Abel	
资源类型：选育资源（无性系）	主要用途：油用栽培，遗传育种材料	
保存地点：浙江省金华市婺城区	保存方式：国家油茶良种基地，异地保存	

性 状 特 征

特 异 性：高产果量		
树　　姿：半开张	盛 花 期：10月下旬	果面特征：光洁
嫩枝绒毛：有	花瓣颜色：白色	平均单果重（g）：19.31
芽鳞颜色：绿色	萼片绒毛：有	鲜出籽率（%）：47.50
芽绒毛：有	雌雄蕊相对高度：雌高	种皮颜色：黑褐色
嫩叶颜色：绿色	花柱裂位：深裂	种仁含油率（%）：41.34
老叶颜色：深绿色	柱头裂数：4	
叶　　形：近圆形	子房绒毛：有	油酸含量（%）：81.50
叶缘特征：平	果熟日期：10月中旬	亚油酸含量（%）：5.60
叶尖形状：渐尖	果　　形：圆球形	亚麻酸含量（%）：0.20
叶基形状：近圆形	果皮颜色：青红色	硬脂酸含量（%）：1.90
平均叶长（cm）：5.62	平均叶宽（cm）：2.96	棕榈酸含量（%）：10.40

310

亚林普油丨2008丨C312号

资源编号：330702_010_0100	归属物种：*Camellia oleifera* Abel	
资源类型：选育资源（无性系）	主要用途：油用栽培，遗传育种材料	
保存地点：浙江省金华市婺城区	保存方式：国家油茶良种基地，异地保存	

性 状 特 征

特 异 性：高产果量

树　　姿：半开张	盛 花 期：10月下旬	果面特征：光洁
嫩枝绒毛：有	花瓣颜色：白色	平均单果重（g）：12.95
芽鳞颜色：绿色	萼片绒毛：有	鲜出籽率（%）：44.28
芽 绒 毛：有	雌雄蕊相对高度：雄高	种皮颜色：棕褐色
嫩叶颜色：黄绿色	花柱裂位：中裂	种仁含油率（%）：43.99
老叶颜色：深绿色	柱头裂数：3	
叶　　形：近圆形	子房绒毛：有	油酸含量（%）：82.60
叶缘特征：平	果熟日期：10月中旬	亚油酸含量（%）：6.30
叶尖形状：渐尖	果　　形：倒卵球形	亚麻酸含量（%）：0.20
叶基形状：近圆形	果皮颜色：青红色	硬脂酸含量（%）：2.30
平均叶长（cm）：6.03	平均叶宽（cm）：3.05	棕榈酸含量（%）：8.00

亚林普油 | 2008-C4-2 号

311

资源编号：330702_010_0101	归属物种：*Camellia oleifera* Abel
资源类型：选育资源（无性系）	主要用途：油用栽培，遗传育种材料
保存地点：浙江省金华市婺城区	保存方式：国家油茶良种基地，异地保存

性 状 特 征

特 异 性：高产果量

树　姿：开张	盛 花 期：10月下旬	果面特征：光洁
嫩枝绒毛：有	花瓣颜色：白色	平均单果重（g）：21.62
芽鳞颜色：绿色	萼片绒毛：有	鲜出籽率（%）：49.40
芽 绒 毛：有	雌雄蕊相对高度：雌高	种皮颜色：黑褐色
嫩叶颜色：黄绿色	花柱裂位：中裂	种仁含油率（%）：39.96
老叶颜色：深绿色	柱头裂数：5	
叶　形：椭圆形	子房绒毛：有	油酸含量（%）：79.40
叶缘特征：平	果熟日期：10月中旬	亚油酸含量（%）：8.90
叶尖形状：渐尖	果　形：扁圆球形	亚麻酸含量（%）：0.30
叶基形状：楔形	果皮颜色：青红色	硬脂酸含量（%）：1.80
平均叶长（cm）：3.90	平均叶宽（cm）：2.27	棕榈酸含量（%）：8.30

亚林普油 | 2008 | C4 | 3号

312

资源编号：330702_010_0102	归属物种：*Camellia oleifera* Abel	
资源类型：选育资源（无性系）	主要用途：油用栽培，遗传育种材料	
保存地点：浙江省金华市婺城区	保存方式：国家油茶良种基地，异地保存	

性 状 特 征

特 异 性：高产果量

树　　姿：半开张	盛 花 期：10月下旬	果面特征：光洁
嫩枝绒毛：有	花瓣颜色：白色	平均单果重（g）：13.42
芽鳞颜色：绿色	萼片绒毛：有	鲜出籽率（%）：47.89
芽 绒 毛：有	雌雄蕊相对高度：雌高	种皮颜色：黑褐色
嫩叶颜色：黄绿色	花柱裂位：中裂	种仁含油率（%）：39.86
老叶颜色：深绿色	柱头裂数：4	
叶　　形：近圆形	子房绒毛：有	油酸含量（%）：77.00
叶缘特征：平	果熟日期：10月中旬	亚油酸含量（%）：11.10
叶尖形状：渐尖	果　　形：扁圆球形	亚麻酸含量（%）：0.30
叶基形状：近圆形	果皮颜色：青黄色	硬脂酸含量（%）：1.50
平均叶长（cm）：5.23	平均叶宽（cm）：2.47	棕榈酸含量（%）：9.80

313

亚林普油｜2008｜FY7

资源编号：330702_010_0107		归属物种：*Camellia oleifera* Abel
资源类型：选育资源（无性系）		主要用途：油用栽培，遗传育种材料
保存地点：浙江省金华市婺城区		保存方式：国家油茶良种基地，异地保存

性 状 特 征

特 异 性：高产果量		
树　　姿：半开张	盛 花 期：10月下旬	果面特征：斑状糠秕
嫩枝绒毛：有	花瓣颜色：白色	平均单果重（g）：15.38
芽鳞颜色：绿色	萼片绒毛：有	鲜出籽率（%）：43.05
芽 绒 毛：有	雌雄蕊相对高度：雌高	种皮颜色：黑褐色
嫩叶颜色：红色	花柱裂位：中裂	种仁含油率（%）：42.89
老叶颜色：深绿色	柱头裂数：4	
叶　　形：椭圆形	子房绒毛：有	油酸含量（%）：81.20
叶缘特征：波状	果熟日期：10月中旬	亚油酸含量（%）：7.20
叶尖形状：渐尖	果　　形：扁圆球形	亚麻酸含量（%）：0.30
叶基形状：楔形	果皮颜色：青绿色	硬脂酸含量（%）：2.00
平均叶长（cm）：6.85	平均叶宽（cm）：3.25	棕榈酸含量（%）：7.80

314

亚林普油—2008—赣1

资源编号：330702_010_0111	归属物种：*Camellia oleifera* Abel
资源类型：选育资源（无性系）	主要用途：油用栽培，遗传育种材料
保存地点：浙江省金华市婺城区	保存方式：国家油茶良种基地，异地保存

性 状 特 征

特 异 性：高产果量		
树　　姿：半开张	盛 花 期：11月中旬	果面特征：光洁
嫩枝绒毛：有	花瓣颜色：白色	平均单果重（g）：21.74
芽鳞颜色：绿色	萼片绒毛：有	鲜出籽率（%）：45.22
芽 绒 毛：有	雌雄蕊相对高度：雌高	种皮颜色：棕褐色
嫩叶颜色：红色	花柱裂位：中裂	种仁含油率（%）：35.69
老叶颜色：绿色	柱头裂数：3	油酸含量（%）：80.00
叶　　形：近圆形	子房绒毛：有	亚油酸含量（%）：8.70
叶缘特征：平	果熟日期：10月中旬	亚麻酸含量（%）：0.20
叶尖形状：渐尖	果　　形：圆球形	硬脂酸含量（%）：1.80
叶基形状：楔形	果皮颜色：青色	棕榈酸含量（%）：8.70
平均叶长（cm）：5.07	平均叶宽（cm）：2.71	

315

亚林普油丨2008丨赣12

资源编号：330702_010_0112	归属物种：*Camellia oleifera* Abel	
资源类型：选育资源（无性系）	主要用途：油用栽培，遗传育种材料	
保存地点：浙江省金华市婺城区	保存方式：国家油茶良种基地，异地保存	

性 状 特 征

特异性：高产果量

树　姿：直立	盛花期：11月下旬	果面特征：斑状糠秕
嫩枝绒毛：有	花瓣颜色：白色	平均单果重（g）：14.14
芽鳞颜色：绿色	萼片绒毛：有	鲜出籽率（%）：36.97
芽绒毛：有	雌雄蕊相对高度：雄高	种皮颜色：黑褐色
嫩叶颜色：黄绿色	花柱裂位：深裂	种仁含油率（%）：43.31
老叶颜色：绿色	柱头裂数：3	油酸含量（%）：84.90
叶　形：椭圆形	子房绒毛：有	亚油酸含量（%）：5.60
叶缘特征：平	果熟日期：10月中旬	亚麻酸含量（%）：0.30
叶尖形状：渐尖	果　形：圆球形	硬脂酸含量（%）：1.70
叶基形状：楔形	果皮颜色：青绿色	棕榈酸含量（%）：6.90
平均叶长（cm）：6.10	平均叶宽（cm）：2.77	

...

316

亚林普油
|
2008|
赣
3

资源编号：330702_010_0113	归属物种：*Camellia oleifera* Abel
资源类型：选育资源（无性系）	主要用途：油用栽培，遗传育种材料
保存地点：浙江省金华市婺城区	保存方式：国家油茶良种基地，异地保存

性 状 特 征

特 异 性：高产果量

树　　姿：半开张	盛 花 期：10月下旬	果面特征：光洁
嫩枝绒毛：有	花瓣颜色：白色	平均单果重（g）：22.33
芽鳞颜色：绿色	萼片绒毛：有	鲜出籽率（%）：42.32
芽 绒 毛：有	雌雄蕊相对高度：雌高	种皮颜色：黑褐色
嫩叶颜色：黄绿色	花柱裂位：全裂	种仁含油率（%）：42.41
老叶颜色：绿色	柱头裂数：4	
叶　　形：近圆形	子房绒毛：有	油酸含量（%）：81.80
叶缘特征：平	果熟日期：10月中旬	亚油酸含量（%）：7.00
叶尖形状：渐尖	果　　形：圆球形	亚麻酸含量（%）：0.30
叶基形状：近圆形	果皮颜色：青红色	硬脂酸含量（%）：2.40
平均叶长（cm）：5.20	平均叶宽（cm）：3.09	棕榈酸含量（%）：8.00

317

亚林普油 | 2008 | 赣 9

资源编号：330702_010_0116		归属物种：*Camellia oleifera* Abel
资源类型：选育资源（无性系）		主要用途：油用栽培，遗传育种材料
保存地点：浙江省金华市婺城区		保存方式：国家油茶良种基地，异地保存

性 状 特 征

特 异 性：高产果量		
树　　姿：开张	盛 花 期：11月下旬	果面特征：光洁
嫩枝绒毛：有	花瓣颜色：白色	平均单果重（g）：16.21
芽鳞颜色：绿色	萼片绒毛：有	鲜出籽率（%）：44.09
芽 绒 毛：有	雌雄蕊相对高度：雄高	种皮颜色：黑褐色
嫩叶颜色：黄绿色	花柱裂位：浅裂	种仁含油率（%）：36.12
老叶颜色：绿色	柱头裂数：4	
叶　　形：椭圆形	子房绒毛：有	油酸含量（%）：76.40
叶缘特征：平	果熟日期：10月中旬	亚油酸含量（%）：12.40
叶尖形状：渐尖	果　　形：卵球形	亚麻酸含量（%）：0.30
叶基形状：楔形	果皮颜色：青红色	硬脂酸含量（%）：1.30
平均叶长（cm）：5.53	平均叶宽（cm）：2.66	棕榈酸含量（%）：9.10

318

亚林普油Ⅰ桐10

资源编号：330702_010_0117	归属物种：*Camellia oleifera* Abel
资源类型：选育资源（无性系）	主要用途：油用栽培，遗传育种材料
保存地点：浙江省金华市婺城区	保存方式：国家油茶良种基地，异地保存

性 状 特 征

特 异 性：高产果量

树　　姿：开张	盛 花 期：10月下旬	果面特征：斑点状糠秕
嫩枝绒毛：有	花瓣颜色：白色	平均单果重（g）：18.21
芽鳞颜色：绿色	萼片绒毛：有	鲜出籽率（%）：34.61
芽 绒 毛：有	雌雄蕊相对高度：雄高	种皮颜色：黑褐色
嫩叶颜色：黄绿色	花柱裂位：浅裂	种仁含油率（%）：39.50
老叶颜色：绿色	柱头裂数：4	
叶　　形：近圆形	子房绒毛：有	油酸含量（%）：76.90
叶缘特征：平	果熟日期：10月中旬	亚油酸含量（%）：11.20
叶尖形状：渐尖	果　　形：圆球形	亚麻酸含量（%）：0.30
叶基形状：楔形	果皮颜色：青红色	硬脂酸含量（%）：1.60
平均叶长（cm）：5.43	平均叶宽（cm）：2.82	棕榈酸含量（%）：9.40

319

亚林普油｜桐11

资源编号：330702_010_0118	归属物种：*Camellia oleifera* Abel	
资源类型：选育资源（无性系）	主要用途：油用栽培，遗传育种材料	
保存地点：浙江省金华市婺城区	保存方式：国家油茶良种基地，异地保存	

性 状 特 征

特 异 性：高产果量

树　　姿：开张	盛 花 期：11月上旬	果面特征：斑点状糠秕
嫩枝绒毛：有	花瓣颜色：白色	平均单果重（g）：21.94
芽鳞颜色：绿色	萼片绒毛：有	鲜出籽率（%）：38.50
芽 绒 毛：有	雌雄蕊相对高度：雌高	种皮颜色：黑褐色
嫩叶颜色：黄绿色	花柱裂位：中裂	种仁含油率（%）：40.26
老叶颜色：绿色	柱头裂数：3	
叶　　形：近圆形	子房绒毛：有	油酸含量（%）：78.90
叶缘特征：平	果熟日期：10月中旬	亚油酸含量（%）：7.50
叶尖形状：渐尖	果　　形：圆球形	亚麻酸含量（%）：0.30
叶基形状：近圆形	果皮颜色：青红色	硬脂酸含量（%）：1.30
平均叶长（cm）：5.49	平均叶宽（cm）：2.93	棕榈酸含量（%）：11.60

亚林普油 I 桐 29

资源编号：330702_010_0121	归属物种：*Camellia oleifera* Abel	
资源类型：选育资源（无性系）	主要用途：油用栽培，遗传育种材料	
保存地点：浙江省金华市婺城区	保存方式：国家油茶良种基地，异地保存	

性 状 特 征

特异性：高产果量

树　姿：直立	盛花期：11月下旬	果面特征：光洁
嫩枝绒毛：有	花瓣颜色：白色	平均单果重（g）：28.22
芽鳞颜色：绿色	萼片绒毛：有	鲜出籽率（%）：48.77
芽绒毛：有	雌雄蕊相对高度：雌高	种皮颜色：黑褐色
嫩叶颜色：黄绿色	花柱裂位：浅裂	种仁含油率（%）：31.74
老叶颜色：黄绿色	柱头裂数：3	
叶　形：近圆形	子房绒毛：有	油酸含量（%）：75.20
叶缘特征：平	果熟日期：10月中旬	亚油酸含量（%）：12.80
叶尖形状：渐尖	果　形：倒卵球形	亚麻酸含量（%）：0.40
叶基形状：楔形	果皮颜色：青绿色	硬脂酸含量（%）：1.60
平均叶长（cm）：4.31	平均叶宽（cm）：2.39	棕榈酸含量（%）：8.90

321

亚林普油Ｉ桐30

资源编号：330702_010_0123	归属物种：*Camellia oleifera* Abel	
资源类型：选育资源（无性系）	主要用途：油用栽培，遗传育种材料	
保存地点：浙江省金华市婺城区	保存方式：国家油茶良种基地，异地保存	

性 状 特 征

特 异 性：高产果量		
树　　姿：直立	盛 花 期：11月上旬	果面特征：光洁
嫩枝绒毛：有	花瓣颜色：白色	平均单果重（g）：14.08
芽鳞颜色：绿色	萼片绒毛：有	鲜出籽率（%）：45.83
芽绒毛：有	雌雄蕊相对高度：雌高	种皮颜色：黑褐色
嫩叶颜色：黄绿色	花柱裂位：浅裂	种仁含油率（%）：49.42
老叶颜色：绿色	柱头裂数：4	
叶　　形：长椭圆形	子房绒毛：有	油酸含量（%）：81.40
叶缘特征：平	果熟日期：10月中旬	亚油酸含量（%）：7.70
叶尖形状：渐尖	果　　形：圆球形	亚麻酸含量（%）：0.20
叶基形状：楔形	果皮颜色：青红色	硬脂酸含量（%）：1.80
平均叶长（cm）：6.48	平均叶宽（cm）：2.42	棕榈酸含量（%）：8.40

322

亚林普油Ｉ桐38

资源编号：330702_010_0125	归属物种：*Camellia oleifera* Abel	
资源类型：选育资源（无性系）	主要用途：油用栽培，遗传育种材料	
保存地点：浙江省金华市婺城区	保存方式：国家油茶良种基地，异地保存	

性 状 特 征

特 异 性：高产果量		
树　　姿：开张	盛 花 期：11月上旬	果面特征：斑点状糠秕
嫩枝绒毛：有	花瓣颜色：白色	平均单果重（g）：10.93
芽鳞颜色：绿色	萼片绒毛：有	鲜出籽率（%）：49.54
芽绒毛：有	雌雄蕊相对高度：雌高	种皮颜色：黑褐色
嫩叶颜色：黄绿色	花柱裂位：深裂	种仁含油率（%）：28.9
老叶颜色：深绿色	柱头裂数：5	
叶　　形：椭圆形	子房绒毛：有	油酸含量（%）：73.70
叶缘特征：平	果熟日期：10月中旬	亚油酸含量（%）：14.50
叶尖形状：渐尖	果　　形：圆球形	亚麻酸含量（%）：0.40
叶基形状：楔形	果皮颜色：青黄色	硬脂酸含量（%）：1.50
平均叶长（cm）：5.51	平均叶宽（cm）：2.55	棕榈酸含量（%）：9.50

323

亚林普油Ⅰ桐4

资源编号：330702_010_0127	归属物种：*Camellia oleifera* Abel	
资源类型：选育资源（无性系）	主要用途：油用栽培，遗传育种材料	
保存地点：浙江省金华市婺城区	保存方式：国家油茶良种基地，异地保存	

性 状 特 征

特 异 性：高产果量

树　姿：直立	盛 花 期：11月上旬	果面特征：斑点状糠秕
嫩枝绒毛：有	花瓣颜色：白色	平均单果重（g）：12.43
芽鳞颜色：绿色	萼片绒毛：有	鲜出籽率（%）：45.66
芽 绒 毛：有	雌雄蕊相对高度：雌高	种皮颜色：棕褐色
嫩叶颜色：黄绿色	花柱裂位：中裂	种仁含油率（%）：32.69
老叶颜色：绿色	柱头裂数：4	
叶　形：近圆形	子房绒毛：有	油酸含量（%）：74.50
叶缘特征：平	果熟日期：10月中旬	亚油酸含量（%）：12.90
叶尖形状：渐尖	果　形：椭球形	亚麻酸含量（%）：0.30
叶基形状：楔形	果皮颜色：青红色	硬脂酸含量（%）：1.90
平均叶长（cm）：5.63	平均叶宽（cm）：2.81	棕榈酸含量（%）：9.60

324
亚林普油丨桐40

资源编号：330702_010_0128	归属物种：*Camellia oleifera* Abel	
资源类型：选育资源（无性系）	主要用途：油用栽培，遗传育种材料	
保存地点：浙江省金华市婺城区	保存方式：国家油茶良种基地，异地保存	

性 状 特 征

特 异 性：高产果量

树　　姿：直立	盛 花 期：10月下旬	果面特征：光洁
嫩枝绒毛：有	花瓣颜色：白色	平均单果重（g）：22.23
芽鳞颜色：绿色	萼片绒毛：有	鲜出籽率（%）：36.98
芽 绒 毛：有	雌雄蕊相对高度：雌高	种皮颜色：黑褐色
嫩叶颜色：黄绿色	花柱裂位：浅裂	种仁含油率（%）：38.08
老叶颜色：深绿色	柱头裂数：3	
叶　　形：椭圆形	子房绒毛：有	油酸含量（%）：80.70
叶缘特征：平	果熟日期：10月中旬	亚油酸含量（%）：7.00
叶尖形状：渐尖	果　　形：椭球形	亚麻酸含量（%）：0.30
叶基形状：楔形	果皮颜色：青红色	硬脂酸含量（%）：2.80
平均叶长（cm）：4.91	平均叶宽（cm）：2.38	棕榈酸含量（%）：8.60

325

长林40号

资源编号：330702_010_0141	归属物种：*Camellia oleifera* Abel	
资源类型：选育资源（良种）	主要用途：油用栽培，遗传育种材料	
保存地点：浙江省金华市婺城区	保存方式：国家油茶良种基地，异地保存	

性 状 特 征

特 异 性：高产果量

树　姿：半开张	盛花期：10月中旬	果面特征：光洁
嫩枝绒毛：有	花瓣颜色：白色	平均单果重（g）：21.42
芽鳞颜色：绿色	萼片绒毛：有	鲜出籽率（%）：41.04
芽绒毛：有	雌雄蕊相对高度：雌高	种皮颜色：棕褐色
嫩叶颜色：红色	花柱裂位：中裂	种仁含油率（%）：40.46
老叶颜色：绿色	柱头裂数：3	油酸含量（%）：83.30
叶　形：椭圆形	子房绒毛：有	亚油酸含量（%）：5.30
叶缘特征：平	果熟日期：10月上旬	亚麻酸含量（%）：0.20
叶尖形状：渐尖	果　形：椭球形、卵球形	硬脂酸含量（%）：2.30
叶基形状：近圆形	果皮颜色：青黄色	棕榈酸含量（%）：7.40
平均叶长（cm）：6.50	平均叶宽（cm）：2.90	

326

长林4号

资源编号：330702_010_0142	归属物种：*Camellia oleifera* Abel	
资源类型：选育资源（良种）	主要用途：油用栽培，遗传育种材料	
保存地点：浙江省金华市婺城区	保存方式：国家油茶良种基地，异地保存	

性 状 特 征

特异性：高产果量

树　姿：直立	盛花期：10月下旬	果面特征：光洁
嫩枝绒毛：有	花瓣颜色：白色	平均单果重（g）：20.18
芽鳞颜色：绿色	萼片绒毛：有	鲜出籽率（%）：43.26
芽绒毛：有	雌雄蕊相对高度：雌高	种皮颜色：褐色
嫩叶颜色：红色	花柱裂位：中裂	种仁含油率（%）：43.31
老叶颜色：绿色	柱头裂数：3	
叶　形：椭圆形	子房绒毛：有	油酸含量（%）：82.10
叶缘特征：平	果熟日期：10月中旬	亚油酸含量（%）：8.10
叶尖形状：渐尖	果　形：椭球形	亚麻酸含量（%）：0.30
叶基形状：近圆形	果皮颜色：青红色	硬脂酸含量（%）：1.70
平均叶长（cm）：6.30	平均叶宽（cm）：3.20	棕榈酸含量（%）：7.30

327

普油－巨40

资源编号：330825_010_0021	归属物种：*Camellia oleifera* Abel	
资源类型：选育资源（无性系）	主要用途：油用栽培，遗传育种材料	
保存地点：浙江省龙游县	保存方式：省级种质资源保存基地，异地保存	

性 状 特 征

特 异 性：高产果量		
树　　姿：直立	盛 花 期：11月上旬	果面特征：光滑
嫩枝绒毛：有	花瓣颜色：白色	平均单果重（g）：22.25
芽鳞颜色：绿色	萼片绒毛：有	鲜出籽率（%）：24.13
芽 绒 毛：有	雌雄蕊相对高度：雄高	种皮颜色：褐色
嫩叶颜色：黄绿色	花柱裂位：浅裂	种仁含油率（%）：43.50
老叶颜色：中绿色	柱头裂数：2	
叶　　形：椭圆形	子房绒毛：有	油酸含量（%）：81.10
叶缘特征：平	果熟日期：10月中下旬	亚油酸含量（%）：6.50
叶尖形状：钝尖	果　　形：卵球形	亚麻酸含量（%）：0.20
叶基形状：楔形	果皮颜色：褐色	硬脂酸含量（%）：2.60
平均叶长（cm）：7.50	平均叶宽（cm）：3.50	棕榈酸含量（%）：8.80

328

普油－453

资源编号：330825_010_0023	归属物种：*Camellia oleifera* Abel	
资源类型：选育资源（无性系）	主要用途：油用栽培，遗传育种材料	
保存地点：浙江省龙游县	保存方式：省级种质资源保存基地，异地保存	

性 状 特 征

特 异 性：高产果量		
树　　姿：半开张	盛 花 期：11月上旬	果面特征：光滑
嫩枝绒毛：有	花瓣颜色：白色	平均单果重（g）：12.06
芽鳞颜色：绿色	萼片绒毛：有	鲜出籽率（%）：23.13
芽 绒 毛：有	雌雄蕊相对高度：雄高	种皮颜色：褐色
嫩叶颜色：黄绿色	花柱裂位：中裂	种仁含油率（%）：39.80
老叶颜色：中绿色	柱头裂数：3	
叶　　形：近圆形	子房绒毛：有	油酸含量（%）：82.10
叶缘特征：平	果熟日期：10月中下旬	亚油酸含量（%）：5.20
叶尖形状：渐尖	果　　形：卵球形	亚麻酸含量（%）：0.20
叶基形状：楔形	果皮颜色：青色	硬脂酸含量（%）：3.50
平均叶长（cm）：5.10	平均叶宽（cm）：2.80	棕榈酸含量（%）：8.20

329

普油－丽水 12

资源编号：330825_010_0030		归属物种：*Camellia oleifera* Abel	
资源类型：选育资源（无性系）		主要用途：油用栽培，遗传育种材料	
保存地点：浙江省龙游县		保存方式：省级种质资源保存基地，异地保存	

性 状 特 征

特 异 性：高产果量			
树　　姿：半开张	盛 花 期：11 月上旬	果面特征：光滑	
嫩枝绒毛：有	花瓣颜色：白色	平均单果重（g）：9.54	
芽鳞颜色：绿色	萼片绒毛：有	鲜出籽率（%）：27.99	
芽 绒 毛：有	雌雄蕊相对高度：雌高	种皮颜色：褐色	
嫩叶颜色：中绿色	花柱裂位：浅裂	种仁含油率（%）：40.10	
老叶颜色：深绿色	柱头裂数：3		
叶　　形：近圆形	子房绒毛：有	油酸含量（%）：82.70	
叶缘特征：平	果熟日期：10 月中下旬	亚油酸含量（%）：5.00	
叶尖形状：渐尖	果　　形：椭球形	亚麻酸含量（%）：0.10	
叶基形状：楔形	果皮颜色：青色	硬脂酸含量（%）：2.60	
平均叶长（cm）：5.90	平均叶宽（cm）：3.10	棕榈酸含量（%）：8.60	

330

普油－124

资源编号：330825_010_0037	归属物种：*Camellia oleifera* Abel
资源类型：选育资源（无性系）	主要用途：油用栽培，遗传育种材料
保存地点：浙江省龙游县	保存方式：省级种质资源保存基地，异地保存

性 状 特 征

特 异 性：高产果量

树　　姿：开张	盛 花 期：11月上旬	果面特征：光滑
嫩枝绒毛：有	花瓣颜色：白色	平均单果重（g）：21.53
芽鳞颜色：绿色	萼片绒毛：有	鲜出籽率（%）：19.41
芽 绒 毛：有	雌雄蕊相对高度：雄高	种皮颜色：褐色
嫩叶颜色：黄绿色	花柱裂位：中裂	种仁含油率（%）：37.70
老叶颜色：中绿色	柱头裂数：3	油酸含量（%）：80.60
叶　　形：近圆形	子房绒毛：有	亚油酸含量（%）：5.70
叶缘特征：平	果熟日期：10月中下旬	亚麻酸含量（%）：0.30
叶尖形状：渐尖	果　　形：椭球形	硬脂酸含量（%）：3.40
叶基形状：楔形	果皮颜色：青色	棕榈酸含量（%）：9.00
平均叶长（cm）：5.90	平均叶宽（cm）：2.90	

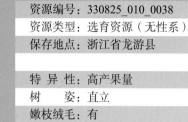

331

普油－芳6

资源编号：330825_010_0038		归属物种：*Camellia oleifera* Abel
资源类型：选育资源（无性系）		主要用途：油用栽培，遗传育种材料
保存地点：浙江省龙游县		保存方式：省级种质资源保存基地，异地保存

性 状 特 征

特 异 性：高产果量		
树　　姿：直立	盛 花 期：11 月上旬	果面特征：光滑
嫩枝绒毛：有	花瓣颜色：白色	平均单果重（g）：10.53
芽鳞颜色：绿色	萼片绒毛：有	鲜出籽率（%）：34.57
芽 绒 毛：有	雌雄蕊相对高度：雄高	种皮颜色：青色
嫩叶颜色：黄绿色	花柱裂位：浅裂	种仁含油率（%）：49.90
老叶颜色：中绿色	柱头裂数：3	
叶　　形：近圆形	子房绒毛：有	油酸含量（%）：84.20
叶缘特征：平	果熟日期：10 月中下旬	亚油酸含量（%）：4.10
叶尖形状：钝尖	果　　形：卵球形	亚麻酸含量（%）：0.20
叶基形状：楔形	果皮颜色：青色	硬脂酸含量（%）：2.60
平均叶长（cm）：5.70	平均叶宽（cm）：3.00	棕榈酸含量（%）：8.20

332

普油－秀山76-22

资源编号：330825_010_0063	归属物种：*Camellia oleifera* Abel	
资源类型：选育资源（无性系）	主要用途：油用栽培，遗传育种材料	
保存地点：浙江省龙游县	保存方式：省级种质资源保存基地，异地保存	

性 状 特 征

特 异 性：高产果量		
树　　姿：直立	盛 花 期：11月上旬	果面特征：光滑
嫩枝绒毛：有	花瓣颜色：白色	平均单果重（g）：11.58
芽鳞颜色：绿色	萼片绒毛：有	鲜出籽率（%）：36.10
芽 绒 毛：有	雌雄蕊相对高度：雌高	种皮颜色：褐色
嫩叶颜色：中绿色	花柱裂位：全裂	种仁含油率（%）：11.80
老叶颜色：深绿色	柱头裂数：3	油酸含量（%）：78.70
叶　　形：近圆形	子房绒毛：有	油酸含量（%）：78.70
叶缘特征：平	果熟日期：10月中下旬	亚油酸含量（%）：7.50
叶尖形状：钝尖	果　　形：椭球形	亚麻酸含量（%）：0.30
叶基形状：楔形	果皮颜色：青色	硬脂酸含量（%）：2.70
平均叶长（cm）：6.40	平均叶宽（cm）：3.50	棕榈酸含量（%）：9.70

333

黄山1号

资源编号：341004_010_0001	归属物种：*Camellia oleifera* Abel
资源类型：选育资源（良种）	主要用途：油用栽培，遗传育种材料
保存地点：安徽省黄山市徽州区	保存方式：原地保护，异地保存

性 状 特 征

特 异 性：高产果量

树　　姿：半开张	盛 花 期：10月下旬	果面特征：光滑
嫩枝绒毛：有	花瓣颜色：白色	平均单果重（g）：17.33
芽鳞颜色：黄绿色	萼片绒毛：有	鲜出籽率（%）：45.41
芽绒毛：有	雌雄蕊相对高度：雄高	种皮颜色：棕褐色
嫩叶颜色：红色	花柱裂位：浅裂	种仁含油率（%）：37.00
老叶颜色：中绿色	柱头裂数：3	
叶　　形：长椭圆形	子房绒毛：有	油酸含量（%）：82.30
叶缘特征：平	果熟日期：10月中旬	亚油酸含量（%）：6.90
叶尖形状：渐尖	果　　形：圆球形、卵球形	亚麻酸含量（%）：0.30
叶基形状：楔形	果皮颜色：红青色	硬脂酸含量（%）：1.70
平均叶长（cm）：5.99	平均叶宽（cm）：3.05	棕榈酸含量（%）：8.40

黄山2号

资源编号：341004_010_0002　　　归属物种：*Camellia oleifera* Abel

资源类型：选育资源（良种）　　　主要用途：油用栽培，遗传育种材料

保存地点：安徽省黄山市徽州区　　　保存方式：原地保护，异地保存

性 状 特 征

特 异 性：高产果量

树　姿：半开张	盛 花 期：10月下旬	果面特征：光滑
嫩枝绒毛：有	花瓣颜色：白色	平均单果重（g）：23.08
芽鳞颜色：黄绿色	萼片绒毛：有	鲜出籽率（%）：46.88
芽 绒 毛：有	雌雄蕊相对高度：雄高	种皮颜色：棕褐色
嫩叶颜色：绿色	花柱裂位：浅裂	种仁含油率（%）：44.20
老叶颜色：深绿色	柱头裂数：3	油酸含量（%）：78.80
叶　形：长椭圆形	子房绒毛：有	亚油酸含量（%）：9.70
叶缘特征：波状	果熟日期：10月中旬	亚麻酸含量（%）：0.30
叶尖形状：渐尖	果　形：圆球形	硬脂酸含量（%）：1.20
叶基形状：楔形	果皮颜色：青色，向阳面红色	棕榈酸含量（%）：9.60
平均叶长（cm）：5.99	平均叶宽（cm）：3.07	

335

黄山5号

资源编号：341004_010_0005		归属物种：*Camellia oleifera* Abel
资源类型：选育资源（良种）		主要用途：油用栽培，遗传育种材料
保存地点：安徽省黄山市徽州区		保存方式：原地保护，异地保存

性 状 特 征

特 异 性：高产果量		
树　　姿：半开张	盛 花 期：10月下旬	果面特征：光滑
嫩枝绒毛：有	花瓣颜色：白色	平均单果重（g）：18.45
芽鳞颜色：黄绿色	萼片绒毛：有	鲜出籽率（%）：48.40
芽 绒 毛：有	雌雄蕊相对高度：雄高	种皮颜色：棕褐色
嫩叶颜色：绿色	花柱裂位：深裂	种仁含油率（%）：44.70
老叶颜色：中绿色	柱头裂数：3	
叶　　形：长椭圆形	子房绒毛：有	油酸含量（%）：83.00
叶缘特征：波状	果熟日期：10月下旬	亚油酸含量（%）：7.00
叶尖形状：渐尖	果　　形：圆球形	亚麻酸含量（%）：0.30
叶基形状：楔形	果皮颜色：青色，向阳面红色	硬脂酸含量（%）：2.10
平均叶长（cm）：6.04	平均叶宽（cm）：3.07	棕榈酸含量（%）：7.20

油茶优良品种
黄山5号

336

皖徽2号

资源编号：341004_010_0007	归属物种：*Camellia oleifera* Abel	
资源类型：选育资源（良种）	主要用途：油用栽培，遗传育种材料	
保存地点：安徽省黄山市徽州区	保存方式：原地保护，异地保存	

性 状 特 征

特 异 性：高产果量		
树　　姿：开张	盛 花 期：10月中旬	果面特征：光滑
嫩枝绒毛：有	花瓣颜色：白色	平均单果重（g）：18.54
芽鳞颜色：黄绿色	萼片绒毛：有	鲜出籽率（%）：45.15
芽 绒 毛：无	雌雄蕊相对高度：雄高	种皮颜色：棕褐色
嫩叶颜色：黄绿色	花柱裂位：浅裂	种仁含油率（%）：40.20
老叶颜色：深绿色	柱头裂数：3	
叶　　形：椭圆形	子房绒毛：有	油酸含量（%）：79.40
叶缘特征：波状	果熟日期：10月中旬	亚油酸含量（%）：9.80
叶尖形状：钝尖	果　　形：圆球形	亚麻酸含量（%）：0.40
叶基形状：楔形	果皮颜色：青色	硬脂酸含量（%）：1.00
平均叶长（cm）：6.06	平均叶宽（cm）：3.08	棕榈酸含量（%）：8.80

337

大别山1号

资源编号：341523_010_0001	归属物种：*Camellia oleifera* Abel
资源类型：选育资源（良种）	主要用途：油用栽培，遗传育种材料
保存地点：安徽省六安市舒城县	保存方式：原地保护，异地保存

性 状 特 征

特 异 性：高产果量		
树　　姿：开张	盛 花 期：10月中旬	果面特征：光滑
嫩枝绒毛：有	花瓣颜色：白色	平均单果重（g）：12.07
芽鳞颜色：黄绿色	萼片绒毛：有	鲜出籽率（%）：47.39
芽 绒 毛：有	雌雄蕊相对高度：雌高	种皮颜色：棕色
嫩叶颜色：红色	花柱裂位：浅裂	种仁含油率（%）：48.50
老叶颜色：中绿色	柱头裂数：3	
叶　　形：近圆形	子房绒毛：有	油酸含量（%）：82.80
叶缘特征：波状	果熟日期：10月中旬	亚油酸含量（%）：7.30
叶尖形状：渐尖	果　　形：尖桃形	亚麻酸含量（%）：0.30
叶基形状：近圆形	果皮颜色：阳面红色	硬脂酸含量（%）：2.00
平均叶长（cm）：5.98	平均叶宽（cm）：3.10	棕榈酸含量（%）：7.20

338

大别山3号

资源编号：341523_010_0003	归属物种：*Camellia oleifera* Abel	
资源类型：选育资源（良种）	主要用途：油用栽培，遗传育种材料	
保存地点：安徽省六安市舒城县	保存方式：原地保护，异地保存	

性 状 特 征

特 异 性：高产果量		
树　　姿：开张	盛 花 期：10月中旬	果面特征：光滑
嫩枝绒毛：有	花瓣颜色：白色	平均单果重（g）：15.64
芽鳞颜色：黄绿色	萼片绒毛：有	鲜出籽率（%）：53.64
芽 绒 毛：有	雌雄蕊相对高度：雌高	种皮颜色：棕褐色
嫩叶颜色：红色	花柱裂位：中裂	种仁含油率（%）：50.00
老叶颜色：中绿色	柱头裂数：3	
叶　　形：椭圆形	子房绒毛：有	油酸含量（%）：81.60
叶缘特征：波状	果熟日期：10月中旬	亚油酸含量（%）：8.30
叶尖形状：钝尖	果　　形：圆球形	亚麻酸含量（%）：0.20
叶基形状：近圆形	果皮颜色：青色，阳面红色	硬脂酸含量（%）：1.40
平均叶长（cm）：6.02	平均叶宽（cm）：3.07	棕榈酸含量（%）：7.90

339
金选1号

资源编号：341524_010_0001		归属物种：*Camellia oleifera* Abel
资源类型：选育资源（良种）		主要用途：油用栽培，遗传育种材料
保存地点：安徽省六安市金寨县		保存方式：原地保护，异地保存

性 状 特 征

特 异 性：高产果量		
树　　姿：开张	盛 花 期：10月中旬	果面特征：光滑
嫩枝绒毛：有	花瓣颜色：白色	平均单果重（g）：14.39
芽鳞颜色：黄绿色	萼片绒毛：有	鲜出籽率（%）：48.30
芽 绒 毛：有	雌雄蕊相对高度：雄高	种皮颜色：黑色
嫩叶颜色：中绿色	花柱裂位：浅裂	种仁含油率（%）：42.80
老叶颜色：黄绿色	柱头裂数：3	
叶　　形：长椭圆形	子房绒毛：有	油酸含量（%）：83.70
叶缘特征：波状	果熟日期：11月上旬	亚油酸含量（%）：6.80
叶尖形状：渐尖	果　　形：椭球形	亚麻酸含量（%）：0.30
叶基形状：楔形	果皮颜色：青色，向阳面着红色	硬脂酸含量（%）：1.40
平均叶长（cm）：6.48	平均叶宽（cm）：3.33	棕榈酸含量（%）：7.40

340

绩溪 3 号

资源编号：341824_010_0003　　归属物种：*Camellia oleifera* Abel

资源类型：选育资源（良种）　　主要用途：油用栽培，遗传育种材料

保存地点：安徽省宣城市绩溪县　　保存方式：原地保护，异地保存

性 状 特 征

特异性：高产果量

树　姿：开张	盛花期：10月下旬	果面特征：光滑
嫩枝绒毛：有	花瓣颜色：白色	平均单果重（g）：17.16
芽鳞颜色：黄绿色	萼片绒毛：有	鲜出籽率（%）：41.78
芽绒毛：有	雌雄蕊相对高度：雄高	种皮颜色：棕褐色
嫩叶颜色：红色	花柱裂位：浅裂	种仁含油率（%）：49.30
老叶颜色：深绿色	柱头裂数：3	
叶　形：长椭圆形	子房绒毛：有	油酸含量（%）：81.30
叶缘特征：波状	果熟日期：10月中旬	亚油酸含量（%）：7.70
叶尖形状：渐尖	果　形：尖桃形	亚麻酸含量（%）：0.40
叶基形状：楔形	果皮颜色：青色，阳面红色	硬脂酸含量（%）：2.30
平均叶长（cm）：5.92	平均叶宽（cm）：2.96	棕榈酸含量（%）：7.90

341

绩溪5号

资源编号：341824_010_0005	归属物种：*Camellia oleifera* Abel	
资源类型：选育资源（良种）	主要用途：油用栽培，遗传育种材料	
保存地点：安徽省宣城市绩溪县	保存方式：原地保护，异地保存	

性 状 特 征

特 异 性：高产果量		
树　　姿：半开张	盛 花 期：10月下旬	果面特征：光滑
嫩枝绒毛：有	花瓣颜色：白色	平均单果重（g）：20.73
芽鳞颜色：绿色	萼片绒毛：有	鲜出籽率（%）：41.39
芽 绒 毛：有	雌雄蕊相对高度：雄高	种皮颜色：棕褐色
嫩叶颜色：黄绿色	花柱裂位：浅裂	种仁含油率（%）：48.10
老叶颜色：深绿色	柱头裂数：3	
叶　　形：椭圆形	子房绒毛：有	油酸含量（%）：81.40
叶缘特征：波状	果熟日期：10月下旬	亚油酸含量（%）：6.80
叶尖形状：渐尖	果　　形：圆球形	亚麻酸含量（%）：0.30
叶基形状：近圆形	果皮颜色：青色，向阳面红色	硬脂酸含量（%）：2.40
平均叶长（cm）：6.00	平均叶宽（cm）：3.12	棕榈酸含量（%）：8.60

皖宁1号

资源编号：341881_010_0001		归属物种：*Camellia oleifera* Abel
资源类型：选育资源（良种）		主要用途：油用栽培，遗传育种材料
保存地点：安徽省宣城市宁国市		保存方式：原地保护，异地保存

性 状 特 征

特 异 性：高产果量

树　姿：开张	盛 花 期：10月中旬	果面特征：光滑
嫩枝绒毛：有	花瓣颜色：白色	平均单果重（g）：24.01
芽鳞颜色：绿色	萼片绒毛：有	鲜出籽率（%）：44.11
芽绒毛：无	雌雄蕊相对高度：雄高	种皮颜色：棕褐色
嫩叶颜色：黄绿色	花柱裂位：浅裂	种仁含油率（%）：44.70
老叶颜色：深绿色	柱头裂数：3	
叶　形：椭圆形	子房绒毛：有	油酸含量（%）：83.30
叶缘特征：波状	果熟日期：10月下旬	亚油酸含量（%）：7.00
叶尖形状：钝尖	果　形：圆球形	亚麻酸含量（%）：0.30
叶基形状：楔形	果皮颜色：青色	硬脂酸含量（%）：2.10
平均叶长（cm）：6.04	平均叶宽（cm）：3.08	棕榈酸含量（%）：7.20

343

皖宁2号

资源编号：341881_010_0002	归属物种：*Camellia oleifera* Abel	
资源类型：选育资源（良种）	主要用途：油用栽培，遗传育种材料	
保存地点：安徽省宣城市宁国市	保存方式：原地保护，异地保存	

性 状 特 征

特 异 性：高产果量		
树　　姿：半开张	盛 花 期：10月中旬	果面特征：光滑
嫩枝绒毛：有	花瓣颜色：白色	平均单果重（g）：28.26
芽鳞颜色：黄绿色	萼片绒毛：有	鲜出籽率（%）：37.97
芽 绒 毛：无	雌雄蕊相对高度：雄高	种皮颜色：棕褐色
嫩叶颜色：黄绿色	花柱裂位：浅裂	种仁含油率（%）：40.20
老叶颜色：深绿色	柱头裂数：3	
叶　　形：椭圆形	子房绒毛：有	油酸含量（%）：79.40
叶缘特征：波状	果熟日期：10月下旬	亚油酸含量（%）：9.80
叶尖形状：钝尖	果　　形：圆球形	亚麻酸含量（%）：0.40
叶基形状：楔形	果皮颜色：青色	硬脂酸含量（%）：1.00
平均叶长（cm）：5.98	平均叶宽（cm）：2.98	棕桐酸含量（%）：8.80

344

皖宁4号

资源编号：341881_010_0004	归属物种：*Camellia oleifera* Abel	
资源类型：选育资源（良种）	主要用途：油用栽培，遗传育种材料	
保存地点：安徽省宣城市宁国市	保存方式：原地保护，异地保存	

性 状 特 征

特 异 性：高产果量

树　姿：直立	盛花期：10月中旬	果面特征：光滑
嫩枝绒毛：有	花瓣颜色：白色	平均单果重（g）：20.18
芽鳞颜色：黄绿色	萼片绒毛：有	鲜出籽率（%）：46.33
芽绒毛：无	雌雄蕊相对高度：雄高	种皮颜色：棕褐色
嫩叶颜色：黄绿色	花柱裂位：浅裂	种仁含油率（%）：41.60
老叶颜色：深绿色	柱头裂数：3	
叶　形：椭圆形	子房绒毛：有	油酸含量（%）：82.30
叶缘特征：波状	果熟日期：10月下旬	亚油酸含量（%）：6.50
叶尖形状：钝尖	果　形：圆球形	亚麻酸含量（%）：0.30
叶基形状：楔形	果皮颜色：青色	硬脂酸含量（%）：1.70
平均叶长（cm）：5.98	平均叶宽（cm）：3.06	棕榈酸含量（%）：8.50

345

闽
49

资源编号：350121_010_0006	归属物种：*Camellia oleifera* Abel
资源类型：选育资源（无性系）	主要用途：油用栽培，遗传育种材料
保存地点：福建省闽侯县	保存方式：省级种质资源保存基地，异地保存

性 状 特 征

特 异 性：高产果量		
树 姿：开张	盛 花 期：11月中旬	果面特征：光滑
嫩枝绒毛：有	花瓣颜色：白色	平均单果重（g）：28.00
芽鳞颜色：黄绿色	萼片绒毛：有	鲜出籽率（%）：46.43
芽 绒 毛：有	雌雄蕊相对高度：雄高	种皮颜色：深褐色或黑色
嫩叶颜色：红色、红黄色	花柱裂位：中裂	种仁含油率（%）：43.00
老叶颜色：中绿色	柱头裂数：4	
叶 形：长椭圆形	子房绒毛：有	油酸含量（%）：80.00
叶缘特征：波状	果熟日期：11月中旬	亚油酸含量（%）：8.00
叶尖形状：渐尖	果 形：圆球形、卵球形	亚麻酸含量（%）：0.30
叶基形状：楔形	果皮颜色：红色、红青色、红黄色	硬脂酸含量（%）：1.70
平均叶长（cm）：6.50	平均叶宽（cm）：2.90	棕榈酸含量（%）：9.50

346

闽杂优1

资源编号：350121_010_0010		归属物种：*Camellia oleifera* Abel
资源类型：选育资源（良种）		主要用途：油用栽培，遗传育种材料
保存地点：福建省闽侯县		保存方式：省级种质资源保存基地，异地保存

性 状 特 征

特 异 性：高产果量

树　姿：半开张	盛花期：11月中下旬	果面特征：光滑
嫩枝绒毛：有	花瓣颜色：白色	平均单果重（g）：26.43
芽鳞颜色：黄绿色	萼片绒毛：有	鲜出籽率（%）：42.39
芽绒毛：有	雌雄蕊相对高度：雄高	种皮颜色：深褐色或黑色
嫩叶颜色：黄红色	花柱裂位：中裂	种仁含油率（%）：46.60
老叶颜色：深绿色	柱头裂数：3	
叶　形：长椭圆形	子房绒毛：有	油酸含量（%）：79.30
叶缘特征：波状	果熟日期：11月上旬	亚油酸含量（%）：9.20
叶尖形状：渐尖	果　形：圆球形至近卵球形	亚麻酸含量（%）：0.40
叶基形状：楔形	果皮颜色：红色或红青色	硬脂酸含量（%）：1.60
平均叶长（cm）：6.80	平均叶宽（cm）：2.80	棕榈酸含量（%）：8.90

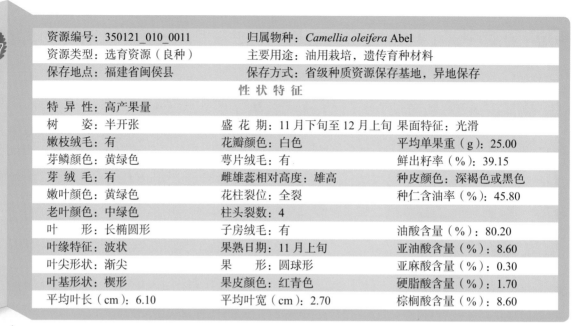

347

普通油茶闽杂优2

资源编号：350121_010_0011	归属物种：*Camellia oleifera* Abel
资源类型：选育资源（良种）	主要用途：油用栽培，遗传育种材料
保存地点：福建省闽侯县	保存方式：省级种质资源保存基地，异地保存

性 状 特 征

特 异 性：高产果量

树　　姿：半开张	盛 花 期：11月下旬至12月上旬	果面特征：光滑
嫩枝绒毛：有	花瓣颜色：白色	平均单果重（g）：25.00
芽鳞颜色：黄绿色	萼片绒毛：有	鲜出籽率（%）：39.15
芽绒毛：有	雌雄蕊相对高度：雄高	种皮颜色：深褐色或黑色
嫩叶颜色：黄绿色	花柱裂位：全裂	种仁含油率（%）：45.80
老叶颜色：中绿色	柱头裂数：4	
叶　　形：长椭圆形	子房绒毛：有	油酸含量（%）：80.20
叶缘特征：波状	果熟日期：11月上旬	亚油酸含量（%）：8.60
叶尖形状：渐尖	果　　形：圆球形	亚麻酸含量（%）：0.30
叶基形状：楔形	果皮颜色：红青色	硬脂酸含量（%）：1.70
平均叶长（cm）：6.10	平均叶宽（cm）：2.70	棕榈酸含量（%）：8.60

资源编号：350121_010_0012	归属物种：*Camellia oleifera* Abel	
资源类型：选育资源（良种）	主要用途：油用栽培，遗传育种材料	
保存地点：福建省闽侯县	保存方式：省级种质资源保存基地，异地保存	

性 状 特 征

特 异 性：高产果量

树　姿：半开张至开张	盛花期：11月中下旬	果面特征：光滑或微糠秕
嫩枝绒毛：有	花瓣颜色：白色	平均单果重（g）：27.19
芽鳞颜色：绿色	萼片绒毛：有	鲜出籽率（%）：44.27
芽绒毛：有	雌雄蕊相对高度：雄高	种皮颜色：褐色或深褐色
嫩叶颜色：黄绿色	花柱裂位：浅裂	种仁含油率（%）：47.70
老叶颜色：中绿色	柱头裂数：4	油酸含量（%）：79.20
叶　形：长椭圆形	子房绒毛：有	亚油酸含量（%）：8.80
叶缘特征：波状	果熟日期：11月上旬	亚麻酸含量（%）：0.20
叶尖形状：渐尖或钝尖	果　形：卵球形	硬脂酸含量（%）：1.60
叶基形状：楔形	果皮颜色：黄色或青黄色	棕榈酸含量（%）：9.70
平均叶长（cm）：6.00	平均叶宽（cm）：2.60	

349

普通油茶闽杂优 4

资源编号：350121_010_0013	归属物种：*Camellia oleifera* Abel	
资源类型：选育资源（良种）	主要用途：油用栽培，遗传育种材料	
保存地点：福建省闽侯县	保存方式：省级种质资源保存基地，异地保存	

性 状 特 征

特 异 性：高产果量		
树　　姿：半开张	盛 花 期：11月中下旬	果面特征：光滑、有棱
嫩枝绒毛：有	花瓣颜色：白色	平均单果重（g）：20.00
芽鳞颜色：黄绿色	萼片绒毛：有	鲜出籽率（%）：41.70
芽绒毛：有	雌雄蕊相对高度：雄高或等高	种皮颜色：深褐色或黑色
嫩叶颜色：黄绿色	花柱裂位：浅裂	种仁含油率（%）：46.10
老叶颜色：中绿色	柱头裂数：4	
叶　　形：椭圆形、长椭圆形	子房绒毛：有	油酸含量（%）：81.50
叶缘特征：波状	果熟日期：11月上旬	亚油酸含量（%）：7.20
叶尖形状：渐尖	果　　形：圆球形，底部内凹为脐形	亚麻酸含量（%）：0.30
叶基形状：楔形	果皮颜色：红色或红青色	硬脂酸含量（%）：2.20
平均叶长（cm）：6.25	平均叶宽（cm）：2.70	棕榈酸含量（%）：8.30

350

普通油茶闽杂优 5

资源编号：350121_010_0014	归属物种：*Camellia oleifera* Abel	
资源类型：选育资源（良种）	主要用途：油用栽培，遗传育种材料	
保存地点：福建省闽侯县	保存方式：省级种质资源保存基地，异地保存	

性 状 特 征

特 异 性：高产果量

树　　姿：开张	盛 花 期：11月下旬	果面特征：光滑
嫩枝绒毛：有	花瓣颜色：白色	平均单果重（g）：23.50
芽鳞颜色：黄绿色	萼片绒毛：有	鲜出籽率（%）：42.29
芽 绒 毛：有	雌雄蕊相对高度：雄高或等高	种皮颜色：深褐色或黑色
嫩叶颜色：红色或红黄色	花柱裂位：浅裂	种仁含油率（%）：42.30
老叶颜色：中绿色	柱头裂数：4	油酸含量（%）：80.20
叶　　形：椭圆形、长椭圆形	子房绒毛：有	亚油酸含量（%）：7.90
叶缘特征：波状	果熟日期：11月上旬	亚麻酸含量（%）：0.40
叶尖形状：渐尖	果　　形：圆球形	硬脂酸含量（%）：1.70
叶基形状：楔形	果皮颜色：红色、红青色	棕榈酸含量（%）：9.40
平均叶长（cm）：6.75	平均叶宽（cm）：2.90	

351

普通油茶闽杂优8

资源编号：350121_010_0017	归属物种：*Camellia oleifera* Abel	
资源类型：选育资源（良种）	主要用途：油用栽培，遗传育种材料	
保存地点：福建省闽侯县	保存方式：省级种质资源保存基地，异地保存	

性 状 特 征

特 异 性：高产果量		
树 姿：开张	盛 花 期：11月下旬至12月上旬	果面特征：光滑
嫩枝绒毛：有	花瓣颜色：白色	平均单果重（g）：25.00
芽鳞颜色：绿色	萼片绒毛：有	鲜出籽率（%）：41.89
芽 绒 毛：有	雌雄蕊相对高度：雌高	种皮颜色：深褐色或黑色
嫩叶颜色：红黄色、黄绿色	花柱裂位：浅裂	种仁含油率（%）：42.00
老叶颜色：中绿色	柱头裂数：3	
叶 形：椭圆形、长椭圆形	子房绒毛：有	油酸含量（%）：79.10
叶缘特征：波状	果熟日期：11月上旬	亚油酸含量（%）：9.30
叶尖形状：渐尖或钝尖	果 形：圆球形	亚麻酸含量（%）：0.30
叶基形状：楔形或近圆形	果皮颜色：红色、青红色	硬脂酸含量（%）：1.70
平均叶长（cm）：7.00	平均叶宽（cm）：3.30	棕榈酸含量（%）：9.00

352

普通油茶闽杂优11

资源编号：350121_010_0020	归属物种：*Camellia oleifera* Abel	
资源类型：选育资源（良种）	主要用途：油用栽培，遗传育种材料	
保存地点：福建省闽侯县	保存方式：省级种质资源保存基地，异地保存	

性 状 特 征

特 异 性：高产果量		
树 姿：半开张	盛 花 期：11月上中旬	果面特征：光滑
嫩枝绒毛：有	花瓣颜色：白色	平均单果重（g）：20.00
芽鳞颜色：绿色	萼片绒毛：有	鲜出籽率（%）：46.38
芽绒毛：有	雌雄蕊相对高度：等高	种皮颜色：深褐色或黑色
嫩叶颜色：黄红色、黄绿色	花柱裂位：浅裂	种仁含油率（%）：44.70
老叶颜色：中绿色	柱头裂数：4	
叶 形：长椭圆形	子房绒毛：有	油酸含量（%）：82.20
叶缘特征：波状	果熟日期：11月上旬	亚油酸含量（%）：7.50
叶尖形状：渐尖	果 形：圆球形	亚麻酸含量（%）：0.30
叶基形状：楔形	果皮颜色：红黄色	硬脂酸含量（%）：1.90
平均叶长（cm）：7.25	平均叶宽（cm）：3.15	棕榈酸含量（%）：7.60

353

普通油茶闽杂优12

资源编号：350121_010_0021	归属物种：*Camellia oleifera* Abel
资源类型：选育资源（良种）	主要用途：油用栽培，遗传育种材料
保存地点：福建省闽侯县	保存方式：省级种质资源保存基地，异地保存

性 状 特 征

特异性：高产果量

树　姿：半开张	盛花期：11月中下旬	果面特征：光滑
嫩枝绒毛：有	花瓣颜色：白色	平均单果重（g）：22.50
芽鳞颜色：紫绿色	萼片绒毛：有	鲜出籽率（%）：39.38
芽绒毛：有	雌雄蕊相对高度：雄高	种皮颜色：褐色、深褐色
嫩叶颜色：青绿色	花柱裂位：浅裂或中裂	种仁含油率（%）：44.70
老叶颜色：深绿色	柱头裂数：4	
叶　形：椭圆形、长椭圆形	子房绒毛：有	油酸含量（%）：83.10
叶缘特征：波状	果熟日期：11月上旬	亚油酸含量（%）：6.70
叶尖形状：渐尖或钝尖	果　形：圆球形	亚麻酸含量（%）：0.20
叶基形状：楔形	果皮颜色：红黄色或红青色	硬脂酸含量（%）：1.70
平均叶长（cm）：6.60	平均叶宽（cm）：3.30	棕榈酸含量（%）：7.60

资源编号：350121_010_0023	归属物种：*Camellia oleifera* Abel
资源类型：选育资源（良种）	主要用途：油用栽培，遗传育种材料
保存地点：福建省闽侯县	保存方式：省级种质资源保存基地，异地保存

性 状 特 征

特 异 性：高产果量

树　　姿：半开张至开张	盛 花 期：11月中下旬	果面特征：光滑
嫩枝绒毛：有	花瓣颜色：白色	平均单果重（g）：25.00
芽鳞颜色：黄绿色	萼片绒毛：有	鲜出籽率（%）：37.71
芽绒毛：有	雌雄蕊相对高度：等高	种皮颜色：褐色或黑色
嫩叶颜色：红黄色	花柱裂位：浅裂	种仁含油率（%）：42.80
老叶颜色：黄绿色	柱头裂数：4	
叶　　形：长椭圆形	子房绒毛：有	油酸含量（%）：82.20
叶缘特征：波状	果熟日期：11月上中旬	亚油酸含量（%）：7.10
叶尖形状：渐尖	果　　形：圆球形，底部内凹为脐形	亚麻酸含量（%）：0.30
叶基形状：楔形	果皮颜色：红色、红黄色	硬脂酸含量（%）：2.10
平均叶长（cm）：4.85	平均叶宽（cm）：2.95	棕榈酸含量（%）：7.90

普通油茶闽杂优14

355

闽杂优16

资源编号：350121_010_0025		归属物种：*Camellia oleifera* Abel
资源类型：选育资源（无性系）		主要用途：油用栽培，遗传育种材料
保存地点：福建省闽侯县		保存方式：省级种质资源保存基地，异地保存

性状特征

特异性：高产果量		
树　姿：半开张至开张	盛花期：11月中下旬	果面特征：光滑或微糠秕
嫩枝绒毛：有	花瓣颜色：白色	平均单果重（g）：27.00
芽鳞颜色：黄绿色	萼片绒毛：有	鲜出籽率（%）：35.24
芽绒毛：有	雌雄蕊相对高度：雄高	种皮颜色：深褐色或黑色
嫩叶颜色：红黄色	花柱裂位：浅裂	种仁含油率（%）：44.80
老叶颜色：中绿色	柱头裂数：4	
叶　形：长椭圆形	子房绒毛：有	油酸含量（%）：82.00
叶缘特征：波状	果熟日期：11月上旬	亚油酸含量（%）：7.50
叶尖形状：渐尖或钝尖	果　形：圆球形或卵球形	亚麻酸含量（%）：0.30
叶基形状：楔形或近圆形	果皮颜色：红青色	硬脂酸含量（%）：2.00
平均叶长（cm）：6.35	平均叶宽（cm）：2.95	棕榈酸含量（%）：7.60

356

闽杂优26

资源编号：350121_010_0036	归属物种：*Camellia oleifera* Abel	
资源类型：选育资源（无性系）	主要用途：油用栽培，遗传育种材料	
保存地点：福建省闽侯县	保存方式：省级种质资源保存基地，异地保存	

性 状 特 征

特异性：高产果量		
树　　姿：半开张	盛花期：11月下旬	果面特征：光滑或微糠秕
嫩枝绒毛：有	花瓣颜色：白色	平均单果重（g）：26.00
芽鳞颜色：绿色	萼片绒毛：有	鲜出籽率（%）：43.74
芽绒毛：有	雌雄蕊相对高度：等高	种皮颜色：深褐色或黑色
嫩叶颜色：青绿色	花柱裂位：全裂	种仁含油率（%）：44.70
老叶颜色：中绿色	柱头裂数：4	
叶　　形：长椭圆形	子房绒毛：有	油酸含量（%）：81.50
叶缘特征：波状	果熟日期：11月上中旬	亚油酸含量（%）：7.60
叶尖形状：钝尖	果　　形：圆球形	亚麻酸含量（%）：0.30
叶基形状：楔形或近圆形	果皮颜色：红青色	硬脂酸含量（%）：1.40
平均叶长（cm）：6.00	平均叶宽（cm）：3.00	棕榈酸含量（%）：8.60

357

闽杂优29

资源编号：350121_010_0039	归属物种：*Camellia oleifera* Abel
资源类型：选育资源（无性系）	主要用途：油用栽培，遗传育种材料
保存地点：福建省闽侯县	保存方式：省级种质资源保存基地，异地保存

性 状 特 征

特 异 性：高产果量

树　　姿：半开张	盛 花 期：11月下旬至12月上旬	果面特征：光滑
嫩枝绒毛：有	花瓣颜色：白色	平均单果重（g）：26.50
芽鳞颜色：绿色	萼片绒毛：有	鲜出籽率（%）：41.39
芽 绒 毛：有	雌雄蕊相对高度：雌高或等高	种皮颜色：深褐色或黑色
嫩叶颜色：黄绿色	花柱裂位：浅裂	种仁含油率（%）：42.90
老叶颜色：中绿色	柱头裂数：4	
叶　　形：长椭圆形	子房绒毛：有	油酸含量（%）：80.50
叶缘特征：波状	果熟日期：11月上中旬	亚油酸含量（%）：8.70
叶尖形状：渐尖	果　　形：圆球形	亚麻酸含量（%）：0.30
叶基形状：楔形	果皮颜色：红色、红青色	硬脂酸含量（%）：1.30
平均叶长（cm）：6.00	平均叶宽（cm）：2.60	棕榈酸含量（%）：8.70

358

普油－赣林无13

资源编号：360111_010_0008	归属物种：*Camellia oleifera* Abel
资源类型：选育资源（无性系）	主要用途：油用栽培，遗传育种材料
保存地点：江西省南昌市青山湖区	保存方式：国家级种质资源保存基地，异地保存

性 状 特 征

特 异 性：高产果量

树　姿：开张	盛花期：11月中旬	果面特征：糠秕
嫩枝绒毛：有	花瓣颜色：白色	平均单果重（g）：21.64
芽鳞颜色：黄绿色	萼片绒毛：有	鲜出籽率（%）：37.87
芽绒毛：有	雌雄蕊相对高度：雄高	种皮颜色：棕色
嫩叶颜色：绿色	花柱裂位：中裂	种仁含油率（%）：47.40
老叶颜色：黄绿色	柱头裂数：3	
叶　形：椭圆形	子房绒毛：有	油酸含量（%）：83.80
叶缘特征：波状	果熟日期：10月下旬	亚油酸含量（%）：0.70
叶尖形状：渐尖	果　形：扁圆球形	亚麻酸含量（%）：—
叶基形状：楔形	果皮颜色：青色	硬脂酸含量（%）：3.20
平均叶长（cm）：5.50	平均叶宽（cm）：3.35	棕榈酸含量（%）：9.40

359

普油－赣林无14

资源编号：360111_010_0009	归属物种：*Camellia oleifera* Abel	
资源类型：选育资源（无性系）	主要用途：油用、观赏栽培，遗传育种材料	
保存地点：江西省南昌市青山湖区	保存方式：国家级种质资源保存基地，异地保存	

性 状 特 征

特 异 性：高产果量		
树　　姿：半开张	盛 花 期：11月上旬	果面特征：光滑
嫩枝绒毛：有	花瓣颜色：白色	平均单果重（g）：11.56
芽鳞颜色：紫绿色	萼片绒毛：有	鲜出籽率（%）：31.47
芽绒毛：有	雌雄蕊相对高度：雄高	种皮颜色：棕褐色
嫩叶颜色：红色	花柱裂位：中裂	种仁含油率（%）：45.00
老叶颜色：深绿色	柱头裂数：4	
叶　　形：长椭圆形	子房绒毛：有	油酸含量（%）：83.30
叶缘特征：波状	果熟日期：10月下旬	亚油酸含量（%）：0.90
叶尖形状：渐尖	果　　形：扁圆球形	亚麻酸含量（%）：—
叶基形状：楔形	果皮颜色：青色	硬脂酸含量（%）：1.90
平均叶长（cm）：5.00	平均叶宽（cm）：3.36	棕榈酸含量（%）：10.60

360

普油－赣林无19

资源编号：360111_010_0011	归属物种：*Camellia oleifera* Abel	
资源类型：选育资源（无性系）	主要用途：油用栽培，遗传育种材料	
保存地点：江西省南昌市青山湖区	保存方式：国家级种质资源保存基地，异地保存	

性 状 特 征

特 异 性：高产果量		
树　　姿：直立	盛 花 期：11月中旬	果面特征：光滑
嫩枝绒毛：有	花瓣颜色：白色	平均单果重（g）：16.49
芽鳞颜色：玉白色	萼片绒毛：有	鲜出籽率（%）：39.34
芽 绒 毛：有	雌雄蕊相对高度：雄高	种皮颜色：棕褐色
嫩叶颜色：绿色	花柱裂位：深裂	种仁含油率（%）：47.10
老叶颜色：深绿色	柱头裂数：3	
叶　　形：披针形	子房绒毛：有	油酸含量（%）：83.70
叶缘特征：波状	果熟日期：10月下旬	亚油酸含量（%）：1.40
叶尖形状：渐尖	果　　形：扁圆球形	亚麻酸含量（%）：—
叶基形状：楔形	果皮颜色：青色	硬脂酸含量（%）：2.20
平均叶长（cm）：5.77	平均叶宽（cm）：2.13	棕榈酸含量（%）：10.00

361

普油 - 赣林无25

资源编号：360111_010_0016		归属物种：*Camellia oleifera* Abel
资源类型：选育资源（无性系）		主要用途：油用、观赏栽培，遗传育种材料
保存地点：江西省南昌市青山湖区		保存方式：国家级种质资源保存基地，异地保存

性 状 特 征

特 异 性：高产果量

树　姿：半开张	盛花期：11月下旬	果面特征：光滑
嫩枝绒毛：有	花瓣颜色：白色	平均单果重（g）：27.70
芽鳞颜色：黄绿色	萼片绒毛：有	鲜出籽率（%）：—
芽绒毛：有	雌雄蕊相对高度：雄高	种皮颜色：褐色
嫩叶颜色：绿色	花柱裂位：中裂	种仁含油率（%）：36.80
老叶颜色：黄绿色	柱头裂数：4	
叶　形：长椭圆形	子房绒毛：有	油酸含量（%）：79.10
叶缘特征：波状	果熟日期：10月下旬	亚油酸含量（%）：1.10
叶尖形状：渐尖	果　形：扁圆球形	亚麻酸含量（%）：—
叶基形状：楔形	果皮颜色：红色	硬脂酸含量（%）：1.70
平均叶长（cm）：6.85	平均叶宽（cm）：4.81	棕榈酸含量（%）：11.20

362

普油丨赣林抚19

资源编号：360111_010_0018		归属物种：*Camellia oleifera* Abel
资源类型：选育资源（无性系）		主要用途：油用栽培，遗传育种材料
保存地点：江西省南昌市青山湖区		保存方式：国家级种质资源保存基地，异地保存

性 状 特 征

特 异 性：高产果量		
树　　姿：直立	盛 花 期：11月中旬	果面特征：光滑
嫩枝绒毛：有	花瓣颜色：白色	平均单果重（g）：8.56
芽鳞颜色：黄绿色	萼片绒毛：有	鲜出籽率（%）：43.17
芽 绒 毛：有	雌雄蕊相对高度：雌高	种皮颜色：棕褐色
嫩叶颜色：红色	花柱裂位：浅裂	种仁含油率（%）：48.80
老叶颜色：深绿色	柱头裂数：3	
叶　　形：近圆形	子房绒毛：有	油酸含量（%）：81.70
叶缘特征：波状	果熟日期：10月下旬	亚油酸含量（%）：4.60
叶尖形状：圆尖	果　　形：卵球形	亚麻酸含量（%）：—
叶基形状：楔形	果皮颜色：青色	硬脂酸含量（%）：1.80
平均叶长（cm）：5.94	平均叶宽（cm）：3.59	棕榈酸含量（%）：9.40

363

普油－赣林兴47

资源编号：360111_010_0019		归属物种：*Camellia oleifera* Abel	
资源类型：选育资源（无性系）		主要用途：油用栽培，遗传育种材料	
保存地点：江西省南昌市青山湖区		保存方式：国家级种质资源保存基地，异地保存	

性 状 特 征

特 异 性：高产果量		
树　　姿：半开张	盛 花 期：11月下旬	果面特征：光滑
嫩枝绒毛：有	花瓣颜色：白色	平均单果重（g）：8.06
芽鳞颜色：紫绿色	萼片绒毛：有	鲜出籽率（%）：36.91
芽绒毛：无	雌雄蕊相对高度：等高	种皮颜色：棕褐色
嫩叶颜色：绿色	花柱裂位：中裂	种仁含油率（%）：44.90
老叶颜色：深绿色	柱头裂数：3	
叶　　形：披针形	子房绒毛：有	油酸含量（%）：81.90
叶缘特征：波状	果熟日期：10月下旬	亚油酸含量（%）：1.50
叶尖形状：渐尖	果　　形：椭球形	亚麻酸含量（%）：—
叶基形状：楔形	果皮颜色：青色	硬脂酸含量（%）：1.90
平均叶长（cm）：6.90	平均叶宽（cm）：2.18	棕桐酸含量（%）：11.10

364

普油－赣林石83-3

资源编号：360111_010_0021	归属物种：*Camellia oleifera* Abel	
资源类型：选育资源（无性系）	主要用途：油用栽培，遗传育种材料	
保存地点：江西省南昌市青山湖区	保存方式：国家级种质资源保存基地，异地保存	

性 状 特 征

特 异 性：高产果量		
树　　姿：开张	盛 花 期：11月上旬	果面特征：光滑
嫩枝绒毛：有	花瓣颜色：白色	平均单果重（g）：9.25
芽鳞颜色：玉白色	萼片绒毛：有	鲜出籽率（%）：39.53
芽 绒 毛：有	雌雄蕊相对高度：雌高	种皮颜色：黑色
嫩叶颜色：绿色	花柱裂位：中裂	种仁含油率（%）：46.60
老叶颜色：中绿色	柱头裂数：3	
叶　　形：椭圆形	子房绒毛：有	油酸含量（%）：80.60
叶缘特征：波状	果熟日期：10月下旬	亚油酸含量（%）：1.20
叶尖形状：钝尖	果　　形：卵球形	亚麻酸含量（%）：—
叶基形状：近圆形	果皮颜色：黄棕色	硬脂酸含量（%）：3.00
平均叶长（cm）：6.22	平均叶宽（cm）：2.74	棕榈酸含量（%）：12.10

365

普油－赣林所19

资源编号：360111_010_0024	归属物种：*Camellia oleifera* Abel	
资源类型：选育资源（无性系）	主要用途：油用栽培，遗传育种材料	
保存地点：江西省南昌市青山湖区	保存方式：国家级种质资源保存基地，异地保存	

性 状 特 征

特 异 性：高产果量		
树　　姿：直立	盛 花 期：11月中旬	果面特征：光滑
嫩枝绒毛：有	花瓣颜色：白色	平均单果重（g）：8.12
芽鳞颜色：玉白色	萼片绒毛：有	鲜出籽率（%）：46.77
芽 绒 毛：无	雌雄蕊相对高度：雄高	种皮颜色：棕褐色
嫩叶颜色：红色	花柱裂位：浅裂	种仁含油率（%）：49.90
老叶颜色：深绿色	柱头裂数：1	
叶　　形：长椭圆形	子房绒毛：有	油酸含量（%）：80.10
叶缘特征：波状	果熟日期：10月下旬	亚油酸含量（%）：0.80
叶尖形状：钝尖	果　　形：椭球形	亚麻酸含量（%）：—
叶基形状：楔形	果皮颜色：红色	硬脂酸含量（%）：2.20
平均叶长（cm）：6.12	平均叶宽（cm）：3.59	棕榈酸含量（%）：11.00

366

普油－赣林所185

资源编号：360111_010_0027	归属物种：*Camellia oleifera* Abel	
资源类型：选育资源（无性系）	主要用途：油用栽培，遗传育种材料	
保存地点：江西省南昌市青山湖区	保存方式：国家级种质资源保存基地，异地保存	

性 状 特 征

特 异 性：高产果量		
树　　姿：半开张	盛 花 期：11月中旬	果面特征：光滑
嫩枝绒毛：有	花瓣颜色：白色	平均单果重（g）：15.97
芽鳞颜色：玉白色	萼片绒毛：有	鲜出籽率（%）：35.91
芽绒毛：无	雌雄蕊相对高度：雄高	种皮颜色：棕色
嫩叶颜色：绿色	花柱裂位：浅裂	种仁含油率（%）：43.20
老叶颜色：中绿色	柱头裂数：2	
叶　　形：长椭圆形	子房绒毛：有	油酸含量（%）：81.10
叶缘特征：波状	果熟日期：10月下旬	亚油酸含量（%）：2.60
叶尖形状：钝尖	果　　形：扁圆球形	亚麻酸含量（%）：—
叶基形状：楔形	果皮颜色：青色	硬脂酸含量（%）：4.20
平均叶长（cm）：5.28	平均叶宽（cm）：2.87	棕榈酸含量（%）：8.90

367

普油－赣林所510

资源编号：360111_010_0033		归属物种：*Camellia oleifera* Abel
资源类型：选育资源（无性系）		主要用途：油用栽培，遗传育种材料
保存地点：江西省南昌市青山湖区		保存方式：国家级种质资源保存基地，异地保存

性 状 特 征

特 异 性：高产果量

树　　姿：开张	盛 花 期：11月中旬	果面特征：光滑
嫩枝绒毛：有	花瓣颜色：白色	平均单果重（g）：11.64
芽鳞颜色：黄绿色	萼片绒毛：有	鲜出籽率（%）：41.38
芽 绒 毛：无	雌雄蕊相对高度：等高	种皮颜色：棕色
嫩叶颜色：绿色	花柱裂位：浅裂	种仁含油率（%）：44.20
老叶颜色：中绿色	柱头裂数：3	
叶　　形：披针形	子房绒毛：有	油酸含量（%）：84.30
叶缘特征：波状	果熟日期：10月下旬	亚油酸含量（%）：1.20
叶尖形状：渐尖	果　　形：卵球形	亚麻酸含量（%）：—
叶基形状：楔形	果皮颜色：青色	硬脂酸含量（%）：2.40
平均叶长（cm）：6.45	平均叶宽（cm）：2.45	棕榈酸含量（%）：9.30

368

普油－赣林所186

资源编号：360111_010_0040	归属物种：*Camellia oleifera* Abel	
资源类型：选育资源（无性系）	主要用途：油用栽培，遗传育种材料	
保存地点：江西省南昌市青山湖区	保存方式：国家级种质资源保存基地，异地保存	

性 状 特 征

特 异 性：高产果量		
树　　姿：开张	盛 花 期：11月中旬	果面特征：光滑
嫩枝绒毛：有	花瓣颜色：白色	平均单果重（g）：15.51
芽鳞颜色：玉白色	萼片绒毛：有	鲜出籽率（%）：33.49
芽 绒 毛：无	雌雄蕊相对高度：等高	种皮颜色：棕色
嫩叶颜色：红色	花柱裂位：中裂	种仁含油率（%）：37.90
老叶颜色：中绿色	柱头裂数：3	
叶　　形：披针形	子房绒毛：有	油酸含量（%）：80.10
叶缘特征：平	果熟日期：10月下旬	亚油酸含量（%）：0.60
叶尖形状：钝尖	果　　形：圆球形	亚麻酸含量（%）：—
叶基形状：楔形	果皮颜色：青色	硬脂酸含量（%）：3.40
平均叶长（cm）：6.35	平均叶宽（cm）：2.53	棕榈酸含量（%）：10.60

369

普油—赣林所4381

资源编号：360111_010_0041	归属物种：*Camellia oleifera* Abel
资源类型：选育资源（无性系）	主要用途：油用栽培，遗传育种材料
保存地点：江西省南昌市青山湖区	保存方式：国家级种质资源保存基地，异地保存

性 状 特 征

特 异 性：高产果量		
树　姿：半开张	盛 花 期：11月中旬	果面特征：光滑
嫩枝绒毛：有	花瓣颜色：白色	平均单果重（g）：12.35
芽鳞颜色：玉白色	萼片绒毛：有	鲜出籽率（%）：35.90
芽 绒 毛：有	雌雄蕊相对高度：雄高	种皮颜色：棕褐色
嫩叶颜色：绿色	花柱裂位：深裂	种仁含油率（%）：49.40
老叶颜色：中绿色	柱头裂数：3	
叶　形：披针形	子房绒毛：有	油酸含量（%）：82.10
叶缘特征：波状	果熟日期：10月下旬	亚油酸含量（%）：0.60
叶尖形状：渐尖	果　形：卵球形	亚麻酸含量（%）：—
叶基形状：楔形	果皮颜色：青色	硬脂酸含量（%）：3.00
平均叶长（cm）：5.21	平均叶宽（cm）：2.30	棕榈酸含量（%）：10.10

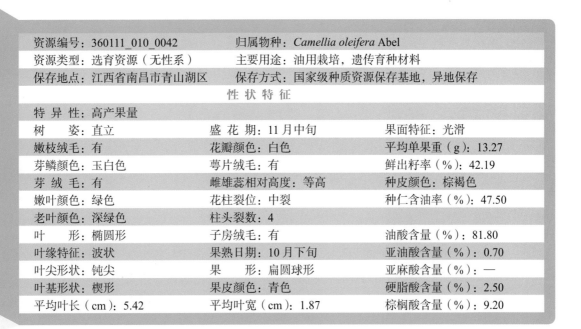

资源编号：360111_010_0042	归属物种：*Camellia oleifera* Abel	
资源类型：选育资源（无性系）	主要用途：油用栽培，遗传育种材料	
保存地点：江西省南昌市青山湖区	保存方式：国家级种质资源保存基地，异地保存	

性 状 特 征

特 异 性：高产果量

树　姿：直立	盛 花 期：11月中旬	果面特征：光滑
嫩枝绒毛：有	花瓣颜色：白色	平均单果重（g）：13.27
芽鳞颜色：玉白色	萼片绒毛：有	鲜出籽率（%）：42.19
芽绒毛：有	雌雄蕊相对高度：等高	种皮颜色：棕褐色
嫩叶颜色：绿色	花柱裂位：中裂	种仁含油率（%）：47.50
老叶颜色：深绿色	柱头裂数：4	
叶　形：椭圆形	子房绒毛：有	油酸含量（%）：81.80
叶缘特征：波状	果熟日期：10月下旬	亚油酸含量（%）：0.70
叶尖形状：钝尖	果　形：扁圆球形	亚麻酸含量（%）：—
叶基形状：楔形	果皮颜色：青色	硬脂酸含量（%）：2.50
平均叶长（cm）：5.42	平均叶宽（cm）：1.87	棕榈酸含量（%）：9.20

371

普油－赣林所5141

资源编号：360111_010_0043		归属物种：*Camellia oleifera* Abel
资源类型：选育资源（无性系）		主要用途：油用栽培，遗传育种材料
保存地点：江西省南昌市青山湖区		保存方式：国家级种质资源保存基地，异地保存

性 状 特 征

特异性：高产果量		
树　姿：直立	盛花期：11月中旬	果面特征：光滑
嫩枝绒毛：有	花瓣颜色：白色	平均单果重（g）：12.88
芽鳞颜色：玉白色	萼片绒毛：有	鲜出籽率（%）：46.39
芽绒毛：无	雌雄蕊相对高度：雄高	种皮颜色：棕色
嫩叶颜色：绿色	花柱裂位：浅裂	种仁含油率（%）：47.50
老叶颜色：中绿色	柱头裂数：3	
叶　形：长椭圆形	子房绒毛：有	油酸含量（%）：8.00
叶缘特征：波状	果熟期：10月下旬	亚油酸含量（%）：0.00
叶尖形状：渐尖	果　形：卵球形	亚麻酸含量（%）：—
叶基形状：楔形	果皮颜色：青色	硬脂酸含量（%）：2.50
平均叶长（cm）：5.43	平均叶宽（cm）：2.62	棕榈酸含量（%）：9.80

372

普油-赣林所5441

资源编号：360111_010_0044	归属物种：*Camellia oleifera* Abel
资源类型：选育资源（无性系）	主要用途：油用栽培，遗传育种材料
保存地点：江西省南昌市青山湖区	保存方式：国家级种质资源保存基地，异地保存

性 状 特 征

特 异 性：高产果量

树　　姿：半开张	盛 花 期：11月中旬	果面特征：光滑
嫩枝绒毛：有	花瓣颜色：白色	平均单果重（g）：11.49
芽鳞颜色：黄绿色	萼片绒毛：有	鲜出籽率（%）：38.96
芽绒毛：有	雌雄蕊相对高度：等高	种皮颜色：棕色
嫩叶颜色：绿色	花柱裂位：中裂	种仁含油率（%）：47.40
老叶颜色：深绿色	柱头裂数：3	
叶　　形：长椭圆形	子房绒毛：有	油酸含量（%）：80.80
叶缘特征：平	果熟日期：10月下旬	亚油酸含量（%）：0.80
叶尖形状：渐尖	果　　形：扁圆球形	亚麻酸含量（%）：—
叶基形状：楔形	果皮颜色：青色	硬脂酸含量（%）：2.80
平均叶长（cm）：5.66	平均叶宽（cm）：3.82	棕榈酸含量（%）：10.30

373

普油－赣林所737

资源编号：360111_010_0045	归属物种：*Camellia oleifera* Abel	
资源类型：选育资源（无性系）	主要用途：油用栽培，遗传育种材料	
保存地点：江西省南昌市青山湖区	保存方式：国家级种质资源保存基地，异地保存	

性 状 特 征

特 异 性：高产果量

树　　姿：直立	盛 花 期：11月中旬	果面特征：光滑
嫩枝绒毛：有	花瓣颜色：白色	平均单果重（g）：11.69
芽鳞颜色：玉白色	萼片绒毛：有	鲜出籽率（%）：35.04
芽 绒 毛：无	雌雄蕊相对高度：雄高	种皮颜色：棕褐色
嫩叶颜色：红色	花柱裂位：深裂	种仁含油率（%）：43.80
老叶颜色：黄绿色	柱头裂数：3	
叶　　形：披针形	子房绒毛：有	油酸含量（%）：82.20
叶缘特征：波状	果熟日期：10月下旬	亚油酸含量（%）：1.90
叶尖形状：渐尖	果　　形：椭球形	亚麻酸含量（%）：—
叶基形状：楔形	果皮颜色：青色	硬脂酸含量（%）：1.90
平均叶长（cm）：6.93	平均叶宽（cm）：2.48	棕榈酸含量（%）：10.60

374

普油－赣林所860

资源编号：360111_010_0046	归属物种：*Camellia oleifera* Abel	
资源类型：选育资源（无性系）	主要用途：油用栽培，遗传育种材料	
保存地点：江西省南昌市青山湖区	保存方式：国家级种质资源保存基地，异地保存	

性 状 特 征

特 异 性：高产果量

树　　姿：开张	盛 花 期：11月中旬	果面特征：光滑
嫩枝绒毛：有	花瓣颜色：白色	平均单果重（g）：10.61
芽鳞颜色：玉白色	萼片绒毛：有	鲜出籽率（%）：28.36
芽 绒 毛：有	雌雄蕊相对高度：雄高	种皮颜色：棕色
嫩叶颜色：绿色	花柱裂位：浅裂	种仁含油率（%）：38.50
老叶颜色：黄绿色	柱头裂数：4	油酸含量（%）：84.20
叶　　形：长椭圆形	子房绒毛：有	亚油酸含量（%）：1.30
叶缘特征：波状	果熟日期：10月下旬	亚麻酸含量（%）：—
叶尖形状：钝尖	果　　形：卵球形	硬脂酸含量（%）：3.20
叶基形状：楔形	果皮颜色：青色	棕榈酸含量（%）：9.50
平均叶长（cm）：5.44	平均叶宽（cm）：2.15	

资源编号：360111_010_0050		归属物种：*Camellia oleifera* Abel
资源类型：选育资源（无性系）		主要用途：油用栽培，遗传育种材料
保存地点：江西省南昌市青山湖区		保存方式：国家级种质资源保存基地，异地保存

性 状 特 征

特异性：高产果量		
树　姿：直立	盛花期：11月中旬	果面特征：光滑
嫩枝绒毛：有	花瓣颜色：白色	平均单果重（g）：8.81
芽鳞颜色：黄绿色	萼片绒毛：有	鲜出籽率（%）：48.15
芽绒毛：有	雌雄蕊相对高度：雄高	种皮颜色：棕褐色
嫩叶颜色：绿色	花柱裂位：深裂	种仁含油率（%）：48.90
老叶颜色：中绿色	柱头裂数：3	
叶　形：长椭圆形	子房绒毛：有	油酸含量（%）：82.90
叶缘特征：波状	果熟日期：10月下旬	亚油酸含量（%）：0.80
叶尖形状：钝尖	果　形：卵球形	亚麻酸含量（%）：—
叶基形状：楔形	果皮颜色：黄棕色	硬脂酸含量（%）：2.60
平均叶长（cm）：5.98	平均叶宽（cm）：2.88	棕榈酸含量（%）：9.50

376

普油－赣林60

资源编号：360111_010_0052	归属物种：*Camellia oleifera* Abel
资源类型：选育资源（无性系）	主要用途：油用栽培，遗传育种材料
保存地点：江西省南昌市青山湖区	保存方式：国家级种质资源保存基地，异地保存

性 状 特 征

特 异 性：高产果量		
树　　姿：直立	盛 花 期：10月下旬	果面特征：光滑
嫩枝绒毛：有	花瓣颜色：白色	平均单果重（g）：10.90
芽鳞颜色：玉白色	萼片绒毛：有	鲜出籽率（%）：33.81
芽 绒 毛：无	雌雄蕊相对高度：雄高	种皮颜色：棕色
嫩叶颜色：绿色	花柱裂位：中裂	种仁含油率（%）：38.20
老叶颜色：中绿色	柱头裂数：2	
叶　　形：披针形	子房绒毛：有	油酸含量（%）：76.60
叶缘特征：平	果熟日期：10月下旬	亚油酸含量（%）：0.80
叶尖形状：渐尖	果　　形：卵球形	亚麻酸含量（%）：—
叶基形状：楔形	果皮颜色：青色	硬脂酸含量（%）：2.40
平均叶长（cm）：7.00	平均叶宽（cm）：2.66	棕榈酸含量（%）：11.10

377

普油－赣林62

资源编号：360111_010_0054	归属物种：*Camellia oleifera* Abel	
资源类型：选育资源（无性系）	主要用途：油用栽培，遗传育种材料	
保存地点：江西省南昌市青山湖区	保存方式：国家级种质资源保存基地，异地保存	

性 状 特 征

特 异 性：高产果量		
树　姿：开张	盛 花 期：11月中旬	果面特征：光滑
嫩枝绒毛：有	花瓣颜色：白色	平均单果重（g）：20.32
芽鳞颜色：玉白色	萼片绒毛：有	鲜出籽率（%）：35.71
芽 绒 毛：无	雌雄蕊相对高度：雌高	种皮颜色：棕褐色
嫩叶颜色：红色	花柱裂位：中裂	种仁含油率（%）：42.50
老叶颜色：中绿色	柱头裂数：3	
叶　形：披针形	子房绒毛：有	油酸含量（%）：82.10
叶缘特征：波状	果熟日期：10月下旬	亚油酸含量（%）：0.90
叶尖形状：渐尖	果　形：卵球形	亚麻酸含量（%）：—
叶基形状：楔形	果皮颜色：黄棕色	硬脂酸含量（%）：2.80
平均叶长（cm）：5.80	平均叶宽（cm）：2.52	棕榈酸含量（%）：11.00

378

普油 Ⅰ 赣林 64

资源编号：360111_010_0055	归属物种：*Camellia oleifera* Abel
资源类型：选育资源（无性系）	主要用途：油用栽培，遗传育种材料
保存地点：江西省南昌市青山湖区	保存方式：国家级种质资源保存基地，异地保存

<table>
<tr><td colspan="3" align="center">性 状 特 征</td></tr>
<tr><td colspan="3">特 异 性：高产果量</td></tr>
<tr><td>树　　姿：开张</td><td>盛 花 期：11月中旬</td><td>果面特征：光滑</td></tr>
<tr><td>嫩枝绒毛：有</td><td>花瓣颜色：白色</td><td>平均单果重（g）：17.66</td></tr>
<tr><td>芽鳞颜色：玉白色</td><td>萼片绒毛：有</td><td>鲜出籽率（%）：45.22</td></tr>
<tr><td>芽 绒 毛：有</td><td>雌雄蕊相对高度：雌高</td><td>种皮颜色：褐色</td></tr>
<tr><td>嫩叶颜色：绿色</td><td>花柱裂位：深裂</td><td>种仁含油率（%）：49.80</td></tr>
<tr><td>老叶颜色：中绿色</td><td>柱头裂数：4</td><td></td></tr>
<tr><td>叶　　形：长椭圆形</td><td>子房绒毛：有</td><td>油酸含量（%）：84.80</td></tr>
<tr><td>叶缘特征：波状</td><td>果熟日期：10月下旬</td><td>亚油酸含量（%）：0.90</td></tr>
<tr><td>叶尖形状：钝尖</td><td>果　　形：卵球形</td><td>亚麻酸含量（%）：—</td></tr>
<tr><td>叶基形状：楔形</td><td>果皮颜色：黄棕色</td><td>硬脂酸含量（%）：2.80</td></tr>
<tr><td>平均叶长（cm）：6.10</td><td>平均叶宽（cm）：2.95</td><td>棕榈酸含量（%）：8.00</td></tr>
</table>

379

普油－赣林67

资源编号：360111_010_0057		归属物种：*Camellia oleifera* Abel
资源类型：选育资源（无性系）		主要用途：油用栽培，遗传育种材料
保存地点：江西省南昌市青山湖区		保存方式：国家级种质资源保存基地，异地保存

性 状 特 征

特 异 性：高产果量

树　　姿：开张	盛 花 期：11月中旬	果面特征：光滑
嫩枝绒毛：有	花瓣颜色：淡红色	平均单果重（g）：8.20
芽鳞颜色：玉白色	萼片绒毛：有	鲜出籽率（%）：48.47
芽绒毛：有	雌雄蕊相对高度：雌高	种皮颜色：棕褐色
嫩叶颜色：红色	花柱裂位：深裂	种仁含油率（%）：29.40
老叶颜色：黄绿色	柱头裂数：4	
叶　　形：披针形	子房绒毛：有	油酸含量（%）：76.30
叶缘特征：波状	果熟日期：10月下旬	亚油酸含量（%）：0.90
叶尖形状：渐尖	果　　形：卵球形	亚麻酸含量（%）：—
叶基形状：楔形	果皮颜色：青色	硬脂酸含量（%）：2.00
平均叶长（cm）：6.21	平均叶宽（cm）：2.37	棕榈酸含量（%）：11.50

资源编号：360111_010_0060	归属物种：*Camellia oleifera* Abel
资源类型：选育资源（无性系）	主要用途：油用栽培，遗传育种材料
保存地点：江西省南昌市青山湖区	保存方式：国家级种质资源保存基地，异地保存

性 状 特 征

特 异 性：高产果量

树　姿：开张	盛 花 期：11月中旬	果面特征：光滑
嫩枝绒毛：有	花瓣颜色：白色	平均单果重（g）：9.58
芽鳞颜色：玉白色	萼片绒毛：有	鲜出籽率（%）：38.28
芽绒毛：无	雌雄蕊相对高度：雌高	种皮颜色：黑色
嫩叶颜色：红色	花柱裂位：深裂	种仁含油率（%）：48.10
老叶颜色：深绿色	柱头裂数：4	
叶　形：椭圆形	子房绒毛：有	油酸含量（%）：81.80
叶缘特征：波状	果熟日期：10月下旬	亚油酸含量（%）：0.60
叶尖形状：圆尖	果　形：卵球形	亚麻酸含量（%）：—
叶基形状：近圆形	果皮颜色：青色	硬脂酸含量（%）：2.60
平均叶长（cm）：7.20	平均叶宽（cm）：2.85	棕榈酸含量（%）：11.20

381

普油－赣林典红 1

资源编号：360111_010_0065	归属物种：*Camellia oleifera* Abel	
资源类型：选育资源（无性系）	主要用途：油用栽培，遗传育种材料	
保存地点：江西省南昌市青山湖区	保存方式：国家级种质资源保存基地，异地保存	

性 状 特 征

特 异 性：高产果量		
树　姿：开张	盛 花 期：11 月中旬	果面特征：糠秕
嫩枝绒毛：有	花瓣颜色：白色	平均单果重（g）：9.47
芽鳞颜色：绿色	萼片绒毛：有	鲜出籽率（%）：32.42
芽绒毛：有	雌雄蕊相对高度：雄高	种皮颜色：棕褐色
嫩叶颜色：红色	花柱裂位：中裂	种仁含油率（%）：49.50
老叶颜色：中绿色	柱头裂数：3	
叶　形：长椭圆形	子房绒毛：有	油酸含量（%）：80.50
叶缘特征：波状	果熟日期：10 月下旬	亚油酸含量（%）：0.40
叶尖形状：钝尖	果　形：扁圆球形	亚麻酸含量（%）：—
叶基形状：楔形	果皮颜色：黄棕色	硬脂酸含量（%）：3.70
平均叶长（cm）：6.83	平均叶宽（cm）：2.98	棕榈酸含量（%）：12.10

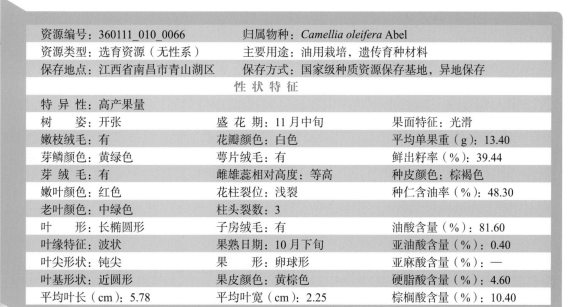

382

普油－赣林典黄1

资源编号：360111_010_0066　　归属物种：*Camellia oleifera* Abel

资源类型：选育资源（无性系）　　主要用途：油用栽培，遗传育种材料

保存地点：江西省南昌市青山湖区　　保存方式：国家级种质资源保存基地，异地保存

性　状　特　征

特　异　性：高产果量

树　姿：开张	盛花期：11月中旬	果面特征：光滑
嫩枝绒毛：有	花瓣颜色：白色	平均单果重（g）：13.40
芽鳞颜色：黄绿色	萼片绒毛：有	鲜出籽率（%）：39.44
芽绒毛：有	雌雄蕊相对高度：等高	种皮颜色：棕褐色
嫩叶颜色：红色	花柱裂位：浅裂	种仁含油率（%）：48.30
老叶颜色：中绿色	柱头裂数：3	
叶　形：长椭圆形	子房绒毛：有	油酸含量（%）：81.60
叶缘特征：波状	果熟日期：10月下旬	亚油酸含量（%）：0.40
叶尖形状：钝尖	果　形：卵球形	亚麻酸含量（%）：—
叶基形状：近圆形	果皮颜色：黄棕色	硬脂酸含量（%）：4.60
平均叶长（cm）：5.78	平均叶宽（cm）：2.25	棕榈酸含量（%）：10.40

383

普油－赣林白石75－10

资源编号：360111_010_0071		归属物种：*Camellia oleifera* Abel
资源类型：选育资源（无性系）		主要用途：油用栽培，遗传育种材料
保存地点：江西省南昌市青山湖区		保存方式：国家级种质资源保存基地，异地保存

性 状 特 征

特 异 性：高产果量		
树　　姿：开张	盛 花 期：11月中旬	果面特征：光滑
嫩枝绒毛：有	花瓣颜色：白色	平均单果重（g）：16.89
芽鳞颜色：黄绿色	萼片绒毛：有	鲜出籽率（%）：41.93
芽绒毛：有	雌雄蕊相对高度：雄高	种皮颜色：棕色
嫩叶颜色：绿色	花柱裂位：中裂	种仁含油率（%）：47.50
老叶颜色：中绿色	柱头裂数：3	
叶　　形：长椭圆形	子房绒毛：有	油酸含量（%）：75.30
叶缘特征：波状	果熟日期：10月下旬	亚油酸含量（%）：0.70
叶尖形状：渐尖	果　　形：卵球形	亚麻酸含量（%）：—
叶基形状：楔形	果皮颜色：青色	硬脂酸含量（%）：2.10
平均叶长（cm）：8.26	平均叶宽（cm）：3.29	棕榈酸含量（%）：12.20

384

普油－赣林石门特花1

资源编号：360111_010_0072	归属物种：*Camellia oleifera* Abel	
资源类型：选育资源（无性系）	主要用途：油用栽培，遗传育种材料	
保存地点：江西省南昌市青山湖区	保存方式：国家级种质资源保存基地，异地保存	

性 状 特 征

特 异 性：高产果量

树　姿：开张	盛 花 期：10月中旬	果面特征：光滑
嫩枝绒毛：有	花瓣颜色：白色	平均单果重（g）：10.66
芽鳞颜色：玉白色	萼片绒毛：有	鲜出籽率（%）：40.15
芽绒毛：无	雌雄蕊相对高度：雌高	种皮颜色：棕褐色
嫩叶颜色：红色	花柱裂位：中裂	种仁含油率（%）：43.70
老叶颜色：中绿色	柱头裂数：3	
叶　形：椭圆形	子房绒毛：有	油酸含量（%）：81.90
叶缘特征：波状	果熟日期：10月下旬	亚油酸含量（%）：1.00
叶尖形状：圆尖	果　形：卵球形	亚麻酸含量（%）：—
叶基形状：近圆形	果皮颜色：黄棕色	硬脂酸含量（%）：3.10
平均叶长（cm）：5.89	平均叶宽（cm）：3.66	棕榈酸含量（%）：9.70

385

赣无2

资源编号：360111_010_0074	归属物种：*Camellia oleifera* Abel	
资源类型：选育资源（良种）	主要用途：油用栽培，遗传育种材料	
保存地点：江西省南昌市青山湖区	保存方式：国家级种质资源保存基地，异地保存	

性 状 特 征

特 异 性：高产果量		
树　　姿：直立	盛 花 期：11月上旬	果面特征：光滑
嫩枝绒毛：有	花瓣颜色：白色	平均单果重（g）：14.06
芽鳞颜色：玉白色	萼片绒毛：有	鲜出籽率（%）：38.87
芽绒毛：无	雌雄蕊相对高度：雄高	种皮颜色：棕褐色
嫩叶颜色：红色	花柱裂位：浅裂	种仁含油率（%）：48.90
老叶颜色：中绿色	柱头裂数：3	
叶　　形：近圆形	子房绒毛：有	油酸含量（%）：76.20
叶缘特征：波状	果熟日期：10月下旬	亚油酸含量（%）：0.70
叶尖形状：圆尖	果　　形：扁圆球形	亚麻酸含量（%）：—
叶基形状：楔形	果皮颜色：青色	硬脂酸含量（%）：2.30
平均叶长（cm）：5.65	平均叶宽（cm）：2.45	棕榈酸含量（%）：13.10

386

赣无12

资源编号：360111_010_0076	归属物种：*Camellia oleifera* Abel
资源类型：选育资源（良种）	主要用途：油用栽培，遗传育种材料
保存地点：江西省南昌市青山湖区	保存方式：国家级种质资源保存基地，异地保存

性 状 特 征

特 异 性：高产果量		
树　　姿：半开张	盛 花 期：11月上旬	果面特征：光滑
嫩枝绒毛：有	花瓣颜色：白色	平均单果重（g）：9.71
芽鳞颜色：黄绿色	萼片绒毛：有	鲜出籽率（%）：32.39
芽 绒 毛：有	雌雄蕊相对高度：雄高	种皮颜色：褐色
嫩叶颜色：红色	花柱裂位：浅裂	种仁含油率（%）：41.30
老叶颜色：中绿色	柱头裂数：4	
叶　　形：长椭圆形	子房绒毛：有	油酸含量（%）：82.40
叶缘特征：波状	果熟日期：10月下旬	亚油酸含量（%）：0.50
叶尖形状：渐尖	果　　形：卵球形	亚麻酸含量（%）：—
叶基形状：楔形	果皮颜色：青色	硬脂酸含量（%）：2.30
平均叶长（cm）：6.87	平均叶宽（cm）：3.20	棕榈酸含量（%）：11.90

387

赣无15

资源编号：360111_010_0077		归属物种：*Camellia oleifera* Abel
资源类型：选育资源（良种）		主要用途：油用栽培，遗传育种材料
保存地点：江西省南昌市青山湖区		保存方式：国家级种质资源保存基地，异地保存

性 状 特 征

特 异 性：高产果量

树　　姿：开张	盛 花 期：11月下旬	果面特征：光滑
嫩枝绒毛：有	花瓣颜色：白色	平均单果重（g）：13.05
芽鳞颜色：玉白色	萼片绒毛：无	鲜出籽率（%）：38.87
芽 绒 毛：有	雌雄蕊相对高度：雄高	种皮颜色：棕色
嫩叶颜色：红色	花柱裂位：浅裂	种仁含油率（%）：44.60
老叶颜色：深绿色	柱头裂数：3	
叶　　形：长椭圆形	子房绒毛：有	油酸含量（%）：80.50
叶缘特征：波状	果熟日期：10月下旬	亚油酸含量（%）：0.80
叶尖形状：渐尖	果　　形：椭球形	亚麻酸含量（%）：—
叶基形状：楔形	果皮颜色：青色	硬脂酸含量（%）：3.10
平均叶长（cm）：6.34	平均叶宽（cm）：3.43	棕榈酸含量（%）：11.90

388

赣无16

资源编号：360111_010_0078	归属物种：*Camellia oleifera* Abel	
资源类型：选育资源（良种）	主要用途：油用栽培，遗传育种材料	
保存地点：江西省南昌市青山湖区	保存方式：国家级种质资源保存基地，异地保存	

性 状 特 征

特 异 性：高产果量		
树　　姿：开张	盛 花 期：11月上旬	果面特征：光滑
嫩枝绒毛：有	花瓣颜色：白色	平均单果重（g）：10.89
芽鳞颜色：玉白色	萼片绒毛：有	鲜出籽率（%）：39.49
芽 绒 毛：有	雌雄蕊相对高度：雄高	种皮颜色：棕色
嫩叶颜色：绿色	花柱裂位：中裂	种仁含油率（%）：46.90
老叶颜色：黄绿色	柱头裂数：3	
叶　　形：披针形	子房绒毛：有	油酸含量（%）：82.00
叶缘特征：波状	果熟日期：10月下旬	亚油酸含量（%）：1.20
叶尖形状：渐尖	果　　形：卵球形	亚麻酸含量（%）：—
叶基形状：楔形	果皮颜色：青色	硬脂酸含量（%）：3.20
平均叶长（cm）：7.47	平均叶宽（cm）：2.55	棕榈酸含量（%）：10.10

389

赣
55

资源编号：360111_010_0083	归属物种：*Camellia oleifera* Abel	
资源类型：选育资源（良种）	主要用途：油用栽培，遗传育种材料	
保存地点：江西省南昌市青山湖区	保存方式：国家级种质资源保存基地，异地保存	

性 状 特 征

特 异 性：高产果量

树　　姿：开张	盛 花 期：11 月中旬	果面特征：光滑
嫩枝绒毛：有	花瓣颜色：白色	平均单果重（g）：10.62
芽鳞颜色：黄绿色	萼片绒毛：有	鲜出籽率（%）：46.02
芽 绒 毛：无	雌雄蕊相对高度：雄高	种皮颜色：褐色
嫩叶颜色：红色	花柱裂位：浅裂	种仁含油率（%）：46.20
老叶颜色：深绿色	柱头裂数：3	
叶　　形：披针形	子房绒毛：有	油酸含量（%）：81.40
叶缘特征：波状	果熟日期：10 月下旬	亚油酸含量（%）：2.00
叶尖形状：渐尖	果　　形：卵球形	亚麻酸含量（%）：—
叶基形状：楔形	果皮颜色：黄棕色	硬脂酸含量（%）：2.10
平均叶长（cm）：5.83	平均叶宽（cm）：2.76	棕榈酸含量（%）：11.30

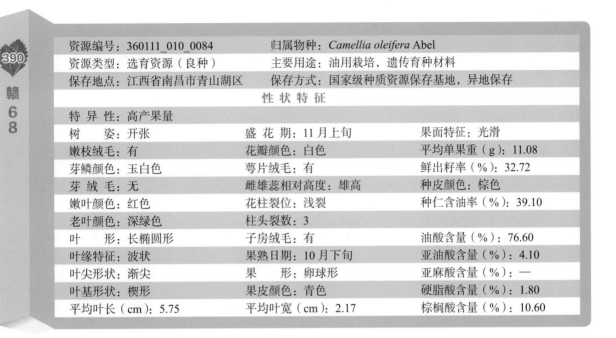

390
赣
6
8

资源编号：360111_010_0084	归属物种：*Camellia oleifera* Abel	
资源类型：选育资源（良种）	主要用途：油用栽培，遗传育种材料	
保存地点：江西省南昌市青山湖区	保存方式：国家级种质资源保存基地，异地保存	

性 状 特 征

特 异 性：高产果量

树　　姿：开张	盛 花 期：11月上旬	果面特征：光滑
嫩枝绒毛：有	花瓣颜色：白色	平均单果重（g）：11.08
芽鳞颜色：玉白色	萼片绒毛：有	鲜出籽率（%）：32.72
芽 绒 毛：无	雌雄蕊相对高度：雄高	种皮颜色：棕色
嫩叶颜色：红色	花柱裂位：浅裂	种仁含油率（%）：39.10
老叶颜色：深绿色	柱头裂数：3	
叶　　形：长椭圆形	子房绒毛：有	油酸含量（%）：76.60
叶缘特征：波状	果熟日期：10月下旬	亚油酸含量（%）：4.10
叶尖形状：渐尖	果　　形：卵球形	亚麻酸含量（%）：—
叶基形状：楔形	果皮颜色：青色	硬脂酸含量（%）：1.80
平均叶长（cm）：5.75	平均叶宽（cm）：2.17	棕榈酸含量（%）：10.60

391

赣447

资源编号：360111_010_0088	归属物种：*Camellia oleifera* Abel	
资源类型：选育资源（良种）	主要用途：油用栽培，遗传育种材料	
保存地点：江西省南昌市青山湖区	保存方式：国家级种质资源保存基地，异地保存	

性 状 特 征

特 异 性：高产果量		
树　　姿：开张	盛花期：11月上旬	果面特征：糠秕
嫩枝绒毛：有	花瓣颜色：白色	平均单果重（g）：10.59
芽鳞颜色：玉白色	萼片绒毛：有	鲜出籽率（%）：47.76
芽绒毛：有	雌雄蕊相对高度：等高	种皮颜色：棕褐色
嫩叶颜色：绿色	花柱裂位：中裂	种仁含油率（%）：45.10
老叶颜色：中绿色	柱头裂数：3	
叶　　形：椭圆形	子房绒毛：有	油酸含量（%）：81.00
叶缘特征：波状	果熟日期：10月下旬	亚油酸含量（%）：0.20
叶尖形状：渐尖	果　　形：半球形	亚麻酸含量（%）：—
叶基形状：楔形	果皮颜色：青色	硬脂酸含量（%）：4.50
平均叶长（cm）：7.82	平均叶宽（cm）：3.76	棕榈酸含量（%）：10.40

392

赣兴
46

资源编号：360111_010_0091	归属物种：*Camellia oleifera* Abel
资源类型：选育资源（良种）	主要用途：油用栽培，遗传育种材料
保存地点：江西省南昌市青山湖区	保存方式：国家级种质资源保存基地，异地保存

性 状 特 征

特 异 性：高产果量

树 姿：直立	盛 花 期：11 月中旬	果面特征：光滑
嫩枝绒毛：有	花瓣颜色：白色	平均单果重（g）：8.10
芽鳞颜色：玉白色	萼片绒毛：有	鲜出籽率（%）：47.47
芽绒毛：有	雌雄蕊相对高度：雄高	种皮颜色：棕褐色
嫩叶颜色：绿色	花柱裂位：中裂	种仁含油率（%）：49.00
老叶颜色：中绿色	柱头裂数：3	
叶 形：披针形	子房绒毛：有	油酸含量（%）：75.70
叶缘特征：波状	果熟日期：10 月下旬	亚油酸含量（%）：1.10
叶尖形状：钝尖	果 形：卵球形	亚麻酸含量（%）：—
叶基形状：楔形	果皮颜色：青色	硬脂酸含量（%）：2.00
平均叶长（cm）：7.38	平均叶宽（cm）：2.75	棕榈酸含量（%）：12.30

393

赣兴
48

资源编号：360111_010_0092	归属物种：*Camellia oleifera* Abel
资源类型：选育资源（良种）	主要用途：油用栽培，遗传育种材料
保存地点：江西省南昌市青山湖区	保存方式：国家级种质资源保存基地，异地保存

性 状 特 征

特 异 性：高产果量

树　　姿：开张	盛花期：11月中旬	果面特征：光滑
嫩枝绒毛：有	花瓣颜色：淡红色	平均单果重（g）：8.51
芽鳞颜色：玉白色	萼片绒毛：有	鲜出籽率（%）：46.53
芽 绒 毛：有	雌雄蕊相对高度：雄高	种皮颜色：棕色
嫩叶颜色：红色	花柱裂位：浅裂	种仁含油率（%）：46.50
老叶颜色：深绿色	柱头裂数：4	
叶　　形：长椭圆形	子房绒毛：有	油酸含量（%）：78.10
叶缘特征：波状	果熟日期：10月下旬	亚油酸含量（%）：1.00
叶尖形状：渐尖	果　　形：圆球形	亚麻酸含量（%）：—
叶基形状：楔形	果皮颜色：青色	硬脂酸含量（%）：2.40
平均叶长（cm）：4.61	平均叶宽（cm）：2.33	棕榈酸含量（%）：10.70

394

赣石 83-1

资源编号：360111_010_0093	归属物种：*Camellia oleifera* Abel	
资源类型：选育资源（良种）	主要用途：油用栽培，遗传育种材料	
保存地点：江西省南昌市青山湖区	保存方式：国家级种质资源保存基地，异地保存	

性 状 特 征

特 异 性：高产果量		
树　　姿：开张	盛 花 期：11月中旬	果面特征：光滑
嫩枝绒毛：有	花瓣颜色：白色	平均单果重（g）：10.31
芽鳞颜色：玉白色	萼片绒毛：有	鲜出籽率（%）：41.63
芽绒毛：有	雌雄蕊相对高度：雌高	种皮颜色：棕色
嫩叶颜色：红色	花柱裂位：中裂	种仁含油率（%）：44.80
老叶颜色：深绿色	柱头裂数：4	
叶　　形：长椭圆形	子房绒毛：有	油酸含量（%）：80.00
叶缘特征：波状	果熟日期：10月下旬	亚油酸含量（%）：3.20
叶尖形状：钝尖	果　　形：卵球形	亚麻酸含量（%）：—
叶基形状：楔形	果皮颜色：青色	硬脂酸含量（%）：2.00
平均叶长（cm）：8.51	平均叶宽（cm）：3.38	棕榈酸含量（%）：12.00

395

赣石83-4

资源编号：360111_010_0094	归属物种：*Camellia oleifera* Abel
资源类型：选育资源（良种）	主要用途：油用栽培，遗传育种材料
保存地点：江西省南昌市青山湖区	保存方式：国家级种质资源保存基地，异地保存

性 状 特 征

特 异 性：高产果量

树　　姿：直立	盛 花 期：11月上旬	果面特征：光滑
嫩枝绒毛：有	花瓣颜色：淡红色	平均单果重（g）：14.05
芽鳞颜色：玉白色	萼片绒毛：有	鲜出籽率（%）：40.71
芽绒毛：无	雌雄蕊相对高度：雌高	种皮颜色：黑色
嫩叶颜色：绿色	花柱裂位：浅裂	种仁含油率（%）：47.90
老叶颜色：中绿色	柱头裂数：3	
叶　　形：椭圆形	子房绒毛：有	油酸含量（%）：81.00
叶缘特征：波状	果熟日期：10月下旬	亚油酸含量（%）：2.70
叶尖形状：钝尖	果　　形：椭球形	亚麻酸含量（%）：—
叶基形状：近圆形	果皮颜色：黄棕色	硬脂酸含量（%）：2.20
平均叶长（cm）：7.73	平均叶宽（cm）：3.59	棕榈酸含量（%）：9.20

396

赣石84-3

资源编号：360111_010_0095	归属物种：*Camellia oleifera* Abel
资源类型：选育资源（良种）	主要用途：油用栽培，遗传育种材料
保存地点：江西省南昌市青山湖区	保存方式：国家级种质资源保存基地，异地保存

性 状 特 征

特 异 性：高产果量

树　　姿：直立	盛 花 期：11月中旬	果面特征：光滑
嫩枝绒毛：有	花瓣颜色：白色	平均单果重（g）：10.42
芽鳞颜色：玉白色	萼片绒毛：有	鲜出籽率（%）：41.14
芽绒毛：有	雌雄蕊相对高度：等高	种皮颜色：棕褐色
嫩叶颜色：绿色	花柱裂位：中裂	种仁含油率（%）：41.10
老叶颜色：深绿色	柱头裂数：3	
叶　　形：长椭圆形	子房绒毛：有	油酸含量（%）：80.00
叶缘特征：波状	果熟日期：10月下旬	亚油酸含量（%）：1.60
叶尖形状：渐尖	果　　形：卵球形	亚麻酸含量（%）：—
叶基形状：楔形	果皮颜色：红色	硬脂酸含量（%）：2.30
平均叶长（cm）：6.70	平均叶宽（cm）：2.68	棕榈酸含量（%）：12.20

397

赣石84-8

资源编号：360111_010_0096		归属物种：*Camellia oleifera* Abel
资源类型：选育资源（良种）		主要用途：油用栽培，遗传育种材料
保存地点：江西省南昌市青山湖区		保存方式：国家级种质资源保存基地，异地保存

性 状 特 征

特 异 性：高产果量		
树　　姿：开张	盛 花 期：11月中旬	果面特征：光滑
嫩枝绒毛：有	花瓣颜色：白色	平均单果重（g）：8.79
芽鳞颜色：绿色	萼片绒毛：有	鲜出籽率（%）：49.26
芽 绒 毛：有	雌雄蕊相对高度：等高	种皮颜色：棕色
嫩叶颜色：红色	花柱裂位：全裂	种仁含油率（%）：48.60
老叶颜色：深绿色	柱头裂数：3	
叶　　形：椭圆形	子房绒毛：有	油酸含量（%）：78.70
叶缘特征：波状	果熟日期：10月下旬	亚油酸含量（%）：0.90
叶尖形状：渐尖	果　　形：卵球形	亚麻酸含量（%）：—
叶基形状：楔形	果皮颜色：青色	硬脂酸含量（%）：2.70
平均叶长（cm）：5.96	平均叶宽（cm）：3.49	棕榈酸含量（%）：11.20

398

普油－赣林双塘74-3

资源编号：360111_010_0097	归属物种：*Camellia oleifera* Abel	
资源类型：选育资源（无性系）	主要用途：油用栽培，遗传育种材料	
保存地点：江西省南昌市青山湖区	保存方式：国家级种质资源保存基地，异地保存	

性　状　特　征

特 异 性：高产果量

树　　姿：开张	盛 花 期：11月下旬	果面特征：糠秕
嫩枝绒毛：有	花瓣颜色：白色	平均单果重（g）：14.88
芽鳞颜色：紫绿色	萼片绒毛：有	鲜出籽率（%）：43.84
芽绒毛：有	雌雄蕊相对高度：雌高	种皮颜色：褐色
嫩叶颜色：绿色	花柱裂位：中裂	种仁含油率（%）：44.70
老叶颜色：黄绿色	柱头裂数：2	
叶　　形：长椭圆形	子房绒毛：有	油酸含量（%）：82.90
叶缘特征：波状	果熟日期：10月下旬	亚油酸含量（%）：1.00
叶尖形状：渐尖	果　　形：扁圆球形	亚麻酸含量（%）：—
叶基形状：楔形	果皮颜色：黄棕色	硬脂酸含量（%）：3.00
平均叶长（cm）：6.05	平均叶宽（cm）：2.50	棕榈酸含量（%）：10.50

399

普油Ｉ赣林48

资源编号：360111_010_0100	归属物种：*Camellia oleifera* Abel	
资源类型：选育资源（无性系）	主要用途：油用栽培，遗传育种材料	
保存地点：江西省南昌市青山湖区	保存方式：国家级种质资源保存基地，异地保存	

性 状 特 征

特 异 性：高产果量		
树　　姿：直立	盛 花 期：11月中旬	果面特征：光滑
嫩枝绒毛：有	花瓣颜色：白色	平均单果重（g）：11.71
芽鳞颜色：黄绿色	萼片绒毛：无	鲜出籽率（%）：36.13
芽 绒 毛：有	雌雄蕊相对高度：雄高	种皮颜色：棕色
嫩叶颜色：红色	花柱裂位：全裂	种仁含油率（%）：45.50
老叶颜色：中绿色	柱头裂数：3	
叶　　形：披针形	子房绒毛：有	油酸含量（%）：83.10
叶缘特征：波状	果熟日期：10月下旬	亚油酸含量（%）：0.50
叶尖形状：渐尖	果　　形：扁圆球形	亚麻酸含量（%）：—
叶基形状：楔形	果皮颜色：青色	硬脂酸含量（%）：4.10
平均叶长（cm）：5.55	平均叶宽（cm）：2.70	棕榈酸含量（%）：9.00

普油－赣林宜布芽变 1 号

400

资源编号：360111_010_0144	归属物种：*Camellia oleifera* Abel	
资源类型：选育资源（无性系）	主要用途：油用栽培，遗传育种材料	
保存地点：江西省南昌市青山湖区	保存方式：国家级种质资源保存基地，异地保存	

性 状 特 征

特 异 性：高产果量		
树　　姿：直立	盛 花 期：3月中旬	果面特征：光滑
嫩枝绒毛：有	花瓣颜色：白色	平均单果重（g）：12.98
芽鳞颜色：黄绿色	萼片绒毛：无	鲜出籽率（%）：36.56
芽 绒 毛：有	雌雄蕊相对高度：等高	种皮颜色：棕褐色
嫩叶颜色：红色	花柱裂位：中裂	种仁含油率（%）：38.60
老叶颜色：中绿色	柱头裂数：3	
叶　　形：长椭圆形	子房绒毛：无	油酸含量（%）：84.80
叶缘特征：波状	果熟日期：10月下旬	亚油酸含量（%）：0.70
叶尖形状：渐尖	果　　形：卵球形	亚麻酸含量（%）：—
叶基形状：楔形	果皮颜色：红色	硬脂酸含量（%）：3.70
平均叶长（cm）：7.29	平均叶宽（cm）：3.59	棕榈酸含量（%）：7.90

401

普油 - 赣林夏讲 1 号

资源编号：360111_010_0149		归属物种：*Camellia oleifera* Abel
资源类型：选育资源（无性系）		主要用途：油用栽培，遗传育种材料
保存地点：江西省南昌市青山湖区		保存方式：国家级种质资源保存基地，异地保存
性 状 特 征		
特 异 性：高产果量		
树 姿：开张	盛 花 期：11月中旬	果面特征：光滑
嫩枝绒毛：有	花瓣颜色：白色	平均单果重（g）：14.93
芽鳞颜色：黄绿色	萼片绒毛：有	鲜出籽率（%）：45.03
芽 绒 毛：有	雌雄蕊相对高度：雌高	种皮颜色：褐色
嫩叶颜色：绿色	花柱裂位：浅裂	种仁含油率（%）：39.10
老叶颜色：中绿色	柱头裂数：2	
叶 形：披针形	子房绒毛：有	油酸含量（%）：84.40
叶缘特征：波状	果熟日期：10月中旬	亚油酸含量（%）：0.60
叶尖形状：渐尖	果 形：扁圆球形	亚麻酸含量（%）：—
叶基形状：楔形	果皮颜色：青色	硬脂酸含量（%）：2.90
平均叶长（cm）：7.11	平均叶宽（cm）：2.78	棕榈酸含量（%）：8.20

402

普油－赣林夏讲11号

资源编号：360111_010_0151	归属物种：*Camellia oleifera* Abel	
资源类型：选育资源（无性系）	主要用途：油用栽培，遗传育种材料	
保存地点：江西省南昌市青山湖区	保存方式：国家级种质资源保存基地，异地保存	

性 状 特 征

特 异 性：高产果量		
树　　姿：直立	盛 花 期：11月中旬	果面特征：光滑
嫩枝绒毛：有	花瓣颜色：白色	平均单果重（g）：20.04
芽鳞颜色：玉白色	萼片绒毛：有	鲜出籽率（%）：44.31
芽绒毛：无	雌雄蕊相对高度：雌高	种皮颜色：棕褐色
嫩叶颜色：绿色	花柱裂位：深裂	种仁含油率（%）：32.70
老叶颜色：深绿色	柱头裂数：4	
叶　　形：长椭圆形	子房绒毛：有	油酸含量（%）：84.00
叶缘特征：波状	果熟日期：10月中旬	亚油酸含量（%）：0.40
叶尖形状：渐尖	果　　形：圆球形	亚麻酸含量（%）：—
叶基形状：近圆形	果皮颜色：青色	硬脂酸含量（%）：3.60
平均叶长（cm）：8.43	平均叶宽（cm）：3.84	棕榈酸含量（%）：8.70

403

普油－赣林农家10号

资源编号：360111_010_0155		归属物种：*Camellia oleifera* Abel
资源类型：选育资源（无性系）		主要用途：油用栽培，遗传育种材料
保存地点：江西省南昌市青山湖区		保存方式：国家级种质资源保存基地，异地保存

性 状 特 征

特 异 性：高产果量		
树　　姿：开张	盛 花 期：12月上旬	果面特征：光滑
嫩枝绒毛：有	花瓣颜色：白色	平均单果重（g）：9.19
芽鳞颜色：玉白色	萼片绒毛：有	鲜出籽率（%）：40.72
芽 绒 毛：无	雌雄蕊相对高度：雌高	种皮颜色：棕色
嫩叶颜色：绿色	花柱裂位：中裂	种仁含油率（%）：31.90
老叶颜色：中绿色	柱头裂数：3	
叶　　形：椭圆形	子房绒毛：有	油酸含量（%）：69.90
叶缘特征：波状	果熟日期：10月中旬	亚油酸含量（%）：1.50
叶尖形状：钝尖	果　　形：圆球形	亚麻酸含量（%）：—
叶基形状：楔形	果皮颜色：青色	硬脂酸含量（%）：2.70
平均叶长（cm）：6.34	平均叶宽（cm）：2.85	棕榈酸含量（%）：13.80

404

普油－赣林农家 1 号

资源编号：360111_010_0156	归属物种：*Camellia oleifera* Abel
资源类型：选育资源（无性系）	主要用途：油用栽培，遗传育种材料
保存地点：江西省南昌市青山湖区	保存方式：国家级种质资源保存基地，异地保存

性 状 特 征

特 异 性：高产果量

树　姿：直立	盛花期：11 月上旬	果面特征：光滑
嫩枝绒毛：有	花瓣颜色：白色	平均单果重（g）：8.72
芽鳞颜色：玉白色	萼片绒毛：有	鲜出籽率（%）：36.75
芽绒毛：无	雌雄蕊相对高度：等高	种皮颜色：褐色
嫩叶颜色：绿色	花柱裂位：浅裂	种仁含油率（%）：49.60
老叶颜色：中绿色	柱头裂数：3	
叶　形：长椭圆形	子房绒毛：有	油酸含量（%）：81.10
叶缘特征：波状	果熟日期：10 月下旬	亚油酸含量（%）：1.20
叶尖形状：渐尖	果　形：卵球形	亚麻酸含量（%）：—
叶基形状：楔形	果皮颜色：青色	硬脂酸含量（%）：2.10
平均叶长（cm）：7.79	平均叶宽（cm）：2.89	棕榈酸含量（%）：11.70

405

普油－赣林农家5号

资源编号：360111_010_0161		归属物种：*Camellia oleifera* Abel
资源类型：选育资源（无性系）		主要用途：油用栽培，遗传育种材料
保存地点：江西省南昌市青山湖区		保存方式：国家级种质资源保存基地，异地保存

性 状 特 征

特 异 性：高产果量		
树　姿：直立	盛 花 期：11月中旬	果面特征：光滑
嫩枝绒毛：有	花瓣颜色：白色	平均单果重（g）：11.01
芽鳞颜色：玉白色	萼片绒毛：有	鲜出籽率（%）：45.23
芽绒毛：无	雌雄蕊相对高度：雄高	种皮颜色：棕褐色
嫩叶颜色：绿色	花柱裂位：全裂	种仁含油率（%）：38.10
老叶颜色：中绿色	柱头裂数：3	油酸含量（%）：82.60
叶　形：长椭圆形	子房绒毛：有	亚油酸含量（%）：2.20
叶缘特征：波状	果熟日期：10月下旬	亚麻酸含量（%）：—
叶尖形状：渐尖	果　形：卵球形	硬脂酸含量（%）：1.70
叶基形状：楔形	果皮颜色：青色	棕榈酸含量（%）：10.40
平均叶长（cm）：7.83	平均叶宽（cm）：2.93	

406

普油－赣林农家6号

资源编号：360111_010_0162	归属物种：*Camellia oleifera* Abel	
资源类型：选育资源（无性系）	主要用途：油用栽培，遗传育种材料	
保存地点：江西省南昌市青山湖区	保存方式：国家级种质资源保存基地，异地保存	

性 状 特 征

特 异 性：高产果量		
树　　姿：直立	盛 花 期：11月上旬	果面特征：光滑
嫩枝绒毛：有	花瓣颜色：白色	平均单果重（g）：14.19
芽鳞颜色：紫绿色	萼片绒毛：无	鲜出籽率（%）：33.86
芽绒毛：无	雌雄蕊相对高度：雌高	种皮颜色：褐色
嫩叶颜色：红色	花柱裂位：浅裂	种仁含油率（%）：44.30
老叶颜色：中绿色	柱头裂数：4	
叶　　形：长椭圆形	子房绒毛：有	油酸含量（%）：76.60
叶缘特征：波状	果熟日期：10月下旬	亚油酸含量（%）：0.80
叶尖形状：渐尖	果　　形：圆球形	亚麻酸含量（%）：—
叶基形状：楔形	果皮颜色：青色	硬脂酸含量（%）：2.60
平均叶长（cm）：8.93	平均叶宽（cm）：2.95	棕榈酸含量（%）：11.20

407

普油－赣林农家 7 号

资源编号：360111_010_0163	归属物种：*Camellia oleifera* Abel
资源类型：选育资源（无性系）	主要用途：油用栽培，遗传育种材料
保存地点：江西省南昌市青山湖区	保存方式：国家级种质资源保存基地，异地保存

性 状 特 征

特 异 性：高产果量

树　　姿：开张	盛 花 期：11月上旬	果面特征：光滑
嫩枝绒毛：有	花瓣颜色：白色	平均单果重（g）：9.88
芽鳞颜色：绿色	萼片绒毛：有	鲜出籽率（%）：48.50
芽绒毛：有	雌雄蕊相对高度：雄高	种皮颜色：棕褐色
嫩叶颜色：绿色	花柱裂位：浅裂	种仁含油率（%）：45.30
老叶颜色：中绿色	柱头裂数：2	
叶　　形：长椭圆形	子房绒毛：有	油酸含量（%）：81.80
叶缘特征：波状	果熟日期：10月下旬	亚油酸含量（%）：0.70
叶尖形状：渐尖	果　　形：卵球形	亚麻酸含量（%）：—
叶基形状：近圆形	果皮颜色：青色	硬脂酸含量（%）：2.00
平均叶长（cm）：7.05	平均叶宽（cm）：2.85	棕榈酸含量（%）：11.30

408

豫油茶8号

资源编号：411522_010_0001	归属物种：*Camellia oleifera* Abel	
资源类型：选育资源（良种）	主要用途：油用栽培，遗传育种材料	
保存地点：河南省光山县	保存方式：原地保护，异地保存	

性状特征

特异性：高产果量

树　姿：开张	盛花期：10月下旬	果面特征：光滑
嫩枝绒毛：有	花瓣颜色：白色	平均单果重（g）：10.92
芽鳞颜色：黄绿色	萼片绒毛：有	鲜出籽率（%）：43.13
芽绒毛：有	雌雄蕊相对高度：雌高	种皮颜色：褐色
嫩叶颜色：绿色	花柱裂位：浅裂	种仁含油率（%）：42.50
老叶颜色：中绿色	柱头裂数：3	
叶　形：椭圆形	子房绒毛：有	油酸含量（%）：80.90
叶缘特征：平	果熟日期：10月中旬	亚油酸含量（%）：5.80
叶尖形状：渐尖	果　形：圆球形	亚麻酸含量（%）：0.40
叶基形状：楔形	果皮颜色：青色	硬脂酸含量（%）：3.20
平均叶长（cm）：6.40	平均叶宽（cm）：3.10	棕榈酸含量（%）：9.40

409

豫油茶10号

资源编号：411522_010_0002		归属物种：*Camellia oleifera* Abel
资源类型：选育资源（良种）		主要用途：油用栽培，遗传育种材料
保存地点：河南省光山县		保存方式：原地保护，异地保存

性 状 特 征

特异性：高产果量		
树　　姿：开张	盛花期：10月下旬	果面特征：光滑
嫩枝绒毛：有	花瓣颜色：白色	平均单果重（g）：15.85
芽鳞颜色：黄绿色	萼片绒毛：有	鲜出籽率（%）：33.06
芽绒毛：有	雌雄蕊相对高度：雌高	种皮颜色：黑色
嫩叶颜色：绿色	花柱裂位：浅裂	种仁含油率（%）：33.80
老叶颜色：深绿色	柱头裂数：3	
叶　　形：近圆形	子房绒毛：有	油酸含量（%）：82.20
叶缘特征：平	果熟日期：10月中旬	亚油酸含量（%）：7.40
叶尖形状：渐尖	果　　形：圆球形	亚麻酸含量（%）：0.30
叶基形状：近圆形	果皮颜色：黄棕色	硬脂酸含量（%）：2.20
平均叶长（cm）：6.73	平均叶宽（cm）：3.59	棕榈酸含量（%）：7.50

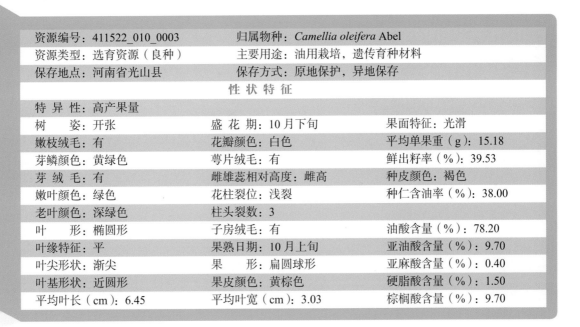

资源编号：411522_010_0003　　归属物种：*Camellia oleifera* Abel

资源类型：选育资源（良种）　　主要用途：油用栽培，遗传育种材料

保存地点：河南省光山县　　保存方式：原地保护，异地保存

性 状 特 征

特 异 性：高产果量

树　　姿：开张	盛 花 期：10月下旬	果面特征：光滑
嫩枝绒毛：有	花瓣颜色：白色	平均单果重（g）：15.18
芽鳞颜色：黄绿色	萼片绒毛：有	鲜出籽率（%）：39.53
芽 绒 毛：有	雌雄蕊相对高度：雌高	种皮颜色：褐色
嫩叶颜色：绿色	花柱裂位：浅裂	种仁含油率（%）：38.00
老叶颜色：深绿色	柱头裂数：3	
叶　　形：椭圆形	子房绒毛：有	油酸含量（%）：78.20
叶缘特征：平	果熟日期：10月上旬	亚油酸含量（%）：9.70
叶尖形状：渐尖	果　　形：扁圆球形	亚麻酸含量（%）：0.40
叶基形状：近圆形	果皮颜色：黄棕色	硬脂酸含量（%）：1.50
平均叶长（cm）：6.45	平均叶宽（cm）：3.03	棕榈酸含量（%）：9.70

豫油茶9号

410

411

豫油茶11号

资源编号：411523_010_0001	归属物种：*Camellia oleifera* Abel
资源类型：选育资源（良种）	主要用途：油用栽培，遗传育种材料
保存地点：河南省新县	保存方式：原地保护，异地保存

性 状 特 征

特 异 性：高产果量

树　　姿：半开张	盛 花 期：10月中旬	果面特征：光滑
嫩枝绒毛：有	花瓣颜色：白色	平均单果重（g）：22.31
芽鳞颜色：绿色	萼片绒毛：有	鲜出籽率（%）：30.97
芽 绒 毛：有	雌雄蕊相对高度：等高	种皮颜色：棕褐色
嫩叶颜色：绿色	花柱裂位：浅裂	种仁含油率（%）：38.70
老叶颜色：黄绿色	柱头裂数：3	
叶　　形：近圆形	子房绒毛：无	油酸含量（%）：82.90
叶缘特征：平	果熟日期：10月上旬	亚油酸含量（%）：6.80
叶尖形状：渐尖	果　　形：圆球形	亚麻酸含量（%）：0.30
叶基形状：楔形	果皮颜色：黄棕色	硬脂酸含量（%）：2.40
平均叶长（cm）：5.70	平均叶宽（cm）：3.10	棕榈酸含量（%）：7.10

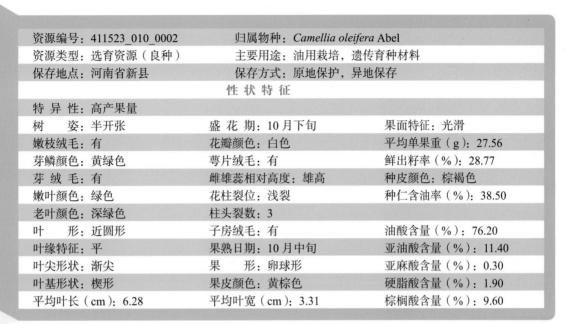

412

豫油茶14号

资源编号：411523_010_0002		归属物种：*Camellia oleifera* Abel
资源类型：选育资源（良种）		主要用途：油用栽培，遗传育种材料
保存地点：河南省新县		保存方式：原地保护，异地保存
性 状 特 征		
特 异 性：高产果量		
树　　姿：半开张	盛 花 期：10月下旬	果面特征：光滑
嫩枝绒毛：有	花瓣颜色：白色	平均单果重（g）：27.56
芽鳞颜色：黄绿色	萼片绒毛：有	鲜出籽率（%）：28.77
芽 绒 毛：有	雌雄蕊相对高度：雄高	种皮颜色：棕褐色
嫩叶颜色：绿色	花柱裂位：浅裂	种仁含油率（%）：38.50
老叶颜色：深绿色	柱头裂数：3	
叶　　形：近圆形	子房绒毛：有	油酸含量（%）：76.20
叶缘特征：平	果熟日期：10月中旬	亚油酸含量（%）：11.40
叶尖形状：渐尖	果　　形：卵球形	亚麻酸含量（%）：0.30
叶基形状：楔形	果皮颜色：黄棕色	硬脂酸含量（%）：1.90
平均叶长（cm）：6.28	平均叶宽（cm）：3.31	棕榈酸含量（%）：9.60

413

豫油茶12号

资源编号：411523_010_0007		归属物种：*Camellia oleifera* Abel
资源类型：选育资源（良种）		主要用途：油用栽培，遗传育种材料
保存地点：河南省新县		保存方式：原地保护，异地保存

性 状 特 征

特 异 性：高产果量		
树　　姿：半开张	盛 花 期：10月中旬	果面特征：光滑
嫩枝绒毛：有	花瓣颜色：白色	平均单果重（g）：14.60
芽鳞颜色：黄绿色	萼片绒毛：有	鲜出籽率（%）：29.11
芽 绒 毛：有	雌雄蕊相对高度：等高	种皮颜色：黑色
嫩叶颜色：绿色	花柱裂位：浅裂	种仁含油率（%）：41.90
老叶颜色：黄绿色	柱头裂数：3	
叶　　形：近圆形	子房绒毛：有	油酸含量（%）：81.90
叶缘特征：平	果熟日期：10月上旬	亚油酸含量（%）：7.10
叶尖形状：渐尖	果　　形：圆球形	亚麻酸含量（%）：0.30
叶基形状：楔形	果皮颜色：黄棕色	硬脂酸含量（%）：2.90
平均叶长（cm）：6.30	平均叶宽（cm）：3.80	棕榈酸含量（%）：7.40

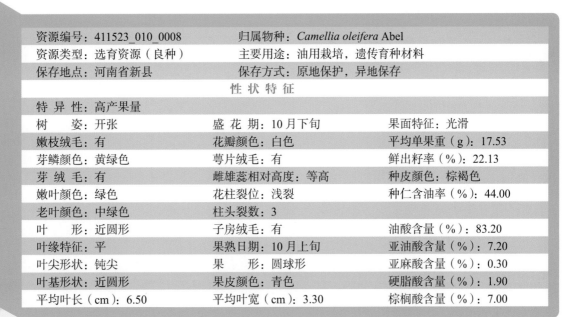

414

豫油茶13号

资源编号：411523_010_0008	归属物种：*Camellia oleifera* Abel
资源类型：选育资源（良种）	主要用途：油用栽培，遗传育种材料
保存地点：河南省新县	保存方式：原地保护，异地保存

性 状 特 征

特 异 性：高产果量

树　　姿：开张	盛 花 期：10月下旬	果面特征：光滑
嫩枝绒毛：有	花瓣颜色：白色	平均单果重（g）：17.53
芽鳞颜色：黄绿色	萼片绒毛：有	鲜出籽率（%）：22.13
芽绒毛：有	雌雄蕊相对高度：等高	种皮颜色：棕褐色
嫩叶颜色：绿色	花柱裂位：浅裂	种仁含油率（%）：44.00
老叶颜色：中绿色	柱头裂数：3	
叶　　形：近圆形	子房绒毛：有	油酸含量（%）：83.20
叶缘特征：平	果熟日期：10月上旬	亚油酸含量（%）：7.20
叶尖形状：钝尖	果　　形：圆球形	亚麻酸含量（%）：0.30
叶基形状：近圆形	果皮颜色：青色	硬脂酸含量（%）：1.90
平均叶长（cm）：6.50	平均叶宽（cm）：3.30	棕榈酸含量（%）：7.00

415

豫油茶15号

资源编号：411523_010_0009		归属物种：*Camellia oleifera* Abel
资源类型：选育资源（良种）		主要用途：油用栽培，遗传育种材料
保存地点：河南省新县		保存方式：原地保护，异地保存

性 状 特 征

特 异 性：高产果量		
树　　姿：半开张	盛 花 期：10月中旬	果面特征：光滑
嫩枝绒毛：有	花瓣颜色：白色	平均单果重（g）：12.16
芽鳞颜色：黄绿色	萼片绒毛：有	鲜出籽率（%）：21.22
芽 绒 毛：有	雌雄蕊相对高度：雄高	种皮颜色：棕色
嫩叶颜色：绿色	花柱裂位：浅裂	种仁含油率（%）：42.20
老叶颜色：中绿色	柱头裂数：3	
叶　　形：近圆形	子房绒毛：有	油酸含量（%）：78.50
叶缘特征：平	果熟日期：10月上旬	亚油酸含量（%）：9.00
叶尖形状：钝尖	果　　形：倒卵球形	亚麻酸含量（%）：0.30
叶基形状：楔形	果皮颜色：黄棕色	硬脂酸含量（%）：2.40
平均叶长（cm）：6.34	平均叶宽（cm）：3.24	棕榈酸含量（%）：9.40

416

豫油茶5号

资源编号：411524_010_0003	归属物种：*Camellia oleifera* Abel	
资源类型：选育资源（良种）	主要用途：油用栽培，遗传育种材料	
保存地点：河南省商城县	保存方式：原地保护，异地保存	

性 状 特 征

特 异 性：高产果量

树　　姿：开张	盛 花 期：11月中旬	果面特征：凹凸
嫩枝绒毛：有	花瓣颜色：白色	平均单果重（g）：22.58
芽鳞颜色：黄绿色	萼片绒毛：有	鲜出籽率（%）：32.95
芽绒毛：有	雌雄蕊相对高度：雄高	种皮颜色：棕色
嫩叶颜色：绿色	花柱裂位：中裂	种仁含油率（%）：35.40
老叶颜色：深绿色	柱头裂数：4	
叶　　形：椭圆形	子房绒毛：有	油酸含量（%）：79.60
叶缘特征：平	果熟日期：10月上旬	亚油酸含量（%）：9.40
叶尖形状：钝尖	果　　形：扁圆球形	亚麻酸含量（%）：0.40
叶基形状：楔形	果皮颜色：青色	硬脂酸含量（%）：1.10
平均叶长（cm）：5.98	平均叶宽（cm）：2.82	棕榈酸含量（%）：8.80

417

豫油茶3号

资源编号：411524_010_0006		归属物种：*Camellia oleifera* Abel
资源类型：选育资源（良种）		主要用途：油用栽培，遗传育种材料
保存地点：河南省商城县		保存方式：原地保护，异地保存

性 状 特 征

特 异 性：高产果量		
树 姿：半开张	盛 花 期：10月下旬	果面特征：糠秕
嫩枝绒毛：有	花瓣颜色：白色	平均单果重（g）：25.79
芽鳞颜色：黄绿色	萼片绒毛：有	鲜出籽率（%）：43.66
芽绒毛：有	雌雄蕊相对高度：等高	种皮颜色：褐色
嫩叶颜色：绿色	花柱裂位：浅裂	种仁含油率（%）：44.60
老叶颜色：中绿色	柱头裂数：3	
叶 形：椭圆形	子房绒毛：有	油酸含量（%）：83.50
叶缘特征：平	果熟日期：10月中旬	亚油酸含量（%）：6.10
叶尖形状：渐尖	果 形：卵球形	亚麻酸含量（%）：0.30
叶基形状：近圆形	果皮颜色：红色	硬脂酸含量（%）：1.80
平均叶长（cm）：6.00	平均叶宽（cm）：2.80	棕榈酸含量（%）：7.80

418

鄂油63号

资源编号：421181_010_0001	归属物种：*Camellia oleifera* Abel	
资源类型：选育资源（良种）	主要用途：油用栽培，遗传育种材料	
保存地点：湖北省麻城市	保存方式：原地保护，异地保存	

性 状 特 征

特 异 性：高产果量		
树　　姿：半开张	盛 花 期：10月下旬	果面特征：糠秕
嫩枝绒毛：有	花瓣颜色：白色	平均单果重（g）：11.50
芽鳞颜色：绿色	萼片绒毛：有	鲜出籽率（%）：35.91
芽 绒 毛：有	雌雄蕊相对高度：等高	种皮颜色：棕色
嫩叶颜色：绿色	花柱裂位：浅裂	种仁含油率（%）：47.70
老叶颜色：黄绿色	柱头裂数：3	
叶　　形：椭圆形	子房绒毛：有	油酸含量（%）：84.10
叶缘特征：平	果熟日期：10月下旬	亚油酸含量（%）：6.80
叶尖形状：钝尖	果　　形：卵球形	亚麻酸含量（%）：0.50
叶基形状：楔形	果皮颜色：红色	硬脂酸含量（%）：1.70
平均叶长（cm）：6.22	平均叶宽（cm）：3.68	棕榈酸含量（%）：6.50

419

鄂油81号

资源编号：421181_010_0005	归属物种：*Camellia oleifera* Abel	
资源类型：选育资源（良种）	主要用途：油用栽培，遗传育种材料	
保存地点：湖北省麻城市	保存方式：原地保护，异地保存	

性 状 特 征

特 异 性：高产果量

树　姿：开张	盛 花 期：10月下旬	果面特征：光滑
嫩枝绒毛：有	花瓣颜色：白色	平均单果重（g）：10.75
芽鳞颜色：绿色	萼片绒毛：有	鲜出籽率（%）：35.35
芽 绒 毛：有	雌雄蕊相对高度：雄高	种皮颜色：棕褐色
嫩叶颜色：红色	花柱裂位：中裂	种仁含油率（%）：45.10
老叶颜色：中绿色	柱头裂数：3	
叶　形：椭圆形	子房绒毛：有	油酸含量（%）：80.30
叶缘特征：波状	果熟日期：10月中旬	亚油酸含量（%）：9.40
叶尖形状：渐尖	果　形：倒卵球形	亚麻酸含量（%）：0.40
叶基形状：楔形	果皮颜色：青色	硬脂酸含量（%）：1.40
平均叶长（cm）：6.46	平均叶宽（cm）：3.30	棕榈酸含量（%）：7.90

420

鄂油39号

资源编号：421181_010_0007	归属物种：*Camellia oleifera* Abel	
资源类型：选育资源（良种）	主要用途：油用栽培，遗传育种材料	
保存地点：湖北省麻城市	保存方式：原地保护，异地保存	

性 状 特 征

特异性：高产果量		
树　　姿：开张	盛 花 期：11月中旬	果面特征：光滑
嫩枝绒毛：有	花瓣颜色：白色	平均单果重（g）：16.82
芽鳞颜色：绿色	萼片绒毛：有	鲜出籽率（%）：35.67
芽绒毛：有	雌雄蕊相对高度：雌高	种皮颜色：棕褐色
嫩叶颜色：红色	花柱裂位：全裂	种仁含油率（%）：43.90
老叶颜色：中绿色	柱头裂数：3	
叶　　形：椭圆形	子房绒毛：有	油酸含量（%）：81.80
叶缘特征：平	果熟日期：10月下旬	亚油酸含量（%）：8.20
叶尖形状：渐尖	果　　形：圆球形	亚麻酸含量（%）：0.40
叶基形状：楔形	果皮颜色：红色	硬脂酸含量（%）：1.60
平均叶长（cm）：8.02	平均叶宽（cm）：3.92	棕榈酸含量（%）：7.00

421 鄂油361号

资源编号：421181_010_0008	归属物种：*Camellia oleifera* Abel	
资源类型：选育资源（良种）	主要用途：油用栽培，遗传育种材料	
保存地点：湖北省麻城市	保存方式：原地保护，异地保存	

性 状 特 征

特 异 性：高产果量		
树　　姿：半开张	盛 花 期：11月中旬	果面特征：光滑
嫩枝绒毛：有	花瓣颜色：白色	平均单果重（g）：14.73
芽鳞颜色：绿色	萼片绒毛：有	鲜出籽率（%）：34.83
芽 绒 毛：有	雌雄蕊相对高度：雌高	种皮颜色：棕褐色
嫩叶颜色：绿色	花柱裂位：全裂	种仁含油率（%）：47.90
老叶颜色：黄绿色	柱头裂数：3	
叶　　形：椭圆形	子房绒毛：有	油酸含量（%）：84.30
叶缘特征：平	果熟日期：10月中旬	亚油酸含量（%）：6.10
叶尖形状：渐尖	果　　形：圆球形	亚麻酸含量（%）：0.40
叶基形状：楔形	果皮颜色：青色	硬脂酸含量（%）：2.10
平均叶长（cm）：6.32	平均叶宽（cm）：3.50	棕榈酸含量（%）：6.30

422

湘林78

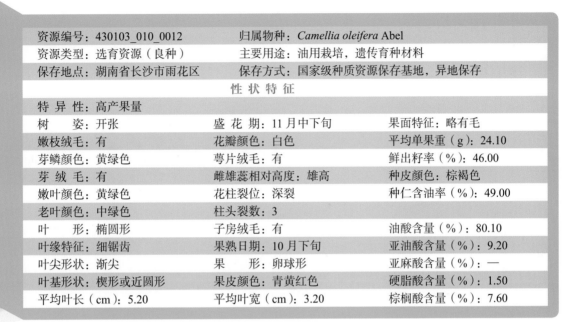

资源编号：430103_010_0012	归属物种：*Camellia oleifera* Abel	
资源类型：选育资源（良种）	主要用途：油用栽培，遗传育种材料	
保存地点：湖南省长沙市雨花区	保存方式：国家级种质资源保存基地，异地保存	

性 状 特 征

特 异 性：高产果量

树　　姿：开张	盛 花 期：11月中下旬	果面特征：略有毛
嫩枝绒毛：有	花瓣颜色：白色	平均单果重（g）：24.10
芽鳞颜色：黄绿色	萼片绒毛：有	鲜出籽率（%）：46.00
芽绒毛：有	雌雄蕊相对高度：雄高	种皮颜色：棕褐色
嫩叶颜色：黄绿色	花柱裂位：深裂	种仁含油率（%）：49.00
老叶颜色：中绿色	柱头裂数：3	
叶　　形：椭圆形	子房绒毛：有	油酸含量（%）：80.10
叶缘特征：细锯齿	果熟日期：10月下旬	亚油酸含量（%）：9.20
叶尖形状：渐尖	果　　形：卵球形	亚麻酸含量（%）：—
叶基形状：楔形或近圆形	果皮颜色：青黄红色	硬脂酸含量（%）：1.50
平均叶长（cm）：5.20	平均叶宽（cm）：3.20	棕榈酸含量（%）：7.60

423

湘林10

资源编号：430103_010_0015		归属物种：*Camellia oleifera* Abel
资源类型：选育资源（良种）		主要用途：油用栽培，遗传育种材料
保存地点：湖南省长沙市雨花区		保存方式：国家级种质资源保存基地，异地保存

性 状 特 征

特 异 性：高产果量

树　　姿：开张	盛 花 期：11月中旬	果面特征：略有毛
嫩枝绒毛：有	花瓣颜色：白色	平均单果重（g）：20.30
芽鳞颜色：黄绿色	萼片绒毛：有	鲜出籽率（%）：48.90
芽绒毛：有	雌雄蕊相对高度：雄高	种皮颜色：棕褐色
嫩叶颜色：黄绿色	花柱裂位：浅裂	种仁含油率（%）：42.10
老叶颜色：中绿色	柱头裂数：3	
叶　　形：椭圆形	子房绒毛：有	油酸含量（%）：83.90
叶缘特征：细锯齿	果熟日期：10月中下旬	亚油酸含量（%）：5.60
叶尖形状：渐尖	果　　形：圆球形或卵球形	亚麻酸含量（%）：—
叶基形状：楔形或近圆形	果皮颜色：黄红色	硬脂酸含量（%）：3.00
平均叶长（cm）：5.20	平均叶宽（cm）：3.50	棕榈酸含量（%）：6.40

424

湘林15

资源编号：430103_010_0016	归属物种：*Camellia oleifera* Abel	
资源类型：选育资源（良种）	主要用途：油用栽培，遗传育种材料	
保存地点：湖南省长沙市雨花区	保存方式：国家级种质资源保存基地，异地保存	

性 状 特 征

特 异 性：高产果量

树　　姿：开张	盛 花 期：11月中旬	果面特征：略有毛
嫩枝绒毛：有	花瓣颜色：白色	平均单果重（g）：21.80
芽鳞颜色：黄绿色	萼片绒毛：有	鲜出籽率（%）：43.10
芽 绒 毛：有	雌雄蕊相对高度：雄高	种皮颜色：棕褐色
嫩叶颜色：黄绿色	花柱裂位：浅裂	种仁含油率（%）：40.00
老叶颜色：中绿色	柱头裂数：3	
叶　　形：椭圆形	子房绒毛：有	油酸含量（%）：82.80
叶缘特征：细锯齿	果熟日期：10月下旬	亚油酸含量（%）：6.50
叶尖形状：渐尖	果　　形：卵球形	亚麻酸含量（%）：—
叶基形状：楔形或近圆形	果皮颜色：青黄红色	硬脂酸含量（%）：1.70
平均叶长（cm）：5.20	平均叶宽（cm）：3.20	棕榈酸含量（%）：8.10

425

油茶德字1

资源编号：430626_010_0182	归属物种：*Camellia oleifera* Abel
资源类型：选育资源（良种）	主要用途：油用栽培，遗传育种材料
保存地点：湖南省平江县	保存方式：原地保护，异地保存

性 状 特 征

特 异 性：高产果量

树　　姿：开张	盛 花 期：11月中下旬	果面特征：略有毛
嫩枝绒毛：有	花瓣颜色：白色	平均单果重（g）：20.40
芽鳞颜色：黄绿色	萼片绒毛：有	鲜出籽率（%）：40.00
芽绒毛：有	雌雄蕊相对高度：等高	种皮颜色：棕褐色
嫩叶颜色：黄绿色	花柱裂位：浅裂	种仁含油率（%）：49.98
老叶颜色：深绿色	柱头裂数：3	
叶　　形：椭圆形	子房绒毛：有	油酸含量（%）：84.64
叶缘特征：细锯齿	果熟日期：10月下旬	亚油酸含量（%）：4.95
叶尖形状：渐尖	果　　形：卵球形	亚麻酸含量（%）：—
叶基形状：楔形或近圆形	果皮颜色：黄红色	硬脂酸含量（%）：2.40
平均叶长（cm）：6.62	平均叶宽（cm）：2.85	棕榈酸含量（%）：6.86

426

油茶巴陵籽

资源编号：430626_010_0183	归属物种：*Camellia oleifera* Abel	
资源类型：选育资源（良种）	主要用途：油用栽培，遗传育种材料	
保存地点：湖南省平江县	保存方式：原地保护，异地保存	

性　状　特　征

特　异　性：高产果量

树　　姿：开张	盛 花 期：11 月中下旬	果面特征：略有毛
嫩枝绒毛：有	花瓣颜色：白色	平均单果重（g）：9.00
芽鳞颜色：黄绿色	萼片绒毛：有	鲜出籽率（%）：46.00
芽 绒 毛：有	雌雄蕊相对高度：等高	种皮颜色：棕褐色
嫩叶颜色：黄绿色	花柱裂位：浅裂	种仁含油率（%）：48.10
老叶颜色：深绿色	柱头裂数：3	
叶　　形：椭圆形	子房绒毛：有	油酸含量（%）：83.10
叶缘特征：细锯齿	果熟日期：10 月下旬	亚油酸含量（%）：6.60
叶尖形状：渐尖	果　　形：卵球形	亚麻酸含量（%）：—
叶基形状：楔形或近圆形	果皮颜色：黄红色	硬脂酸含量（%）：2.20
平均叶长（cm）：5.49	平均叶宽（cm）：2.57	棕榈酸含量（%）：7.10

427

桂87号

资源编号：450107_010_0314	归属物种：*Camellia oleifera* Abel
资源类型：选育资源（良种）	主要用途：油用栽培，遗传育种材料
保存地点：广西壮族自治区南宁市西乡塘区	保存方式：国家级种质资源保存基地，异地保存

性 状 特 征

特 异 性：高产果量		
树　　姿：半开张	盛 花 期：10月中旬	果面特征：光滑
嫩枝绒毛：有	花瓣颜色：白色	平均单果重（g）：—
芽鳞颜色：黄绿色	萼片绒毛：有	鲜出籽率（%）：—
芽 绒 毛：有	雌雄蕊相对高度：雄高	种皮颜色：棕褐色
嫩叶颜色：绿色	花柱裂位：浅裂	种仁含油率（%）：49.50
老叶颜色：黄绿色	柱头裂数：3	油酸含量（%）：80.30
叶　　形：椭圆形	子房绒毛：有	亚油酸含量（%）：8.10
叶缘特征：平	果熟日期：10月上旬	亚麻酸含量（%）：—
叶尖形状：渐尖	果　　形：圆球形或近圆球形	硬脂酸含量（%）：2.70
叶基形状：楔形	果皮颜色：黄绿色	棕榈酸含量（%）：9.00
平均叶长（cm）：6.20	平均叶宽（cm）：3.40	棕榈酸含量（%）：9.00

428

渝
B
1
2

资源编号：500241_010_0017	归属物种：*Camellia oleifera* Abel
资源类型：选育资源（良种）	主要用途：油用栽培，遗传育种材料
保存地点：重庆市秀山土家族苗族自治县	保存方式：原地保护，异地保存

性 状 特 征

特 异 性：高产果量

树　　姿：开张	盛 花 期：10月中旬	果面特征：光滑
嫩枝绒毛：有	花瓣颜色：白色	平均单果重（g）：15.23
芽鳞颜色：绿色	萼片绒毛：有	鲜出籽率（%）：42.81
芽 绒 毛：有	雌雄蕊相对高度：雌高	种皮颜色：黑色或褐色
嫩叶颜色：绿色	花柱裂位：中裂	种仁含油率（%）：50.00
老叶颜色：中绿色	柱头裂数：5	
叶　　形：长椭圆形	子房绒毛：有	油酸含量（%）：80.00
叶缘特征：平	果熟日期：10月上旬	亚油酸含量（%）：10.00
叶尖形状：钝尖	果　　形：扁圆球形或圆球形	亚麻酸含量（%）：—
叶基形状：近圆形	果皮颜色：青色	硬脂酸含量（%）：—
平均叶长（cm）：6.84	平均叶宽（cm）：2.92	棕榈酸含量（%）：—

429

川荣50

资源编号：510321_010_0001	归属物种：*Camellia oleifera* Abel
资源类型：选育资源（良种）	主要用途：油用栽培，遗传育种材料
保存地点：四川省荣县	保存方式：原地保护，异地保存

性 状 特 征

特 异 性：高产果量

树　　姿：半开张	盛 花 期：10月下旬	果面特征：光滑
嫩枝绒毛：有	花瓣颜色：白色	平均单果重（g）：25.60
芽鳞颜色：绿色	萼片绒毛：有	鲜出籽率（%）：—
芽绒毛：有	雌雄蕊相对高度：雄高	种皮颜色：褐色
嫩叶颜色：绿色	花柱裂位：浅裂	种仁含油率（%）：50.00
老叶颜色：深绿色	柱头裂数：3	
叶　　形：长椭圆形	子房绒毛：有	油酸含量（%）：65.80
叶缘特征：平	果熟日期：10月中旬	亚油酸含量（%）：14.80
叶尖形状：渐尖	果　　形：圆球形	亚麻酸含量（%）：—
叶基形状：楔形	果皮颜色：绿色，少有红色	硬脂酸含量（%）：1.50
平均叶长（cm）：7.50	平均叶宽（cm）：2.90	棕榈酸含量（%）：15.40

430

川荣108

资源编号：510321_010_0007	归属物种：*Camellia oleifera* Abel
资源类型：选育资源（良种）	主要用途：油用栽培，遗传育种材料
保存地点：四川省荣县	保存方式：原地保护，异地保存

性 状 特 征

特异性：高产果量

树　　姿：半开张	盛花期：10月下旬	果面特征：光滑
嫩枝绒毛：有	花瓣颜色：白色	平均单果重（g）：25.00
芽鳞颜色：绿色	萼片绒毛：有	鲜出籽率（%）：—
芽绒毛：有	雌雄蕊相对高度：雄高	种皮颜色：棕褐色
嫩叶颜色：绿色	花柱裂位：浅裂	种仁含油率（%）：42.50
老叶颜色：深绿色	柱头裂数：3	
叶　　形：椭圆形	子房绒毛：有	油酸含量（%）：79.10
叶缘特征：平	果熟日期：10月上旬	亚油酸含量（%）：8.20
叶尖形状：渐尖	果　　形：圆球形	亚麻酸含量（%）：—
叶基形状：楔形	果皮颜色：浅红色	硬脂酸含量（%）：1.40
平均叶长（cm）：7.20	平均叶宽（cm）：3.50	棕榈酸含量（%）：8.80

431

云油茶红河1号

资源编号：532501_010_0001		归属物种：*Camellia oleifera* Abel
资源类型：选育资源（良种）		主要用途：油用栽培，遗传育种材料
保存地点：云南省个旧市		保存方式：原地保护，异地保存

性 状 特 征

特 异 性：高产果量		
树　　姿：开张	盛 花 期：11月上旬	果面特征：光滑
嫩枝绒毛：有	花瓣颜色：白色	平均单果重（g）：21.54
芽鳞颜色：黄绿色	萼片绒毛：有	鲜出籽率（%）：46.80
芽绒毛：有	雌雄蕊相对高度：雌高	种皮颜色：黑色
嫩叶颜色：绿色	花柱裂位：浅裂	种仁含油率（%）：48.30
老叶颜色：中绿色	柱头裂数：3	
叶　　形：披针形	子房绒毛：有	油酸含量（%）：76.50
叶缘特征：平	果熟日期：10月中旬	亚油酸含量（%）：11.50
叶尖形状：渐尖	果　　形：圆球形	亚麻酸含量（%）：0.60
叶基形状：楔形	果皮颜色：红色	硬脂酸含量（%）：1.20
平均叶长（cm）：6.10	平均叶宽（cm）：3.90	棕榈酸含量（%）：9.70

432

云油茶5号

资源编号：532627_010_0005	归属物种：*Camellia oleifera* Abel	
资源类型：选育资源（良种）	主要用途：油用栽培，遗传育种材料	
保存地点：云南省广南县	保存方式：原地保护，异地保存	

性 状 特 征

特 异 性：高产果量		
树　　姿：开张	盛 花 期：11月上旬	果面特征：光滑
嫩枝绒毛：有	花瓣颜色：白色	平均单果重（g）：21.35
芽鳞颜色：黄绿色	萼片绒毛：有	鲜出籽率（%）：46.60
芽绒毛：有	雌雄蕊相对高度：雄高	种皮颜色：黑色
嫩叶颜色：绿色	花柱裂位：浅裂	种仁含油率（%）：48.60
老叶颜色：中绿色	柱头裂数：3	
叶　　形：长椭圆形	子房绒毛：有	油酸含量（%）：84.40
叶缘特征：平	果熟日期：10月中旬	亚油酸含量（%）：5.80
叶尖形状：渐尖	果　　形：圆球形	亚麻酸含量（%）：—
叶基形状：楔形	果皮颜色：红色	硬脂酸含量（%）：1.80
平均叶长（cm）：5.60	平均叶宽（cm）：2.90	棕榈酸含量（%）：7.20

433

云油茶 6 号

资源编号：532627_010_0006	归属物种：*Camellia oleifera* Abel	
资源类型：选育资源（良种）	主要用途：油用栽培，遗传育种材料	
保存地点：云南省广南县	保存方式：原地保护，异地保存	

性 状 特 征

特 异 性：高产果量		
树　　姿：开张	盛 花 期：11 月上旬	果面特征：光滑
嫩枝绒毛：有	花瓣颜色：白色	平均单果重（g）：24.28
芽鳞颜色：黄绿色	萼片绒毛：有	鲜出籽率（%）：41.68
芽 绒 毛：有	雌雄蕊相对高度：雄高	种皮颜色：黑色
嫩叶颜色：绿色	花柱裂位：浅裂	种仁含油率（%）：48.20
老叶颜色：中绿色	柱头裂数：3	油酸含量（%）：81.90
叶　　形：长椭圆形	子房绒毛：有	亚油酸含量（%）：7.20
叶缘特征：平	果熟日期：10 月中旬	亚麻酸含量（%）：—
叶尖形状：渐尖	果　　形：圆球形	硬脂酸含量（%）：2.00
叶基形状：楔形	果皮颜色：红色	棕榈酸含量（%）：8.20
平均叶长（cm）：6.20	平均叶宽（cm）：3.10	

434

富宁油茶 9 号

资源编号：532628_010_0009	归属物种：*Camellia oleifera* Abel	
资源类型：选育资源（良种）	主要用途：油用栽培，遗传育种材料	
保存地点：云南省富宁县	保存方式：原地保护，异地保存	

性 状 特 征

特 异 性：高产果量		
树　　姿：开张	盛 花 期：11 月上旬	果面特征：凹凸
嫩枝绒毛：有	花瓣颜色：白色	平均单果重（g）：29.38
芽鳞颜色：黄绿色	萼片绒毛：有	鲜出籽率（%）：45.98
芽 绒 毛：有	雌雄蕊相对高度：雌高	种皮颜色：黑色
嫩叶颜色：红色	花柱裂位：浅裂	种仁含油率（%）：49.50
老叶颜色：中绿色	柱头裂数：3	
叶　　形：长椭圆形	子房绒毛：有	油酸含量（%）：80.00
叶缘特征：平	果熟日期：10 月中旬	亚油酸含量（%）：8.90
叶尖形状：渐尖	果　　形：扁圆球形	亚麻酸含量（%）：0.30
叶基形状：楔形	果皮颜色：绿色	硬脂酸含量（%）：1.90
平均叶长（cm）：6.70	平均叶宽（cm）：3.78	棕榈酸含量（%）：8.30

435

德林油 3 号

资源编号：533122_010_0001	归属物种：*Camellia oleifera* Abel
资源类型：选育资源（良种）	主要用途：油用栽培，遗传育种材料
保存地点：云南省梁河县	保存方式：原地保护，异地保存

性 状 特 征

特 异 性：高产果量

树　　姿：半开张	盛 花 期：12 月	果面特征：光滑
嫩枝绒毛：有	花瓣颜色：白色	平均单果重（g）：21.32
芽鳞颜色：紫绿色	萼片绒毛：有	鲜出籽率（%）：44.93
芽 绒 毛：有	雌雄蕊相对高度：雌高	种皮颜色：棕褐色
嫩叶颜色：绿色	花柱裂位：中裂	种仁含油率（%）：48.00
老叶颜色：深绿色	柱头裂数：3	
叶　　形：椭圆形	子房绒毛：有	油酸含量（%）：74.30
叶缘特征：平	果熟日期：10 月中旬	亚油酸含量（%）：13.10
叶尖形状：钝尖	果　　形：圆球形	亚麻酸含量（%）：1.30
叶基形状：楔形	果皮颜色：红绿色	硬脂酸含量（%）：1.40
平均叶长（cm）：5.25	平均叶宽（cm）：3.35	棕榈酸含量（%）：8.30

436

德林油5号

资源编号：533122_010_0003	归属物种：*Camellia oleifera* Abel	
资源类型：选育资源（良种）	主要用途：油用栽培，遗传育种材料	
保存地点：云南省梁河县	保存方式：原地保护，异地保存	

性 状 特 征

特 异 性：高产果量

树　姿：半开张	盛 花 期：11 月	果面特征：光滑
嫩枝绒毛：有	花瓣颜色：白色	平均单果重（g）：22.68
芽鳞颜色：紫绿色	萼片绒毛：有	鲜出籽率（%）：46.60
芽 绒 毛：有	雌雄蕊相对高度：雄高	种皮颜色：棕褐色
嫩叶颜色：绿色	花柱裂位：中裂	种仁含油率（%）：45.00
老叶颜色：深绿色	柱头裂数：3	
叶　形：长椭圆形	子房绒毛：有	油酸含量（%）：77.20
叶缘特征：平	果熟日期：10 月中旬	亚油酸含量（%）：11.00
叶尖形状：钝尖	果　形：圆球形	亚麻酸含量（%）：1.30
叶基形状：楔形	果皮颜色：红绿色	硬脂酸含量（%）：1.70
平均叶长（cm）：5.33	平均叶宽（cm）：3.33	棕榈酸含量（%）：7.90

437

汉油1号

资源编号：610721_010_0001	归属物种：*Camellia oleifera* Abel	
资源类型：选育资源（良种）	主要用途：油用栽培，遗传育种材料	
保存地点：陕西省南郑区	保存方式：原地保护，异地保存	

性 状 特 征

特 异 性：高产果量		
树　　姿：开张	盛 花 期：10月上旬	果面特征：光滑
嫩枝绒毛：有	花瓣颜色：白色	平均单果重（g）：19.88
芽鳞颜色：黄绿色	萼片绒毛：无	鲜出籽率（%）：40.95
芽 绒 毛：有	雌雄蕊相对高度：雄高	种皮颜色：褐色
嫩叶颜色：红色	花柱裂位：浅裂	种仁含油率（%）：42.60
老叶颜色：绿色	柱头裂数：3	
叶　　形：椭圆形	子房绒毛：有	油酸含量（%）：82.60
叶缘特征：平	果熟日期：10月中旬	亚油酸含量（%）：6.50
叶尖形状：圆尖	果　　形：圆球形	亚麻酸含量（%）：0.40
叶基形状：楔形	果皮颜色：红青色	硬脂酸含量（%）：1.90
平均叶长（cm）：7.64	平均叶宽（cm）：3.86	棕榈酸含量（%）：8.20

438

汉油2号

资源编号：610721_010_0002	归属物种：*Camellia oleifera* Abel	
资源类型：选育资源（良种）	主要用途：油用栽培，遗传育种材料	
保存地点：陕西省南郑区	保存方式：原地保护，异地保存	

性 状 特 征

特异性：高产果量		
树 姿：半开张	盛 花 期：10月上旬	果面特征：光滑
嫩枝绒毛：有	花瓣颜色：白色	平均单果重（g）：20.00
芽鳞颜色：黄绿色	萼片绒毛：有	鲜出籽率（%）：33.60
芽绒毛：有	雌雄蕊相对高度：雄高	种皮颜色：棕褐色、黑色
嫩叶颜色：红色	花柱裂位：浅裂	种仁含油率（%）：44.30
老叶颜色：绿色	柱头裂数：3	
叶 形：椭圆形	子房绒毛：无	油酸含量（%）：81.00
叶缘特征：平	果熟日期：10月中旬	亚油酸含量（%）：8.30
叶尖形状：渐尖	果 形：扁圆球形、圆球形	亚麻酸含量（%）：0.40
叶基形状：近圆形	果皮颜色：红青色	硬脂酸含量（%）：1.60
平均叶长（cm）：9.14	平均叶宽（cm）：4.22	棕榈酸含量（%）：8.20

439

普油－南郑2号

资源编号：610721_010_0004	归属物种：*Camellia oleifera* Abel	
资源类型：选育资源（无性系）	主要用途：油用栽培，遗传育种材料	
保存地点：陕西省南郑区	保存方式：原地保护，异地保存	

性 状 特 征

特 异 性：高产果量		
树　姿：半开张	盛 花 期：10月上旬	果面特征：凹凸
嫩枝绒毛：有	花瓣颜色：白色	平均单果重（g）：29.79
芽鳞颜色：黄绿色	萼片绒毛：有	鲜出籽率（%）：38.80
芽绒毛：有	雌雄蕊相对高度：等高	种皮颜色：棕褐色、黑色
嫩叶颜色：绿色	花柱裂位：浅裂	种仁含油率（%）：43.90
老叶颜色：绿色	柱头裂数：3	
叶　形：近圆形	子房绒毛：有	油酸含量（%）：80.60
叶缘特征：平	果熟日期：10月中旬	亚油酸含量（%）：8.10
叶尖形状：渐尖	果　形：圆球形	亚麻酸含量（%）：0.30
叶基形状：近圆形	果皮颜色：青色	硬脂酸含量（%）：2.20
平均叶长（cm）：7.94	平均叶宽（cm）：4.48	棕榈酸含量（%）：8.40

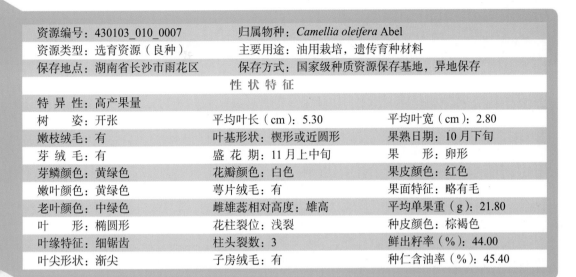

440

湘林56

资源编号：430103_010_0007	归属物种：*Camellia oleifera* Abel	
资源类型：选育资源（良种）	主要用途：油用栽培，遗传育种材料	
保存地点：湖南省长沙市雨花区	保存方式：国家级种质资源保存基地，异地保存	

性状特征

特异性：高产果量		
树 姿：开张	平均叶长（cm）：5.30	平均叶宽（cm）：2.80
嫩枝绒毛：有	叶基形状：楔形或近圆形	果熟日期：10月下旬
芽绒毛：有	盛 花 期：11月上中旬	果 形：卵形
芽鳞颜色：黄绿色	花瓣颜色：白色	果皮颜色：红色
嫩叶颜色：黄绿色	萼片绒毛：有	果面特征：略有毛
老叶颜色：中绿色	雌雄蕊相对高度：雄高	平均单果重（g）：21.80
叶 形：椭圆形	花柱裂位：浅裂	种皮颜色：棕褐色
叶缘特征：细锯齿	柱头裂数：3	鲜出籽率（%）：44.00
叶尖形状：渐尖	子房绒毛：有	种仁含油率（%）：45.40

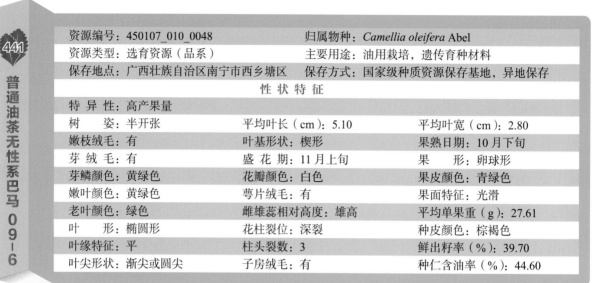

441

普通油茶无性系巴马09-6

资源编号：450107_010_0048		归属物种：*Camellia oleifera* Abel
资源类型：选育资源（品系）		主要用途：油用栽培，遗传育种材料
保存地点：广西壮族自治区南宁市西乡塘区		保存方式：国家级种质资源保存基地，异地保存
性 状 特 征		
特 异 性：高产果量		
树　　姿：半开张	平均叶长（cm）：5.10	平均叶宽（cm）：2.80
嫩枝绒毛：有	叶基形状：楔形	果熟日期：10月下旬
芽 绒 毛：有	盛 花 期：11月上旬	果　　形：卵球形
芽鳞颜色：黄绿色	花瓣颜色：白色	果皮颜色：青绿色
嫩叶颜色：黄绿色	萼片绒毛：有	果面特征：光滑
老叶颜色：绿色	雌雄蕊相对高度：雄高	平均单果重（g）：27.61
叶　　形：椭圆形	花柱裂位：深裂	种皮颜色：棕褐色
叶缘特征：平	柱头裂数：3	鲜出籽率（%）：39.70
叶尖形状：渐尖或圆尖	子房绒毛：有	种仁含油率（%）：44.60

442

普通油茶无性系巴马09-8

资源编号：450107_010_0050		归属物种：*Camellia oleifera* Abel
资源类型：选育资源（品系）		主要用途：油用栽培，遗传育种材料
保存地点：广西壮族自治区南宁市西乡塘区		保存方式：国家级种质资源保存基地，异地保存
性 状 特 征		
特 异 性：高产果量		
树　　姿：半开张	平均叶长（cm）：4.60	平均叶宽（cm）：3.00
嫩枝绒毛：有	叶基形状：楔形	果熟日期：10月下旬
芽 绒 毛：有	盛 花 期：10月中旬	果　　形：圆球形或近圆球形
芽鳞颜色：黄绿色	花瓣颜色：白色	果皮颜色：红褐色
嫩叶颜色：红褐色	萼片绒毛：有	果面特征：光滑
老叶颜色：绿色	雌雄蕊相对高度：雄高	平均单果重（g）：28.74
叶　　形：椭圆形	花柱裂位：深裂	种皮颜色：棕褐色
叶缘特征：平	柱头裂数：3	鲜出籽率（%）：34.97
叶尖形状：圆尖	子房绒毛：有	种仁含油率（%）：43.30

资源编号：450107_010_0228	归属物种：*Camellia oleifera* Abel
资源类型：选育资源（品系）	主要用途：油用栽培，遗传育种材料
保存地点：广西壮族自治区南宁市西乡塘区	保存方式：国家级种质资源保存基地，异地保存

性 状 特 征

特 异 性：高产果量

树　　姿：半开张	平均叶长（cm）：6.80	平均叶宽（cm）：2.75
嫩枝绒毛：有	叶基形状：楔形	果熟日期：10月上旬
芽 绒 毛：有	盛 花 期：10月中旬	果　　形：圆球形或近圆球形
芽鳞颜色：黄绿色	花瓣颜色：白色	果皮颜色：青绿色
嫩叶颜色：绿色	萼片绒毛：有	果面特征：光滑
老叶颜色：绿色	雌雄蕊相对高度：雄高	平均单果重（g）：23.64
叶　　形：椭圆形	花柱裂位：深裂	种皮颜色：棕褐色
叶缘特征：平	柱头裂数：3	鲜出籽率（%）：44.75
叶尖形状：渐尖	子房绒毛：有	种仁含油率（%）：48.70

444 普通油茶无性系三门江 5

资源编号：450481_010_0099	归属物种：*Camellia oleifera* Abel	
资源类型：选育资源（无性系）	主要用途：油用栽培，遗传育种材料	
保存地点：广西壮族自治区岑溪市	保存方式：原地保护；国家级种质资源保存基地，异地保存	

性状特征

特异性：高产果量		
树　　姿：半开张	平均叶长（cm）：5.40	平均叶宽（cm）：2.20
嫩枝绒毛：有	叶基形状：楔形	果熟日期：10月上旬
芽绒毛：有	盛花期：10月中旬	果　　形：圆球形或近圆球形
芽鳞颜色：黄绿色	花瓣颜色：白色	果皮颜色：黄绿色
嫩叶颜色：黄绿色	萼片绒毛：有	果面特征：光滑
老叶颜色：深绿色	雌雄蕊相对高度：雄高	平均单果重（g）：16.54
叶　　形：椭圆形	花柱裂位：浅裂	种皮颜色：棕褐色
叶缘特征：平	柱头裂数：4	鲜出籽率（%）：35.13
叶尖形状：渐尖	子房绒毛：有	种仁含油率（%）：47.80

445 普通油茶无性系三门江 12

资源编号：450481_010_0107	归属物种：*Camellia oleifera* Abel	
资源类型：选育资源（无性系）	主要用途：油用栽培，遗传育种材料	
保存地点：广西壮族自治区岑溪市	保存方式：原地保护；国家级种质资源保存基地，异地保存	

性状特征

特异性：高产果量		
树　　姿：开张	平均叶长（cm）：5.20	平均叶宽（cm）：2.30
嫩枝绒毛：有	叶基形状：楔形	果熟日期：10月下旬
芽绒毛：有	盛花期：11月上旬	果　　形：圆球形或近圆球形
芽鳞颜色：黄绿色	花瓣颜色：白色	果皮颜色：青绿色
嫩叶颜色：红黄色	萼片绒毛：有	果面特征：光滑
老叶颜色：深绿色	雌雄蕊相对高度：雄高	平均单果重（g）：16.95
叶　　形：长椭圆形	花柱裂位：浅裂	种皮颜色：棕褐色
叶缘特征：平	柱头裂数：4	鲜出籽率（%）：33.98
叶尖形状：渐尖	子房绒毛：有	种仁含油率（%）：48.70

446

普油－黔油4号

资源编号：522326_010_0031	归属物种：*Camellia oleifera* Abel	
资源类型：选育资源（地方品种）	主要用途：油用栽培，遗传育种材料	
保存地点：贵州省望谟县	保存方式：原地保护，异地保存	

性 状 特 征

特 异 性：高产果量

树　　姿：开张	平均叶长（cm）：6.80	平均叶宽（cm）：4.20
嫩枝绒毛：有	叶基形状：近圆形	果熟日期：10月下旬
芽绒毛：有	盛 花 期：11月上旬	果　　形：近圆球形
芽鳞颜色：绿色	花瓣颜色：白色	果皮颜色：红色
嫩叶颜色：绿色	萼片绒毛：有	果面特征：光滑
老叶颜色：深绿色	雌雄蕊相对高度：雌高	平均单果重（g）：26.00
叶　　形：椭圆形	花柱裂位：浅裂	种皮颜色：黑色
叶缘特征：平	柱头裂数：3	鲜出籽率（%）：46.00
叶尖形状：钝尖	子房绒毛：有	种仁含油率（%）：41.50

447

普油－黔油2号

资源编号：522327_010_0012	归属物种：*Camellia oleifera* Abel	
资源类型：选育资源（地方品种）	主要用途：油用栽培，遗传育种材料	
保存地点：贵州省册亨县	保存方式：原地保护，异地保存	
性 状 特 征		
特 异 性：高产果量		
树　　姿：半开张	平均叶长（cm）：8.92	平均叶宽（cm）：3.77
嫩枝绒毛：有	叶基形状：楔形	果熟日期：11月中旬
芽绒毛：有	盛花期：11月上旬	果　　形：近圆球形
芽鳞颜色：绿色	花瓣颜色：白色	果皮颜色：青红色
嫩叶颜色：浅绿色	萼片绒毛：有	果面特征：光滑
老叶颜色：绿色	雌雄蕊相对高度：等高	平均单果重（g）：20.00
叶　　形：长椭圆形	花柱裂位：浅裂	种皮颜色：黑褐色
叶缘特征：波状	柱头裂数：3	鲜出籽率（%）：48.60
叶尖形状：渐尖	子房绒毛：有	种仁含油率（%）：44.90

448

普油－黔油 3 号

资源编号：522327_010_0013	归属物种：*Camellia oleifera* Abel	
资源类型：选育资源（地方品种）	主要用途：油用栽培，遗传育种材料	
保存地点：贵州省册亨县	保存方式：原地保护，异地保存	
性 状 特 征		
特 异 性：高产果量		
树　　姿：半开张	平均叶长（cm）：6.85	平均叶宽（cm）：3.24
嫩枝绒毛：有	叶基形状：近圆形	果熟日期：10月下旬
芽 绒 毛：有	盛 花 期：11月上旬	果　　形：近圆球形
芽鳞颜色：绿色	花瓣颜色：白色	果皮颜色：红色
嫩叶颜色：绿色	萼片绒毛：有	果面特征：光滑
老叶颜色：深绿色	雌雄蕊相对高度：等高	平均单果重（g）：13.78
叶　　形：长椭圆形	花柱裂位：浅裂	种皮颜色：黑色
叶缘特征：波状	柱头裂数：3	鲜出籽率（%）：49.42
叶尖形状：钝尖	子房绒毛：有	种仁含油率（%）：47.30

449

德林油 B1

资源编号：533122_010_0005	归属物种：*Camellia oleifera* Abel	
资源类型：选育资源（良种）	主要用途：油用栽培，遗传育种材料	
保存地点：云南省梁河县	保存方式：原地保护，异地保存	

性 状 特 征

特 异 性：高产果量		
树　　姿：半开张	平均叶长（cm）：5.65	平均叶宽（cm）：3.34
嫩枝绒毛：有	叶基形状：楔形	果熟日期：10月下旬
芽绒毛：有	盛花期：12月	果　　形：圆球形
芽鳞颜色：紫绿色	花瓣颜色：白色	果皮颜色：红绿色
嫩叶颜色：绿色	萼片绒毛：有	果面特征：光滑
老叶颜色：深绿色	雌雄蕊相对高度：雌高	平均单果重（g）：28.92
叶　　形：长椭圆形	花柱裂位：中裂	种皮颜色：棕褐色
叶缘特征：平	柱头裂数：3	鲜出籽率（%）：43.22
叶尖形状：渐尖	子房绒毛：有	种仁含油率（%）：44.50

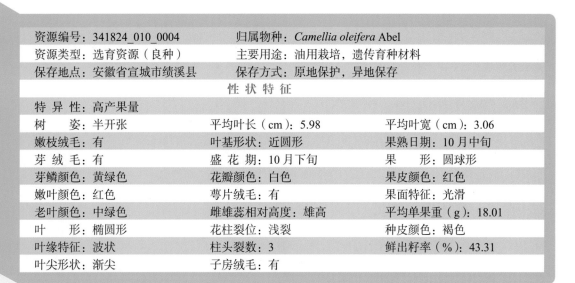

450

绩溪 4 号

资源编号：341824_010_0004	归属物种：*Camellia oleifera* Abel	
资源类型：选育资源（良种）	主要用途：油用栽培，遗传育种材料	
保存地点：安徽省宣城市绩溪县	保存方式：原地保护，异地保存	

性 状 特 征

特 异 性：高产果量		
树　　姿：半开张	平均叶长（cm）：5.98	平均叶宽（cm）：3.06
嫩枝绒毛：有	叶基形状：近圆形	果熟日期：10月中旬
芽绒毛：有	盛 花 期：10月下旬	果　　形：圆球形
芽鳞颜色：黄绿色	花瓣颜色：白色	果皮颜色：红色
嫩叶颜色：红色	萼片绒毛：有	果面特征：光滑
老叶颜色：中绿色	雌雄蕊相对高度：雄高	平均单果重（g）：18.01
叶　　形：椭圆形	花柱裂位：浅裂	种皮颜色：褐色
叶缘特征：波状	柱头裂数：3	鲜出籽率（%）：43.31
叶尖形状：渐尖	子房绒毛：有	

451

普油Ⅰ赣林无8

资源编号：360111_010_0005		归属物种：*Camellia oleifera* Abel
资源类型：选育资源（无性系）		主要用途：油用栽培，遗传育种材料
保存地点：江西省南昌市青山湖区		保存方式：国家级种质资源保存基地，异地保存

性 状 特 征

特 异 性：高产果量		
树　　姿：直立	平均叶长（cm）：5.12	平均叶宽（cm）：2.17
嫩枝绒毛：有	叶基形状：楔形	果熟日期：10月下旬
芽绒毛：有	盛 花 期：11月下旬	果　　形：卵球形
芽鳞颜色：绿色	花瓣颜色：白色	果皮颜色：青色
嫩叶颜色：绿色	萼片绒毛：有	果面特征：光滑
老叶颜色：深绿色	雌雄蕊相对高度：雄高	平均单果重（g）：11.70
叶　　形：椭圆形	花柱裂位：中裂	种皮颜色：黑色
叶缘特征：波状	柱头裂数：3	鲜出籽率（%）：39.66
叶尖形状：圆尖	子房绒毛：有	

452

普油－赣林所182

资源编号：360111_010_0026	归属物种：*Camellia oleifera* Abel	
资源类型：选育资源（无性系）	主要用途：油用栽培，遗传育种材料	
保存地点：江西省南昌市青山湖区	保存方式：国家级种质资源保存基地，异地保存	

性 状 特 征

特 异 性：高产果量		
树 姿：直立	平均叶长（cm）：6.32	平均叶宽（cm）：3.12
嫩枝绒毛：有	叶基形状：楔形	果熟日期：10月下旬
芽绒毛：有	盛花期：11月中旬	果 形：圆球形
芽鳞颜色：黄绿色	花瓣颜色：白色	果皮颜色：青色
嫩叶颜色：红色	萼片绒毛：有	果面特征：光滑
老叶颜色：中绿色	雌雄蕊相对高度：雄高	平均单果重（g）：11.16
叶 形：长椭圆形	花柱裂位：浅裂	种皮颜色：棕色
叶缘特征：波状	柱头裂数：1	鲜出籽率（%）：47.87
叶尖形状：钝尖	子房绒毛：有	

453

普油－赣林所786

资源编号：360111_010_0038	归属物种：*Camellia oleifera* Abel
资源类型：选育资源（无性系）	主要用途：油用栽培，遗传育种材料
保存地点：江西省南昌市青山湖区	保存方式：国家级种质资源保存基地，异地保存

性 状 特 征

特 异 性：高产果量

树　　姿：直立	平均叶长（cm）：5.75	平均叶宽（cm）：2.61
嫩枝绒毛：有	叶基形状：近圆形	果熟日期：10月下旬
芽绒毛：无	盛 花 期：11月下旬	果　　形：卵球形
芽鳞颜色：玉白色	花瓣颜色：白色	果皮颜色：青色
嫩叶颜色：绿色	萼片绒毛：有	果面特征：光滑
老叶颜色：中绿色	雌雄蕊相对高度：雄高	平均单果重（g）：8.84
叶　　形：长椭圆形	花柱裂位：中裂	种皮颜色：褐色
叶缘特征：波状	柱头裂数：3	鲜出籽率（%）：35.20
叶尖形状：钝尖	子房绒毛：有	

454

普油－赣林53

资源编号：360111_010_0049	归属物种：*Camellia oleifera* Abel	
资源类型：选育资源（无性系）	主要用途：油用栽培，遗传育种材料	
保存地点：江西省南昌市青山湖区	保存方式：国家级种质资源保存基地，异地保存	

性 状 特 征

特异性：高产果量

树　姿：半开张	平均叶长（cm）：4.03	平均叶宽（cm）：1.90
嫩枝绒毛：有	叶基形状：楔形	果熟日期：10月下旬
芽绒毛：有	盛花期：11月下旬	果　形：扁圆球形
芽鳞颜色：绿色	花瓣颜色：白色	果皮颜色：黄棕色
嫩叶颜色：绿色	萼片绒毛：有	果面特征：糠秕
老叶颜色：黄绿色	雌雄蕊相对高度：雄高	平均单果重（g）：17.66
叶　形：长椭圆形	花柱裂位：中裂	种皮颜色：棕褐色
叶缘特征：波状	柱头裂数：4	鲜出籽率（%）：43.83
叶尖形状：钝尖	子房绒毛：有	

资源编号：360111_010_0099		归属物种：*Camellia oleifera* Abel
资源类型：选育资源（无性系）		主要用途：油用栽培，遗传育种材料
保存地点：江西省南昌市青山湖区		保存方式：国家级种质资源保存基地，异地保存

性 状 特 征

特 异 性：高产果量		
树　　姿：直立	平均叶长（cm）：7.54	平均叶宽（cm）：2.95
嫩枝绒毛：有	叶基形状：楔形	果熟日期：10月下旬
芽 绒 毛：有	盛 花 期：11月中旬	果　　形：卵球形
芽鳞颜色：玉白色	花瓣颜色：白色	果皮颜色：红色
嫩叶颜色：绿色	萼片绒毛：无	果面特征：光滑
老叶颜色：中绿色	雌雄蕊相对高度：雄高	平均单果重（g）：22.66
叶　　形：披针形	花柱裂位：中裂	种皮颜色：棕褐色
叶缘特征：波状	柱头裂数：3	鲜出籽率（%）：38.61
叶尖形状：渐尖	子房绒毛：有	

456

普油－赣林无18

资源编号：360111_010_0102	归属物种：*Camellia oleifera* Abel	
资源类型：选育资源（无性系）	主要用途：油用栽培，遗传育种材料	
保存地点：江西省南昌市青山湖区	保存方式：国家级种质资源保存基地，异地保存	

性 状 特 征

特 异 性：高产果量		
树　　姿：半开张	平均叶长（cm）：6.10	平均叶宽（cm）：3.45
嫩枝绒毛：有	叶基形状：楔形	果熟日期：10月下旬
芽绒毛：有	盛 花 期：11月中旬	果　　形：圆球形
芽鳞颜色：玉白色	花瓣颜色：白色	果皮颜色：青色
嫩叶颜色：绿色	萼片绒毛：有	果面特征：糠秕
老叶颜色：中绿色	雌雄蕊相对高度：雌高	平均单果重（g）：14.32
叶　　形：长椭圆形	花柱裂位：浅裂	种皮颜色：棕褐色
叶缘特征：波状	柱头裂数：3	鲜出籽率（%）：38.77
叶尖形状：圆尖	子房绒毛：有	

457

普油 - 赣林农家 2 号

资源编号：360111_010_0157	归属物种：*Camellia oleifera* Abel	
资源类型：选育资源（无性系）	主要用途：油用栽培，遗传育种材料	
保存地点：江西省南昌市青山湖区	保存方式：国家级种质资源保存基地，异地保存	

性 状 特 征

特 异 性：高产果量		
树　　姿：开张	平均叶长（cm）：7.20	平均叶宽（cm）：3.38
嫩枝绒毛：有	叶基形状：楔形	果熟日期：10 月下旬
芽 绒 毛：无	盛 花 期：11 月中旬	果　　形：圆球形
芽鳞颜色：玉白色	花瓣颜色：白色	果皮颜色：青色
嫩叶颜色：绿色	萼片绒毛：有	果面特征：光滑
老叶颜色：中绿色	雌雄蕊相对高度：雄高	平均单果重（g）：24.17
叶　　形：椭圆形	花柱裂位：浅裂	种皮颜色：棕色
叶缘特征：波状	柱头裂数：3	鲜出籽率（%）：42.79
叶尖形状：圆尖	子房绒毛：有	

458

普油 — 龙洞 36—1 号

资源编号：440106_010_0002	归属物种：*Camellia oleifera* Abel
资源类型：选育资源（无性系）	主要用途：油用栽培，遗传育种材料
保存地点：广东省广州市天河区	保存方式：原地保护，异地保存

性 状 特 征

特 异 性：高产果量

树　　姿：直立	平均叶长（cm）：4.68	平均叶宽（cm）：2.13
嫩枝绒毛：有	叶基形状：楔形	果熟日期：10 月下旬
芽绒毛：有	盛花期：12 月中旬	果　　形：卵球形
芽鳞颜色：黄绿色	花瓣颜色：白色	果皮颜色：青色
嫩叶颜色：黄红色	萼片绒毛：无	果面特征：光滑
老叶颜色：中绿色	雌雄蕊相对高度：雄高	平均单果重（g）：9.58
叶　　形：椭圆形	花柱裂位：浅裂	种皮颜色：棕褐色
叶缘特征：平	柱头裂数：3	鲜出籽率（%）：33.40
叶尖形状：渐尖	子房绒毛：有	

459

普油-龙洞61-2号

资源编号：440106_010_0003		归属物种：*Camellia oleifera* Abel
资源类型：选育资源（无性系）		主要用途：油用栽培，遗传育种材料
保存地点：广东省广州市天河区		保存方式：原地保护，异地保存

性 状 特 征

特 异 性：高产果量		
树　　姿：半开张	平均叶长（cm）：7.55	平均叶宽（cm）：2.37
嫩枝绒毛：有	叶基形状：楔形	果熟日期：10月中旬
芽 绒 毛：有	盛 花 期：12月上旬	果　　形：扁圆球形
芽鳞颜色：黄绿色	花瓣颜色：白色	果皮颜色：青黄色
嫩叶颜色：绿色	萼片绒毛：无	果面特征：光滑
老叶颜色：黄绿色	雌雄蕊相对高度：雄高	平均单果重（g）：25.90
叶　　形：披针形	花柱裂位：浅裂、中裂	种皮颜色：棕褐色
叶缘特征：平	柱头裂数：4	鲜出籽率（%）：36.91
叶尖形状：渐尖	子房绒毛：有	

460

普油－龙洞61-1号

资源编号：440106_010_0004		归属物种：*Camellia oleifera* Abel
资源类型：选育资源（无性系）		主要用途：油用栽培，遗传育种材料
保存地点：广东省广州市天河区		保存方式：原地保护，异地保存

性 状 特 征

特 异 性：高产果量		
树　姿：半开张	平均叶长（cm）：7.03	平均叶宽（cm）：2.26
嫩枝绒毛：有	叶基形状：楔形	果熟日期：10月中旬
芽绒毛：有	盛 花 期：11月下旬	果　形：卵球形
芽鳞颜色：黄绿色	花瓣颜色：白色	果皮颜色：青黄色
嫩叶颜色：绿色	萼片绒毛：无	果面特征：光滑
老叶颜色：中绿色	雌雄蕊相对高度：雌高或雄高	平均单果重（g）：22.89
叶　形：披针形	花柱裂位：浅裂、中裂、深裂	种皮颜色：褐色
叶缘特征：波状	柱头裂数：4	鲜出籽率（%）：41.02
叶尖形状：渐尖	子房绒毛：有	

461 普油－龙洞60－2号

资源编号：440106_010_0005	归属物种：*Camellia oleifera* Abel
资源类型：选育资源（无性系）	主要用途：油用栽培，遗传育种材料
保存地点：广东省广州市天河区	保存方式：原地保护，异地保存

性 状 特 征

特 异 性：高产果量

树　　姿：直立	平均叶长（cm）：5.70	平均叶宽（cm）：2.65
嫩枝绒毛：有	叶基形状：楔形	果熟日期：10月下旬
芽绒毛：有	盛花期：12月中旬	果　　形：圆球形
芽鳞颜色：黄绿色	花瓣颜色：白色	果皮颜色：青色
嫩叶颜色：绿色	萼片绒毛：无	果面特征：光滑
老叶颜色：中绿色	雌雄蕊相对高度：雌高	平均单果重（g）：13.11
叶　　形：椭圆形	花柱裂位：深裂、全裂	种皮颜色：黄棕色
叶缘特征：平	柱头裂数：3	鲜出籽率（%）：37.38
叶尖形状：渐尖	子房绒毛：有	

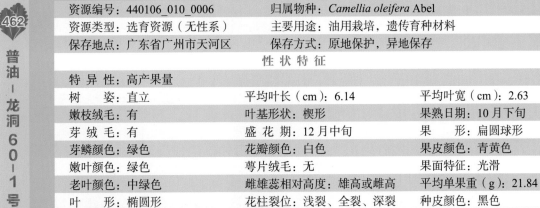

普油－龙洞60－1号

资源编号：440106_010_0006	归属物种：*Camellia oleifera* Abel
资源类型：选育资源（无性系）	主要用途：油用栽培，遗传育种材料
保存地点：广东省广州市天河区	保存方式：原地保护，异地保存

性 状 特 征

特 异 性：高产果量		
树　姿：直立	平均叶长（cm）：6.14	平均叶宽（cm）：2.63
嫩枝绒毛：有	叶基形状：楔形	果熟日期：10月下旬
芽绒毛：有	盛 花 期：12月中旬	果　形：扁圆球形
芽鳞颜色：绿色	花瓣颜色：白色	果皮颜色：青黄色
嫩叶颜色：绿色	萼片绒毛：无	果面特征：光滑
老叶颜色：中绿色	雌雄蕊相对高度：雄高或雌高	平均单果重（g）：21.84
叶　形：椭圆形	花柱裂位：浅裂、全裂、深裂	种皮颜色：黑色
叶缘特征：平	柱头裂数：3	鲜出籽率（%）：41.07
叶尖形状：渐尖	子房绒毛：有	

463

普油－龙洞20－1号

资源编号：440106_010_0007	归属物种：*Camellia oleifera* Abel	
资源类型：选育资源（无性系）	主要用途：油用栽培，遗传育种材料	
保存地点：广东省广州市天河区	保存方式：原地保护，异地保存	

性 状 特 征

特 异 性：高产果量

树　　姿：开张	平均叶长（cm）：7.64	平均叶宽（cm）：3.83
嫩枝绒毛：有	叶基形状：楔形	果熟日期：10月下旬
芽 绒 毛：有	盛 花 期：12月中旬	果　　形：扁圆球形
芽鳞颜色：黄绿色	花瓣颜色：白色	果皮颜色：青色
嫩叶颜色：黄绿色	萼片绒毛：无	果面特征：光滑
老叶颜色：中绿色	雌雄蕊相对高度：雄高	平均单果重（g）：17.04
叶　　形：近圆形、椭圆形	花柱裂位：浅裂	种皮颜色：棕色
叶缘特征：平	柱头裂数：2	鲜出籽率（%）：30.40
叶尖形状：渐尖	子房绒毛：有	

464

普油—粤韶74-1号

资源编号：440203_010_0007		归属物种：*Camellia oleifera* Abel
资源类型：选育资源（良种）		主要用途：油用栽培，遗传育种材料
保存地点：广东省韶关市武江区		保存方式：原地保护，异地保存

性状特征

特异性：高产果量		
树姿：半开张	平均叶长（cm）：6.53	平均叶宽（cm）：3.17
嫩枝绒毛：有	叶基形状：半圆形	果熟日期：10月下旬
芽绒毛：有	盛花期：11月下旬	果形：椭球形
芽鳞颜色：绿色	花瓣颜色：白色	果皮颜色：青黄色
嫩叶颜色：绿色	萼片绒毛：有	果面特征：光滑
老叶颜色：中绿色	雌雄蕊相对高度：等高	平均单果重（g）：16.93
叶形：椭圆形、近圆形	花柱裂位：浅裂	种皮颜色：棕色
叶缘特征：波状	柱头裂数：3	鲜出籽率（%）：36.98
叶尖形状：钝尖	子房绒毛：有	

465

普油－粤韶 74－4 号

资源编号：440203_010_0008		归属物种：*Camellia oleifera* Abel
资源类型：选育资源（良种）		主要用途：油用栽培，遗传育种材料
保存地点：广东省韶关市武江区		保存方式：原地保护，异地保存
性 状 特 征		
特 异 性：高产果量		
树　　姿：直立	平均叶长（cm）：6.19	平均叶宽（cm）：2.47
嫩枝绒毛：有	叶基形状：楔形	果熟日期：10 月下旬
芽 绒 毛：有	盛 花 期：11 月下旬	果　　形：圆球形
芽鳞颜色：绿色	花瓣颜色：白色	果皮颜色：青黄色
嫩叶颜色：绿色	萼片绒毛：有	果面特征：光滑
老叶颜色：中绿色	雌雄蕊相对高度：雌高	平均单果重（g）：10.77
叶　　形：椭圆形、长椭圆形	花柱裂位：浅裂	种皮颜色：黑色
叶缘特征：平	柱头裂数：3	鲜出籽率（%）：39.00
叶尖形状：钝尖	子房绒毛：有	

466

普油－粤韶 75－2 号

资源编号：440203_010_0009		归属物种：*Camellia oleifera* Abel	
资源类型：选育资源（良种）		主要用途：油用栽培，遗传育种材料	
保存地点：广东省韶关市武江区		保存方式：原地保护，异地保存	
性 状 特 征			
特 异 性：高产果量			
树　　姿：半开张	平均叶长（cm）：6.24	平均叶宽（cm）：2.80	
嫩枝绒毛：有	叶基形状：楔形	果熟日期：10 月下旬	
芽绒毛：有	盛花期：11 月下旬	果　　形：圆球形	
芽鳞颜色：绿色	花瓣颜色：白色	果皮颜色：青色、青黄色	
嫩叶颜色：绿色	萼片绒毛：有	果面特征：光滑	
老叶颜色：中绿色	雌雄蕊相对高度：雌高	平均单果重（g）：23.40	
叶　　形：椭圆形、近圆形	花柱裂位：浅裂	种皮颜色：棕色、棕褐色	
叶缘特征：平	柱头裂数：3	鲜出籽率（%）：28.21	
叶尖形状：钝尖	子房绒毛：有		

467

普通油茶优株高峰16号

资源编号：450107_010_0015	归属物种：*Camellia oleifera* Abel
资源类型：选育资源（品系）	主要用途：油用栽培，遗传育种材料
保存地点：广西壮族自治区南宁市西乡塘区	保存方式：国家级种质资源保存基地，异地保存

<table>
<tr><td colspan="3" align="center">性 状 特 征</td></tr>
<tr><td colspan="3">特 异 性：高产果量</td></tr>
<tr><td>树　姿：直立</td><td>平均叶长（cm）：7.12</td><td>平均叶宽（cm）：4.34</td></tr>
<tr><td>嫩枝绒毛：有</td><td>叶基形状：近圆形</td><td>果熟日期：10月下旬</td></tr>
<tr><td>芽绒毛：有</td><td>盛花期：11月下旬</td><td>果　形：圆球形</td></tr>
<tr><td>芽鳞颜色：黄绿色</td><td>花瓣颜色：白色</td><td>果皮颜色：黄绿色</td></tr>
<tr><td>嫩叶颜色：绿色</td><td>萼片绒毛：有</td><td>果面特征：光滑</td></tr>
<tr><td>老叶颜色：深绿色</td><td>雌雄蕊相对高度：雌高</td><td>平均单果重（g）：29.99</td></tr>
<tr><td>叶　形：长椭圆形</td><td>花柱裂位：浅裂</td><td>种皮颜色：棕褐色</td></tr>
<tr><td>叶缘特征：平</td><td>柱头裂数：4</td><td>鲜出籽率（%）：27.71</td></tr>
<tr><td>叶尖形状：渐尖</td><td>子房绒毛：有</td><td></td></tr>
</table>

468

普通油茶家系三门江151号

资源编号：450107_010_0165	归属物种：*Camellia oleifera* Abel
资源类型：选育资源（品系）	主要用途：油用栽培，遗传育种材料
保存地点：广西壮族自治区南宁市西乡塘区	保存方式：国家级种质资源保存基地，异地保存

<table>
<tr><td colspan="3" align="center">性 状 特 征</td></tr>
<tr><td colspan="3">特 异 性：高产果量</td></tr>
<tr><td>树　姿：直立</td><td>平均叶长（cm）：6.20</td><td>平均叶宽（cm）：2.50</td></tr>
<tr><td>嫩枝绒毛：有</td><td>叶基形状：楔形</td><td>果熟日期：9月下旬</td></tr>
<tr><td>芽绒毛：有</td><td>盛花期：10月上旬</td><td>果　形：圆球形</td></tr>
<tr><td>芽鳞颜色：绿色</td><td>花瓣颜色：白色</td><td>果皮颜色：黄绿色</td></tr>
<tr><td>嫩叶颜色：黄绿色</td><td>萼片绒毛：有</td><td>果面特征：光滑</td></tr>
<tr><td>老叶颜色：中绿色</td><td>雌雄蕊相对高度：雄高</td><td>平均单果重（g）：24.73</td></tr>
<tr><td>叶　形：长椭圆形</td><td>花柱裂位：深裂</td><td>种皮颜色：褐色</td></tr>
<tr><td>叶缘特征：平</td><td>柱头裂数：5</td><td>鲜出籽率（%）：35.50</td></tr>
<tr><td>叶尖形状：钝尖</td><td>子房绒毛：有</td><td></td></tr>
</table>

469

普通油茶杂交家系 23×1

资源编号：450107_010_0190		归属物种：*Camellia oleifera* Abel
资源类型：选育资源（品系）		主要用途：油用栽培，遗传育种材料
保存地点：广西壮族自治区南宁市西乡塘区		保存方式：国家级种质资源保存基地，异地保存

性 状 特 征

特 异 性：高产果量		
树　　姿：直立	平均叶长（cm）：7.25	平均叶宽（cm）：3.15
嫩枝绒毛：有	叶基形状：楔形	果熟日期：10月中旬
芽 绒 毛：有	盛 花 期：10月中旬	果　　形：圆球形
芽鳞颜色：黄绿色	花瓣颜色：白色	果皮颜色：黄绿色
嫩叶颜色：绿色	萼片绒毛：有	果面特征：光滑
老叶颜色：中绿色	雌雄蕊相对高度：雄高	平均单果重（g）：26.85
叶　　形：椭圆形	花柱裂位：浅裂	种皮颜色：褐色
叶缘特征：平	柱头裂数：3	鲜出籽率（%）：41.82
叶尖形状：渐尖	子房绒毛：有	

资源编号：450107_010_0212		归属物种：*Camellia oleifera* Abel
资源类型：选育资源（品系）		主要用途：油用栽培，遗传育种材料
保存地点：广西壮族自治区南宁市西乡塘区		保存方式：国家级种质资源保存基地，异地保存
性 状 特 征		
特 异 性：高产果量		
树　　姿：半开张	平均叶长（cm）：5.60	平均叶宽（cm）：2.40
嫩枝绒毛：有	叶基形状：楔形	果熟日期：10月中旬
芽绒毛：有	盛 花 期：10月下旬	果　　形：圆球形
芽鳞颜色：绿色	花瓣颜色：白色	果皮颜色：黄绿色
嫩叶颜色：绿色	萼片绒毛：有	果面特征：光滑
老叶颜色：中绿色	雌雄蕊相对高度：雄高	平均单果重（g）：23.33
叶　　形：椭圆形	花柱裂位：深裂	种皮颜色：棕褐色
叶缘特征：平	柱头裂数：3	鲜出籽率（%）：41.19
叶尖形状：渐尖	子房绒毛：有	

470 普通油茶杂交家系24×1

资源编号：450107_010_0320		归属物种：*Camellia oleifera* Abel
资源类型：选育资源（品系）		主要用途：油用栽培，遗传育种材料
保存地点：广西壮族自治区南宁市西乡塘区		保存方式：国家级种质资源保存基地，异地保存
性 状 特 征		
特 异 性：高产果量		
树　　姿：开张	平均叶长（cm）：6.10	平均叶宽（cm）：2.90
嫩枝绒毛：有	叶基形状：楔形	果熟日期：10月下旬
芽绒毛：有	盛 花 期：11月中旬	果　　形：卵球形
芽鳞颜色：黄绿色	花瓣颜色：白色	果皮颜色：黄绿色
嫩叶颜色：绿色	萼片绒毛：有	果面特征：光滑
老叶颜色：深绿色	雌雄蕊相对高度：雌高	平均单果重（g）：23.34
叶　　形：长椭圆形	花柱裂位：浅裂	种皮颜色：棕褐色
叶缘特征：平	柱头裂数：4	鲜出籽率（%）：40.32
叶尖形状：渐尖	子房绒毛：有	

471 普通油茶优株高峰14号

472

普通油茶无性系70

资源编号：450481_010_0069	归属物种：*Camellia oleifera* Abel
资源类型：选育资源（无性系）	主要用途：油用栽培，遗传育种材料
保存地点：广西壮族自治区岑溪市	保存方式：原地保护；国家级种质资源保存基地，异地保存

性 状 特 征

特 异 性：高产果量		
树　　姿：直立	平均叶长（cm）：5.60	平均叶宽（cm）：2.30
嫩枝绒毛：有	叶基形状：楔形	果熟日期：10月上旬
芽绒毛：有	盛 花 期：10月中旬	果　　形：圆球形
芽鳞颜色：青黄色	花瓣颜色：白色	果皮颜色：黄绿色
嫩叶颜色：绿色	萼片绒毛：有	果面特征：光滑
老叶颜色：深绿色	雌雄蕊相对高度：雄高	平均单果重（g）：20.33
叶　　形：椭圆形	花柱裂位：浅裂	种皮颜色：棕褐色
叶缘特征：波状	柱头裂数：3	鲜出籽率（%）：37.28
叶尖形状：渐尖	子房绒毛：有	

资源编号：450481_010_0070	归属物种：*Camellia oleifera* Abel	
资源类型：选育资源（无性系）	主要用途：油用栽培，遗传育种材料	
保存地点：广西壮族自治区岑溪市	保存方式：原地保护；国家级种质资源保存基地，异地保存	
性 状 特 征		
特 异 性：高产果量		
树　　姿：半开张	平均叶长（cm）：4.60	平均叶宽（cm）：2.30
嫩枝绒毛：有	叶基形状：楔形	果熟日期：9月下旬
芽 绒 毛：有	盛 花 期：10月中旬	果　　形：圆球形
芽鳞颜色：青黄色	花瓣颜色：白色	果皮颜色：黄绿色
嫩叶颜色：绿色	萼片绒毛：有	果面特征：光滑
老叶颜色：深绿色	雌雄蕊相对高度：雄高	平均单果重（g）：21.41
叶　　形：椭圆形	花柱裂位：浅裂	种皮颜色：棕褐色
叶缘特征：波状	柱头裂数：3	鲜出籽率（%）：43.53
叶尖形状：渐尖	子房绒毛：有	

资源编号：450481_010_0071	归属物种：*Camellia oleifera* Abel	
资源类型：选育资源（无性系）	主要用途：油用栽培，遗传育种材料	
保存地点：广西壮族自治区岑溪市	保存方式：原地保护；国家级种质资源保存基地，异地保存	
性 状 特 征		
特 异 性：高产果量		
树　　姿：半开张	平均叶长（cm）：5.30	平均叶宽（cm）：2.50
嫩枝绒毛：有	叶基形状：楔形	果熟日期：9月下旬
芽 绒 毛：有	盛 花 期：10月中旬	果　　形：圆球形
芽鳞颜色：青黄色	花瓣颜色：白色	果皮颜色：黄绿色
嫩叶颜色：绿色	萼片绒毛：有	果面特征：光滑
老叶颜色：中绿色	雌雄蕊相对高度：雄高	平均单果重（g）：20.78
叶　　形：椭圆形	花柱裂位：浅裂	种皮颜色：棕褐色
叶缘特征：波状	柱头裂数：5	鲜出籽率（%）：41.29
叶尖形状：渐尖	子房绒毛：有	

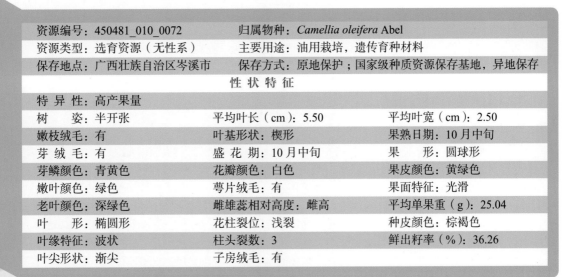

475 普通油茶无性系91

资源编号：450481_010_0072	归属物种：*Camellia oleifera* Abel	
资源类型：选育资源（无性系）	主要用途：油用栽培，遗传育种材料	
保存地点：广西壮族自治区岑溪市	保存方式：原地保护；国家级种质资源保存基地，异地保存	
性 状 特 征		
特 异 性：高产果量		
树　　姿：半开张	平均叶长（cm）：5.50	平均叶宽（cm）：2.50
嫩枝绒毛：有	叶基形状：楔形	果熟日期：10月中旬
芽 绒 毛：有	盛 花 期：10月中旬	果　　形：圆球形
芽鳞颜色：青黄色	花瓣颜色：白色	果皮颜色：黄绿色
嫩叶颜色：绿色	萼片绒毛：有	果面特征：光滑
老叶颜色：深绿色	雌雄蕊相对高度：雌高	平均单果重（g）：25.04
叶　　形：椭圆形	花柱裂位：浅裂	种皮颜色：棕褐色
叶缘特征：波状	柱头裂数：3	鲜出籽率（%）：36.26
叶尖形状：渐尖	子房绒毛：有	

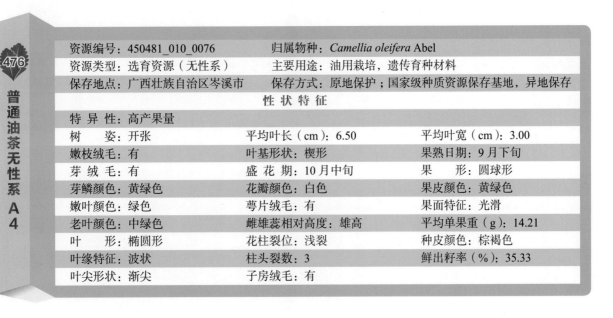

476 普通油茶无性系A4

资源编号：450481_010_0076	归属物种：*Camellia oleifera* Abel	
资源类型：选育资源（无性系）	主要用途：油用栽培，遗传育种材料	
保存地点：广西壮族自治区岑溪市	保存方式：原地保护；国家级种质资源保存基地，异地保存	
性 状 特 征		
特 异 性：高产果量		
树　　姿：开张	平均叶长（cm）：6.50	平均叶宽（cm）：3.00
嫩枝绒毛：有	叶基形状：楔形	果熟日期：9月下旬
芽 绒 毛：有	盛 花 期：10月中旬	果　　形：圆球形
芽鳞颜色：黄绿色	花瓣颜色：白色	果皮颜色：黄绿色
嫩叶颜色：绿色	萼片绒毛：有	果面特征：光滑
老叶颜色：中绿色	雌雄蕊相对高度：雄高	平均单果重（g）：14.21
叶　　形：椭圆形	花柱裂位：浅裂	种皮颜色：棕褐色
叶缘特征：波状	柱头裂数：3	鲜出籽率（%）：35.33
叶尖形状：渐尖	子房绒毛：有	

477

普通油茶无性系 A2

资源编号：450481_010_0077	归属物种：*Camellia oleifera* Abel	
资源类型：选育资源（无性系）	主要用途：油用栽培，遗传育种材料	
保存地点：广西壮族自治区岑溪市	保存方式：原地保护；国家级种质资源保存基地，异地保存	
性 状 特 征		
特 异 性：高产果量		
树　　姿：半开张	平均叶长（cm）：7.50	平均叶宽（cm）：2.80
嫩枝绒毛：有	叶基形状：楔形	果熟日期：9月下旬
芽绒毛：有	盛花期：10月中旬	果　　形：圆球形
芽鳞颜色：青黄色	花瓣颜色：白色	果皮颜色：黄绿色
嫩叶颜色：青黄色	萼片绒毛：有	果面特征：光滑
老叶颜色：深绿色	雌雄蕊相对高度：雄高	平均单果重（g）：17.70
叶　　形：椭圆形	花柱裂位：中裂	种皮颜色：棕褐色
叶缘特征：波状	柱头裂数：3	鲜出籽率（%）：30.73
叶尖形状：渐尖	子房绒毛：有	

478

普通油茶无性系 95

资源编号：450481_010_0080	归属物种：*Camellia oleifera* Abel	
资源类型：选育资源（无性系）	主要用途：油用栽培，遗传育种材料	
保存地点：广西壮族自治区岑溪市	保存方式：原地保护；国家级种质资源保存基地，异地保存	
性 状 特 征		
特 异 性：高产果量		
树　　姿：直立	平均叶长（cm）：6.20	平均叶宽（cm）：2.90
嫩枝绒毛：有	叶基形状：楔形	果熟日期：9月下旬
芽绒毛：有	盛花期：11月上旬	果　　形：圆球形
芽鳞颜色：黄绿色	花瓣颜色：白色	果皮颜色：青红色
嫩叶颜色：绿色	萼片绒毛：有	果面特征：光滑
老叶颜色：深绿色	雌雄蕊相对高度：雄高	平均单果重（g）：21.28
叶　　形：椭圆形	花柱裂位：中裂	种皮颜色：棕褐色
叶缘特征：波状	柱头裂数：3	鲜出籽率（%）：40.32
叶尖形状：渐尖	子房绒毛：有	

479

普通油茶无性系86

资源编号：450481_010_0081	归属物种：*Camellia oleifera* Abel	
资源类型：选育资源（无性系）	主要用途：油用栽培，遗传育种材料	
保存地点：广西壮族自治区岑溪市	保存方式：原地保护；国家级种质资源保存基地，异地保存	

性 状 特 征

特 异 性：高产果量

树　　姿：半开张	平均叶长（cm）：5.60	平均叶宽（cm）：1.90
嫩枝绒毛：有	叶基形状：近圆形	果熟日期：10月下旬
芽 绒 毛：有	盛 花 期：11月中旬	果　　形：圆球形
芽鳞颜色：青黄色	花瓣颜色：白色	果皮颜色：青绿色
嫩叶颜色：黄绿色	萼片绒毛：有	果面特征：光滑
老叶颜色：深绿色	雌雄蕊相对高度：雄高	平均单果重（g）：22.40
叶　　形：椭圆形	花柱裂位：中裂	种皮颜色：棕褐色
叶缘特征：波状	柱头裂数：3	鲜出籽率（%）：35.67
叶尖形状：渐尖	子房绒毛：有	

480

普通油茶无性系三门江3

资源编号：450481_010_0097	归属物种：*Camellia oleifera* Abel	
资源类型：选育资源（无性系）	主要用途：油用栽培，遗传育种材料	
保存地点：广西壮族自治区岑溪市	保存方式：原地保护；国家级种质资源保存基地，异地保存	

性 状 特 征

特 异 性：高产果量

树　　姿：半开张	平均叶长（cm）：7.50	平均叶宽（cm）：2.80
嫩枝绒毛：有	叶基形状：楔形	果熟日期：10月上旬
芽 绒 毛：有	盛 花 期：10月中旬	果　　形：圆球形
芽鳞颜色：黄绿色	花瓣颜色：白色	果皮颜色：青绿色
嫩叶颜色：黄绿色	萼片绒毛：有	果面特征：光滑
老叶颜色：中绿色	雌雄蕊相对高度：雄高	平均单果重（g）：25.83
叶　　形：椭圆形	花柱裂位：浅裂	种皮颜色：棕褐色
叶缘特征：平	柱头裂数：4	鲜出籽率（%）：36.24
叶尖形状：渐尖	子房绒毛：有	

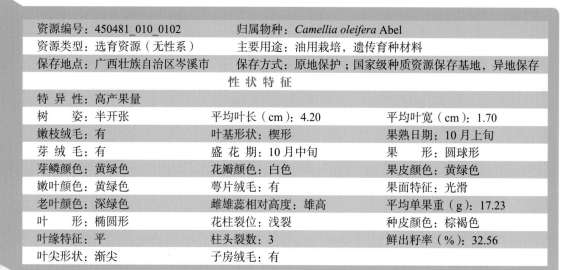

481 普通油茶无性系三门江8

资源编号：450481_010_0102		归属物种：*Camellia oleifera* Abel	
资源类型：选育资源（无性系）		主要用途：油用栽培，遗传育种材料	
保存地点：广西壮族自治区岑溪市		保存方式：原地保护；国家级种质资源保存基地，异地保存	
性 状 特 征			
特 异 性：高产果量			
树　　姿：半开张	平均叶长（cm）：4.20	平均叶宽（cm）：1.70	
嫩枝绒毛：有	叶基形状：楔形	果熟日期：10月上旬	
芽 绒 毛：有	盛 花 期：10月中旬	果　　形：圆球形	
芽鳞颜色：黄绿色	花瓣颜色：白色	果皮颜色：黄绿色	
嫩叶颜色：黄绿色	萼片绒毛：有	果面特征：光滑	
老叶颜色：深绿色	雌雄蕊相对高度：雄高	平均单果重（g）：17.23	
叶　　形：椭圆形	花柱裂位：浅裂	种皮颜色：棕褐色	
叶缘特征：平	柱头裂数：3	鲜出籽率（%）：32.56	
叶尖形状：渐尖	子房绒毛：有		

482 普通油茶无性系三门江9

资源编号：450481_010_0103		归属物种：*Camellia oleifera* Abel	
资源类型：选育资源（无性系）		主要用途：油用栽培，遗传育种材料	
保存地点：广西壮族自治区岑溪市		保存方式：原地保护；国家级种质资源保存基地，异地保存	
性 状 特 征			
特 异 性：高产果量			
树　　姿：半开张	平均叶长（cm）：6.50	平均叶宽（cm）：2.80	
嫩枝绒毛：有	叶基形状：楔形	果熟日期：10月上旬	
芽 绒 毛：有	盛 花 期：10月中旬	果　　形：圆球形	
芽鳞颜色：黄绿色	花瓣颜色：白色	果皮颜色：青绿色	
嫩叶颜色：黄绿色	萼片绒毛：有	果面特征：光滑	
老叶颜色：中绿色	雌雄蕊相对高度：雄高	平均单果重（g）：27.38	
叶　　形：椭圆形	花柱裂位：深裂	种皮颜色：棕褐色	
叶缘特征：平	柱头裂数：5	鲜出籽率（%）：19.21	
叶尖形状：渐尖	子房绒毛：有		

渝林
B4

资源编号：500241_010_0008	归属物种：*Camellia oleifera* Abel
资源类型：选育资源（良种）	主要用途：油用栽培，遗传育种材料
保存地点：重庆市秀山土家族苗族自治县	保存方式：原地保护，异地保存

性 状 特 征

特 异 性：高产果量

树 姿：开张	平均叶长（cm）：6.86	平均叶宽（cm）：3.24
嫩枝绒毛：有	叶基形状：近圆形	果熟日期：10月上旬
芽绒毛：有	盛花期：11月上旬	果 形：圆球形
芽鳞颜色：黄绿色	花瓣颜色：白色	果皮颜色：红色
嫩叶颜色：红色	萼片绒毛：有	果面特征：光滑
老叶颜色：中绿色	雌雄蕊相对高度：雄高	平均单果重（g）：10.36
叶 形：椭圆形	花柱裂位：浅裂	种皮颜色：黑色
叶缘特征：平	柱头裂数：3	鲜出籽率（%）：41.99
叶尖形状：钝尖	子房绒毛：有	

484

普油－黔玉2号

资源编号：522223_010_0005	归属物种：*Camellia oleifera* Abel
资源类型：选育资源（地方品种）	主要用途：油用栽培，遗传育种材料
保存地点：贵州省玉屏侗族自治县	保存方式：原地保护，异地保存

性 状 特 征

特 异 性：高产果量

树　　姿：开张	平均叶长（cm）：7.00	平均叶宽（cm）：3.80
嫩枝绒毛：有	叶基形状：楔形	果熟日期：10月上旬
芽绒毛：有	盛花期：11月上旬	果　　形：近圆球形
芽鳞颜色：绿色	花瓣颜色：白色	果皮颜色：黄色
嫩叶颜色：绿色	萼片绒毛：有	果面特征：光滑
老叶颜色：深绿色	雌雄蕊相对高度：雄高	平均单果重（g）：12.59
叶　　形：长椭圆形	花柱裂位：中裂	种皮颜色：黑色
叶缘特征：波状	柱头裂数：3	鲜出籽率（%）：8.66
叶尖形状：渐尖	子房绒毛：有	

485

普油－黔玉 1 号

资源编号：522223_010_0006		归属物种：*Camellia oleifera* Abel
资源类型：选育资源（地方品种）		主要用途：油用栽培，遗传育种材料
保存地点：贵州省玉屏侗族自治县		保存方式：原地保护，异地保存

性 状 特 征

特 异 性：高产果量

树　姿：开张	平均叶长（cm）：6.50	平均叶宽（cm）：3.00
嫩枝绒毛：有	叶基形状：楔形	果熟日期：10 月上旬
芽绒毛：有	盛 花 期：11 月上旬	果　形：近圆球形
芽鳞颜色：黄绿色	花瓣颜色：白色	果皮颜色：黄色
嫩叶颜色：绿色	萼片绒毛：有	果面特征：光滑
老叶颜色：深绿色	雌雄蕊相对高度：雄高	平均单果重（g）：12.56
叶　形：长椭圆形	花柱裂位：中裂	种皮颜色：黑色
叶缘特征：平	柱头裂数：3	鲜出籽率（%）：17.36
叶尖形状：渐尖	子房绒毛：有	

2. 其他物种

（1）具高产果量、大果、高出籽率、高含油率、高油酸资源

486

高油－长坡镇大石冲优1号

资源编号：440981_006_0091	归属物种：*Camellia gauchowensis* Chang	
资源类型：选育资源（无性系）	主要用途：油用栽培，遗传育种材料	
保存地点：广东省高州市	保存方式：原地保护，异地保存	
性 状 特 征		
特 异 性：高产果量，大果，高出籽率，高含油率，高油酸		
树　　姿：开张	盛 花 期：12月上旬	果面特征：糠秕
嫩枝绒毛：无	花瓣颜色：白色	平均单果重（g）88.52
芽鳞颜色：玉白色	萼片绒毛：有	鲜出籽率（%）：36.14
芽绒毛：有	雌雄蕊相对高度：雌高	种皮颜色：黑色
嫩叶颜色：紫绿色	花柱裂位：深裂、全裂、中裂	种仁含油率（%）：50.65
老叶颜色：深绿色	柱头裂数：2	油酸含量（%）：88.72
叶　　形：椭圆形	子房绒毛：有	亚油酸含量（%）：2.18
叶缘特征：平	果熟日期：10月中旬	亚麻酸含量（%）：—
叶尖形状：渐尖	果　　形：倒卵球形	硬脂酸含量（%）：1.69
叶基形状：楔形	果皮颜色：青色	棕榈酸含量（%）：7.16
平均叶长（cm）：7.51	平均叶宽（cm）：3.01	

487

高油－长坡镇大石冲优 3 号

资源编号：440981_006_0096	归属物种：*Camellia gauchowensis* Chang	
资源类型：选育资源（无性系）	主要用途：油用栽培，遗传育种材料	
保存地点：广东省高州市	保存方式：原地保护，异地保存	

性 状 特 征

特 异 性：高产果量，大果，高出籽率，高含油率，高油酸		
树　姿：开张	盛 花 期：11 月下旬	果面特征：糠秕
嫩枝绒毛：无	花瓣颜色：白色	平均单果重（g）：81.43
芽鳞颜色：玉白色	萼片绒毛：有	鲜出籽率（%）：32.06
芽 绒 毛：有	雌雄蕊相对高度：雌高	种皮颜色：黑色、棕褐色
嫩叶颜色：紫绿色	花柱裂位：中裂	种仁含油率（%）：50.85
老叶颜色：深绿色	柱头裂数：2	
叶　形：椭圆形	子房绒毛：有	油酸含量（%）：85.57
叶缘特征：平	果熟日期：10 月中旬	亚油酸含量（%）：3.16
叶尖形状：渐尖	果　形：扁圆球形	亚麻酸含量（%）：—
叶基形状：楔形	果皮颜色：青色	硬脂酸含量（%）：1.89
平均叶长（cm）：10.15	平均叶宽（cm）：4.39	棕榈酸含量（%）：8.68

488

高油－长坡镇旺沙优10号

资源编号：440981_006_0143		归属物种：*Camellia gauchowensis* Chang
资源类型：选育资源（无性系）		主要用途：油用栽培，遗传育种材料
保存地点：广东省高州市		保存方式：原地保护，异地保存
性 状 特 征		
特异性：高产果量，大果，高出籽率，高含油率，高油酸		
树　姿：半开张	盛 花 期：11月下旬	果面特征：糠秕
嫩枝绒毛：无	花瓣颜色：白色	平均单果重（g）：100.04
芽鳞颜色：玉白色	萼片绒毛：有	鲜出籽率（%）：30.46
芽绒毛：有	雌雄蕊相对高度：雌高	种皮颜色：棕褐色、黑色
嫩叶颜色：紫绿色	花柱裂位：中裂	种仁含油率（%）：56.82
老叶颜色：黄绿色	柱头裂数：2	油酸含量（%）：87.60
叶　形：长椭圆形	子房绒毛：有	亚油酸含量（%）：2.38
叶缘特征：平	果熟日期：10月中旬	亚麻酸含量（%）：—
叶尖形状：渐尖	果　形：扁圆球形	硬脂酸含量（%）：1.35
叶基形状：楔形	果皮颜色：青色	棕榈酸含量（%）：8.22
平均叶长（cm）：9.51	平均叶宽（cm）：3.46	

489

广红－螺岗镇 GY5－7（G55）号

资源编号：441223_066_0104		归属物种：*Camellia semiserrata* Chi
资源类型：选育资源（无性系）		主要用途：油用、观赏栽培，遗传育种材料
保存地点：广东省广宁县		保存方式：原地保护，异地保存

性 状 特 征

特 异 性：高产果量，大果，高出籽率，高含油率，高油酸		
树　　姿：开张	盛 花 期：12月下旬	果面特征：光滑
嫩枝绒毛：有	花瓣颜色：红色	平均单果重（g）：594.71
芽鳞颜色：青褐色	萼片绒毛：无	鲜出籽率（%）：17.28
芽 绒 毛：有	雌雄蕊相对高度：雄高	种皮颜色：褐色
嫩叶颜色：红色	花柱裂位：浅裂、中裂	种仁含油率（%）：63.70
老叶颜色：中绿色	柱头裂数：4	
叶　　形：椭圆形	子房绒毛：有	油酸含量（%）：87.32
叶缘特征：平	果熟日期：10月中旬	亚油酸含量（%）：4.65
叶尖形状：渐尖	果　　形：圆球形	亚麻酸含量（%）：—
叶基形状：楔形	果皮颜色：青黄色	硬脂酸含量（%）：1.40
平均叶长（cm）：14.00	平均叶宽（cm）：5.71	棕榈酸含量（%）：6.42

490

高油 – 春湾镇优11号

资源编号：441781_006_0021	归属物种：*Camellia gauchowensis* Chang	
资源类型：选育资源（无性系）	主要用途：油用栽培，遗传育种材料	
保存地点：广东省阳春市	保存方式：原地保护，异地保存	

性 状 特 征

特 异 性：高产果量，大果，高出籽率，高含油率，高油酸		
树　　姿：开张	盛花期：12月中旬	果面特征：糠秕
嫩枝绒毛：无	花瓣颜色：白色	平均单果重（g）：92.83
芽鳞颜色：绿色	萼片绒毛：有	鲜出籽率（%）：31.11
芽绒毛：有	雌雄蕊相对高度：雄高	种皮颜色：黑色、棕褐色
嫩叶颜色：褐色	花柱裂位：中裂、浅裂	种仁含油率（%）：54.84
老叶颜色：深绿色	柱头裂数：3	
叶　　形：披针形	子房绒毛：有	油酸含量（%）：87.06
叶缘特征：平	果熟日期：10月下旬	亚油酸含量（%）：3.74
叶尖形状：渐尖	果　　形：倒卵球形	亚麻酸含量（%）：—
叶基形状：楔形	果皮颜色：褐色	硬脂酸含量（%）：1.36
平均叶长（cm）：9.78	平均叶宽（cm）：3.10	棕榈酸含量（%）：7.59

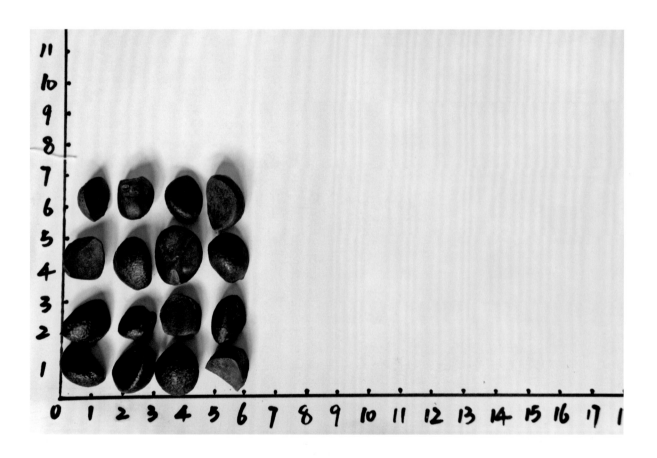

（2）高产果量、大果、高出籽率、高含油率

491

凤油3号

资源编号：530921_076_0003	归属物种：*Camellia reticulata* Lindl.	
资源类型：选育资源（良种）	主要用途：油用栽培，遗传育种材料	
保存地点：云南省凤庆县	保存方式：原地保护，异地保存	

性 状 特 征		
特 异 性：高产果量，大果，高出籽率，高含油率		
树　姿：开张	盛 花 期：12月	果面特征：糠秕
嫩枝绒毛：无	花瓣颜色：深红色	平均单果重（g）：179.80
芽鳞颜色：绿色	萼片绒毛：有	鲜出籽率（%）：25.29
芽 绒 毛：有	雌雄蕊相对高度：雌高	种皮颜色：棕褐色
嫩叶颜色：嫩绿色	花柱裂位：中裂	种仁含油率（%）：55.20
老叶颜色：深绿色	柱头裂数：3	
叶　形：长椭圆形	子房绒毛：有	油酸含量（%）：78.32
叶缘特征：平	果熟日期：10月	亚油酸含量（%）：6.99
叶尖形状：钝尖	果　形：倒卵球形	亚麻酸含量（%）：0.42
叶基形状：楔形	果皮颜色：黄绿色	硬脂酸含量（%）：2.99
平均叶长（cm）：10.34	平均叶宽（cm）：3.80	棕榈酸含量（%）：10.70

492

窄叶西南红山茶 1 号

资源编号：532524_079_0001		归属物种：*Camellia pitardii* Coh. St.
资源类型：选育资源（良种）		主要用途：油用栽培，遗传育种材料
保存地点：云南省建水县		保存方式：原地保护，异地保存
性 状 特 征		
特 异 性：高产果量，大果，高出籽率，高含油率		
树　姿：开张	盛花期：1 月中旬	果面特征：糠秕、凹凸
嫩枝绒毛：无	花瓣颜色：淡红色	平均单果重（g）：30.87
芽鳞颜色：黄绿色	萼片绒毛：有	鲜出籽率（%）：42.08
芽绒毛：有	雌雄蕊相对高度：雌高	种皮颜色：黑色
嫩叶颜色：绿色	花柱裂位：中裂	种仁含油率（%）：56.56
老叶颜色：中绿色	柱头裂数：3	
叶　形：长椭圆形	子房绒毛：有	油酸含量（%）：65.21
叶缘特征：平	果熟日期：7 月中旬	亚油酸含量（%）：13.37
叶尖形状：渐尖	果　形：扁圆球形	亚麻酸含量（%）：1.63
叶基形状：楔形	果皮颜色：灰褐色	硬脂酸含量（%）：2.34
平均叶长（cm）：4.10	平均叶宽（cm）：2.50	棕榈酸含量（%）：15.69

（3）具高产果量、大果、高含油率、高油酸资源

493

亚林浙红-HY047

资源编号：330702_102_0014	归属物种：*Camellia chekiangoleosa* Hu	
资源类型：选育资源（无性系）	主要用途：油用栽培，遗传育种材料	
保存地点：浙江省金华市婺城区	保存方式：国家油茶良种基地，异地保存	

性 状 特 征

特 异 性：高产果量，大果，高含油率，高油酸		
树　姿：直立	盛 花 期：2月中下旬	果面特征：光洁
嫩枝绒毛：有	花瓣颜色：红色	平均单果重（g）：129.60
芽鳞颜色：紫绿色	萼片绒毛：有	鲜出籽率（%）：21.45
芽绒毛：有	雌雄蕊相对高度：雌高	种皮颜色：黑色
嫩叶颜色：绿色	花柱裂位：浅裂	种仁含油率（%）：54.40
老叶颜色：黄绿色	柱头裂数：3	
叶　形：椭圆形	子房绒毛：无	油酸含量（%）：85.30
叶缘特征：平	果熟日期：9月中下旬	亚油酸含量（%）：2.70
叶尖形状：尾尖	果　形：扁圆球形	亚麻酸含量（%）：0.10
叶基形状：楔形	果皮颜色：青红色	硬脂酸含量（%）：3.80
平均叶长（cm）：7.81	平均叶宽（cm）：3.99	棕榈酸含量（%）：7.50

494

亚林浙红－HY064

资源编号：330702_102_0022	归属物种：*Camellia chekiangoleosa* Hu	
资源类型：选育资源（无性系）	主要用途：油用栽培，遗传育种材料	
保存地点：浙江省金华市婺城区	保存方式：国家油茶良种基地，异地保存	

性 状 特 征

特 异 性：高产果量，大果，高含油率，高油酸		
树　　姿：半开张	盛 花 期：2月中下旬	果面特征：光洁
嫩枝绒毛：无	花瓣颜色：红色	平均单果重（g）：100.12
芽鳞颜色：紫绿色	萼片绒毛：有	鲜出籽率（%）：21.55
芽绒毛：无	雌雄蕊相对高度：雌高	种皮颜色：黑色
嫩叶颜色：绿色	花柱裂位：浅裂	种仁含油率（%）：54.64
老叶颜色：绿色	柱头裂数：3	
叶　　形：椭圆形	子房绒毛：无	油酸含量（%）：86.80
叶缘特征：平	果熟日期：9月中下旬	亚油酸含量（%）：4.40
叶尖形状：渐尖	果　　形：圆球形	亚麻酸含量（%）：0.10
叶基形状：楔形	果皮颜色：青红色	硬脂酸含量（%）：4.10
平均叶长（cm）：8.73	平均叶宽（cm）：3.63	棕榈酸含量（%）：8.20

资源编号：441223_066_0083	归属物种：*Camellia semiserrata* Chi
资源类型：选育资源（无性系）	主要用途：油用、观赏栽培，遗传育种材料
保存地点：广东省广宁县	保存方式：原地保护，异地保存

性状特征

特异性：高产果量，大果，高含油率，高油酸

树　姿：开张	盛花期：12月下旬	果面特征：光滑
嫩枝绒毛：有	花瓣颜色：红色	平均单果重（g）：637.74
芽鳞颜色：青褐色	萼片绒毛：无	鲜出籽率（%）：13.98
芽绒毛：有	雌雄蕊相对高度：雄高或雌高	种皮颜色：黑色
嫩叶颜色：绿色	花柱裂位：浅裂、中裂	种仁含油率（%）：62.52
老叶颜色：深绿色	柱头裂数：4	
叶　形：椭圆形	子房绒毛：无	油酸含量（%）：89.69
叶缘特征：平	果熟日期：10月中旬	亚油酸含量（%）：2.56
叶尖形状：渐尖	果　形：倒卵球形	亚麻酸含量（%）：—
叶基形状：楔形、近圆形	果皮颜色：青黄色	硬脂酸含量（%）：1.63
平均叶长（cm）：11.36	平均叶宽（cm）：5.14	棕榈酸含量（%）：5.25

495

广红－螺岗镇 G325 号

496

广红－螺岗镇 G326 号

资源编号：441223_066_0084	归属物种：*Camellia semiserrata* Chi	
资源类型：选育资源（无性系）	主要用途：油用、观赏栽培，遗传育种材料	
保存地点：广东省广宁县	保存方式：原地保护，异地保存	

性状特征

特异性：高产果量，大果，高含油率，高油酸

树　姿：开张	盛花期：12 月下旬	果面特征：光滑
嫩枝绒毛：有	花瓣颜色：红色	平均单果重（g）：436.11
芽鳞颜色：青褐色	萼片绒毛：无	鲜出籽率（%）：12.57
芽绒毛：有	雌雄蕊相对高度：雄高	种皮颜色：黑色
嫩叶颜色：淡红色	花柱裂位：浅裂	种仁含油率（%）：60.38
老叶颜色：深绿色	柱头裂数：5	油酸含量（%）：89.66
叶　形：长椭圆形	子房绒毛：无	亚油酸含量（%）：1.86
叶缘特征：平、波状	果熟日期：10 月中旬	亚麻酸含量（%）：0.01
叶尖形状：渐尖	果　形：圆球形	硬脂酸含量（%）：2.36
叶基形状：楔形	果皮颜色：青黄色	棕榈酸含量（%）：5.36
平均叶长（cm）：12.78	平均叶宽（cm）：4.70	

597

广红－螺岗镇 G333 号

资源编号：441223_066_0090	归属物种：*Camellia semiserrata* Chi	
资源类型：选育资源（无性系）	主要用途：油用、观赏栽培，遗传育种材料	
保存地点：广东省广宁县	保存方式：原地保护，异地保存	

性 状 特 征

特 异 性：高产果量，大果，高含油率，高油酸

树　姿：开张	盛 花 期：1 月上旬	果面特征：光滑
嫩枝绒毛：有	花瓣颜色：红色	平均单果重（g）：433.20
芽鳞颜色：青褐色	萼片绒毛：无	鲜出籽率（%）：13.85
芽 绒 毛：有	雌雄蕊相对高度：雌高	种皮颜色：棕色
嫩叶颜色：红色	花柱裂位：浅裂	种仁含油率（%）：65.46
老叶颜色：深绿色	柱头裂数：4	
叶　形：椭圆形	子房绒毛：无	油酸含量（%）：90.08
叶缘特征：平	果熟日期：10 月中旬	亚油酸含量（%）：2.54
叶尖形状：钝尖	果　形：圆球形	亚麻酸含量（%）：—
叶基形状：近圆形	果皮颜色：棕黄色	硬脂酸含量（%）：1.66
平均叶长（cm）：13.18	平均叶宽（cm）：6.36	棕榈酸含量（%）：5.66

598

广红－南街镇G222号

资源编号：441223_066_0131		归属物种：*Camellia semiserrata* Chi
资源类型：选育资源（无性系）		主要用途：油用、观赏栽培，遗传育种材料
保存地点：广东省广宁县		保存方式：原地保护，异地保存

性 状 特 征

特 异 性：高产果量，大果，高含油率，高油酸

树　姿：半开张	盛 花 期：12月中旬	果面特征：光滑
嫩枝绒毛：有	花瓣颜色：红色	平均单果重（g）：441.42
芽鳞颜色：红褐色	萼片绒毛：无	鲜出籽率（%）：13.68
芽 绒 毛：有	雌雄蕊相对高度：雄高或雌高	种皮颜色：黑色
嫩叶颜色：淡红色	花柱裂位：浅裂	种仁含油率（%）：58.94
老叶颜色：中绿色、深绿色	柱头裂数：5	
叶　形：长椭圆形	子房绒毛：无	油酸含量（%）：85.17
叶缘特征：波状、平	果熟日期：10月上旬	亚油酸含量（%）：5.36
叶尖形状：渐尖	果　形：圆球形	亚麻酸含量（%）：—
叶基形状：楔形	果皮颜色：黄红色	硬脂酸含量（%）：2.11
平均叶长（cm）：13.07	平均叶宽（cm）：4.90	棕榈酸含量（%）：6.92

广红－小湘镇肇样 1－1 号

资源编号：441283_066_0001		归属物种：*Camellia semiserrata* Chi
资源类型：选育资源（无性系）		主要用途：油用、观赏栽培，遗传育种材料
保存地点：广东省高要区		保存方式：原地保护，异地保存

性 状 特 征

特 异 性：高产果量，大果，高含油率，高油酸		
树 姿：直立	盛 花 期：11月上旬	果面特征：光滑
嫩枝绒毛：有	花瓣颜色：淡红色	平均单果重（g）：430.70
芽鳞颜色：黄绿色	萼片绒毛：无	鲜出籽率（%）：13.84
芽 绒 毛：有	雌雄蕊相对高度：雄高	种皮颜色：褐色、棕褐色
嫩叶颜色：浅红色	花柱裂位：浅裂	种仁含油率（%）：68.79
老叶颜色：中绿色	柱头裂数：5	
叶 形：椭圆形	子房绒毛：无	油酸含量%：86.55
叶缘特征：波状	果熟日期：9月中旬	亚油酸含量（%）：3.21
叶尖形状：渐尖	果 形：圆球形、扁圆球形、卵球形	亚麻酸含量（%）：—
叶基形状：楔形	果皮颜色：黄棕色、青色	硬脂酸含量（%）：1.93
平均叶长（cm）：13.72	平均叶宽（cm）：6.43	棕榈酸含量（%）：7.62

500

广红－小湘镇肇样1－5号

资源编号：441283_066_0005	归属物种：*Camellia semiserrata* Chi	
资源类型：选育资源（无性系）	主要用途：油用、观赏栽培，遗传育种材料	
保存地点：广东省高要区	保存方式：原地保护，异地保存	

性 状 特 征

特 异 性：高产果量，大果，高含油率，高油酸		
树　　姿：直立	盛 花 期：11月上旬	果面特征：光滑、糠秕
嫩枝绒毛：有	花瓣颜色：淡红色	平均单果重（g）：426.78
芽鳞颜色：黄绿色	萼片绒毛：无	鲜出籽率（%）：12.94
芽绒毛：有	雌雄蕊相对高度：雄高	种皮颜色：棕褐色、黑色
嫩叶颜色：浅红色	花柱裂位：浅	种仁含油率（%）：66.07
老叶颜色：中绿色	柱头裂数：3	
叶　　形：椭圆形	子房绒毛：无	油酸含量（%）：89.47
叶缘特征：波状	果熟日期：9月中旬	亚油酸含量（%）：2.04
叶尖形状：渐尖	果　　形：扁圆球形、卵球形、圆球形	亚麻酸含量（%）：—
叶基形状：楔形	果皮颜色：黄棕色、青色、褐色、红色	硬脂酸含量（%）：2.13
平均叶长（cm）：15.00	平均叶宽（cm）：6.00	棕榈酸含量（%）：5.14

501

广红－北斗桐子洋3号

资源编号：441423_066_0003	归属物种：*Camellia semiserrata* Chi	
资源类型：选育资源（无性系）	主要用途：油用、观赏栽培，遗传育种材料	
保存地点：广东省丰顺县	保存方式：原地保护，异地保存	

性 状 特 征

特 异 性：高产果量，大果，高含油率，高油酸

树　姿：直立	盛花期：12月上旬	果面特征：光滑
嫩枝绒毛：有	花瓣颜色：红色	平均单果重（g）：476.21
芽鳞颜色：紫红色	萼片绒毛：有	鲜出籽率（%）：14.69
芽绒毛：有	雌雄蕊相对高度：雄高	种皮颜色：棕褐色
嫩叶颜色：绿色	花柱裂位：浅裂	种仁含油率（%）：68.43
老叶颜色：深绿色	柱头裂数：5	
叶　形：长椭圆形、椭圆形	子房绒毛：有	油酸含量（%）：88.84
叶缘特征：平	果熟日期：11月上旬	亚油酸含量（%）：1.82
叶尖形状：钝尖	果　形：扁圆球形	亚麻酸含量（%）：—
叶基形状：楔形	果皮颜色：青红色	硬脂酸含量（%）：2.61
平均叶长（cm）：12.70	平均叶宽（cm）：4.80	棕榈酸含量（%）：6.35

502

广红－北斗桐子洋4号

资源编号：441423_066_0004		归属物种：*Camellia semiserrata* Chi
资源类型：选育资源（无性系）		主要用途：油用、观赏栽培，遗传育种材料
保存地点：广东省丰顺县		保存方式：原地保护，异地保存
性 状 特 征		
特 异 性：高产果量，大果，高含油率，高油酸		
树　　姿：直立	盛 花 期：12月上旬	果面特征：光滑
嫩枝绒毛：有	花瓣颜色：红色	平均单果重（g）：471.03
芽鳞颜色：深红色	萼片绒毛：有	鲜出籽率（%）：14.59
芽绒毛：有	雌雄蕊相对高度：雄高	种皮颜色：棕色
嫩叶颜色：绿色	花柱裂位：浅裂	种仁含油率（%）：70.18
老叶颜色：深绿色	柱头裂数：5	
叶　　形：椭圆形、近圆形	子房绒毛：有	油酸含量（%）：85.94
叶缘特征：平	果熟日期：11月上旬	亚油酸含量（%）：3.55
叶尖形状：钝尖	果　　形：扁圆球形	亚麻酸含量（%）：—
叶基形状：楔形	果皮颜色：黄棕色	硬脂酸含量（%）：2.41
平均叶长（cm）：12.70	平均叶宽（cm）：5.90	棕榈酸含量（%）：7.54

503

高油Ⅰ春湾镇优20号

资源编号：441781_006_0030		归属物种：*Camellia gauchowensis* Chang
资源类型：选育资源（无性系）		主要用途：油用栽培，遗传育种材料
保存地点：广东省阳春市		保存方式：原地保护，异地保存
性 状 特 征		
特 异 性：高产果量，大果，高含油率，高油酸		
树　姿：开张	盛 花 期：12月中旬	果面特征：糠秕
嫩枝绒毛：无	花瓣颜色：白色	平均单果重（g）：80.32
芽鳞颜色：绿色	萼片绒毛：有	鲜出籽率（%）：28.49
芽 绒 毛：有	雌雄蕊相对高度：雄高	种皮颜色：黑色、褐色
嫩叶颜色：褐色	花柱裂位：中裂、浅裂	种仁含油率（%）：66.44
老叶颜色：黄绿色	柱头裂数：4	
叶　形：长椭圆形	子房绒毛：有	油酸含量（%）：88.05
叶缘特征：平	果熟日期：10月下旬	亚油酸含量（%）：3.41
叶尖形状：渐尖	果　形：扁圆球形	亚麻酸含量（%）：—
叶基形状：楔形	果皮颜色：黄棕色、青色	硬脂酸含量（%）：1.53
平均叶长（cm）：10.00	平均叶宽（cm）：3.69	棕榈酸含量（%）：6.28

504

广红－云样 1－1

资源编号: 445302_066_0063		归属物种: *Camellia semiserrata* Chi	
资源类型: 选育资源（无性系）		主要用途: 油用、观赏栽培，遗传育种材料	
保存地点: 广东省云浮市云城区		保存方式: 原地保护，异地保存	
性 状 特 征			
特 异 性: 高产果量，大果，高含油率，高油酸			
树　姿: 半开张	盛 花 期: 12月中上旬	果面特征: 光滑、糠秕	
嫩枝绒毛: 有	花瓣颜色: 红色	平均单果重（g）: 423.31	
芽鳞颜色: 黄绿色	萼片绒毛: 有	鲜出籽率（%）: 12.29	
芽绒毛: 无	雌雄蕊相对高度: 雄高	种皮颜色: 棕色、黑色	
嫩叶颜色: 黄绿色	花柱裂位: 浅裂、中裂	种仁含油率（%）: 63.62	
老叶颜色: 深绿色	柱头裂数: 5		
叶　形: 椭圆形	子房绒毛: 有	油酸含量（%）: 85.60	
叶缘特征: 平	果熟日期: 10月上旬	亚油酸含量（%）: 3.09	
叶尖形状: 渐尖	果　形: 扁圆球形、圆球形	亚麻酸含量（%）: —	
叶基形状: 楔形	果皮颜色: 黄色、红色、青色	硬脂酸含量（%）: 2.01	
平均叶长（cm）: 14.80	平均叶宽（cm）: 6.03	棕榈酸含量（%）: 8.19	

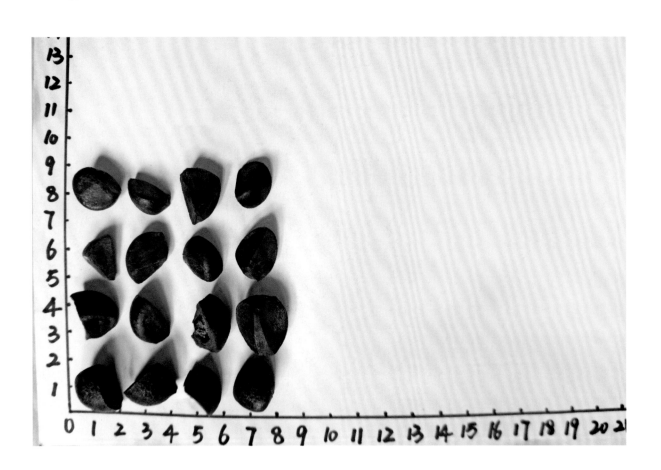

（4）具高产果量、高出籽率、高含油率、高油酸资源

<table>
<tr><td rowspan="18">505

高油 — 潭水镇 3 号</td></tr>
</table>

资源编号：441781_006_0003	归属物种：*Camellia gauchowensis* Chang	
资源类型：选育资源（无性系）	主要用途：油用栽培，遗传育种材料	
保存地点：广东省阳春市	保存方式：原地保护，异地保存	

性 状 特 征

特 异 性：高产果量，高出籽率，高含油率，高油酸		
树　　姿：开张	盛 花 期：12 月中旬	果面特征：糠秕
嫩枝绒毛：无	花瓣颜色：白色	平均单果重（g）：41.09
芽鳞颜色：黄绿色	萼片绒毛：有	鲜出籽率（%）：43.00
芽 绒 毛：有	雌雄蕊相对高度：雄高	种皮颜色：棕褐色、褐色
嫩叶颜色：褐色	花柱裂位：深裂	种仁含油率（%）：56.94
老叶颜色：深绿色	柱头裂数：4	
叶　　形：近圆形	子房绒毛：有	油酸含量（%）：85.77
叶缘特征：平	果熟日期：11 月上旬	亚油酸含量（%）：2.92
叶尖形状：渐尖	果　　形：扁圆球形、圆球形	亚麻酸含量（%）：—
叶基形状：近圆形、楔形	果皮颜色：黄棕色	硬脂酸含量（%）：2.06
平均叶长（cm）：8.36	平均叶宽（cm）：4.59	棕榈酸含量（%）：8.87

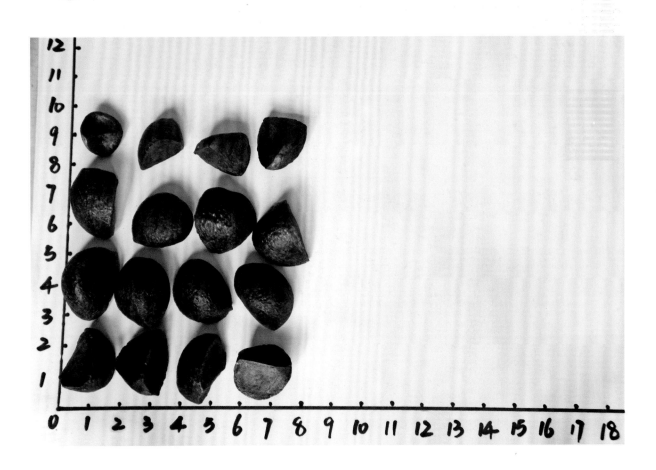

506

高油－春湾镇城垌6号

资源编号：441781_006_0016	归属物种：*Camellia gauchowensis* Chang	
资源类型：选育资源（无性系）	主要用途：油用栽培，遗传育种材料	
保存地点：广东省阳春市	保存方式：原地保护，异地保存	

性状特征

特异性：高产果量，高出籽率，高含油率，高油酸		
树　姿：开张	盛花期：12月中旬	果面特征：糠秕
嫩枝绒毛：无	花瓣颜色：白色	平均单果重（g）：61.22
芽鳞颜色：绿色	萼片绒毛：有	鲜出籽率（%）：37.70
芽绒毛：有	雌雄蕊相对高度：雄高	种皮颜色：黑色、褐色
嫩叶颜色：褐色	花柱裂位：中裂、浅裂	种仁含油率（%）：61.07
老叶颜色：深绿色	柱头裂数：3	
叶　形：椭圆形	子房绒毛：有	油酸含量（%）：85.82
叶缘特征：平	果熟日期：10月下旬	亚油酸含量（%）：3.82
叶尖形状：渐尖	果　形：扁圆球形	亚麻酸含量（%）：—
叶基形状：楔形、近圆形	果皮颜色：青色	硬脂酸含量（%）：2.03
平均叶长（cm）：8.63	平均叶宽（cm）：4.21	棕榈酸含量（%）：7.86

507

广红－云样2－2

资源编号：445302_066_0067	归属物种：*Camellia semiserrata* Chi	
资源类型：选育资源（无性系）	主要用途：油用、观赏栽培，遗传育种材料	
保存地点：广东省云浮市云城区	保存方式：原地保护，异地保存	

性状特征

特异性：高产果量，高出籽率，高含油率，高油酸		
树　姿：半开张	盛花期：12月下旬	果面特征：光滑、糠秕
嫩枝绒毛：有	花瓣颜色：红色	平均单果重（g）：327.07
芽鳞颜色：黄绿色	萼片绒毛：无	鲜出籽率（%）：17.45
芽绒毛：无	雌雄蕊相对高度：雌高或雄高	种皮颜色：黑色、棕色
嫩叶颜色：中绿色	花柱裂位：浅裂	种仁含油率（%）：58.25
老叶颜色：深绿色	柱头裂数：5	
叶　形：长椭圆形	子房绒毛：无	油酸含量（%）：86.00
叶缘特征：平	果熟日期：10月上旬	亚油酸含量（%）：4.54
叶尖形状：渐尖	果　形：扁圆球形	亚麻酸含量（%）：—
叶基形状：楔形	果皮颜色：青色、黄色、红色	硬脂酸含量（%）：1.75
平均叶长（cm）：14.16	平均叶宽（cm）：5.65	棕榈酸含量（%）：7.13

（5）具高产果量、大果、高出籽率资源

508

高油－东岸镇优 3 号

资源编号：440981_006_0028	归属物种：*Camellia gauchowensis* Chang	
资源类型：选育资源（无性系）	主要用途：油用栽培，遗传育种材料	
保存地点：广东省高州市	保存方式：原地保护，异地保存	

性 状 特 征

特 异 性：高产果量，大果，高出籽率		
树　姿：直立	盛 花 期：12 月中旬	果面特征：糠秕
嫩枝绒毛：无	花瓣颜色：白色	平均单果重（g）：81.43
芽鳞颜色：玉白色	萼片绒毛：有	鲜出籽率（%）：45.31
芽绒毛：有	雌雄蕊相对高度：雄高	种皮颜色：黑色
嫩叶颜色：绿色	花柱裂位：中裂、浅裂	种仁含油率（%）：48.50
老叶颜色：深绿色	柱头裂数：3	
叶　形：椭圆形	子房绒毛：有	油酸含量（%）：85.00
叶缘特征：平	果熟日期：10 月中旬	亚油酸含量（%）：3.90
叶尖形状：渐尖	果　形：卵球形	亚麻酸含量（%）：—
叶基形状：楔形	果皮颜色：褐色	硬脂酸含量（%）：1.40
平均叶长（cm）：6.96	平均叶宽（cm）：3.06	棕榈酸含量（%）：9.50

509

凤油 2 号

资源编号：530921_076_0002	归属物种：*Camellia reticulata* Lindl.	
资源类型：选育资源（良种）	主要用途：油用栽培，遗传育种材料	
保存地点：云南省凤庆县	保存方式：原地保护，异地保存	

性 状 特 征

特 异 性：高产果量，大果，高出籽率

树　　姿：开张	盛 花 期：12 月	果面特征：糠秕
嫩枝绒毛：无	花瓣颜色：大红色	平均单果重（g）：103.40
芽鳞颜色：紫绿色	萼片绒毛：有	鲜出籽率（%）：31.36
芽 绒 毛：有	雌雄蕊相对高度：等高	种皮颜色：棕褐色
嫩叶颜色：嫩绿色	花柱裂位：中裂	种仁含油率（%）：53.50
老叶颜色：中绿色	柱头裂数：3	
叶　　形：长椭圆形	子房绒毛：有	油酸含量（%）：78.46
叶缘特征：波状	果熟日期：10 月	亚油酸含量（%）：7.22
叶尖形状：尾尖	果　　形：扁圆球形	亚麻酸含量（%）：0.42
叶基形状：楔形	果皮颜色：黄绿色	硬脂酸含量（%）：2.80
平均叶长（cm）：11.24	平均叶宽（cm）：3.60	棕榈酸含量（%）：10.53

（6）具高产果量、大果、高含油率资源

510

亚林浙红-HY032

资源编号：330702_102_0011	归属物种：*Camellia chekiangoleosa* Hu	
资源类型：选育资源（无性系）	主要用途：油用栽培，遗传育种材料	
保存地点：浙江省金华市婺城区	保存方式：国家油茶良种基地，异地保存	

性 状 特 征

特 异 性：高产果量，大果，高含油率		
树　　姿：半开张	盛 花 期：2月中下旬	果面特征：光洁
嫩枝绒毛：无	花瓣颜色：红色	平均单果重（g）：131.89
芽鳞颜色：紫绿色	萼片绒毛：有	鲜出籽率（%）：15.73
芽 绒 毛：无	雌雄蕊相对高度：雌高	种皮颜色：黑色
嫩叶颜色：红色	花柱裂位：中裂	种仁含油率（%）：57.78
老叶颜色：绿色	柱头裂数：3	
叶　　形：椭圆形	子房绒毛：无	油酸含量（%）：84.60
叶缘特征：平	果熟日期：12月中下旬	亚油酸含量（%）：3.10
叶尖形状：渐尖	果　　形：扁圆球形	亚麻酸含量（%）：0.10
叶基形状：楔形	果皮颜色：青红色	硬脂酸含量（%）：4.30
平均叶长（cm）：6.28	平均叶宽（cm）：2.73	棕榈酸含量（%）：7.40

511

亚林浙红1号

资源编号：330702_102_0023		归属物种：*Camellia chekiangoleosa* Hu
资源类型：选育资源（无性系）		主要用途：油用栽培，遗传育种材料
保存地点：浙江省金华市婺城区		保存方式：国家油茶良种基地，异地保存

性 状 特 征

特 异 性：高产果量，大果，高含油率

树　　姿：半开张	盛 花 期：2月中下旬	果面特征：光洁
嫩枝绒毛：无	花瓣颜色：红色	平均单果重（g）：106.51
芽鳞颜色：绿色	萼片绒毛：有	鲜出籽率（%）：15.88
芽绒毛：无	雌雄蕊相对高度：雌高	种皮颜色：黑色
嫩叶颜色：红色	花柱裂位：浅裂	种仁含油率（%）：52.86
老叶颜色：黄绿色	柱头裂数：3	
叶　　形：椭圆形	子房绒毛：无	油酸含量（%）：83.70
叶缘特征：波状	果熟日期：10月中旬	亚油酸含量（%）：4.40
叶尖形状：渐尖	果　　形：卵球形	亚麻酸含量（%）：0.10
叶基形状：近圆形	果皮颜色：红色	硬脂酸含量（%）：3.30
平均叶长（cm）：8.80	平均叶宽（cm）：3.60	棕榈酸含量（%）：6.30

（7）具高产果量、大果、高油酸资源

512

亚林浙红－HY043

资源编号：330702_102_0012	归属物种：*Camellia chekiangoleosa* Hu	
资源类型：选育资源（无性系）	主要用途：油用栽培，遗传育种材料	
保存地点：浙江省金华市婺城区	保存方式：国家油茶良种基地，异地保存	
性 状 特 征		
特 异 性：高产果量，大果，高油酸		
树　　姿：半开张	盛 花 期：2月中下旬	果面特征：光洁
嫩枝绒毛：无	花瓣颜色：红色	平均单果重（g）：112.10
芽鳞颜色：绿色	萼片绒毛：有	鲜出籽率（%）：23.33
芽 绒 毛：无	雌雄蕊相对高度：雌高	种皮颜色：黑褐色
嫩叶颜色：红色	花柱裂位：浅裂	种仁含油率（%）：46.31
老叶颜色：黄绿色	柱头裂数：3	
叶　　形：椭圆形	子房绒毛：无	油酸含量（%）：86.60
叶缘特征：平	果熟日期：9月中下旬	亚油酸含量（%）：4.10
叶尖形状：渐尖	果　　形：扁圆球形	亚麻酸含量（%）：0.10
叶基形状：楔形	果皮颜色：青红色	硬脂酸含量（%）：3.70
平均叶长（cm）：8.22	平均叶宽（cm）：3.85	棕榈酸含量（%）：8.00

513

高油―大坡镇样优3号

资源编号：440981_006_0012	归属物种：*Camellia gauchowensis* Chang	
资源类型：选育资源（无性系）	主要用途：油用栽培，遗传育种材料	
保存地点：广东省高州市	保存方式：原地保护，异地保存	

性 状 特 征

特 异 性：高产果量，大果，高油酸		
树　姿：半开张	盛 花 期：12月中旬	果面特征：糠秕
嫩枝绒毛：无	花瓣颜色：白色	平均单果重（g）：89.06
芽鳞颜色：玉白色	萼片绒毛：有	鲜出籽率（%）：27.68
芽绒毛：有	雌雄蕊相对高度：雄高	种皮颜色：黑色、棕褐色
嫩叶颜色：淡绿色	花柱裂位：全裂	种仁含油率（%）：48.30
老叶颜色：深绿色	柱头裂数：3	油酸含量（%）：88.30
叶　形：近圆形	子房绒毛：有	亚油酸含量（%）：3.50
叶缘特征：平	果熟日期：10月中旬	亚麻酸含量（%）：—
叶尖形状：渐尖	果　形：圆球形	硬脂酸含量（%）：1.50
叶基形状：近圆形	果皮颜色：黄棕色	棕榈酸含量（%）：6.50
平均叶长（cm）：7.73	平均叶宽（cm）：4.04	

514

高油－古丁镇样优28号

资源编号：440981_006_0046	归属物种：*Camellia gauchowensis* Chang
资源类型：选育资源（无性系）	主要用途：油用栽培，遗传育种材料
保存地点：广东省高州市	保存方式：原地保护，异地保存

性 状 特 征

特 异 性：高产果量，大果，高油酸

树　姿：开张	盛 花 期：11月上旬	果面特征：糠秕
嫩枝绒毛：无	花瓣颜色：白色	平均单果重（g）：91.35
芽鳞颜色：玉白色	萼片绒毛：有	鲜出籽率（%）：19.21
芽绒毛：有	雌雄蕊相对高度：雌高	种皮颜色：棕褐色、褐色
嫩叶颜色：紫绿色	花柱裂位：浅裂	种仁含油率（%）：39.30
老叶颜色：深绿色	柱头裂数：3	油酸含量（%）：87.10
叶　形：椭圆形	子房绒毛：有	亚油酸含量（%）：4.00
叶缘特征：平	果熟日期：10月中旬	亚麻酸含量（%）：—
叶尖形状：渐尖	果　形：卵球形	硬脂酸含量（%）：1.60
叶基形状：近圆形	果皮颜色：黄棕色	棕榈酸含量（%）：7.00
平均叶长（cm）：7.67	平均叶宽（cm）：3.03	

高油－古丁镇样优 1 号

资源编号：440981_006_0060	归属物种：*Camellia gauchowensis* Chang
资源类型：选育资源（无性系）	主要用途：油用栽培，遗传育种材料
保存地点：广东省高州市	保存方式：原地保护，异地保存

性 状 特 征

特 异 性：高产果量，大果，高油酸

树　姿：开张	盛 花 期：11 月中旬	果面特征：糠秕
嫩枝绒毛：无	花瓣颜色：白色	平均单果重（g）：102.13
芽鳞颜色：玉白色	萼片绒毛：有	鲜出籽率（%）：28.20
芽绒毛：有	雌雄蕊相对高度：雌高	种皮颜色：棕色
嫩叶颜色：淡绿色	花柱裂位：深裂	种仁含油率（%）：39.30
老叶颜色：深绿色、中绿色	柱头裂数：2	
叶　形：椭圆形	子房绒毛：有	油酸含量（%）：87.10
叶缘特征：波状、平	果熟日期：10 月中旬	亚油酸含量（%）：4.00
叶尖形状：钝尖	果　形：扁圆球形、卵球形	亚麻酸含量（%）：—
叶基形状：楔形	果皮颜色：青色	硬脂酸含量（%）：1.60
平均叶长（cm）：7.76	平均叶宽（cm）：3.05	棕榈酸含量（%）：7.00

516

高油－长坡镇林邓优14号

资源编号：440981_006_0113		归属物种：*Camellia gauchowensis* Chang
资源类型：选育资源（无性系）		主要用途：油用栽培，遗传育种材料
保存地点：广东省高州市		保存方式：原地保护，异地保存

性 状 特 征

特 异 性：高产果量，大果，高油酸		
树　　姿：开张	盛 花 期：12月中旬	果面特征：糠秕
嫩枝绒毛：无	花瓣颜色：白色	平均单果重（g）：124.64
芽鳞颜色：玉白色	萼片绒毛：有	鲜出籽率（%）：29.61
芽 绒 毛：有	雌雄蕊相对高度：雌高	种皮颜色：棕褐色、黑色
嫩叶颜色：紫绿色	花柱裂位：中裂	种仁含油率（%）：49.80
老叶颜色：中绿色	柱头裂数：2	
叶　　形：长椭圆形	子房绒毛：有	油酸含量（%）：86.90
叶缘特征：波状、平	果熟日期：10月中旬	亚油酸含量（%）：5.00
叶尖形状：渐尖	果　　形：倒卵球形	亚麻酸含量（%）：—
叶基形状：楔形	果皮颜色：黄棕色	硬脂酸含量（%）：1.20
平均叶长（cm）：8.86	平均叶宽（cm）：3.12	棕榈酸含量（%）：6.00

517

高油ー长坡镇林邓优8号

资源编号：440981_006_0126	归属物种：*Camellia gauchowensis* Chang
资源类型：选育资源（无性系）	主要用途：油用栽培，遗传育种材料
保存地点：广东省高州市	保存方式：原地保护，异地保存

性 状 特 征

特 异 性：高产果量，大果，高油酸		
树　　姿：开张	盛 花 期：12月中旬	果面特征：糠秕
嫩枝绒毛：无	花瓣颜色：白色	平均单果重（g）：111.22
芽鳞颜色：玉白色	萼片绒毛：有	鲜出籽率（%）：26.50
芽绒毛：有	雌雄蕊相对高度：雌高	种皮颜色：黑色、棕褐色
嫩叶颜色：紫绿色	花柱裂位：中裂	种仁含油率（%）：46.60
老叶颜色：中绿色	柱头裂数：3	
叶　　形：长椭圆形	子房绒毛：有	油酸含量（%）：87.30
叶缘特征：平	果熟日期：10月中旬	亚油酸含量（%）：4.30
叶尖形状：渐尖	果　　形：扁圆球形	亚麻酸含量（%）：—
叶基形状：楔形	果皮颜色：黄棕色	硬脂酸含量（%）：1.40
平均叶长（cm）：9.71	平均叶宽（cm）：3.52	棕榈酸含量（%）：6.60

518

高油Ⅰ长坡镇林邓优25号

资源编号：440981_006_0154		归属物种：*Camellia gauchowensis* Chang
资源类型：选育资源（无性系）		主要用途：油用栽培，遗传育种材料
保存地点：广东省高州市		保存方式：原地保护，异地保存

性 状 特 征

特 异 性：高产果量，大果，高油酸		
树 姿：半开张	盛 花 期：12月上旬	果面特征：糠秕
嫩枝绒毛：无	花瓣颜色：白色	平均单果重（g）：86.81
芽鳞颜色：玉白色	萼片绒毛：有	鲜出籽率（%）：28.88
芽绒毛：有	雌雄蕊相对高度：雌高	种皮颜色：黑色、棕褐色
嫩叶颜色：紫绿色	花柱裂位：中裂	种仁含油率（%）：45.10
老叶颜色：深绿色	柱头裂数：2	
叶 形：长椭圆形	子房绒毛：有	油酸含量（%）：85.10
叶缘特征：平	果熟日期：10月中旬	亚油酸含量（%）：4.10
叶尖形状：渐尖	果 形：扁圆球形	亚麻酸含量（%）：—
叶基形状：楔形	果皮颜色：黄棕色	硬脂酸含量（%）：1.20
平均叶长（cm）：10.53	平均叶宽（cm）：3.81	棕榈酸含量（%）：8.60

519

高油－长坡镇旺沙优16号

资源编号：440981_006_0156	归属物种：*Camellia gauchowensis* Chang
资源类型：选育资源（无性系）	主要用途：油用栽培，遗传育种材料
保存地点：广东省高州市	保存方式：原地保护，异地保存

性 状 特 征

特 异 性：高产果量，大果，高油酸

树　　姿：半开张	盛 花 期：11月上旬	果面特征：糠秕
嫩枝绒毛：无	花瓣颜色：白色	平均单果重（g）：86.41
芽鳞颜色：玉白色	萼片绒毛：有	鲜出籽率（%）：28.09
芽绒毛：有	雌雄蕊相对高度：雌高	种皮颜色：棕褐色
嫩叶颜色：淡紫绿色	花柱裂位：浅裂	种仁含油率（%）：45.10
老叶颜色：深绿色	柱头裂数：2	
叶　　形：椭圆形	子房绒毛：有	油酸含量（%）：85.90
叶缘特征：平	果熟日期：10月中旬	亚油酸含量（%）：4.20
叶尖形状：钝尖	果　　形：扁圆球形	亚麻酸含量（%）：—
叶基形状：近圆形	果皮颜色：青色	硬脂酸含量（%）：0.70
平均叶长（cm）：9.83	平均叶宽（cm）：4.55	棕榈酸含量（%）：8.60

（8）具高产果量、高出籽率、高含油率资源

520

窄叶西南红山茶2号

资源编号：532524_079_0002	归属物种：*Camellia pitardii* Coh. St.	
资源类型：选育资源（良种）	主要用途：油用栽培，遗传育种材料	
保存地点：云南省建水县	保存方式：原地保护，异地保存	

性 状 特 征

特 异 性：高产果量，高出籽率，高含油率		
树　　姿：开张	盛 花 期：1月中旬	果面特征：糠秕
嫩枝绒毛：无	花瓣颜色：淡红色	平均单果重（g）：25.17
芽鳞颜色：黄绿色	萼片绒毛：有	鲜出籽率（%）：53.68
芽绒毛：有	雌雄蕊相对高度：雌高	种皮颜色：黑色
嫩叶颜色：绿色	花柱裂位：中裂	种仁含油率（%）：54.97
老叶颜色：中绿色	柱头裂数：3	
叶　　形：长椭圆形	子房绒毛：有	油酸含量（%）：68.24
叶缘特征：平	果熟日期：7月中旬	亚油酸含量（%）：12.34
叶尖形状：渐尖	果　　形：圆球形	亚麻酸含量（%）：2.23
叶基形状：楔形	果皮颜色：灰褐色	硬脂酸含量（%）：2.37
平均叶长（cm）：5.10	平均叶宽（cm）：2.63	棕榈酸含量（%）：13.29

521

窄叶西南红山茶 3 号

资源编号：532524_079_0003		归属物种：*Camellia pitardii* Coh. St.
资源类型：选育资源（良种）		主要用途：油用栽培，遗传育种材料
保存地点：云南省建水县		保存方式：原地保护，异地保存

性 状 特 征

特 异 性：高产果量，高出籽率，高含油率

树 姿：开张	盛 花 期：1 月中旬	果面特征：糠秕
嫩枝绒毛：无	花瓣颜色：淡红色	平均单果重（g）：25.53
芽鳞颜色：黄绿色	萼片绒毛：有	鲜出籽率（%）：50.65
芽绒毛：有	雌雄蕊相对高度：雌高	种皮颜色：黑色
嫩叶颜色：绿色	花柱裂位：中裂	种仁含油率（%）：53.63
老叶颜色：中绿色	柱头裂数：3	
叶 形：长椭圆形	子房绒毛：有	油酸含量（%）：67.35
叶缘特征：平	果熟日期：7 月中旬	亚油酸含量（%）：13.23
叶尖形状：渐尖	果 形：圆球形	亚麻酸含量（%）：1.92
叶基形状：楔形	果皮颜色：灰褐色	硬脂酸含量（%）：2.98
平均叶长（cm）：5.63	平均叶宽（cm）：2.73	棕榈酸含量（%）：14.51

522

窄叶西南红山茶 4 号

资源编号：532524_079_0004	归属物种：*Camellia pitardii* Coh. St.	
资源类型：选育资源（良种）	主要用途：油用栽培，遗传育种材料	
保存地点：云南省建水县	保存方式：原地保护，异地保存	

性 状 特 征

特 异 性：高产果量，高出籽率，高含油率		
树　　姿：开张	盛 花 期：1 月中旬	果面特征：糠秕
嫩枝绒毛：无	花瓣颜色：淡红色	平均单果重（g）：29.21
芽鳞颜色：黄绿色	萼片绒毛：有	鲜出籽率（%）：49.16
芽 绒 毛：有	雌雄蕊相对高度：雌高	种皮颜色：黑色
嫩叶颜色：绿色	花柱裂位：中裂	种仁含油率（%）：55.73
老叶颜色：中绿色	柱头裂数：3	
叶　　形：长椭圆形	子房绒毛：有	油酸含量（%）：70.12
叶缘特征：平	果熟日期：7 月中旬	亚油酸含量（%）：11.58
叶尖形状：渐尖	果　　形：扁圆球形	亚麻酸含量（%）：1.71
叶基形状：楔形	果皮颜色：灰褐色	硬脂酸含量（%）：2.79
平均叶长（cm）：5.25	平均叶宽（cm）：2.45	棕榈酸含量（%）：13.01

（9）具高产果量、高出籽率、高油酸资源

523

高油－谢鸡镇优3号

资源编号：440981_006_0079	归属物种：*Camellia gauchowensis* Chang
资源类型：选育资源（无性系）	主要用途：油用栽培，遗传育种材料
保存地点：广东省高州市	保存方式：原地保护，异地保存

性　状　特　征

特异性：高产果量，高出籽率，高油酸		
树　姿：半开张	盛花期：12月中旬	果面特征：糠秕
嫩枝绒毛：无	花瓣颜色：白色	平均单果重（g）：68.67
芽鳞颜色：玉白色	萼片绒毛：有	鲜出籽率（%）：39.07
芽绒毛：有	雌雄蕊相对高度：雌高	种皮颜色：褐色、棕褐色
嫩叶颜色：淡绿色	花柱裂位：中裂	种仁含油率（%）：46.80
老叶颜色：深绿色	柱头裂数：3	
叶　形：椭圆形	子房绒毛：有	油酸含量（%）：85.60
叶缘特征：平	果熟日期：10月中旬	亚油酸含量（%）：3.70
叶尖形状：渐尖	果　形：卵球形	亚麻酸含量（%）：—
叶基形状：楔形	果皮颜色：青色	硬脂酸含量（%）：1.60
平均叶长（cm）：9.48	平均叶宽（cm）：3.92	棕榈酸含量（%）：8.70

524

高油—四会林科所肇样3—5号

资源编号：441284_006_0005	归属物种：*Camellia gauchowensis* Chang	
资源类型：选育资源（无性系）	主要用途：油用栽培，遗传育种材料	
保存地点：广东省四会市	保存方式：原地保护，异地保存	

性 状 特 征

特 异 性：高产果量，高出籽率，高油酸

树 姿：直立	盛花期：11月中旬	果面特征：糠秕、光滑
嫩枝绒毛：无	花瓣颜色：白色	平均单果重（g）：68.79
芽鳞颜色：黄绿色	萼片绒毛：有	鲜出籽率（%）：35.27
芽绒毛：有	雌雄蕊相对高度：雄高	种皮颜色：黑色
嫩叶颜色：绿色	花柱裂位：中裂	种仁含油率（%）：48.80
老叶颜色：深绿色	柱头裂数：3	
叶 形：椭圆形	子房绒毛：无	油酸含量（%）：85.30
叶缘特征：平	果熟日期：10月中旬	亚油酸含量（%）：3.90
叶尖形状：渐尖、钝尖	果 形：圆球形	亚麻酸含量（%）：—
叶基形状：楔形	果皮颜色：青色、黄棕色、褐色	硬脂酸含量（%）：0.90
平均叶长（cm）：6.38	平均叶宽（cm）：3.01	棕榈酸含量（%）：9.50

525

高油－连平林科所 5 号

资源编号：441623_006_0005	归属物种：*Camellia gauchowensis* Chang	
资源类型：选育资源（无性系）	主要用途：油用栽培，遗传育种材料	
保存地点：广东省连平县	保存方式：原地保护，异地保存	

性 状 特 征

特 异 性：高产果量，高出籽率，高油酸

树　姿：半开张	盛 花 期：11月下旬	果面特征：糠秕
嫩枝绒毛：无	花瓣颜色：白色	平均单果重（g）：55.50
芽鳞颜色：黄绿色	萼片绒毛：有	鲜出籽率（%）：31.39
芽绒毛：有	雌雄蕊相对高度：雌高	种皮颜色：褐色
嫩叶颜色：绿色	花柱裂位：中裂、浅裂	种仁含油率（%）：44.30
老叶颜色：中绿色	柱头裂数：3	
叶　形：椭圆形、近圆形	子房绒毛：有	油酸含量（%）：90.80
叶缘特征：波状、平	果熟日期：10月中下旬	亚油酸含量（%）：2.20
叶尖形状：渐尖、钝尖	果　形：扁圆球形	亚麻酸含量（%）：0.10
叶基形状：楔形、近圆形	果皮颜色：黄色	硬脂酸含量（%）：0.20
平均叶长（cm）：7.83	平均叶宽（cm）：3.79	棕榈酸含量（%）：6.30

526

高油－连平林科所6号

资源编号：441623_006_0006		归属物种：*Camellia gauchowensis* Chang
资源类型：选育资源（无性系）		主要用途：油用栽培，遗传育种材料
保存地点：广东省连平县		保存方式：原地保护，异地保存

性 状 特 征

特 异 性：高产果量，高出籽率，高油酸

树　　姿：半开张	盛 花 期：11月下旬	果面特征：光洁
嫩枝绒毛：无	花瓣颜色：白色	平均单果重（g）：52.96
芽鳞颜色：黄绿色	萼片绒毛：有	鲜出籽率（%）：38.09
芽绒毛：有	雌雄蕊相对高度：雌高	种皮颜色：棕褐色
嫩叶颜色：绿色	花柱裂位：浅裂、中裂	种仁含油率（%）：48.50
老叶颜色：中绿色	柱头裂数：3	
叶　　形：长椭圆形、椭圆形	子房绒毛：有	油酸含量（%）：85.90
叶缘特征：平	果熟日期：10月中下旬	亚油酸含量（%）：3.70
叶尖形状：渐尖、钝尖	果　　形：圆球形	亚麻酸含量（%）：—
叶基形状：楔形	果皮颜色：青红色	硬脂酸含量（%）：1.90
平均叶长（cm）：8.43	平均叶宽（cm）：3.23	棕榈酸含量（%）：8.10

527

高油 - 连平林科所 7 号

资源编号：441623_006_0007		归属物种：*Camellia gauchowensis* Chang
资源类型：选育资源（无性系）		主要用途：油用栽培，遗传育种材料
保存地点：广东省连平县		保存方式：原地保护，异地保存

性 状 特 征

特 异 性：高产果量，高出籽率，高油酸		
树　　姿：半开张	盛 花 期：11月下旬	果面特征：糠秕、光洁
嫩枝绒毛：无	花瓣颜色：白色	平均单果重（g）：65.39
芽鳞颜色：黄绿色	萼片绒毛：有	鲜出籽率（%）：36.38
芽 绒 毛：有	雌雄蕊相对高度：雌高	种皮颜色：棕褐色
嫩叶颜色：绿色	花柱裂位：中裂、浅裂	种仁含油率（%）：48.90
老叶颜色：中绿色	柱头裂数：3	
叶　　形：椭圆形、近圆形	子房绒毛：有	油酸含量（%）：87.30
叶缘特征：波状	果熟日期：10月中下旬	亚油酸含量（%）：3.50
叶尖形状：渐尖	果　　形：扁圆球形	亚麻酸含量（%）：—
叶基形状：楔形	果皮颜色：青黄色	硬脂酸含量（%）：1.30
平均叶长（cm）：7.06	平均叶宽（cm）：3.39	棕榈酸含量（%）：7.60

528

高油－连平林科所9号

资源编号：441623_006_0009	归属物种：*Camellia gauchowensis* Chang	
资源类型：选育资源（无性系）	主要用途：油用栽培，遗传育种材料	
保存地点：广东省连平县	保存方式：原地保护，异地保存	

性 状 特 征

特 异 性：高产果量，高出籽率，高油酸		
树　　姿：半开张	盛 花 期：11月下旬	果面特征：光洁、糠秕
嫩枝绒毛：无	花瓣颜色：白色	平均单果重（g）：49.01
芽鳞颜色：黄绿色	萼片绒毛：有	鲜出籽率（%）：33.61
芽 绒 毛：有	雌雄蕊相对高度：雌高	种皮颜色：棕色
嫩叶颜色：绿色	花柱裂位：中裂、浅裂	种仁含油率（%）：35.60
老叶颜色：中绿色、黄绿色	柱头裂数：3	
叶　　形：椭圆形、近圆形	子房绒毛：有	油酸含量（%）：86.10
叶缘特征：波状、平	果熟日期：10月中下旬	亚油酸含量（%）：4.20
叶尖形状：渐尖、钝尖、圆尖	果　　形：扁圆球形	亚麻酸含量（%）：—
叶基形状：近圆形、楔形	果皮颜色：青黄色	硬脂酸含量（%）：0.70
平均叶长（cm）：6.57	平均叶宽（cm）：3.03	棕榈酸含量（%）：8.30

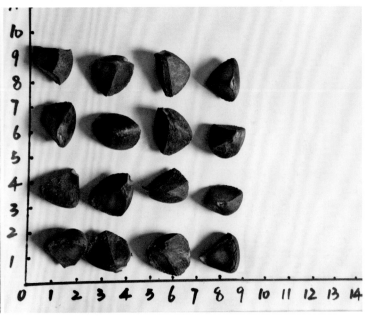

529 广红-云样2-1

资源编号：445302_066_0066		归属物种：*Camellia semiserrata* Chi
资源类型：选育资源（无性系）		主要用途：油用、观赏栽培，遗传育种材料
保存地点：广东省云浮市云城区		保存方式：原地保护，异地保存

性 状 特 征

特 异 性：高产果量，高出籽率，高油酸		
树　　姿：半开张	盛 花 期：12月下旬	果面特征：光滑、糠秕
嫩枝绒毛：有	花瓣颜色：红色	平均单果重（g）：219.04
芽鳞颜色：黄绿色	萼片绒毛：无	鲜出籽率（%）：17.13
芽绒毛：无	雌雄蕊相对高度：雌高	种皮颜色：黑色、棕色
嫩叶颜色：中绿色	花柱裂位：浅裂	种仁含油率（%）：51.97
老叶颜色：深绿色	柱头裂数：5	
叶　　形：长椭圆形	子房绒毛：无	油酸含量（%）：87.65
叶缘特征：平	果熟日期：10月上旬	亚油酸含量（%）：3.35
叶尖形状：渐尖	果　　形：扁圆球形、圆球形	亚麻酸含量（%）：—
叶基形状：楔形	果皮颜色：青色、黄色、红色	硬脂酸含量（%）：2.25
平均叶长（cm）：14.80	平均叶宽（cm）：5.01	棕榈酸含量（%）：5.80

（10）具高产果量、高含油率、高油酸资源

资源编号：330702_102_0001	归属物种：*Camellia chekiangoleosa* Hu
资源类型：选育资源（无性系）	主要用途：油用栽培，遗传育种材料
保存地点：浙江省金华市婺城区	保存方式：国家油茶良种基地，异地保存

<table>
<tr><td colspan="3" align="center">性 状 特 征</td></tr>
<tr><td colspan="3">特 异 性：高产果量，高含油率，高油酸</td></tr>
<tr><td>树　姿：半开张</td><td>盛 花 期：2月中下旬</td><td>果面特征：光洁</td></tr>
<tr><td>嫩枝绒毛：无</td><td>花瓣颜色：红色</td><td>平均单果重（g）：69.32</td></tr>
<tr><td>芽鳞颜色：紫绿色</td><td>萼片绒毛：有</td><td>鲜出籽率（%）：21.35</td></tr>
<tr><td>芽绒毛：无</td><td>雌雄蕊相对高度：雌高</td><td>种皮颜色：褐色</td></tr>
<tr><td>嫩叶颜色：红色</td><td>花柱裂位：中裂</td><td>种仁含油率（%）：52.35</td></tr>
<tr><td>老叶颜色：绿色</td><td>柱头裂数：3</td><td></td></tr>
<tr><td>叶　形：近圆形</td><td>子房绒毛：无</td><td>油酸含量（%）：85.80</td></tr>
<tr><td>叶缘特征：平</td><td>果熟日期：9月中下旬</td><td>亚油酸含量（%）：3.10</td></tr>
<tr><td>叶尖形状：渐尖</td><td>果　形：扁圆球形</td><td>亚麻酸含量（%）：0.10</td></tr>
<tr><td>叶基形状：近圆形</td><td>果皮颜色：红色</td><td>硬脂酸含量（%）：3.60</td></tr>
<tr><td>平均叶长（cm）：7.90</td><td>平均叶宽（cm）：4.12</td><td>棕榈酸含量（%）：6.90</td></tr>
</table>

530

亚林浙红－DY129

531

亚林浙红—HY028

资源编号：330702_102_0008	归属物种：*Camellia chekiangoleosa* Hu	
资源类型：选育资源（无性系）	主要用途：油用栽培，遗传育种材料	
保存地点：浙江省金华市婺城区	保存方式：国家油茶良种基地，异地保存	

性 状 特 征

特 异 性：高产果量，高含油率，高油酸		
树　姿：开张	盛 花 期：2月中下旬	果面特征：光洁
嫩枝绒毛：无	花瓣颜色：红色	平均单果重（g）：61.40
芽鳞颜色：黄绿色	萼片绒毛：有	鲜出籽率（%）：14.50
芽绒毛：无	雌雄蕊相对高度：雄高	种皮颜色：黑褐色
嫩叶颜色：红色	花柱裂位：深裂	种仁含油率（%）：56.33
老叶颜色：黄绿色	柱头裂数：3	
叶　形：椭圆形	子房绒毛：无	油酸含量（%）：86.00
叶缘特征：波状	果熟日期：9月中下旬	亚油酸含量（%）：2.30
叶尖形状：渐尖	果　形：扁圆球形	亚麻酸含量（%）：0.10
叶基形状：近圆形	果皮颜色：青绿色	硬脂酸含量（%）：3.40
平均叶长（cm）：7.17	平均叶宽（cm）：4.08	棕榈酸含量（%）：7.60

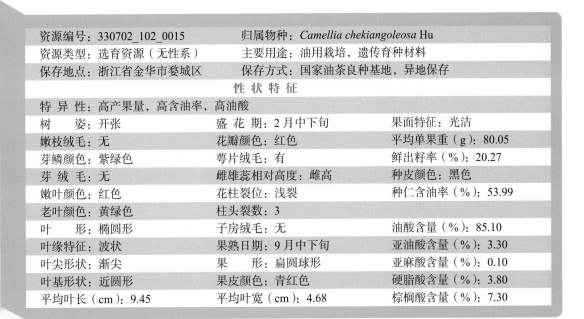

资源编号：330702_102_0015	归属物种：*Camellia chekiangoleosa* Hu	
资源类型：选育资源（无性系）	主要用途：油用栽培，遗传育种材料	
保存地点：浙江省金华市婺城区	保存方式：国家油茶良种基地，异地保存	

532

亚林浙红‖HY054

性 状 特 征

特 异 性：高产果量，高含油率，高油酸

树　姿：开张	盛 花 期：2月中下旬	果面特征：光洁
嫩枝绒毛：无	花瓣颜色：红色	平均单果重（g）：80.05
芽鳞颜色：紫绿色	萼片绒毛：有	鲜出籽率（%）：20.27
芽绒毛：无	雌雄蕊相对高度：雌高	种皮颜色：黑色
嫩叶颜色：红色	花柱裂位：浅裂	种仁含油率（%）：53.99
老叶颜色：黄绿色	柱头裂数：3	
叶　形：椭圆形	子房绒毛：无	油酸含量（%）：85.10
叶缘特征：波状	果熟日期：9月中下旬	亚油酸含量（%）：3.30
叶尖形状：渐尖	果　形：扁圆球形	亚麻酸含量（%）：0.10
叶基形状：近圆形	果皮颜色：青红色	硬脂酸含量（%）：3.80
平均叶长（cm）：9.45	平均叶宽（cm）：4.68	棕榈酸含量（%）：7.30

533

高油－大坡镇大榕优 1 号

资源编号：440981_006_0014		归属物种：*Camellia gauchowensis* Chang
资源类型：选育资源（无性系）		主要用途：油用栽培，遗传育种材料
保存地点：广东省高州市		保存方式：原地保护，异地保存
性 状 特 征		
特 异 性：高产果量，高含油率，高油酸		
树　姿：开张	盛 花 期：12月上旬	果面特征：糠秕
嫩枝绒毛：无	花瓣颜色：白色	平均单果重（g）：68.95
芽鳞颜色：玉白色	萼片绒毛：有	鲜出籽率（%）：27.28
芽 绒 毛：有	雌雄蕊相对高度：雌高	种皮颜色：褐色、棕褐色
嫩叶颜色：淡绿色	花柱裂位：全裂	种仁含油率（%）：50.11
老叶颜色：深绿色、中绿色	柱头裂数：2	油酸含量（%）：85.38
叶　形：椭圆形	子房绒毛：有	亚油酸含量（%）：4.37
叶缘特征：平	果熟日期：10月中旬	亚麻酸含量（%）：—
叶尖形状：渐尖、钝尖	果　形：倒卵球形	硬脂酸含量（%）：1.58
叶基形状：楔形	果皮颜色：黄棕色	棕榈酸含量（%）：8.33
平均叶长（cm）：8.17	平均叶宽（cm）：3.70	

534

高油－古丁镇龙湾优5号

资源编号：440981_006_0055	归属物种：*Camellia gauchowensis* Chang	
资源类型：选育资源（无性系）	主要用途：油用栽培，遗传育种材料	
保存地点：广东省高州市	保存方式：原地保护，异地保存	

性 状 特 征

特 异 性：高产果量，高含油率，高油酸		
树　　姿：半开张	盛 花 期：11月下旬	果面特征：糠秕
嫩枝绒毛：无	花瓣颜色：白色	平均单果重（g）：62.34
芽鳞颜色：玉白色	萼片绒毛：有	鲜出籽率（%）：27.59
芽绒毛：有	雌雄蕊相对高度：雄高	种皮颜色：褐色
嫩叶颜色：淡绿色	花柱裂位：浅裂	种仁含油率（%）：60.48
老叶颜色：中绿色、深绿色	柱头裂数：2	
叶　　形：椭圆形	子房绒毛：有	油酸含量（%）：87.54
叶缘特征：平	果熟日期：10月中旬	亚油酸含量（%）：2.04
叶尖形状：渐尖、钝尖	果　　形：扁圆球形	亚麻酸含量（%）：—
叶基形状：楔形	果皮颜色：青色	硬脂酸含量（%）：2.29
平均叶长（cm）：7.25	平均叶宽（cm）：2.86	棕榈酸含量（%）：7.92

535

高油－平山镇样14号

资源编号：440981_006_0071	归属物种：*Camellia gauchowensis* Chang	
资源类型：选育资源（无性系）	主要用途：油用栽培，遗传育种材料	
保存地点：广东省高州市	保存方式：原地保护，异地保存	

性 状 特 征

特 异 性：高产果量，高含油率，高油酸		
树　　姿：直立	盛 花 期：12月上旬	果面特征：糠秕
嫩枝绒毛：无	花瓣颜色：白色	平均单果重（g）：75.51
芽鳞颜色：玉白色	萼片绒毛：有	鲜出籽率（%）：30.84
芽绒毛：有	雌雄蕊相对高度：雌高	种皮颜色：黑色、棕褐色
嫩叶颜色：紫绿色	花柱裂位：深裂、浅裂	种仁含油率（%）：54.88
老叶颜色：中绿色	柱头裂数：3	
叶　　形：椭圆形	子房绒毛：有	油酸含量（%）：86.72
叶缘特征：平	果熟日期：10月中旬	亚油酸含量（%）：2.68
叶尖形状：渐尖、钝尖	果　　形：倒卵球形	亚麻酸含量（%）：—
叶基形状：近圆形、楔形	果皮颜色：黄棕色	硬脂酸含量（%）：1.25
平均叶长（cm）：8.05	平均叶宽（cm）：3.65	棕榈酸含量（%）：8.40

536

高油－长坡镇林邓优18号

资源编号：440981_006_0111	归属物种：*Camellia gauchowensis* Chang	
资源类型：选育资源（无性系）	主要用途：油用栽培，遗传育种材料	
保存地点：广东省高州市	保存方式：原地保护，异地保存	

性 状 特 征

特 异 性：高产果量，高含油率，高油酸		
树　　姿：开张	盛 花 期：12月中旬	果面特征：糠秕
嫩枝绒毛：无	花瓣颜色：白色	平均单果重（g）：61.99
芽鳞颜色：玉白色	萼片绒毛：有	鲜出籽率（%）：29.28
芽绒毛：有	雌雄蕊相对高度：雌高	种皮颜色：棕褐色
嫩叶颜色：紫绿色	花柱裂位：深裂、全裂	种仁含油率（%）：54.13
老叶颜色：深绿色	柱头裂数：3	
叶　　形：椭圆形	子房绒毛：有	油酸含量（%）：86.11
叶缘特征：平	果熟日期：10月中旬	亚油酸含量（%）：4.50
叶尖形状：渐尖	果　　形：扁圆球形	亚麻酸含量（%）：—
叶基形状：楔形	果皮颜色：青色	硬脂酸含量（%）：1.31
平均叶长（cm）：7.84	平均叶宽（cm）：3.22	棕榈酸含量（%）：7.50

537

高油－长坡镇样13号

资源编号：440981_006_0139	归属物种：*Camellia gauchowensis* Chang	
资源类型：选育资源（无性系）	主要用途：油用栽培，遗传育种材料	
保存地点：广东省高州市	保存方式：原地保护，异地保存	

性 状 特 征

特 异 性：高产果量，高含油率，高油酸

树　　姿：半开张	盛 花 期：11月下旬	果面特征：糠秕
嫩枝绒毛：无	花瓣颜色：白色	平均单果重（g）：53.10
芽鳞颜色：玉白色	萼片绒毛：有	鲜出籽率（%）：29.30
芽 绒 毛：有	雌雄蕊相对高度：雌高	种皮颜色：褐色、棕褐色
嫩叶颜色：紫绿色	花柱裂位：中裂、浅裂	种仁含油率（%）：52.12
老叶颜色：黄绿色	柱头裂数：2	
叶　　形：椭圆形	子房绒毛：有	油酸含量（%）：86.19
叶缘特征：平	果熟日期：10月中旬	亚油酸含量（%）：3.55
叶尖形状：渐尖	果　　形：扁圆球形	亚麻酸含量（%）：—
叶基形状：楔形	果皮颜色：黄棕色	硬脂酸含量（%）：1.48
平均叶长（cm）：8.09	平均叶宽（cm）：3.50	棕榈酸含量（%）：8.63

538

高油－长坡镇旺沙优14号

资源编号：440981_006_0145	归属物种：*Camellia gauchowensis* Chang	
资源类型：选育资源（无性系）	主要用途：油用栽培，遗传育种材料	
保存地点：广东省高州市	保存方式：原地保护，异地保存	

性 状 特 征

特 异 性：高产果量，高含油率，高油酸		
树　　姿：开张	盛 花 期：11月中旬	果面特征：糠秕
嫩枝绒毛：无	花瓣颜色：白色	平均单果重（g）：65.11
芽鳞颜色：玉白色	萼片绒毛：有	鲜出籽率（%）：27.23
芽绒毛：有	雌雄蕊相对高度：雌高	种皮颜色：褐色、棕褐色
嫩叶颜色：淡绿色	花柱裂位：中裂	种仁含油率（%）：52.31
老叶颜色：黄绿色	柱头裂数：2	油酸含量（%）：87.60
叶　　形：椭圆形	子房绒毛：有	亚油酸含量（%）：3.50
叶缘特征：平	果熟日期：10月中旬	亚麻酸含量（%）：—
叶尖形状：渐尖	果　　形：圆球形	硬脂酸含量（%）：1.33
叶基形状：楔形	果皮颜色：青色	棕榈酸含量（%）：6.79
平均叶长（cm）：7.57	平均叶宽（cm）：3.01	

539

高油－长坡镇林邓优21号

资源编号：440981_006_0150	归属物种：*Camellia gauchowensis* Chang	
资源类型：选育资源（无性系）	主要用途：油用栽培，遗传育种材料	
保存地点：广东省高州市	保存方式：原地保护，异地保存	

性状特征

特异性：高产果量，高含油率，高油酸		
树姿：半开张	盛花期：11月下旬	果面特征：糠秕
嫩枝绒毛：无	花瓣颜色：白色	平均单果重（g）：72.94
芽鳞颜色：玉白色	萼片绒毛：有	鲜出籽率（%）：26.95
芽绒毛：有	雌雄蕊相对高度：雌高	种皮颜色：黑色
嫩叶颜色：紫绿色	花柱裂位：全裂	种仁含油率（%）：55.93
老叶颜色：深绿色	柱头裂数：3	
叶形：长椭圆形	子房绒毛：有	油酸含量（%）：86.81
叶缘特征：平	果熟日期：10月中旬	亚油酸含量（%）：3.60
叶尖形状：渐尖	果形：圆球形	亚麻酸含量（%）：—
叶基形状：楔形	果皮颜色：黄棕色	硬脂酸含量（%）：1.25
平均叶长（cm）：11.15	平均叶宽（cm）：3.94	棕榈酸含量（%）：8.24

540

广红－坑口镇G123号

资源编号：441223_066_0020	归属物种：*Camellia semiserrata* Chi	
资源类型：选育资源（无性系）	主要用途：油用、观赏栽培，遗传育种材料	
保存地点：广东省广宁县	保存方式：原地保护，异地保存	
性 状 特 征		
特 异 性：高产果量，高含油率，高油酸		
树　姿：开张	盛花期：1月上旬	果面特征：光滑
嫩枝绒毛：有	花瓣颜色：红色	平均单果重（g）：332.73
芽鳞颜色：黄绿色	萼片绒毛：有	鲜出籽率（%）：14.31
芽绒毛：有	雌雄蕊相对高度：雌高	种皮颜色：黑色
嫩叶颜色：绿色	花柱裂位：浅裂	种仁含油率（%）：55.74
老叶颜色：深绿色	柱头裂数：4	
叶　形：长椭圆形	子房绒毛：有	油酸含量（%）：86.46
叶缘特征：平	果熟日期：10月中旬	亚油酸含量（%）：3.77
叶尖形状：渐尖	果　形：圆球形	亚麻酸含量（%）：—
叶基形状：楔形、近圆形	果皮颜色：青黄色	硬脂酸含量（%）：2.07
平均叶长（cm）：13.88	平均叶宽（cm）：5.30	棕榈酸含量（%）：7.10

541

广红－坑口镇G270号

资源编号：441223_066_0027		归属物种：*Camellia semiserrata* Chi
资源类型：选育资源（无性系）		主要用途：油用、观赏栽培，遗传育种材料
保存地点：广东省广宁县		保存方式：原地保护，异地保存

性 状 特 征

特 异 性：高产果量，高含油率，高油酸

树　　姿：半开张	盛 花 期：1月上旬	果面特征：光滑
嫩枝绒毛：有	花瓣颜色：红色	平均单果重（g）：342.85
芽鳞颜色：青色	萼片绒毛：无	鲜出籽率（%）：13.63
芽 绒 毛：有	雌雄蕊相对高度：雄高	种皮颜色：黑色
嫩叶颜色：绿色	花柱裂位：浅裂	种仁含油率（%）：55.24
老叶颜色：中绿色	柱头裂数：5	
叶　　形：椭圆形	子房绒毛：有	油酸含量（%）：87.70
叶缘特征：平、波状	果熟日期：10月中旬	亚油酸含量（%）：3.29
叶尖形状：渐尖	果　　形：圆球形	亚麻酸含量（%）：—
叶基形状：楔形	果皮颜色：红黄色	硬脂酸含量（%）：2.39
平均叶长（cm）：15.12	平均叶宽（cm）：5.90	棕榈酸含量（%）：5.89

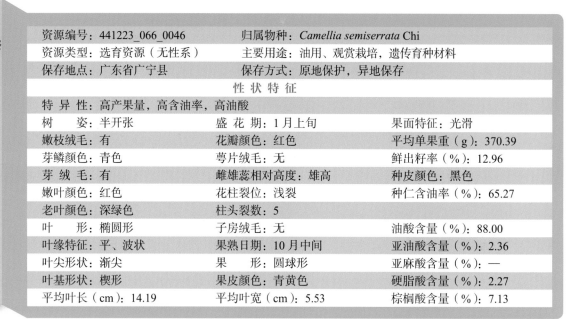

542 广红-坑口镇 GY3-2(G263)号	资源编号：441223_066_0046		归属物种：*Camellia semiserrata* Chi
	资源类型：选育资源（无性系）		主要用途：油用、观赏栽培，遗传育种材料
	保存地点：广东省广宁县		保存方式：原地保护，异地保存
	性 状 特 征		
	特 异 性：高产果量，高含油率，高油酸		
	树　姿：半开张	盛 花 期：1月上旬	果面特征：光滑
	嫩枝绒毛：有	花瓣颜色：红色	平均单果重（g）：370.39
	芽鳞颜色：青色	萼片绒毛：无	鲜出籽率（%）：12.96
	芽 绒 毛：有	雌雄蕊相对高度：雄高	种皮颜色：黑色
	嫩叶颜色：红色	花柱裂位：浅裂	种仁含油率（%）：65.27
	老叶颜色：深绿色	柱头裂数：5	
	叶　形：椭圆形	子房绒毛：无	油酸含量（%）：88.00
	叶缘特征：平、波状	果熟日期：10月中间	亚油酸含量（%）：2.36
	叶尖形状：渐尖	果　形：圆球形	亚麻酸含量（%）：—
	叶基形状：楔形	果皮颜色：青黄色	硬脂酸含量（%）：2.27
	平均叶长（cm）：14.19	平均叶宽（cm）：5.53	棕榈酸含量（%）：7.13

543 广红-螺岗镇 G332 号	资源编号：441223_066_0089		归属物种：*Camellia semiserrata* Chi
	资源类型：选育资源（无性系）		主要用途：油用、观赏栽培，遗传育种材料
	保存地点：广东省广宁县		保存方式：原地保护，异地保存
	性 状 特 征		
	特 异 性：高产果量，高含油率，高油酸		
	树　姿：半开张	盛 花 期：12月下旬	果面特征：光滑
	嫩枝绒毛：有	花瓣颜色：红色	平均单果重（g）：254.22
	芽鳞颜色：青褐色	萼片绒毛：无	鲜出籽率（%）：10.05
	芽 绒 毛：有	雌雄蕊相对高度：雄高	种皮颜色：黑色
	嫩叶颜色：黄绿色	花柱裂位：浅裂	种仁含油率（%）：62.87
	老叶颜色：深绿色	柱头裂数：5	
	叶　形：椭圆形	子房绒毛：无	油酸含量（%）：87.79
	叶缘特征：波状	果熟日期：10月中旬	亚油酸含量（%）：2.71
	叶尖形状：渐尖	果　形：圆球形	亚麻酸含量（%）：—
	叶基形状：楔形	果皮颜色：青黄色	硬脂酸含量（%）：2.87
	平均叶长（cm）：12.37	平均叶宽（cm）：5.58	棕榈酸含量（%）：5.82

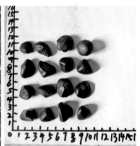

544

广红－南街镇G207号

资源编号：441223_066_0116	归属物种：*Camellia semiserrata* Chi	
资源类型：选育资源（无性系）	主要用途：油用、观赏栽培，遗传育种材料	
保存地点：广东省广宁县	保存方式：原地保护，异地保存	

性 状 特 征

特 异 性：高产果量，高含油率，高油酸		
树　姿：开张	盛 花 期：12月下旬	果面特征：光滑
嫩枝绒毛：有	花瓣颜色：红色	平均单果重（g）：202.46
芽鳞颜色：青褐色	萼片绒毛：无	鲜出籽率（%）：12.89
芽 绒 毛：有	雌雄蕊相对高度：雌高或雄高	种皮颜色：黑色
嫩叶颜色：淡红色	花柱裂位：浅裂	种仁含油率（%）：56.37
老叶颜色：深绿色	柱头裂数：5	
叶　形：椭圆形	子房绒毛：无	油酸含量（%）：87.53
叶缘特征：平、波状	果熟日期：10月上旬	亚油酸含量（%）：3.36
叶尖形状：渐尖、圆尖	果　形：圆球形	亚麻酸含量（%）：—
叶基形状：楔形、近圆形	果皮颜色：青黄色	硬脂酸含量（%）：1.40
平均叶长（cm）：13.38	平均叶宽（cm）：5.93	棕榈酸含量（%）：7.26

545

广红－南街镇 G226 号

资源编号：441223_066_0135	归属物种：*Camellia semiserrata* Chi	
资源类型：选育资源（无性系）	主要用途：油用、观赏栽培，遗传育种材料	
保存地点：广东省广宁县	保存方式：原地保护，异地保存	

性 状 特 征

特 异 性：高产果量，高含油率，高油酸

树　　姿：开张	盛 花 期：1 月上旬	果面特征：光滑
嫩枝绒毛：有	花瓣颜色：红色	平均单果重（g）：199.52
芽鳞颜色：红褐色	萼片绒毛：无	鲜出籽率（%）：8.71
芽绒毛：有	雌雄蕊相对高度：雄高	种皮颜色：黑色
嫩叶颜色：绿色	花柱裂位：浅裂	种仁含油率（%）：67.23
老叶颜色：深绿色、中绿色	柱头裂数：3	
叶　　形：椭圆形	子房绒毛：无	油酸含量（%）：86.24
叶缘特征：平、波状	果熟日期：10 月中旬	亚油酸含量（%）：3.61
叶尖形状：渐尖	果　　形：圆球形、椭球形	亚麻酸含量（%）：—
叶基形状：楔形、近圆形	果皮颜色：青黄色	硬脂酸含量（%）：3.05
平均叶长（cm）：11.96	平均叶宽（cm）：5.50	棕榈酸含量（%）：6.99

546

广红－排沙镇 G254 号

资源编号：441223_066_0169	归属物种：*Camellia semiserrata* Chi	
资源类型：选育资源（无性系）	主要用途：油用、观赏栽培，遗传育种材料	
保存地点：广东省广宁县	保存方式：原地保护，异地保护	

性 状 特 征

特 异 性：高产果量，高含油率，高油酸

树　　姿：半开张	盛 花 期：12月下旬	果面特征：光滑
嫩枝绒毛：有	花瓣颜色：红色	平均单果重（g）：276.40
芽鳞颜色：黄绿色	萼片绒毛：无	鲜出籽率（%）：11.99
芽绒毛：有	雌雄蕊相对高度：雄高	种皮颜色：棕色
嫩叶颜色：黄绿色	花柱裂位：浅裂	种仁含油率（%）：67.12
老叶颜色：中绿色	柱头裂数：5	
叶　　形：长椭圆形	子房绒毛：无	油酸含量（%）：86.76
叶缘特征：平、波状	果熟日期：10月中旬	亚油酸含量（%）：3.91
叶尖形状：渐尖	果　　形：圆球形	亚麻酸含量（%）：—
叶基形状：楔形	果皮颜色：青色	硬脂酸含量（%）：2.09
平均叶长（cm）：13.42	平均叶宽（cm）：5.16	棕榈酸含量（%）：5.84

547

广红－小湘镇肇样 1-2 号

资源编号：441283_066_0002	归属物种：*Camellia semiserrata* Chi	
资源类型：选育资源（无性系）	主要用途：油用、观赏栽培，遗传育种材料	
保存地点：广东省高要区	保存方式：原地保护，异地保存	

性 状 特 征

特 异 性：高产果量，高含油率，高油酸		
树　　姿：直立	盛 花 期：11月上旬	果面特征：光滑
嫩枝绒毛：有	花瓣颜色：淡红色	平均单果重（g）：371.13
芽鳞颜色：黄绿色	萼片绒毛：无	鲜出籽率（%）：12.40
芽绒毛：有	雌雄蕊相对高度：雄高	种皮颜色：棕褐色
嫩叶颜色：浅红色	花柱裂位：浅裂	种仁含油率（%）：65.92
老叶颜色：中绿色	柱头裂数：5	
叶　　形：椭圆形	子房绒毛：无	油酸含量（%）：90.00
叶缘特征：波状	果熟日期：9月中旬	亚油酸含量（%）：2.16
叶尖形状：渐尖	果　　形：扁圆球形	亚麻酸含量（%）：—
叶基形状：楔形	果皮颜色：黄棕色、青色、红色、褐色	硬脂酸含量（%）：2.11
平均叶长（cm）：16.60	平均叶宽（cm）：6.80	棕榈酸含量（%）：5.03

548

广红－小湘镇肇样1－3号

资源编号：441283_066_0003	归属物种：*Camellia semiserrata* Chi	
资源类型：选育资源（无性系）	主要用途：油用、观赏栽培，遗传育种材料	
保存地点：广东省高要区	保存方式：原地保护，异地保存	

性 状 特 征

特 异 性：高产果量，高含油率，高油酸		
树　姿：直立	盛 花 期：11月上旬	果面特征：光滑、糠秕
嫩枝绒毛：有	花瓣颜色：淡红色	平均单果重（g）：384.00
芽鳞颜色：黄绿色	萼片绒毛：无	鲜出籽率（%）：12.81
芽 绒 毛：有	雌雄蕊相对高度：雄高	种皮颜色：褐色、棕褐色
嫩叶颜色：浅红色	花柱裂位：浅裂	种仁含油率（%）：66.20
老叶颜色：中绿色	柱头裂数：5	
叶　形：椭圆形	子房绒毛：无	油酸含量（%）：89.45
叶缘特征：波状	果熟日期：9月中旬	亚油酸含量（%）：3.88
叶尖形状：渐尖	果　形：圆球形、扁圆球形、卵球形	亚麻酸含量（%）：—
叶基形状：楔形	果皮颜色：黄棕色、青色	硬脂酸含量（%）：1.92
平均叶长（cm）：15.00	平均叶宽（cm）：6.00	棕榈酸含量（%）：4.52

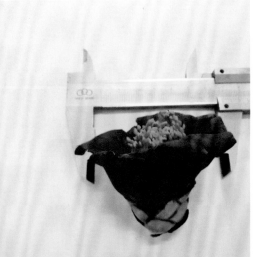

549

广红－九连镇2号

资源编号：441623_066_0003	归属物种：*Camellia semiserrata* Chi	
资源类型：选育资源（无性系）	主要用途：油用、观赏栽培，遗传育种材料	
保存地点：广东省连平县	保存方式：原地保护，异地保存	

性 状 特 征

特 异 性：高产果量，高含油率，高油酸		
树　　姿：半开张	盛 花 期：1月中下旬	果面特征：光滑
嫩枝绒毛：有	花瓣颜色：粉红色	平均单果重（g）：392.48
芽鳞颜色：黄绿色	萼片绒毛：无	鲜出籽率（%）：12.25
芽 绒 毛：有	雌雄蕊相对高度：雄高	种皮颜色：棕色
嫩叶颜色：黄绿色	花柱裂位：浅裂、中裂	种仁含油率（%）：65.91
老叶颜色：深绿色	柱头裂数：3	
叶　　形：椭圆形	子房绒毛：无	油酸含量（%）：89.16
叶缘特征：平	果熟日期：10月中下旬	亚油酸含量（%）：2.68
叶尖形状：渐尖	果　　形：卵球形、扁圆球形	亚麻酸含量（%）：—
叶基形状：楔形	果皮颜色：青色、青黄色	硬脂酸含量（%）：1.75
平均叶长（cm）：13.04	平均叶宽（cm）：5.74	棕榈酸含量（%）：5.45

550

高油－春湾镇优16号

资源编号：441781_006_0026	归属物种：*Camellia gauchowensis* Chang	
资源类型：选育资源（无性系）	主要用途：油用栽培，遗传育种材料	
保存地点：广东省阳春市	保存方式：原地保护，异地保存	

性 状 特 征

特 异 性：高产果量，高含油率，高油酸		
树　　姿：开张	盛 花 期：12月中旬	果面特征：凹凸
嫩枝绒毛：无	花瓣颜色：白色	平均单果重（g）：32.70
芽鳞颜色：绿色	萼片绒毛：有	鲜出籽率（%）：23.18
芽绒毛：有	雌雄蕊相对高度：雄高	种皮颜色：褐色、黑色
嫩叶颜色：褐色	花柱裂位：中裂、浅裂	种仁含油率（%）：55.72
老叶颜色：中绿色	柱头裂数：4	
叶　　形：椭圆形	子房绒毛：有	油酸含量（%）：88.04
叶缘特征：平、波状	果熟日期：10月下旬	亚油酸含量（%）：3.31
叶尖形状：渐尖	果　　形：扁圆球形	亚麻酸含量（%）：—
叶基形状：楔形	果皮颜色：青色	硬脂酸含量（%）：1.27
平均叶长（cm）：9.24	平均叶宽（cm）：4.33	棕榈酸含量（%）：6.43

551

广红－云样 2－3

资源编号：445302_066_0068		归属物种：*Camellia semiserrata* Chi
资源类型：选育资源（无性系）		主要用途：油用、观赏栽培，遗传育种材料
保存地点：广东省云浮市云城区		保存方式：原地保护，异地保存

性 状 特 征

特 异 性：高产果量，高含油率，高油酸

树　　姿：半开张	盛 花 期：12月下旬	果面特征：光滑
嫩枝绒毛：有	花瓣颜色：红色	平均单果重（g）：196.81
芽鳞颜色：黄绿色	萼片绒毛：无	鲜出籽率（%）：14.07
芽绒毛：无	雌雄蕊相对高度：雄高	种皮颜色：黑色、棕色
嫩叶颜色：中绿色	花柱裂位：浅裂	种仁含油率（%）：61.50
老叶颜色：深绿色	柱头裂数：4	
叶　　形：长椭圆形	子房绒毛：无	油酸含量（%）：87.14
叶缘特征：平	果熟日期：10月上旬	亚油酸含量（%）：3.46
叶尖形状：渐尖	果　　形：扁圆球形	亚麻酸含量（%）：—
叶基形状：楔形	果皮颜色：青色、黄色、红色	硬脂酸含量（%）：1.84
平均叶长（cm）：15.95	平均叶宽（cm）：5.41	棕榈酸含量（%）：6.61

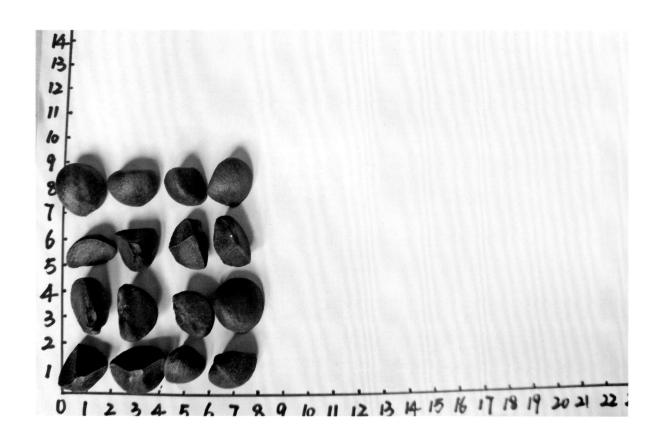

（11）具高产果量、大果资源

<table>
<tr><td rowspan="3">552

凤
油
1
号</td><td colspan="2">资源编号：530921_076_0001</td><td colspan="2">归属物种：Camellia reticulata Lindl.</td></tr>
<tr><td colspan="2">资源类型：选育资源（良种）</td><td colspan="2">主要用途：油用栽培，遗传育种材料</td></tr>
<tr><td colspan="2">保存地点：云南省凤庆县</td><td colspan="2">保存方式：原地保护，异地保存</td></tr>
</table>

性 状 特 征

特 异 性：高产果量，大果

树 姿：开张	盛 花 期：12 月	果面特征：糠秕
嫩枝绒毛：无	花瓣颜色：大红色	平均单果重（g）：171.60
芽鳞颜色：绿色	萼片绒毛：有	鲜出籽率（%）：21.04
芽绒毛：无	雌雄蕊相对高度：雌高	种皮颜色：褐色
嫩叶颜色：嫩绿色	花柱裂位：中裂	种仁含油率（%）：50.40
老叶颜色：中绿色	柱头裂数：3	
叶 形：长椭圆形	子房绒毛：有	油酸含量（%）：77.48
叶缘特征：平	果熟日期：10 月上旬	亚油酸含量（%）：8.05
叶尖形状：渐尖	果 形：扁圆球形	亚麻酸含量（%）：0.49
叶基形状：楔形	果皮颜色：黄绿色	硬脂酸含量（%）：2.65
平均叶长（cm）：10.50	平均叶宽（cm）：4.42	棕榈酸含量（%）：10.72

（12）具高产果量、高出籽率资源

553

攸县油茶－浙选1号

资源编号：330825_022_0018	归属物种：*Camellia grijsii* Hance	
资源类型：选育资源（无性系）	主要用途：油用栽培，遗传育种材料	
保存地点：浙江省龙游县	保存方式：省级种质资源保存基地，异地保存	

性 状 特 征

特 异 性：高产果量，高出籽率

树　　姿：直立	盛 花 期：11月上旬	果面特征：粗糙
嫩枝绒毛：有	花瓣颜色：白色	平均单果重（g）：6.79
芽鳞颜色：绿色	萼片绒毛：有	鲜出籽率（%）：59.94
芽 绒 毛：有	雌雄蕊相对高度：雌高	种皮颜色：浅棕色
嫩叶颜色：中绿色	花柱裂位：浅裂	种仁含油率（%）：19.30
老叶颜色：深绿色	柱头裂数：3	
叶　　形：近圆形	子房绒毛：有	油酸含量（%）：72.90
叶缘特征：平	果熟日期：10月中下旬	亚油酸含量（%）：6.20
叶尖形状：钝尖	果　　形：卵球形	亚麻酸含量（%）：0.10
叶基形状：近圆形	果皮颜色：棕色	硬脂酸含量（%）：1.50
平均叶长（cm）：7.20	平均叶宽（cm）：5.70	棕榈酸含量（%）：17.60

554

细叶短柱茶

资源编号：430111_033_0200	归属物种：*Camellia microphylla* (Merr.) Chien
资源类型：选育资源（无性系）	主要用途：油用栽培，遗传育种材料
保存地点：湖南省长沙市雨花区	保存方式：国家级种质资源保存基地，异地保存

性 状 特 征

特 异 性：高产果量，高出籽率

树 姿：开张	盛 花 期：11 月上中旬	果面特征：略有毛
嫩枝绒毛：无	花瓣颜色：白色	平均单果重（g）：4.00
芽鳞颜色：黄绿色	萼片绒毛：有	鲜出籽率（%）：62.30
芽绒毛：有	雌雄蕊相对高度：雄高	种皮颜色：褐色
嫩叶颜色：黄绿色	花柱裂位：浅裂	种仁含油率（%）：56.20
老叶颜色：中绿色	柱头裂数：3	
叶 形：倒卵形	子房绒毛：有	油酸含量（%）：82.00
叶缘特征：细锯齿	果熟日期：10 月上中旬	亚油酸含量（%）：7.30
叶尖形状：钝尖	果 形：近球形	亚麻酸含量（%）：—
叶基形状：楔形或近圆形	果皮颜色：青色或青红色	硬脂酸含量（%）：1.90
平均叶长（cm）：2.57	平均叶宽（cm）：1.33	棕榈酸含量（%）：7.80

555

腾油3号

资源编号：530522_076_0024	归属物种：*Camellia reticulata* Lindl.
资源类型：选育资源（良种）	主要用途：油用栽培，遗传育种材料
保存地点：云南省保山市腾冲市	保存方式：原地保护，异地保存

性 状 特 征

特 异 性：高产果量，高出籽率

树　　姿：开张	盛 花 期：2月	果面特征：糠秕
嫩枝绒毛：无	花瓣颜色：粉红色	平均单果重（g）：71.18
芽鳞颜色：黄绿色	萼片绒毛：有	鲜出籽率（%）：28.65
芽绒毛：有	雌雄蕊相对高度：等高	种皮颜色：棕褐色
嫩叶颜色：嫩绿色	花柱裂位：浅裂	种仁含油率（%）：51.50
老叶颜色：黄绿色	柱头裂数：3	
叶　　形：椭圆形	子房绒毛：有	油酸含量（%）：77.92
叶缘特征：波状	果熟日期：9月上中旬	亚油酸含量（%）：6.82
叶尖形状：钝尖	果　　形：扁圆球形	亚麻酸含量（%）：0.44
叶基形状：楔形	果皮颜色：黄棕色	硬脂酸含量（%）：2.85
平均叶长（cm）：8.98	平均叶宽（cm）：3.92	棕榈酸含量（%）：11.48

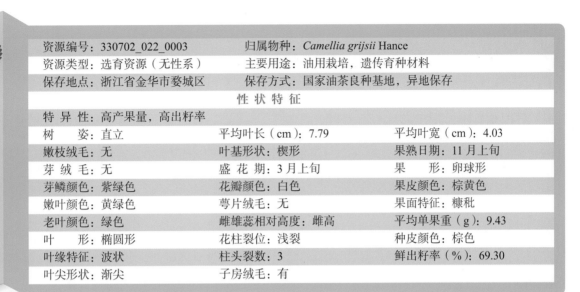

资源编号：330702_022_0003	归属物种：*Camellia grijsii* Hance	
资源类型：选育资源（无性系）	主要用途：油用栽培，遗传育种材料	
保存地点：浙江省金华市婺城区	保存方式：国家油茶良种基地，异地保存	

性 状 特 征

特 异 性：高产果量，高出籽率

树　　姿：直立	平均叶长（cm）：7.79	平均叶宽（cm）：4.03
嫩枝绒毛：无	叶基形状：楔形	果熟日期：11月上旬
芽绒毛：无	盛花期：3月上旬	果　形：卵球形
芽鳞颜色：紫绿色	花瓣颜色：白色	果皮颜色：棕黄色
嫩叶颜色：黄绿色	萼片绒毛：无	果面特征：糠秕
老叶颜色：绿色	雌雄蕊相对高度：雌高	平均单果重（g）：9.43
叶　形：椭圆形	花柱裂位：浅裂	种皮颜色：棕色
叶缘特征：波状	柱头裂数：3	鲜出籽率（%）：69.30
叶尖形状：渐尖	子房绒毛：有	

556

YLYYI2008I003号

557

资源编号：330702_022_0004	归属物种：*Camellia grijsii* Hance	
资源类型：选育资源（无性系）	主要用途：油用栽培，遗传育种材料	
保存地点：浙江省金华市婺城区	保存方式：国家油茶良种基地，异地保存	

性 状 特 征

特异性：高产果量，高出籽率		
树　　姿：直立	平均叶长（cm）：8.38	平均叶宽（cm）：3.71
嫩枝绒毛：无	叶基形状：楔形	果熟日期：11月上旬
芽绒毛：无	盛花期：3月上旬	果　　形：卵球形
芽鳞颜色：紫绿色	花瓣颜色：白色	果皮颜色：棕黄色
嫩叶颜色：黄绿色	萼片绒毛：无	果面特征：糠秕
老叶颜色：绿色	雌雄蕊相对高度：雌高	平均单果重（g）：5.19
叶　　形：椭圆形	花柱裂位：浅裂	种皮颜色：棕色
叶缘特征：波状	柱头裂数：3	鲜出籽率（%）：56.08
叶尖形状：渐尖	子房绒毛：有	

558

高油－龙洞82号

资源编号：440106_006_0003		归属物种：*Camellia gauchowensis* Chang
资源类型：选育资源（无性系）		主要用途：油用栽培，遗传育种材料
保存地点：广东省广州市天河区		保存方式：原地保护，异地保存

性 状 特 征

特 异 性：高产果量，高出籽率		
树　　姿：半开张	平均叶长（cm）：7.39	平均叶宽（cm）：3.72
嫩枝绒毛：无	叶基形状：近圆形	果熟日期：10月下旬
芽绒毛：有	盛 花 期：12月中旬	果　　形：扁圆球形
芽鳞颜色：黄绿色	花瓣颜色：白色	果皮颜色：青色
嫩叶颜色：浅绿色	萼片绒毛：无	果面特征：光滑
老叶颜色：中绿色	雌雄蕊相对高度：雌高	平均单果重（g）：49.35
叶　　形：近圆形	花柱裂位：深裂	种皮颜色：褐色
叶缘特征：平	柱头裂数：3	鲜出籽率（%）：34.20
叶尖形状：渐尖	子房绒毛：有	

559

高油－龙洞202号

资源编号：440106_006_0004		归属物种：*Camellia gauchowensis* Chang
资源类型：选育资源（无性系）		主要用途：油用栽培，遗传育种材料
保存地点：广东省广州市天河区		保存方式：原地保护，异地保存

性 状 特 征

特 异 性：高产果量，高出籽率		
树　　姿：半开张	平均叶长（cm）：8.13	平均叶宽（cm）：3.81
嫩枝绒毛：无	叶基形状：近圆形	果熟日期：10月中旬
芽绒毛：有	盛花期：11月下旬	果　　形：卵球形
芽鳞颜色：黄绿色	花瓣颜色：白色	果皮颜色：青黄色
嫩叶颜色：浅绿色	萼片绒毛：无	果面特征：光滑
老叶颜色：中绿色	雌雄蕊相对高度：雌高	平均单果重（g）：43.10
叶　　形：椭圆形	花柱裂位：浅裂	种皮颜色：褐色
叶缘特征：平	柱头裂数：3	鲜出籽率（%）：32.04
叶尖形状：渐尖	子房绒毛：有	

560

高油－龙洞206号

资源编号：440106_006_0005	归属物种：*Camellia gauchowensis* Chang	
资源类型：选育资源（无性系）	主要用途：油用栽培，遗传育种材料	
保存地点：广东省广州市天河区	保存方式：原地保护，异地保存	

性状特征

特异性：高产果量，高出籽率

树　姿：直立	平均叶长（cm）：7.06	平均叶宽（cm）：3.94
嫩枝绒毛：无	叶基形状：近圆形	果熟日期：10月下旬
芽绒毛：有	盛花期：12月下旬	果　形：扁圆球形
芽鳞颜色：黄绿色	花瓣颜色：白色	果皮颜色：青色
嫩叶颜色：浅绿色	萼片绒毛：无	果面特征：光滑
老叶颜色：中绿色	雌雄蕊相对高度：雌高	平均单果重（g）：46.78
叶　形：近圆形	花柱裂位：深裂	种皮颜色：棕褐色
叶缘特征：平	柱头裂数：3	鲜出籽率（%）：45.62
叶尖形状：渐尖	子房绒毛：有	

561

攸县油茶－贵林选1号

资源编号：520102_022_0001		归属物种：*Camellia grijsii* Hance
资源类型：选育资源（无性系）		主要用途：油用、观赏栽培，遗传育种材料
保存地点：贵州省南明区		保存方式：原地保护，异地保存

性 状 特 征

特 异 性：高产果量，高出籽率		
树　　姿：半开张	平均叶长（cm）：11.47	平均叶宽（cm）：4.76
嫩枝绒毛：有	叶基形状：楔形	果熟日期：9月下旬
芽绒毛：有	盛花期：12月中下旬	果　　形：近圆球形
芽鳞颜色：绿色	花瓣颜色：白色	果皮颜色：黄色
嫩叶颜色：绿色	萼片绒毛：有	果面特征：糠秕
老叶颜色：中绿色	雌雄蕊相对高度：雄高	平均单果重（g）：3.62
叶　　形：长椭圆形	花柱裂位：浅裂	种皮颜色：棕褐色
叶缘特征：平	柱头裂数：3	鲜出籽率（%）：54.14
叶尖形状：渐尖	子房绒毛：有	

攸县油茶-贵林选2号

562

资源编号：520102_022_0002	归属物种：*Camellia grijsii* Hance
资源类型：选育资源（无性系）	主要用途：油用、观赏栽培，遗传育种材料
保存地点：贵州省南明区	保存方式：原地保护，异地保存

性 状 特 征

特 异 性：高产果量，高出籽率

树　姿：半开张	平均叶长（cm）：9.87	平均叶宽（cm）：3.92
嫩枝绒毛：有	叶基形状：楔形	果熟日期：9月下旬
芽绒毛：有	盛花期：12月中下旬	果　形：近圆球形
芽鳞颜色：绿色	花瓣颜色：白色	果皮颜色：黄褐色
嫩叶颜色：绿色	萼片绒毛：有	果面特征：糠秕
老叶颜色：中绿色	雌雄蕊相对高度：雄高	平均单果重（g）：2.17
叶　形：长椭圆形	花柱裂位：浅裂	种皮颜色：棕褐色
叶缘特征：平	柱头裂数：3	鲜出籽率（%）：62.21
叶尖形状：渐尖	子房绒毛：有	

（13）具高产果量、高含油率资源

<table>
<tr><td colspan="2">563
亚林浙红 - HY044</td></tr>
</table>

资源编号：330702_102_0013		归属物种：*Camellia chekiangoleosa* Hu
资源类型：选育资源（无性系）		主要用途：油用栽培，遗传育种材料
保存地点：浙江省金华市婺城区		保存方式：国家油茶良种基地，异地保存
性 状 特 征		
特 异 性：高产果量，高含油率		
树　　姿：半开张	盛 花 期：2月中下旬	果面特征：光洁
嫩枝绒毛：无	花瓣颜色：红色	平均单果重（g）：89.38
芽鳞颜色：绿色	萼片绒毛：有	鲜出籽率（%）：17.58
芽 绒 毛：无	雌雄蕊相对高度：雌高	种皮颜色：黑褐色
嫩叶颜色：红色	花柱裂位：浅裂	种仁含油率（%）：53.74
老叶颜色：绿色	柱头裂数：3	
叶　　形：椭圆形	子房绒毛：无	油酸含量（%）：82.90
叶缘特征：平	果熟日期：9月中下旬	亚油酸含量（%）：4.80
叶尖形状：渐尖	果　　形：扁圆球形	亚麻酸含量（%）：0.10
叶基形状：楔形	果皮颜色：红色	硬脂酸含量（%）：3.20
平均叶长（cm）：8.44	平均叶宽（cm）：4.16	棕榈酸含量（%）：8.40

564

亚林浙红—HY059

资源编号：330702_102_0018	归属物种：*Camellia chekiangoleosa* Hu	
资源类型：选育资源（无性系）	主要用途：油用栽培，遗传育种材料	
保存地点：浙江省金华市婺城区	保存方式：国家油茶良种基地，异地保存	

性 状 特 征

特 异 性：高产果量，高含油率

树　　姿：直立	盛 花 期：2月中下旬	果面特征：光洁
嫩枝绒毛：无	花瓣颜色：红色	平均单果重（g）：68.56
芽鳞颜色：紫绿色	萼片绒毛：有	鲜出籽率（%）：16.83
芽 绒 毛：无	雌雄蕊相对高度：雌高	种皮颜色：黑色
嫩叶颜色：绿色	花柱裂位：中裂	种仁含油率（%）：51.09
老叶颜色：黄绿色	柱头裂数：3	
叶　　形：长椭圆形	子房绒毛：无	油酸含量（%）：83.20
叶缘特征：波状	果熟日期：9月中下旬	亚油酸含量（%）：4.90
叶尖形状：渐尖	果　　形：卵球形	亚麻酸含量（%）：0.10
叶基形状：近圆形	果皮颜色：青红色	硬脂酸含量（%）：2.90
平均叶长（cm）：6.99	平均叶宽（cm）：2.96	棕榈酸含量（%）：8.20

565

攸县油茶209号

资源编号：430111_022_0209	归属物种：*Camellia grijsii* Hance	
资源类型：选育资源（无性系）	主要用途：油用栽培，遗传育种材料	
保存地点：湖南省长沙市雨花区	保存方式：国家级种质资源保存基地，异地保存	

性 状 特 征

特 异 性：高产果量，高含油率		
树　　姿：半开张	盛 花 期：2月中下旬	果面特征：糠秕
嫩枝绒毛：有	花瓣颜色：白色	平均单果重（g）：6.50
芽鳞颜色：黄绿色	萼片绒毛：有	鲜出籽率（%）：60.00
芽绒毛：有	雌雄蕊相对高度：雄高	种皮颜色：棕褐色
嫩叶颜色：黄绿色	花柱裂位：浅裂	种仁含油率（%）：51.50
老叶颜色：中绿色	柱头裂数：3	
叶　　形：椭圆形	子房绒毛：有	油酸含量（%）：74.22
叶缘特征：细锯齿	果熟日期：11月上旬	亚油酸含量（%）：12.60
叶尖形状：渐尖	果　　形：近球形	亚麻酸含量（%）：—
叶基形状：楔形或近圆形	果皮颜色：黄棕色	硬脂酸含量（%）：1.53
平均叶长（cm）：7.32	平均叶宽（cm）：3.72	棕榈酸含量（%）：10.46

566

德林油 H 1

资源编号：533103_076_0001	归属物种：*Camellia reticulata* Lindl.	
资源类型：选育资源（良种）	主要用途：油用栽培，遗传育种材料	
保存地点：云南省芒市	保存方式：原地保护，异地保存	

性 状 特 征

特 异 性：高产果量，高含油率

树　　姿：半开张	平均叶长（cm）：8.50	平均叶宽（cm）：4.94
嫩枝绒毛：无	叶基形状：近圆形	果熟日期：9 月中下旬
芽绒毛：有	盛 花 期：12 月	果　　形：倒卵球形
芽鳞颜色：绿色	花瓣颜色：红色	果皮颜色：褐色
嫩叶颜色：绿色	萼片绒毛：有	果面特征：糠秕、凹凸
老叶颜色：深绿色	雌雄蕊相对高度：雌高	平均单果重（g）：86.78
叶　　形：长椭圆形	花柱裂位：中裂	种皮颜色：棕褐色
叶缘特征：平	柱头裂数：3	鲜出籽率（%）：19.72
叶尖形状：渐尖	子房绒毛：有	种仁含油率（%）：55.43

（14）具高产果量、高油酸资源

567

亚林浙红–HY063

资源编号：330702_102_0021	归属物种：*Camellia chekiangoleosa* Hu
资源类型：选育资源（无性系）	主要用途：油用栽培，遗传育种材料
保存地点：浙江省金华市婺城区	保存方式：国家油茶良种基地，异地保存

性 状 特 征

特异性：高产果量，高油酸

树　姿：开张	盛 花 期：2月中下旬	果面特征：光洁
嫩枝绒毛：无	花瓣颜色：红色	平均单果重（g）：92.79
芽鳞颜色：紫绿色	萼片绒毛：有	鲜出籽率（%）：21.90
芽绒毛：无	雌雄蕊相对高度：雌高	种皮颜色：黑褐色
嫩叶颜色：红色	花柱裂位：浅裂	种仁含油率（%）：44.51
老叶颜色：黄绿色	柱头裂数：3	
叶　形：椭圆形	子房绒毛：无	油酸含量（%）：85.70
叶缘特征：波状	果熟日期：9月中下旬	亚油酸含量（%）：4.00
叶尖形状：渐尖	果　形：圆球形	亚麻酸含量%：0.10
叶基形状：近圆形	果皮颜色：红色	硬脂酸含量（%）：3.20
平均叶长（cm）：8.16	平均叶宽（cm）：3.94	棕榈酸含量（%）：7.50

568

高油－大坡镇大榕优4号

资源编号：440981_006_0008	归属物种：*Camellia gauchowensis* Chang	
资源类型：选育资源（无性系）	主要用途：油用栽培，遗传育种材料	
保存地点：广东省高州市	保存方式：原地保护，异地保存	

性 状 特 征

特 异 性：高产果量，高油酸		
树　　姿：开张	盛 花 期：11月上旬	果面特征：糠秕
嫩枝绒毛：无	花瓣颜色：白色	平均单果重（g）：72.57
芽鳞颜色：玉白色	萼片绒毛：有	鲜出籽率（%）：26.15
芽 绒 毛：有	雌雄蕊相对高度：雌高	种皮颜色：褐色、黑色
嫩叶颜色：淡绿色	花柱裂位：中裂	种仁含油率（%）：39.00
老叶颜色：中绿色	柱头裂数：2	油酸含量（%）：85.90
叶　　形：椭圆形	子房绒毛：有	亚油酸含量（%）：3.80
叶缘特征：平	果熟日期：10月中旬	亚麻酸含量（%）：—
叶尖形状：渐尖	果　　形：扁圆球形	硬脂酸含量（%）：1.00
叶基形状：楔形	果皮颜色：青色	棕榈酸含量（%）：9.20
平均叶长（cm）：9.10	平均叶宽（cm）：3.96	

569

高油－东岸镇优1号

资源编号：440981_006_0035		归属物种：*Camellia gauchowensis* Chang
资源类型：选育资源（无性系）		主要用途：油用栽培，遗传育种材料
保存地点：广东省高州市		保存方式：原地保护，异地保存

性 状 特 征

特 异 性：高产果量，高油酸

树　　姿：开张	盛 花 期：12月中旬	果面特征：糠秕
嫩枝绒毛：无	花瓣颜色：白色	平均单果重（g）：58.87
芽鳞颜色：玉白色	萼片绒毛：有	鲜出籽率（%）：26.77
芽绒毛：有	雌雄蕊相对高度：雌高	种皮颜色：棕褐色、褐色
嫩叶颜色：紫绿色	花柱裂位：浅裂、中裂	种仁含油率（%）：45.20
老叶颜色：深绿色、黄绿色	柱头裂数：2	
叶　　形：椭圆形	子房绒毛：有	油酸含量（%）：88.30
叶缘特征：平	果熟日期：10月中旬	亚油酸含量（%）：2.80
叶尖形状：渐尖、钝尖	果　　形：卵球形	亚麻酸含量（%）：—
叶基形状：楔形、近圆形	果皮颜色：青色	硬脂酸含量（%）：1.60
平均叶长（cm）：8.59	平均叶宽（cm）：3.48	棕榈酸含量（%）：7.20

570

高油－新垌镇样43号

资源编号：440981_006_0081	归属物种：*Camellia gauchowensis* Chang	
资源类型：选育资源（无性系）	主要用途：油用栽培，遗传育种材料	
保存地点：广东省高州市	保存方式：原地保护，异地保存	

性 状 特 征

特 异 性：高产果量，高油酸

树　　姿：伞形	盛 花 期：11月上旬	果面特征：糠秕
嫩枝绒毛：无	花瓣颜色：白色	平均单果重（g）：65.80
芽鳞颜色：玉白色	萼片绒毛：有	鲜出籽率（%）：28.19
芽 绒 毛：有	雌雄蕊相对高度：雌高	种皮颜色：黑色
嫩叶颜色：淡绿色	花柱裂位：中裂	种仁含油率（%）：44.00
老叶颜色：深绿色	柱头裂数：3	
叶　　形：椭圆形	子房绒毛：有	油酸含量（%）：86.40
叶缘特征：平	果熟日期：10月中旬	亚油酸含量（%）：3.60
叶尖形状：渐尖	果　　形：扁圆球形	亚麻酸含量（%）：—
叶基形状：近圆形	果皮颜色：黄棕色	硬脂酸含量（%）：1.50
平均叶长（cm）：7.67	平均叶宽（cm）：3.82	棕榈酸含量（%）：7.80

571

高油－长坡镇旺沙优8号

资源编号：440981_006_0136	归属物种：*Camellia gauchowensis* Chang	
资源类型：选育资源（无性系）	主要用途：油用栽培，遗传育种材料	
保存地点：广东省高州市	保存方式：原地保护，异地保存	

性 状 特 征

特 异 性：高产果量，高油酸		
树　姿：开张	盛 花 期：12月上旬	果面特征：糠秕
嫩枝绒毛：无	花瓣颜色：白色	平均单果重（g）：64.53
芽鳞颜色：玉白色	萼片绒毛：有	鲜出籽率（%）：27.01
芽绒毛：有	雌雄蕊相对高度：雌高	种皮颜色：黑色、棕褐色
嫩叶颜色：紫绿色	花柱裂位：浅裂	种仁含油率（%）：39.00
老叶颜色：深绿色	柱头裂数：2	油酸含量（%）：87.20
叶　形：椭圆形	子房绒毛：有	亚油酸含量（%）：3.90
叶缘特征：平	果熟日期：10月中旬	亚麻酸含量（%）：—
叶尖形状：渐尖	果　形：圆球形	硬脂酸含量（%）：0.70
叶基形状：楔形	果皮颜色：青色	棕榈酸含量（%）：7.50
平均叶长（cm）：9.09	平均叶宽（cm）：4.03	

（15）具高产果量资源

资源编号：430111_009_0199	归属物种：*Camellia vietnamensis* Huang ex Hu	
资源类型：选育资源（无性系）	主要用途：油用栽培，遗传育种材料	
保存地点：湖南省长沙市雨花区	保存方式：国家级种质资源保存基地，异地保存	

性 状 特 征

特 异 性：高产果量		
树　　姿：开张	盛 花 期：11月下旬	果面特征：略有毛
嫩枝绒毛：有	花瓣颜色：白色	平均单果重（g）：32.00
芽鳞颜色：黄绿色	萼片绒毛：有	鲜出籽率（%）：39.45
芽绒毛：有	雌雄蕊相对高度：雄高	种皮颜色：褐色
嫩叶颜色：黄绿色	花柱裂位：浅裂	种仁含油率（%）：40.00
老叶颜色：中绿色	柱头裂数：4	
叶　　形：椭圆形	子房绒毛：有	油酸含量（%）：74.80
叶缘特征：细锯齿	果熟日期：11月	亚油酸含量（%）：11.00
叶尖形状：渐尖	果　　形：近球形	亚麻酸含量（%）：0.70
叶基形状：楔形或近圆形	果皮颜色：青黄红色	硬脂酸含量（%）：2.00
平均叶长（cm）：7.11	平均叶宽（cm）：3.47	棕榈酸含量（%）：11.30

573

越南油茶（T1-9-16）

资源编号：430111_009_0204	归属物种：*Camellia vietnamensis* Huang ex Hu	
资源类型：选育资源（品系）	主要用途：油用栽培，遗传育种材料	
保存地点：湖南省长沙市雨花区	保存方式：国家级种质资源保存基地，异地保存	

性 状 特 征

特异性：高产果量		
树　姿：开张	盛花期：12月上旬	果面特征：略有毛
嫩枝绒毛：有	花瓣颜色：白色	平均单果重（g）：41.00
芽鳞颜色：黄绿色	萼片绒毛：有	鲜出籽率（%）：27.55
芽绒毛：有	雌雄蕊相对高度：近等高	种皮颜色：棕褐色
嫩叶颜色：黄绿色	花柱裂位：浅裂	种仁含油率（%）：38.00
老叶颜色：中绿色	柱头裂数：4	
叶　形：椭圆形	子房绒毛：有	油酸含量（%）：80.30
叶缘特征：细锯齿	果熟日期：11月	亚油酸含量（%）：7.60
叶尖形状：渐尖	果　形：近球形	亚麻酸含量（%）：0.70
叶基形状：楔形或近圆形	果皮颜色：青黄红色	硬脂酸含量（%）：2.00
平均叶长（cm）：5.57	平均叶宽（cm）：2.77	棕榈酸含量（%）：9.30

574

溆浦大花红山茶3

资源编号：431202_073_0169		归属物种：*Camellia magniflora* Chang
资源类型：选育资源（无性系）		主要用途：油用、观赏栽培，遗传育种材料
保存地点：湖南省怀化市鹤城区		保存方式：原地保护，异地保存

性 状 特 征

特 异 性：高产果量		
树　　姿：半开张	盛 花 期：1月上中旬	果面特征：略有毛
嫩枝绒毛：有	花瓣颜色：粉红色	平均单果重（g）：51.00
芽鳞颜色：黄绿色	萼片绒毛：有	鲜出籽率（%）：19.00
芽绒毛：有	雌雄蕊相对高度：近等高	种皮颜色：褐色
嫩叶颜色：黄绿色	花柱裂位：浅裂	种仁含油率（%）：50.00
老叶颜色：深绿色	柱头裂数：3	
叶　　形：长椭圆形	子房绒毛：有	油酸含量（%）：82.30
叶缘特征：细锯齿	果熟日期：11月上旬	亚油酸含量（%）：6.80
叶尖形状：渐尖	果　　形：近球形	亚麻酸含量（%）：—
叶基形状：楔形或近圆形	果皮颜色：黄色	硬脂酸含量（%）：2.10
平均叶长（cm）：12.05	平均叶宽（cm）：4.63	棕榈酸含量（%）：8.00

575

溆浦大花红山茶4

资源编号：431202_073_0170	归属物种：*Camellia magniflora* Chang
资源类型：选育资源（无性系）	主要用途：油用、观赏栽培，遗传育种材料
保存地点：湖南省怀化市鹤城区	保存方式：原地保护，异地保存

性 状 特 征

特 异 性：高产果量		
树　　姿：开张	盛 花 期：1月上中旬	果面特征：略有毛
嫩枝绒毛：有	花瓣颜色：玫红色	平均单果重（g）：53.50
芽鳞颜色：黄绿色	萼片绒毛：有	鲜出籽率（%）：18.20
芽 绒 毛：有	雌雄蕊相对高度：近等高	种皮颜色：褐色
嫩叶颜色：黄绿色	花柱裂位：浅裂	种仁含油率（%）：51.50
老叶颜色：深绿色	柱头裂数：3	
叶　　形：椭圆至长椭圆形	子房绒毛：有	油酸含量（%）：81.90
叶缘特征：细锯齿	果熟日期：11月上旬	亚油酸含量（%）：5.70
叶尖形状：渐尖	果　　形：近球形	亚麻酸含量（%）：—
叶基形状：楔形或近圆形	果皮颜色：黄色	硬脂酸含量（%）：2.80
平均叶长（cm）：11.19	平均叶宽（cm）：3.69	棕榈酸含量（%）：8.90

576

溆浦大花红山茶 1 A1

资源编号：431202_073_0171	归属物种：*Camellia magniflora* Chang	
资源类型：选育资源（无性系）	主要用途：油用、观赏栽培，遗传育种材料	
保存地点：湖南省怀化市鹤城区	保存方式：原地保护，异地保存	

性 状 特 征

特 异 性：高产果量		
树　　姿：直立	盛 花 期：2月上中旬	果面特征：略有毛
嫩枝绒毛：有	花瓣颜色：淡粉红色	平均单果重（g）：126.26
芽鳞颜色：黄绿色	萼片绒毛：有	鲜出籽率（%）：17.40
芽 绒 毛：有	雌雄蕊相对高度：近等高	种皮颜色：褐色
嫩叶颜色：黄绿色	花柱裂位：浅裂	种仁含油率（%）：50.80
老叶颜色：深绿色	柱头裂数：3	
叶　　形：长椭圆形	子房绒毛：有	油酸含量（%）：81.10
叶缘特征：细锯齿	果熟日期：11月上旬	亚油酸含量（%）：6.30
叶尖形状：渐尖	果　　形：近球形	亚麻酸含量（%）：—
叶基形状：楔形或近圆形	果皮颜色：青黄色	硬脂酸含量（%）：3.00
平均叶长（cm）：11.94	平均叶宽（cm）：5.70	棕榈酸含量（%）：8.60

577

腾油1号

资源编号：530522_076_0022	归属物种：*Camellia reticulata* Lindl.	
资源类型：选育资源（良种）	主要用途：油用栽培，遗传育种材料	
保存地点：云南省腾冲市	保存方式：原地保护，异地保存	

性 状 特 征

特 异 性：高产果量		
树　　姿：开张	盛 花 期：2月中下旬	果面特征：糠秕
嫩枝绒毛：无	花瓣颜色：大红色	平均单果重（g）：70.81
芽鳞颜色：黄绿色	萼片绒毛：有	鲜出籽率（%）：19.80
芽 绒 毛：有	雌雄蕊相对高度：雄高	种皮颜色：棕褐色
嫩叶颜色：嫩绿色	花柱裂位：浅裂	种仁含油率（%）：50.70
老叶颜色：深绿色	柱头裂数：3	
叶　　形：椭圆形	子房绒毛：有	油酸含量（%）：75.09
叶缘特征：波状	果熟日期：9月上中旬	亚油酸含量（%）：7.31
叶尖形状：钝尖	果　　形：扁圆球形	亚麻酸含量（%）：0.45
叶基形状：楔形	果皮颜色：黄棕色	硬脂酸含量（%）：3.25
平均叶长（cm）：7.71	平均叶宽（cm）：3.25	棕榈酸含量（%）：13.39

578

腾油2号

资源编号：530522_076_0023	归属物种：*Camellia reticulata* Lindl.	
资源类型：选育资源（良种）	主要用途：油用栽培，遗传育种材料	
保存地点：云南省腾冲市	保存方式：原地保护，异地保存	

性 状 特 征

特 异 性：高产果量

树　　姿：开张	盛 花 期：2月	果面特征：糠秕
嫩枝绒毛：无	花瓣颜色：大红色	平均单果重（g）：82.96
芽鳞颜色：黄绿色	萼片绒毛：有	鲜出籽率（%）：23.84
芽 绒 毛：有	雌雄蕊相对高度：雌高	种皮颜色：棕褐色
嫩叶颜色：嫩绿色	花柱裂位：浅裂	种仁含油率（%）：48.60
老叶颜色：黄绿色	柱头裂数：3	
叶　　形：椭圆形	子房绒毛：有	油酸含量（%）：75.70
叶缘特征：波状	果熟日期：9月上中旬	亚油酸含量（%）：8.70
叶尖形状：钝尖	果　　形：扁圆球形	亚麻酸含量（%）：0.50
叶基形状：楔形	果皮颜色：黄棕色	硬脂酸含量（%）：2.60
平均叶长（cm）：6.87	平均叶宽（cm）：3.29	棕榈酸含量（%）：12.00

579

腾油4号

资源编号：530522_076_0025		归属物种：*Camellia reticulata* Lindl.
资源类型：选育资源（良种）		主要用途：油用栽培，遗传育种材料
保存地点：云南省腾冲市		保存方式：原地保护，异地保存
性 状 特 征		
特 异 性：高产果量		
树　　姿：开张	盛 花 期：2月	果面特征：糠秕
嫩枝绒毛：无	花瓣颜色：大红色	平均单果重（g）：86.66
芽鳞颜色：黄绿色	萼片绒毛：有	鲜出籽率（%）：20.74
芽绒毛：有	雌雄蕊相对高度：等高	种皮颜色：棕褐色
嫩叶颜色：嫩绿色	花柱裂位：浅裂	种仁含油率（%）：50.80
老叶颜色：黄绿色	柱头裂数：3	油酸含量（%）：77.11
叶　　形：椭圆形	子房绒毛：有	
叶缘特征：波状	果熟日期：9月上中旬	亚油酸含量（%）：6.07
叶尖形状：钝尖	果　　形：扁圆球形	亚麻酸含量（%）：0.49
叶基形状：楔形	果皮颜色：黄棕色	硬脂酸含量（%）：3.75
平均叶长（cm）：8.17	平均叶宽（cm）：3.67	棕榈酸含量（%）：11.91

580

窄叶西南红山茶5号

资源编号：532524_079_0005	归属物种：*Camellia pitardii* Coh. St.	
资源类型：选育资源（良种）	主要用途：油用栽培，遗传育种材料	
保存地点：云南省建水县	保存方式：原地保护，异地保存	

性 状 特 征

特 异 性：高产果量

树　　姿：开张	盛 花 期：1月中旬	果面特征：糠秕、凹凸
嫩枝绒毛：有	花瓣颜色：淡红色	平均单果重（g）：29.11
芽鳞颜色：紫红色	萼片绒毛：有	鲜出籽率（%）：43.39
芽 绒 毛：无	雌雄蕊相对高度：雌高	种皮颜色：褐色
嫩叶颜色：红褐色	花柱裂位：深裂	种仁含油率（%）：52.90
老叶颜色：深绿色	柱头裂数：3	
叶　　形：长椭圆形	子房绒毛：有	油酸含量（%）：70.70
叶缘特征：平	果熟日期：7月中旬	亚油酸含量（%）：2.50
叶尖形状：渐尖	果　　形：近圆球形	亚麻酸含量（%）：1.60
叶基形状：楔形或近圆形	果皮颜色：灰褐色	硬脂酸含量（%）：2.50
平均叶长（cm）：4.90	平均叶宽（cm）：2.34	棕榈酸含量（%）：13.40

581

多齿红山茶 – 怀化 1 号

资源编号：431202_058_0001		归属物种：*Camellia polyodonta* How ex Hu
资源类型：选育资源（品系）		主要用途：油用、观赏栽培，遗传育种材料
保存地点：湖南省怀化市鹤城区		保存方式：原地保护，异地保存

性 状 特 征

特异性：高产果量		
树　姿：开张	平均叶长（cm）：10.70	平均叶宽（cm）：3.60
嫩枝绒毛：有	叶基形状：楔形或近圆形	果熟日期：11 月上旬
芽绒毛：有	盛花期：3 月上中旬	果　形：近球形
芽鳞颜色：红褐色	花瓣颜色：红色	果皮颜色：浅黄色
嫩叶颜色：红褐色	萼片绒毛：有	果面特征：略有毛
老叶颜色：黄绿色	雌雄蕊相对高度：近等高	平均单果重（g）：10.90
叶　形：椭圆形	花柱裂位：浅裂	种皮颜色：褐色
叶缘特征：浅锯齿	柱头裂数：3	鲜出籽率（%）：16.00
叶尖形状：渐尖	子房绒毛：有	

582

多齿红山茶－怀化2号

资源编号：431202_058_0162		归属物种：*Camellia polyodonta* How ex Hu
资源类型：选育资源（品系）		主要用途：油用、观赏栽培，遗传育种材料
保存地点：湖南省怀化市鹤城区		保存方式：原地保护，异地保存
性 状 特 征		
特 异 性：高产果量		
树　　姿：开张	平均叶长（cm）：10.27	平均叶宽（cm）：3.63
嫩枝绒毛：有	叶基形状：楔形或近圆形	果熟日期：11月上旬
芽 绒 毛：无	盛 花 期：3月上中旬	果　　形：近球形
芽鳞颜色：红褐色	花瓣颜色：红色	果皮颜色：浅黄色
嫩叶颜色：红褐色	萼片绒毛：有	果面特征：—
老叶颜色：黄绿色	雌雄蕊相对高度：近等高	平均单果重（g）：10.00
叶　　形：椭圆形	花柱裂位：浅裂	种皮颜色：褐色
叶缘特征：浅锯齿	柱头裂数：3	鲜出籽率（%）：15.00
叶尖形状：渐尖	子房绒毛：有	

583

宛田红花－贵林选1号

资源编号：520102_058_0001	归属物种：*Camellia polyodonta* How ex Hu	
资源类型：选育资源（无性系）	主要用途：油用、观赏栽培，遗传育种材料	
保存地点：贵州省南明区	保存方式：原地保护，异地保存	
性 状 特 征		
特 异 性：高产果量		
树　　姿：直立	平均叶长（cm）：10.70	平均叶宽（cm）：4.33
嫩枝绒毛：有	叶基形状：楔形	果熟日期：10月中旬
芽绒毛：有	盛 花 期：2月上中旬	果　　形：近圆球形、扁圆球形
芽鳞颜色：绿色	花瓣颜色：红色	果皮颜色：红黄色
嫩叶颜色：绿色	萼片绒毛：有	果面特征：糠秕
老叶颜色：深绿色	雌雄蕊相对高度：雌高	平均单果重（g）：46.90
叶　　形：长椭圆形	花柱裂位：浅裂	种皮颜色：黑色
叶缘特征：平	柱头裂数：3	鲜出籽率（%）：17.08
叶尖形状：渐尖	子房绒毛：有